YICHANG XINLIXUE

异常心理学

主编　杨　群　施旺红　刘旭峰

西北大学出版社

·西安·

图书在版编目（CIP）数据

异常心理学 / 杨群，施旺红，刘旭峰主编. — 西安：西北大学出版社，2023.8（2024.8 重印）
ISBN 978-7-5604-5175-6

Ⅰ. ①异… Ⅱ. ①杨… ②施… ③刘… Ⅲ. ①变态心理学—医学院校—教材 Ⅳ. ①B846

中国国家版本馆 CIP 数据核字（2023）第 128380 号

异常心理学

YICHANG XINLIXUE

主编　杨　群　施旺红　刘旭峰

出版发行　西北大学出版社

（西北大学校内　邮编：710069　电话：029-88303404）

http://nwupress.nwu.edu.cn　　E-mail: xdpress@nwu.edu.cn

经　销　全国新华书店
印　刷　西安日报社印务中心
开　本　787 毫米×1092 毫米　1/16
印　张　26.75

版　次　2023 年 8 月第 1 版
印　次　2024 年 8 月第 2 次印刷
字　数　464 千字

书　号　ISBN 978-7-5604-5175-6
定　价　78.00 元

《异常心理学》

编委会

主　编　杨　群　施旺红　刘旭峰

副主编　金银川　王　卉　黄　鹏

编　者　（按姓氏音序排序）

程　成　冯廷炜　冯钰婷　付　睿

谷　凡　高　幸　郭亚宁　黄　鹏

贾倩楠　金银川　李昊天　刘旭峰

马续龙　马竹静　苗琦钰　苗一新

孟伟业　蒲　玥　邵　峰　宋　磊

施旺红　申洋洋　谈宣亦　王　卉

王　媛　乌日罕　吴忠英　杨　群

前　言

“异常心理学”（Abnormal Psychology）又称“变态心理学”，主要研究和揭示心理异常现象的发生发展和变化规律，是我校（中国人民解放军空军军医大学）五年制医学心理学专业本科生的必修课程。由于我校医学心理学专业本科生均属于生长军官学员，故教材选择的问题一直困扰着我们。当前，国内异常心理学的教材主要针对心理学或医学生所编写，虽然其内容能够反映异常心理学领域的最新进展，但缺乏部队心理工作视角下的解读。

考虑到上述问题，我们基于多年的授课、临床和为军服务经验，并结合科研成果，筹划了这本异常心理学教材的编写。在编写过程中，我们结合部队案例及特色，根据我校医学心理学本科生教学培养目标，编写了十四章内容，分别是：异常心理学绪论，异常心理分类、诊断与方法，人格障碍，焦虑障碍，恐怖症，抑郁症，强迫障碍，躯体形式障碍，创伤及应激相关障碍，自杀，进食障碍，睡眠障碍，常见于儿少期的心理障碍以及心理障碍甄别等内容，并附有军人常见心理问题案例分析。这些内容旨在帮助学员了解异常心理学的发展现状，掌握现代异常心理学的基本知识和技能以及不同异常心理的症状、诊断标准和成因，熟练应用各种治疗和预防方法，从而为从事部队官兵心理卫生和服务工作奠定基础。故本书可以作为我校五年制医学心理学专业必修课的基本教材，也可以作为部队心理卫生工作者的案头参考书。

当然，鉴于异常心理学内容广泛，我们学识有限，本书难免有不当或者疏漏之处，敬请各位同行和读者批评指正。在此，特别感谢长期从事为军服务并积累大量部队心理卫生工作经验的各位编委。

编　者

2023 年 6 月

目　录

异常心理学绪论

第一节　异常心理学概念及意义

一、什么是异常心理学

作为人类，我们拥有意识、情感和思维，这些能力在大多数情况下能够帮助我们理解并改造客观世界。然而有时我们会萌生一些消极沮丧的情绪，这些情绪体验可能并不强烈、持续时间短暂，也有可能这种体验非常强烈，让人感觉宁愿从来没有过这种情绪，甚至会让人产生自我挫败或有害他人的行为。我们会发现在某些情况下我们无法像他人一样思考、感受或行动，某些情境下我们会感到伤心难过，而其他人却无动于衷。

在人类的生产生活活动中，人类的意识、情感和思维会在正常和异常范围之间变化。目前我们认为，正常的思维、情绪和行为与被界定为“异常”的思维、情绪和行为之间并不存在严格的分界线，我们决定异常连续谱模型中正常与异常的区分标准，是为了更好地对“异常”做出必要的诊断和治疗。

异常心理学，又称为变态心理学或心理病理学，是研究和揭示心理异常现象的发生发展和变化规律的一门学科。异常心理学从心理学角度出发，研究心理障碍的表现和分类，探讨其原因和机制，揭示异常心理现象的发生、发展和转变规律，并把这些成果应用于异常心理的防治实践。

与病理心理学不同，异常心理学侧重从心理学角度研究心理异常，更侧重于形成机制上的理论探讨，且有更加广泛的研究范围。而病理心理学更加侧重于从医学角度对心理障碍的描述及其与精神病的联系，研究精神病理现象的原因、发病机理、临床表现、诊断、治疗、护理和预防等问题。广义的异常心理学泛指健康心理的偏离，是对轻重不一的各种心理行为异常的总称。狭义的异常心理学是指这种异常达到一定的程度，已明显影响了个人的正常生活、职业功能或自感痛苦，即具有“诊断意义”的异常。本书除了特定情况，一般将上述不同术语作为同义语使用。

二、异常心理的特征

不同于躯体疾病，异常心理的表现在不同个体之间往往存在极强的变异，几乎每位患者的表现都大相径庭，我们很难在众多的外在表现中概括和抽象出各种异常行为的本质属性，对异常心理特征的概括要比对具体变态行为的界定困难得多，这里只介绍异常心理的主要特征。

（一）异常心理是统计学的偏移

统计学观点认为，人的行为是呈正态分布的，大多数人的行为处于中间状态，异常的行为比较少见，即为统计学偏移。按此观点，极端内向或者外向、极度的兴奋或者抑郁都是异常的行为。目前该思想已广泛应用于医学领域中如血压、心率和白细胞计数等。所以在异常心理的判断上，一个普通的方法就是将其与社会上大多数人进行量化比较，观察其在人群分布中的位置。智力障碍或智力残疾就是以此作为诊断标准的。当一个人的智商小于 70 时，我们将考虑他的智力不正常。智力测验常作为评价个体的心理健康水平或心理异常的手段。

当然，统计学的方法并不能完全适用于异常心理学研究的各个方面，例如我们不能认为智商极高的人患有精神问题，但是也无法说明他是正常的。

（二）异常心理是社会规范的偏移

人作为高等动物，与动物的最大区别是具备了社会属性，我们通常把一个人能否适应该社会的规则与规范作为衡量一个人心理是否正常的重要标准。比如人格障碍中的反社会人格障碍对他人的漠视及侵犯，以及精神病患者急性期的攻击行为等，这种异常行为的偏离或对社会规范的违反是显而易见的。

然而并不是所有与社会规范相悖的异常行为都可以归为精神疾病，例如杀人犯，而部分明显的异常行为却没有违背社会规范，例如严重的焦虑和抑郁。同时，相同的行为在不同的文化背景甚至不同的历史阶段下都有着不同的含义。如一个男人学狗叫，并在地上爬行，此行为在我国发生大家可能会认为该男子罹患精神疾病，然而在非洲尼日利亚，这只是约鲁巴人传统疗法术士在医治仪式上学狗的样子。

（三）异常心理是个人痛苦的体验

一个人对自己心理或行为痛苦的主观体验是衡量异常心理的重要特征。在就医患者中，主观感受到异常情绪如焦虑、抑郁、恐惧等后就医者占大多数，尽管患者可能并没有患精神疾病，但是能明显感受到的痛苦的内心体验提示患者可能存在程度不同的心理异常。这是我们在判断心理和行为是否正常时使用最多的主观体验标准。然而，并不是所有具有明显异常心理和行为的人都会有痛苦的内心体验，例如大多数反社会人格障碍的人并不认为侵犯他人权利是一件错误的事情，精神分裂症患者可能对自己的异常行为并没有知觉。另外，具有主观痛苦的内心体验也不一定罹患精神疾病，例如饥饿和分娩时带来的痛苦体验就不能被归类为心理异常。

（四）异常心理是行为功能的障碍

在精神疾病的诊断标准中存在一条社会功能标准，即当某些异常的心理和行为满足其他条件但是并没有对其日常生产生活产生影响，便不能诊断为精神疾病。这也是异常心理的另一个重要特征，即异常行为导致了个人生活领域的心理功能低下或功能丧失，包括个人社会功能或职业功能、生活能力和人际关系能力等。比如智力障碍、精神分裂症和抑郁症等就伴有明显的行为功能障碍或低下。

一些心理异常者具有行为功能低下与内心痛苦体验相伴，如社交恐怖症。但是并非内心存在痛苦体验就一定会伴有功能低下，如异装癖患者。同时，对功能低下也存在着如何确定标准和定义的问题，例如某些自闭症患者可能在某些领域表现出极高的天赋。

（五）异常心理是对上述特征的综合考虑

通过上述四个方面的理论说明和举例论证，我们发现每个角度都能确定出一部分具有异常心理和行为的人，但是又不能适用于所有的情况。更何况至今为止人们还没有办法画出一条能明确区分异常和正常的标准线，所以将上述四条标准综合考虑可以最大限度地辨别出存在心理障碍的人群。

当然，综合考虑可能带来的后果是部分早期心理疾患的漏诊。比如社会规范会因民族、地区、历史的不同而不同，一些患者可能表现出不符合社会规范的行为却被误判为正常行为，但因其处于疾病早期，其他标准尚未达到，这时候诊断其心理疾患就成为两难之事。

三、异常心理学的任务

异常心理学的任务是运用心理学的原理和方法，研究人的心理和行为异常的表现形式和分类，探讨其影响因素和发生机制，阐明其发生、发展和转变的规律，并把这些科学知识运用于心理障碍的防治实践。

（一）从现象上描述

异常心理学的研究离不开对千变万化的异常行为的观察，这种观察涵盖外在行为和内隐行为，并且要对异常的行为进行准确的分析和描述。将观察到的异常行为现象与“正常”行为进行比较，通过分析其间的联系与区别，确定正常与异常之间的诊断标准和鉴别方法，并在此基础上确定心理障碍的命名和分类。

（二）从理论上揭示

异常心理学不仅要对千变万化的异常心理与行为进行观察、分析和描述，进行分类和解释，还要尝试从理论角度阐明其发生机制和原因。由于人具有自然属性和社会属性，一般从生物、心理、社会文化与家庭影响等角度展开研究，揭示心理障碍的发生和发展机制，并形成基本理论观点，为心理障碍的防治奠定理论基础。

心理学家在揭示异常心理和行为发生、发展和变化的原因与规律时，应注重以生物-心理-社会整体模式，以综合分析的视角，将大脑机能状态同人与客观现实交互关系结合起来进行考察。

（三）从应用上诊断和评估

异常心理学应充分应用心理学和医学等相关学科的方法以及现代技术手段，对可能存在的心理障碍的个体的心理进行取样和描述，同时获取有关生理和社会学的影响因素，进而综合各种信息做出系统的评定、判断和预测，形成某些结论性意见，为不同的研究和应用目的服务。在异常心理的临床工作中，还可按照公认的诊断标准与鉴别原则，比较个体表现与特定心理障碍表现之间的吻合程度，给出临床诊断意见以便后续进行心理障碍的干预与治疗。

（四）从实践上防治和维护

对异常心理学而言，“防病治病”是其最终目的，无论从事异常心理学哪方面的工作都要服务于对心理障碍的防治与干涉工作上。异常心理学从异常的心理与行为方向出发，研究和论证正常心理与异常心理之间可能的转变方式，从心理学角度对维护心理健康提出理论观点和实践方法。同时联合心理学其他分支学科，如积极心理学和医学分支学科如精神病学，从多方面不同学科视角下对同一个心理障碍进行研究分析，从而更好地为罹患心理疾病者或可能罹患者提供心理和医疗服务。

四、学习异常心理学的意义

异常心理学作为临床心理学、心理咨询与治疗和精神病学等学科的共同基础学科，其本身的研究学习价值不言而喻。同时其本身对人的精神健康也有着极为重要的影响。各行各业的人掌握相当的异常心理学知识，对自身的精神健康和周围人的精神健康都有十分重要的作用。可以说，异常心理学知识的普及在一定程度上可以改造社会风气，创造出更有利于维护精神健康的社会氛围。

（一）是异常心理识别和防治的需要

中国精神卫生调查显示，我国成人抑郁障碍终生患病率为 6.8%，其中抑郁症为 3.4%。目前我国患抑郁症人数达 9500 万，每年大约有 28 万人自杀，其中 40%患抑郁症。新冠疫情以来，重度抑郁和焦虑的病例分别增加了 28%和 26%，抑郁症患者更是激增 5300 万，增幅高达 27.6%（《2022 年国民抑郁症蓝皮书》）。这表明，推动对异常心理和行为的认识、诊断、干预和治疗相关服务的发展迫在眉睫，其中，异常心理学作为描述现象、揭示机制、给出分类并提供诊治原则的学科，其重要性显而易见。因此，异常心理学是心理行业及相关行业从业者极为重要的专业课程。

（二）是保障大众身心健康的需要

人们的精神健康不是“金刚不坏”，就像躯体一样，人的精神也会偶尔生出小毛病，而且正常的心理活动与异常的心理活动并没有严格意义上的分界线，有些异常心理犹如普通感冒，靠着心理防御机制能够很快恢复，有些异常心理却如恶性肿瘤，“切除”又复发，如影随形。非相关行业从业者掌握异常心理学有关知识，可以帮助我们在发生心灵“小感冒”时快速甄别，运用心理学方法尽快恢复精神健康；在可能罹患较严重心理障碍时，能够理解其产生的机制、大致的诊断标准以及治疗和干预手段，主动配合心理医生的治疗措施以求最优治疗效果；在身边的人可能存在心理问题时，能够及时分辨、及时提醒，对可能存在的严重心理障碍者如重度抑郁且有自杀准备的人，一个小小的善意提醒或许就能挽救他的生命。当然，掌握了这些知识，我们也能够在日常生活中减少接触和创造可能导致心理障碍的各种因素，当整个社会环境较少存在危险因素时，心理障碍也就无法在人们的精神世界生根发芽。

（三）是保障军队战斗力的需要

随着科技的发展和战争模式的转变，未来的战场环境更加残酷、复杂、多变，给参战官兵带来的心理冲击和心理压力更加强烈，易诱发焦虑、抑郁、成瘾等心理异常，造成心理损伤。在伊拉克和阿富汗战争中，美军医疗后送人员约9%为心理疾病，仅次于战伤和各类神经系统疾病。异常心理的影响不仅体现在战争中，脱离战场环境后产生的后续心理问题，也使美军现役及退伍军人自杀率显著上升，远高于国民水平。可以说，现代高技术信息化战争对参战官兵心理健康造成的近期和远期影响，以及由此产生的巨大社会效应越来越触目惊心。因此，加强对异常心理学的学习和研究，拓展干预手段和方法，提升官兵心理健康水平，已成为各国军事心理学研究的迫切需要。

（四）为洞悉人生和社会提供新视角

异常心理学历史悠久，古今中外的文献都曾记载过异常行为，并对其进行了朴素的描述和解释。例如中医的基础是阴和阳的概念，人体据说包含正（阳）的力量和负（阴）的力量，彼此对抗，相互依存，只有两种力量处于平衡状态，人体才会处于健康状态。如果两种力量不平衡就会导致疾病，精神疾病亦是如此。比如，中医认为狂症就是阳盛导致的。中世纪英国法庭记录中将精神问题归咎于诸如“头部遭受打击”等。当然还有许多相关的记载，研究古今中外文献对异常心理行为的描述，有助于我们从另一个角度了解该国家和民族的历史与文化，深入考察人性以丰富我们对社会现象和文化风俗的理解。

第二节　异常心理学的历史

一、心理学上“早期”的定义

研究人员将“早期”定义为儿童与成年人心理发展过程中的某一特定阶段，这也是对早期的心理特征与行为发展最贴切的解释。

从这个定义中可以看出，研究异常心理学不是对人格或精神疾病做单一层面的研究，而是对儿童早期成长阶段及发育过程的探索。因为在此期间，孩子们的生理和心理都尚未成熟，他们需要在父母与他人的帮助下学习、生活，从外界获得各种刺激（包括身体、环境和社会）以促进其身心健康并获得独立人格。

这种情况就像是刚出生时我们学走路、学说话一样。因此，在研究儿童心理发展时要注意从这一时期着手。比如可以采用行为观察法，让孩子们用自己想要的方式来完成某一动作、某一认知，或者做某种梦、说某些话等。

二、古代的研究

对于异常心理学的研究可以追溯到古代中国和古印度时期。此时，人们认为精神疾病是由不良情绪或压力引起的，并且有许多方法来治疗它们。例如：

（1）针灸、按摩等传统医术都被用作临床工具。

（2）佛教经典《金刚经》中提出了一种名叫“无常”的概念，指出生命会随着时间而流逝，因此应该珍惜每个当下。

（3）道家思想强调自然平衡，主张顺其自然，避免过分执着。

（4）儒家文化则注重伦理道德观点，倡导以仁爱之心关怀他人。

总体上说，这些宗教信仰及哲学思想都促进了人类社会的发展，也丰富了我们现今所知晓的各种科学领域。

古代的超自然与自然主义的变态心理学历史可以追溯到古希腊时期。在古希腊时期，哲学家们开始思考心理学问题，认为心理疾病是由精神因素引起的。然而，直到文艺复兴时期，人们才开始关注心理学问题并将其视为一门独立的学科。在这个时期，艺术家和科学家们开始探索心理学，并使用各种工具来描绘心理状态。

启蒙运动时期，人们开始质疑传统的心理学理论，并开始寻找新的解释方法。这一时期的心理学家们开始使用科学方法来研究心理现象，并开始通过实验和观察来验证心理学理论。这些研究结果为心理学的发展奠定了基础。

三、中世纪和文艺复兴时期

从古希腊到中世纪，心理学发展的关键时期是在文艺复兴和宗教改革时期。文艺复兴开始于意大利，但它的最大特点就是在人文主义思潮下，对人的精神领域展开了全面的思考。

文艺复兴中产生了一些新思想、新观念，比如：亚里士多德主张“性是一种欲”；波里比乌斯提出“人的本性是善良的；一切罪恶都始于无神论，而一切神学就是无神论；宗教中有很多关于善与恶的争论，但上帝、魔鬼和神父们都认为自己没有任何罪过”。

这一时期，也产生了大量具有时代特点和思想深度的新理论，比如斯宾诺莎、伊拉斯谟、柏格森等人所创立、研究过的心理学。

在中世纪时期，许多思想家对精神现象做了深刻的探讨。如笛卡尔、斯宾诺莎、莱布尼茨。莱布尼茨在研究植物性神经方面曾有过杰出贡献；笛卡尔认为理性与非理性之间存在着紧张关系；斯宾诺莎认为理性和欲望之间存在着冲突，并且他认为人有五种情绪状态：第一种是不受理性支配的冲动状态，它表现为欲望（性欲）和冲动（欲求）；第二种是不受理性支配且为意志所左右的冲动状态，它表现为无意识中想要得到自己想要的东西（欲望）和愿望（欲望）；第三种是自我中心的冲动状态，它表现为个人对自己或他人存在感和价值意识以及情感体验或意识观念所支配；第四、五种是不受理性支配而处于本能状态中的冲动状态。

四、文艺复兴时期（15 世纪至 17 世纪）和启蒙运动时期（18 世纪）

（1）文艺复兴时期和启蒙运动时期是心理学史上非常重要的两个时期。在这两个时期，人们对心理学的研究和理解发生了巨大的变化。

文艺复兴时期是一个以哲学、艺术、文学、科学为主导的时期。在这个时期，哲学家对人类心理和思想进行了深入的研究。例如，哲学家马可·波罗的著作《人类识记》讨论了人类记忆和思维的机制。另外，文艺复兴时期的艺术家也对人类心理和情感进行了深入的描绘，如描绘人物的面部表情，用颜色表示情感等。

启蒙运动时期是一个以科学、理性和思考为主导的时期。在这个时期，人们开始用科学的方法研究心理学，对心理学进行了系统的研究。

（2）文艺复兴时期的异常心理学主要是受文艺复兴运动的思想和文学作品影

响。这个时期的心理学家对人类心理和行为的研究重点关注的是人类的内心世界，以及人类如何通过艺术表达自己的情感和思想。

启蒙运动时期的异常心理学则是受启蒙运动的思想和文学作品所影响，这个时期的心理学家主要关注人类的心理和行为，重点关注人类的自我意识和自由意识的发展。这个时期的心理学家也在研究人类如何通过自己的思考来获得知识和真理。

（3）总之，文艺复兴时期和启蒙运动时期的异常心理学都是在不断探索人类心理和行为的基础上发展起来的，这两个时期的心理学家都通过自己的研究和思考来深入了解人类的心理和行为。

从以上可以看出，文艺复兴和启蒙运动时期形成了许多学派，他们中有些人在心理和生理方面的研究上取得了重要成果。但由于时间和历史条件的限制，大多数学者未能提出一个完整而系统的理论体系。

五、19 世纪后期到 20 世纪初的革命阶段

在这一阶段，弗洛伊德的理论虽然没有获得广泛认可，但仍然具有重要意义。

在 19 世纪后期到 20 世纪初，异常心理学的历史可以追溯至欧洲和美国。当时，人们对精神疾病、犯罪行为等问题感兴趣并且开始探索治疗方法。随着科技进步带来了更多新型药物和诊断手段，医生也能够给患者提供专业化的服务。但是同样地，这个阶段仍然存在一些挑战：比如缺乏有效的社会支持系统；政府机构公众健康状况重视程度不够；传染性极强的流行病威胁整个社区安全。

在此背景下，出现了许多杰出的研究成果，包括弗洛伊德（Wilhelm Freud）创立的“本我”与“自我”两种不同类别的概念；詹姆斯·哈洛特（James Harold Hopton）发明的实验室测量工具；查尔斯·霍尔顿（Charles Howard Holton）建立的临床分析模式等。他们都推动了异常心理学领域内各项基础知识的革命，促使该领域逐渐走向完善。

由于社会、文化与心理等因素对人的影响，人们发现人会产生一些特殊的行为问题。这些现象不是偶然呈现出来的，而是有一定规律和必然性的，因此人们又开始研究人类行为现象背后的心理动因。

在这一时期，异常心理学也发展起来。在这一时期，在精神分析与心理分析学派的基础上发生了“精神分析”与“行为主义”等学派之间、传统精神分析学派与行为主义者学派之间，以及二者相互补充、相互对立等激烈的思想斗争。这些斗争都对后人研究异常心理学有很大影响。

六、20 世纪中期与 20 世纪晚期

心理学家从精神分析学和性心理学中吸取了丰富的养料，形成了以精神分析学为核心的研究体系，并取得了一系列重大突破。

心理学家对性变态研究的进展主要体现在以下几个方面：①对性倒错与性变态进行了深入而全面的考察；②对性本能和性活动的各种分类和特征及其功能进行了系统研究；③对某些行为及有关行为的发生条件提出了新的理论解释；④通过心理测量技术，在研究中使心理学变得更加科学、规范，其结果也为心理学带来了崭新的生机。在这些研究成果中，弗洛伊德提出的理论被称为“正常性倒错”（Hypertantre）。

虽然弗洛伊德并没有写出这本书，但他提出了许多新理论，尤其是有关儿童发展、心理健康和性行为中儿童与成人差异等方面，使心理学家们有机会去寻找更好地解释人类行为和社会适应中的问题的方法。

20 世纪中期和 20 世纪晚期的异常心理学研究一直在发展和演变。在 20 世纪中期，异常心理学的研究主要集中在精神病学和精神分析学领域。这个时期的研究重点是精神病理学和精神障碍的诊断与治疗。

在 20 世纪晚期，异常心理学的研究开始转向社会心理学和行为学领域。这个时期的研究重点是社会行为和社会心理学问题，如犯罪、暴力和社会不适应。同时异常心理学也在努力提高对于精神障碍的诊断和治疗水平。

在这两个阶段里，异常心理学逐渐从主要关注个体病理发展到关注社会心理学问题，在 20 世纪晚期，异常心理学研究已经涵盖了广泛的领域，如犯罪学、社会学、心理学、社会心理学、社会工程学等。

随着社会环境的变化和社会问题的不断发展，异常心理学研究也在不断发展和演变。研究者们正在继续探索异常心理学的新领域，如虐待儿童、性犯罪、

网络犯罪等。未来的异常心理学研究将继续关注社会问题，并寻求更有效的解决方案。

七、中国现代心理学思想

（1）在近代，自然主义心理学理论在中国逐渐兴起，许多心理学家开始关注心理疾病的自然原因。

20 世纪初，中国进入了现代化进程，我们的心理学也受到欧美心理学的影响，开始关注异常心理学。在 1940 年，中国心理学家开始研究精神分裂症，并将其视为一种异常心理疾病。随着社会的发展和科学技术的进步，异常心理学研究也在不断深入。

在新中国成立之后，中国心理学家开始关注社会心理学和文化心理学，并在异常心理学研究中加入了社会文化因素。在改革开放和现代化建设的进程中，中国心理学家继续探讨异常心理学问题，并与国际心理学界保持广泛交流与合作。

（2）中国现代心理学的异常心理学方面在 20 世纪初期开始发展。在 1917 年，学者陈大齐在北京大学建立了中国第一个心理学实验室，并引入了现代心理学的理论和方法。随后，在 1949 年新中国成立后，心理学发展迅速，不少学者投身于研究异常心理学方面。

19 世纪末至 20 世纪初期，许多中国心理学家开始研究精神分裂症、异常人格、强迫症等异常心理问题。20 世纪 50 年代至 70 年代，随着社会与文化的变革，越来越多的中国心理学家开始关注异常心理学方面的研究，并在此基础上发展出了许多理论和方法。

近年来，随着中国社会经济的发展和科学技术的进步，中国现代心理学的异常心理学方面取得了长足的进展。许多心理学家通过对异常心理学问题的研究，为治疗和预防异常心理问题提供了有力的理论和方法支持。

第三节　异常心理学相关学科

一、普通心理学

普通心理学是研究正常人心理活动及其规律的学科，是心理学科的一般知识基础。其主要研究认知、情感、意志行为等心理过程，以及气质、性格和能力等。普通心理学与异常心理学有较为紧密的联系，普通心理学研究的是“正常”，而异常心理学研究的是“异常”；同时，一方面由于大多数人的心理状态总是处于正常与偏移的动态变化中，研究异常心理不可能回避正常人的心理，普通心理学被认为是异常心理学的研究基础，不懂得什么是“常态”就无法理解什么是“异常”；另一方面，异常心理现象的研究成果可促进人们对正常心理现象的全面理解，对某些正常心理机制的假设予以反证。

二、医学心理学

医学心理学主要以医疗实践中的心理学问题为对象，研究心理因素在健康和疾病中的作用规律。我国医学心理学家李心天教授将医学心理学的主要任务概括为四个方面：①研究各种疾病的发生、发展和变化过程中心理因素的作用规律；②研究心理因素，特别是情绪对各器官生理、生化功能的影响；③研究人的个性心理特征在疾病发生、发展、转归、康复中的作用；④研究如何通过人的高级心理机能、认知思维来控制或调动自身生理机能，以达到治病、防病和养身保健的目的。波罗可帕等曾综述了医学心理学和行为医学等问题，认为这些学科大多研究躯体或生理疾病（机能障碍）的心理因素问题。

三、临床心理学

临床心理学是应用心理学的一个主要分支，其领域涉及研究、教学和服务，涉及理解、预测和缓解一系列异常表现的原则、方法和程序，包括智力、情绪、生物、心理、社会和行为失调、残疾和不适，适用于广泛的群体。在理论、培训和实践中，临床心理学努力认识多样性的重要性，并努力理解性别、文化、种族、种族、性取向和多样性的其他方面的作用。

临床心理学家是美国心理医生的主体。按照美国对临床心理学家“科学家－开业者”的培养模式（1949），其培养标准是：①临床心理学家必须在大学医院接受训练；②首先要成为心理学家，然后再成为临床医师；③必须通过临床实习；④必须具有诊断、心理治疗和研究的技能；⑤训练的目的是取得学位。其主要工作有心理咨询与治疗、心理评估与诊断、教学与研究、咨询与辅导等。异常心理学是临床心理学家重要的基础。

四、行为医学

行为医学是研究和发展行为科学中与健康、疾病有关的知识和技术，并把这些知识技术应用于疾病预防、诊断、治疗和康复的一门新兴科学。1977 年，一群多学科专家汇聚在耶鲁大学宣布创立行为医学，他们给予的定义是：“行为医学是关于发展行为科学知识和技术的一门学科，它将有助于对身体健康和疾病的进一步了解，并且把这些知识和技能应用到疾病的预防、诊断、治疗和康复中。精神病、神经症和物质滥用只有在它成为引起生理障碍的原因时，才被包括在此领域内。”

异常心理学的研究内容为异常的心理和行为，而人的行为又是人的心理的外在表现，显然，异常心理学与行为医学有着密不可分的联系。

五、精神病学

精神病学是医学的一个分支学科，其与临床医学有着相同的研究对象、任务和方法；医生是精神病学的主要工作者，其服务对象主要是各种精神病患者，主要临床工作在于对患者的诊断、治疗、预防和护理。异常心理学并不把这些作为自己的直接任务。

异常心理学是心理学的一个分支学科，是研究和揭示心理异常现象的发生发展和变化规律的一门学科，其研究成果有助于对精神疾病的理解，协助精神病医学的诊断和治疗，促进精神病学发展水平的提高。而精神病学用自己的临床材料和实际成果丰富异常心理学的内容，验证异常心理学中许多理论和假设。两者起到相互促进、协同发展的作用。

参考文献

[1] 刘新民，杨甫德. 变态心理学 [M]. 3版. 北京：人民卫生出版社，2018：1-19.

[2] 张伯源. 变态心理学 [M]. 北京：北京北京大学出版社，2005：1-16.

[3] 苏珊·诺伦-霍克西玛. 变态心理学 [M]. 6版. 邹丹，等译. 北京：人民邮电出版社，2017：3-24.

异常心理分类、诊断与方法

第一节　异常心理概述

一、分类的意义

分类对于认识心理障碍和治疗十分重要。异常心理学需要对各种异常行为进行描述，并解释其行为产生的原因。而异常行为种类众多，受多种因素影响，表现形式多样。有相同异常行为并不代表是相同的心理障碍，产生原因不同，治疗方法也不同。随着人们对心理健康的重视程度不断加深，分类也需要更加准确和细致。中国部分地方调查的数据显示，精神分裂症的年龄标准化患病率在0.42%，是全球最高的，荷兰的精神分裂症患病率高于西欧其他国家，撒哈拉以南非洲和中东地区的平均流行率最低。虽然精神分裂症是一种低患病率的疾病，但其疾病负担是巨大的，因此只有分类才能更有效地进行诊治。

二、基本概念

疾病分类（Nosology）是指把各种疾病按各自特点和从属关系划分出病类、病种和病型，并列成系统，为临床诊断和鉴别诊断提供参考依据。例如化学元素周期表将价电子排布相似的元素集中起来，以最后填入电子的轨道能级符号作为该区符号的划分方式，分成五个区。

生物医学分类是把不同种类的疾病按其特点、关系，划分为病类、病种和病型，并归成系统。病因病理学分类是根据疾病的病因和病理改变进行诊断，同一病因可能会有不同的症状反应，如酒精所致的精神障碍。病因学分类有利于病因治疗，症状学分类有利于对症治疗。

由于精神障碍多数病因与发病机制不明确，因此对于精神障碍的分类，一般遵循病因病理学分类和症状学共同分类原则。国际上常用的国际疾病分类和美国的《精神障碍诊断与统计手册》，均按照这一原则处理。我国也制定了《中国精神障碍分类与诊断标准》。

疾病诊断（Diagnostics）是指根据病史、临床检查和实验室检查等资料判断个体是否存在异常，并按分类系统和诊断标准确定疾病种类、病型和病期。

有了统一的分类不等于彼此间诊断一致，由于大部分精神障碍无确切的客观指标作为诊断依据，所以，诊断一致性不高一直是限制功能性精神病研究的重要因素。诊断标准包括内涵标准和排除标准两个主要部分。内涵标准又包括症状学指标、病情严重程度指标、功能损害指标、病期指标、特定亚型指标、病因学指标等。

心理评估（Psychological Assessment）是指采用访谈、观察、调查和测量等手段，多方位、多层面地收集疾病的相关信息，包括病因、诱因、症状体征、发展过程和实验数据等，为疾病诊断和治疗提供定性和定量依据。在日常生活中，人们的行为都十分复杂，所以心理健康专业人员要先观察人们的行为举止，然后根据收集、组织和解释信息进行辨别。

三、分类的原则与方法

一般情况下，异常心理按照单维原则、层次原则和独立原则进行分类。其中单维原则是指同一层次按一个维度或变量分类。层次原则是指按等级从大到小进行分类。独立原则是指每种亚型必须具备可识别的特征。不同研究者针对不同的行为现象进行了解释。例如到商场会感觉恐慌，而正常情况下人们不会有此感受；又如听到本来没有的声音等这类行为被称作不寻常行为。当然，有时不同寻常的行为本身并非不正常，例如能够打破 100 米跑的世界纪录，是出色而非异常。通常人们可以接受在社会规范内的行为，例如在看足球比赛时有人为自己的球队高喊助威，尽管样子古怪但也可以接受，但如果同样的呐喊行为出现在一个四周无人的公园内，则会被视为不被社会接受或打破常规的行为。个体处于明显的痛苦之中，例如出现了焦虑、恐惧，抑郁等情绪，就会对现实产生错误感知和解释。当然在个体面临威胁时，上述情绪的出现是有益于个体生存的，只有过分的情绪反应才会导致个体的痛苦。行为是非适应性的或是自我挫败式的，个体的行为导致其不愉快，无法适应环境，而且无助于个体能力的发挥和自我实现。例如场所恐怖症状，使个体害怕涉足公共场所，其行为是不同寻常的，而且是非适应性的。

疾病分类有以下几种方法。首先是病因学也是理想分类法，是根据病因与症状存在与否的标准，是医学模式的常用标准，主要根据致病因素（物理、生化、心理生理测查的结果）和症状的存在与否进行判断。其次是根据临床特征也被称作主流分类法依据统计学的标准，一般情况下正常人的心理特征的人数分配多为常态分布，位居中间部分的大多数人为正常，居两端者为异常，即以个体的心理特征是否偏离平均值为依据。心理测验即可测查出个体的心理特征。但有时某种心理特征的一端并非不正常，例如智力。不同的作者虽然提出了不同的界定标准，但均指出各标准都不尽完美，需要结合使用。在临床实践中，常常需要对心理异常或行为异常有明确的分类，以便专业人员能够对异常现象的性质、原因及治疗进行探讨。在实际的研究中，也需要有明确的分类体系，以确认具有特定的异常现象的人作为研究的对象。再者还可依据心理特征进行分类，这一点可参照心理分类原则中的解释，两者有相似之处。最后可以根据患者的病程和年龄等因素进行分类。除此之外，个体经验有时也可作为判断标准之一。例如，设计出现问题的人自己的主观感受不良和研究者对异常现象的主观判断等，不过这种方法对患者本人和研究者的要求较高。

也有研究者提出用因次分类（Dimensional Classification）取代绝对分类（Categorical Classification）。绝对分类是根据《精神障碍诊断和统计手册》中的内容把患者进行归类。而因次分类则不指出明确的疾病，取而代之的是他在不同的病理学纬度上的得分。从本质而言，是性质分析和数量分析的区别。在绝对分析中，对患者的诊断可能是“重度抑郁发作”；在因次分类中，则是在抑郁、焦虑、睡眠障碍等方面的得分情况。

因次分类不像绝对分类那么简单，但是，如果以歪曲事实为代价，那么简单就不是优点。有人认为《精神障碍诊断和统计手册》分类非常任意武断。例如，如果要诊断为精神分裂症，症状必须持续至少六个月以上。如果不满六个月，则此人只是“精神分裂样障碍”。由于很难区分精神分裂症、单纯型精神分裂症、精神分裂样、分裂情感性、分裂型等疾病，因此可能偏向用因次分类来诊断患者（如严重程度、过程、内容、精神分裂病理学的模式）。

根据不同的性别和年龄，得出的诊断也不同。在因次分类中，男人和女人、儿童和成人分别属于不同的群体。因次分类还将不同渠道的信息具体化，例如孩子的老师说了哪些孩子的分裂表现，这些是否与家长说的相符。同时，经过修改的《精神障碍诊断和统计手册》考虑了因次分类的内容。在许多绝对分类中，例如品行障碍和药物酒用，就要求诊断学家提供严重程度的分数。

第二节　异常心理主要分类系统

虽然国内外很多学者都在不同时期提出过自己的分类方案与诊断标准，但是最具权威性的还是《国际疾病分类》（ICD）系统和美国的《精神障碍诊断与统计手册》（DSM）系统。

一、《国际疾病分类》第 10 版（ICD-10）

1853 年由法国医学统计学家贝蒂荣（Bertillon）提出“疾病死亡原因统计分类法”，后被命名为“国际死因分类法”（International List of Causes of Death）。1948 年世界卫生组织将它更名为《国际疾病分类》第 6 版（ICD-6），并首次将精神疾病单列一章，列举了 20 多种精神疾病。因为分类过于简单而且许多疾病并未包括，以及受到不同学派的影响，所以 ICD-6 在国际上并未得到广泛认可和使用。为了便于规范和统一各国的诊断名称，1966 年出版的 ICD-8 中加入了各种精神疾病的描述性定义。1992 年出版了 ICD-10 第 5 章“精神与行为障碍分类”的

“临床描述与诊断要点”（CDDG），全部精神障碍被归纳为10个类别，1993年引进ICD-10。其主要内容包括类别目录（F0—F9共10大类，F9按年龄分类，其他按病因学分类），临床描述，诊断要点，附录。

ICD-10描述了近百种疾病与障碍，每种疾病与障碍部分都列有诊断指标和鉴别诊断要点。此外，ICD-10还延伸列举了与心理卫生问题相关的一些问题，如与社会环境相关的问题、与童年负性生活事件相关的问题等。同时，也应该指出，ICD系统是一种折中的产物。为了满足不同层次和对象使用的需要，世界卫生组织同时出版了另外两个版本：为了保证研究的同质性，世界卫生组织出版了ICD-10第5章“精神与行为障碍分类”的《研究用诊断标准》（DCR-10），并配套发行了《复合性国际诊断交谈检查》（CIDI）、《神经精神病学临床评定表》（SCAN）和《国际人格障碍检查》（IPDE）等标准化诊断检查工具；为了满足基层医疗机构使用的需要，世界卫生组织出版了ICD-10第1章“精神与行为障碍分类”的《基层医疗机构用版本》，只罗列了一些症状和一些综合征，而没有按疾病进行分类。

2019年5月25日举行的第72届世界卫生大会审议通过了第11次修订版本（ICD-11），并决定从2022年1月1日开始在全球范围内投入使用。与ICD-10相比，ICD-11中“精神、行为及神经发育障碍”在疾病分类方面有较大变化。ICD-11关注疾病的分类，而非疾病的全面评估和治疗。ICD-11与ICD-10相比，该部分拆分13类疾病，整合与重组3类疾病，新增3类疾病，删除2节疾病。ICD-11尝试按照发育观点对诊断分组进行排序，其21种疾病分别是：神经发育障碍（Neuro Developmental Disorders），精神分裂症与其他原发性精神病性障碍（Schizo-Phrenia or Other Primary Psychotic Disorders），紧张症（Catatonia），心境障碍（Mood Disorders），焦虑及恐惧相关障碍（Anxiety and Fear-Related Disorders），强迫及相关障碍（Obsessive-Compulsive or Related Disorders），应激相关障碍（Disorders Specifically Associated with Stress），分离（Dissociative Disorders），喂食及进食障碍（Feeding or Eating Disorders），排泄障碍（Elimination Disorders），躯体痛苦和躯体体验障碍（Disorders of Bodily Distress or Bodily Experience），物使用和成瘾行为所致障碍（Disorder due to Substance Use and Addictive Behaviours），冲动控制障碍（Impulse Control Disorders），破坏性行为和反社会障碍（Disruptive Behaviour or Dissocial Disorders)，人格障碍及相关人格特质(Personality Disorders and Related Traits)，性欲倒错障碍（Paraphilic Disorders)，做作障碍（Factitious Disorders)，神经认知障碍（Neurocognitive Disorders)，未在他处归类的妊娠、分娩及产褥期伴发精神及行为障碍（Mental or Behavioural Disorders Associated with Pregnancy，Childbirth and the Puerperium，Not Elsewhere Classified)，在他处归类的心理或行为因素影响的障碍或疾病（Psychological or Behavioural Factors Affecting Disorders or Diseases Classified Elsewhere)，与归类于他处疾病相关的继发性精神和行为综合征（Secondary Mental or Behavioural Syndromes Associated with Disorders or Diseases Classified Elsewhere)（王善梅，许允帅，2020)。

表 2–1　ICD-10 精神障碍类别

序号	类别
F0	器质性，包括症状性精神障碍
F1	使用精神活性物质所致的精神和行为障碍
F2	精神分裂症、分裂型障碍及妄想性障碍
F3	心境（情感）障碍
F4	神经症性、应激相关的及躯体形式障碍
F5	伴有生理功能紊乱及躯体因素的行为综合征
F6	成人的人格与行为障碍
F7	精神发育迟滞
F8	心理发育障碍
F9	通常发生于童年与少年期的行为与情绪障碍

二、精神障碍诊断与统计手册（DSM）

美国精神病学协会在 1917 年曾经制定过一个精神障碍的分类方案，1935 年，这一方案并入了美国医学会颁布的《标准疾病分类与名称》中。1951 年，出于实际的需要，以及 ICD-6 分类过于简单，许多疾病并未包括，国际上的接受度有限，为了制定适合美国使用的精神疾病分类体系，《精神障碍诊断与统计手册》

第1版（DSM-I）于1952年应运而生，以后陆续出版了DSM-Ⅱ、DSM-Ⅲ、DSM-Ⅳ，并于2013年公布了最新的DSM-5。其中，1994年发表DSM-Ⅳ和2000年出版DSM-Ⅳ-TR都有配套的定式临床访谈（SCID）。

1980年，DSM-Ⅲ分类大革新，引入了操作性定义和具体诊断标准，提高了信度和效度；在编制过程中，经过了广泛的现场测试，提出了多轴诊断等。DSM-Ⅲ的改变也引起了学者们的质疑，例如：取消神经症、神经衰弱以及癔症的诊断分类；将原来的癔症分为分离性障碍、躯体形式障碍与做作性障碍；单纯从症状与现象学分类；打破了原来精神病与神经症的界限；诊断名称体现出多重性与变化性；等等。然而，DSM-Ⅲ提出的很多观点至今仍然影响着世界各国精神疾病的分类和诊断。其主要内容包括手册使用说明、DSM-5 分类清单、诊断标准和附录。其中前20章是按个体的成长过程和病因的相似性来组织顺序，后2章是对药物所致的运动障碍及其他不良反应和可能成为临床关注焦点的其他状况进行探讨。

DSM-5的特点包括类别划分到类别加维度划分、新的疾病、病因了解增多、澄清标准和考虑种族与文化。

图2-1　ICD-10分类系统

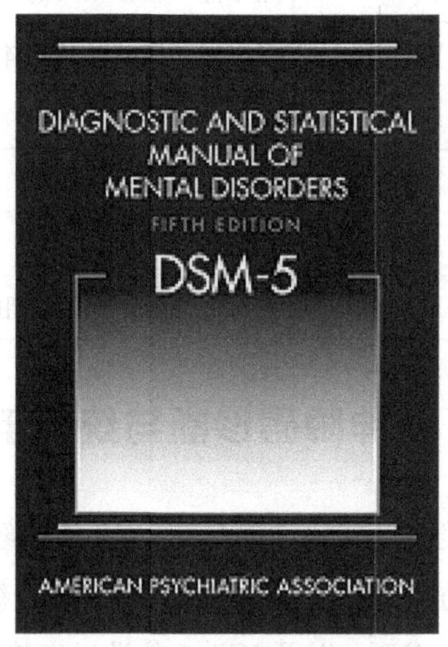

图2-2　DSM-5分类系统

表 2–2　DSM-5 的 20 类障碍

序号	精神障碍分类
1	神经发育障碍
2	精神分裂症谱系及其他精神病性障碍
3	双相及相关障碍
4	抑郁障碍
5	焦虑障碍
6	强迫及相关障碍
7	创伤及应激相关障碍
8	分离障碍
9	躯体症状及相关障碍
10	喂食及进食障碍
11	排泄障碍
12	睡眠–觉醒障碍
13	性功能失调
14	性别烦躁
15	破坏性、冲动控制及品行障碍
16	物质相关及成瘾障碍
17	神经认知障碍
18	人格障碍
19	性欲倒错障碍
20	其他精神障碍

三、中国精神障碍分类与诊断标准（CCMD 系统）

中国精神疾病的分类与诊断标准起始于 1958 年，当时仅仅公布了试行草案，后来于 1978 年对原分类进行了修订，形成了 10 个大类，并进一步划分了亚型；1989 年，中华神经精神科学会参照国际分类方案并结合我国国情，制定并公布了《中国精神疾病分类方案与诊断标准》第 2 版（CCMD-2）；1995 年，中华精神科学会颁布了以“保留具有我国特色、特点的精神疾病分类方法的同时，将分类系统向国际疾病分类标准逐渐接轨”为原则而修订的《中国精神疾病分类方案与诊断标准》第2版修订版（CCMD-2-R）；1995年中华精神科学会成立CCMD-3工作组，并在进行前期现场测试的基础上，于2001年推出了《中国精神障碍分类与诊断标准》（CCMD-3），仍然分为10类。新的精神卫生法于2013年5月1日正式实施，法规中要求使用ICD-10作为我国精神障碍的诊断标准。而这之前，国内精神科学界拥有自己的诊断系统《中国精神障碍分类与诊断标准》（Chinese Classification of Mental Disorders，CCMD）长达30多年。最新版本CCMD-3于2001年出版，在国内得到了广泛的应用。

一项对我国精神科医务工作者使用诊断标准的调查表明，在工作中使用最多的诊断标准是CCMD-3，占63.5%，其次为ICD-10，占28.7%，使用DSM-Ⅳ的为7.8%。此外，近些年在主要精神科杂志上以CCMD-3为诊断标准发表的学术论文占到78%以上（戴云飞，2015）。

不同地区对于同一障碍的不同解释方式存在异议，一定程度上阻碍了国际的交流和研究。ICD和DSM两大诊断系统针对这一问题进行修改谋求发展求同存异。拉丁美洲和亚洲的有超过30%的被调查的精神科医生认为有必要建立自己国家的诊断分类体系。国际性的分类不应该取代或代替地区性的分类，因为后者在地区性的背景下有着重要的价值。CCMD-3的特点为：以前瞻性现场测试结果为依据，同时参考以前的CCMD版本和ICD-10、DSM-Ⅳ；兼顾症状学分类和病因学分类，分类诊断继续向病因病理诊断的方向努力，能按病因分类尽量按病因分类；分类进一步向ICD-10靠拢；根据我国的社会文化特点和传统，保留某些精神障碍或亚型，如神经症、反复发作躁狂症、同性恋等，同时未将ICD-10中的性欲亢进、童年性身份障碍、与性发育和性取向有关的心理及行为障碍的某些亚型等纳入分类系统；注意文字表达和写作格式的规范，尽量做到条目分明、规范，可操作性强等。

表2-3　CCMD-3精神障碍类别

序号	类别
0	器质性精神障碍

续表

序号	类别
1	精神活性物质或非成瘾物质所致精神障碍
2	精神分裂症（分裂症）和其他精神病性障碍
3	心境障碍（情感性精神障碍）
4	癔症、应激相关障碍、神经症
5	心理因素相关生理障碍
6	人格障碍、习惯与冲动控制障碍、性心理障碍
7	精神发育迟滞与童年和少年期心理发育障碍
8	童年和少年期的多动障碍、品行障碍、情绪障碍
9	其他精神障碍和心理卫生情况

由于历史等原因，CCMD-3 与国际分类接轨中，更多地借鉴 ICD 诊断系统，而不是 DSM 诊断系统，但也保留了自己的地区特色。未来有趋势出版 ICD-11 国际版的同时可以出版适用于本国的ICD-11 版本，如ICD-11 中国版，除包括ICD-11 国际版全部内容之外，可包括使用于中国的附加分类与诊断标准。

第三节　异常心理诊断

诊断的一般定义是仔细地调查事实以决定疾病的性质。在进行心理学和精神病学的诊断之前，我们仍然距离决定病因学（Etiology）的性质、最后的分类和各种行为、心理疾病的预测力有较大的差距。出于这些原因，在精神病学与心理学的诊断例子中，目前使用的诊断要看它们是否完全有助于用药、治疗、研究或预防。我们做出的诊断或许和本质的问题不相适合，我们目前使用的诊断分类结构（Classification Schemata）可能并不存在。目前的诊断性术语代表当前彼此的思考和交流的方式，而不应该认为它们界定了现实。

诊断这个词起源于古希腊介词 dia（分离）和 gnosis（了解）。现在我们知道的抑郁症、癔症（Hysteria）在苏美尔语（Sumerian）和埃及语的文献里曾有过描述。几千年来，相当全面的分类的主要描述似乎没有多大变化。这些分类包括：精神变态（Psychosis）、癫痫（Epilepsy）、酒精中毒（Alcoholism）、衰老（Senility）、癔症和心理迟缓（Mental Retardation）等。

1840 年在美国进行的人口普查中第一次正式把心理紊乱制成量表。1952 年以后，出版了四个版本的《心理障碍的诊断与统计手册》（DSM）。DSM-Ⅲ包括了 18 种主要分类与 200 多种特殊障碍。1987 年出版的 DSM-Ⅲ-R（DSM-Ⅲ的修订版）旨在为提高诊断可靠性提供一个进一步的诊断标准。临床学家的任务是决定患者特殊临床症状的存在与否，然后使用 DSM-Ⅲ-R 的标准来做出诊断。现在 DSM-V 也已正式出版。

准确可靠的描述是理论建构和科学研究的基础。分类也有助于将个体的观察置于不同的角度或背景中，为较好地治疗、预防、控制提供新的途径（例如，有助于理论建构，便于更好地预测与理解）。斯金纳（B. F. Skinner，1986）指出，科学上的分类一般产生于从最初的事件描述到基础的原因机制或科学理论的公式化。在健康科学中，我们可以观察临床症候群，而后试图用不可能观察到的原因机制解释它们。

分类过程的最好例证大概是元素周期表，它是以观察它们的共同特点进行分组而开始的。与这些印象深刻的发展相比，精神障碍的分类和理解的进展要慢得多。其原因在于，第一，精神病学和临床心理学的许多理论，如“精神分析理论”难以进行实证评估和稳定测量。第二，难以对心理障碍的特征进行测量和了解。近年来，通过使用外显操作定义所做的相当多的工作已经增加了精神诊断的可靠性。第三，现在的诊断体系很少依赖于已知病因的存在，主要以个体心理障碍的操作性特征为基础，较少强调病因的概念。

科学的分类通常开始于对事件的描述，这种描述先于对原因机制或科学理论的公式化的研究。精神诊断的操作定义可能开始于 20 世纪 50 年代，其诊断的目的在于交流、干预和理解。

诊断的第一个目的是必须允许心理医生彼此交流所处理的心理障碍的情况。这和每天的思考与交流一样，需达到清楚确定的程度。临床实践分类的预期结果就是要有一些专门的术语，对患者的众多临床特征进行交流，而没有必要每次列出组成特定诊断实体的全部特征。诊断的第二个目的是对患者的干预。从理想角度来说，心理机能失调的分类应该包括如何防止失调发生以及如何通过治疗消除机能失调的知识。诊断的第三个目的在于理解心理障碍的原因和过程。没有对某种特殊障碍的原因的知识，治疗也能有效进行，然而对病因的理解通常能保证对障碍的更好控制。不同的诊断有助于区分有相似病情的患者，而且可以进一步探查他们的有意义的联系和差别。

可靠的诊断是临床实践的重要基础。因为可靠的诊断几乎总是先于有效的治疗。目前采用的 DSM-Ⅲ以及 DSM-Ⅳ为诊断提供了一个良好的参考架构。但DSM-Ⅲ在临床应用之前，对其可靠度进行了大量的研究。

在信度研究的第一阶段，斯佩兹等集中了来自不同国家和地区，包括中国台湾在内的志愿参加的临床学家。给每一位临床学家提供DSM-Ⅲ的一个工作副本，首先请他们从自己的患者群体中找 15 个患者在其身上试用。结果表明，40%的测验–再测验会谈是彼此在 1 天内完成的，而几乎一半有 3 天以上的测验–再测验间隔。在任一种格式里，都要对两位临床学家进行指导，告诉他们如何对患者使用所有的可利用的材料，如个案记录、护理记录和家庭信息等。共有 274 名临床学家集中评估了 281 名成年人患者。18 岁以下的 71 名儿童都在第一阶段被评估。281 名成年人患者的第 I 轴诊断的一致性系数是 0.78，单个交谈所做诊断的一致性系数是 0.66，对于Ⅱ轴，人格障碍存在的一致性系数是 0.61（评分者信度）和 0.54（重测信度）。另外，斯佩兹等还报道了Ⅳ轴（应激源）和 V 轴（适应机能）的可比较的数据。对于 274 名临床学家交谈过的 281 名患者来说，Ⅳ轴的一致性系数是 0.62（评分者信度）和 0.58（单独进行的重测信度），V 轴的信度甚至更好些，评分者信度是 0.80，重测信度是 0.69。

在精神病诊断信度的富有创见的讨论中，研究者们的共同结论是，DSM-Ⅲ的诊断标准和 DSM-I 比较而言，描述得更加清楚，设置的规则更加严格。对精神分裂症以及主要的情感失调的广泛分类来看，DSM-Ⅲ的信度通常较好；而对一些其他分类，其信度较低，人格障碍范畴里的信度为 0.56。另外，DSM-I 不适合于对儿童障碍的诊断。

以 DSM-5 中精神分裂症的诊断标准（表 2–4）为例，说明诊断标准的应用。

表 2-4 DSM-5 中精神分裂症的诊断标准

存在 2 项（或更多）下列症状，每一项症状均在 1 个月中相当显著一段时间里存在过（如经成功治疗，则时间可以更短），至少其中 1 项必须是 1、2 或 3：
1. 妄想
2. 幻觉
3. 言语紊乱（例如，频繁地离题或不连贯）
4. 明显紊乱的或紧张症的行为
5. 阴性症状（即情绪表达减少或动力缺乏）
症状标准：≥2 项症状，存在 1 个月（≥1 项是妄想、幻觉或言语紊乱）
功能标准：功能低于发病之前
病程标准：病程≥6 个月
排除标准：排除其他疾病、物质
补充标准

按照上述标准，某个特定的患者必须满足具有 2 项或以上在其诊断标准中列出的症状，同时满足症状标准、功能标准、病程标准和排除标准才可诊断为精神分裂症。如某项标准没有达到，例如其病程不足 6 个月，而其他各项均已满足，仍不能给予精神分裂症的诊断，需考虑精神分裂样。

不同版本的《精神障碍分类与诊断标准》中，都列出了各类精神障碍的诊断标准，用于临床诊断。各分类诊断体系均有各自对于某种障碍的具体标准，需对照实施。

一、诊断原则

一元诊断是指对患者所有症状和体征尽可能用一种疾病来解释。

等级诊断是指按疾病严重性和治疗迫切性对可能存在的多种疾病按主次或先后进行诊断排序。按照等级诊断原则，在对来访者进行诊断时，必须考虑按照下列步骤进行工作：分析其心理活动是否异常，即是否可以用正常范围的变异来解释。在确定是异常后，再通过症状分析和躯体检查等分析是否为器质性问题，只有排除了器质性问题，才考虑“功能”性精神障碍。在诊断“功能”性精神障碍的过程中，要分析其主导症状是什么，是精神病性障碍还是非精神病性障碍，如神经症、人格障碍等，同时还要考虑心理应激因素与疾病的关系。然后再按最可能出现这一症状的疾病逐一鉴别，得出诊断。在诊断某一疾病时，一般应该有肯定诊断和排除其他诊断这两方面的依据。

循证诊断是指在临床诊断中注重客观依据、不断验证诊断的正确性。循证诊断应遵循实践、认识、再实践、再认识的原则。

美国精神病学学会于1980年正式将多轴诊断原则列入DSM-Ⅲ，共列出了5个轴。由于其缺乏具体的操作格式、诊断过程太复杂且不易掌握等原因，未能推广使用。DSM-N对其做了适当改进，列出的5个轴分述如下：

轴Ⅰ：临床障碍（Clinical Disorders），包括诊断分类中的1～15类（但精神发育迟缓除外）；可能成为临床注意焦点的其他情况，即诊断分类中的第17类。

轴Ⅱ：人格障碍和精神发育迟缓（Personality Disorders and Mental Retardation），其中人格障碍涉及诊断分类中的第16类；精神发育迟缓为诊断分类第1类中的一项。

轴Ⅲ：一般医学情况（General Medical Conditions）指精神科以外的各种疾病。

轴Ⅳ：心理社会问题及环境问题（Psychosocial and Environmental Problems）。这些问题可归纳为9个方面：①基本支持集体（家庭）问题；②与社会环境有关的问题：③教育问题；④职业问题；⑤住房问题；⑥经济问题；⑦求医问题；⑧与司法单位有关的问题；⑨其他问题。

轴Ⅴ：功能的全面评定（Global Assessment of Functioning，GAF），通过GAF量表以百分制评分。如果没有症状，可以很好地把握日常生活中的问题者评分范围为91～100；而有严重症状，在社会生活、学校生活或工作等某方面功能受到损害者评分范围为41～50。

二、诊断思维

先了解患者的发病基础例如一般资料、家族遗传史、病前性格、既往病史和生活环境等。再对患者的起病原因进行分析，了解其病程，临床表现遵循“症状—综合征—假说—诊断”的流程，再结合疾病特点和各种检查结果，综合分析，仔细比较病因和诱因。

诊断过程是指通过横向的交谈观察与纵向的病史回顾相结合，全面掌握来访者的精神状态及其动态变化，详细了解其生活方式和发病前的相关社会心理因素，综合分析生物学因素（如遗传、躯体疾病、药物等）在起病中的作用，就可以将其归纳到精神障碍分类诊断标准中的一个恰当的诊断类别之中。其中横向诊断是指对来访者心理活动的观察和对来访者精神状况的检查。这一诊断过程注重现在，重在发现占优势的心理活动和精神状态，以进行诊断，如抑郁症患者的情绪低落等。纵向诊断过程在于结合来访者的个人情况、人格特点、个人史、家族史、起病形式、症状和病程特点等进行诊断。

具体工作可遵循以下诊断步骤：

（1）收集资料：①收集临床病史，区别可靠与存疑的事实。②进行体格检查，包括躯体和神经系统检查。③进行精神状况检查以获取主要精神症状。④进行实验室检查，包括常规检查、脑电图、CT、磁共振成像（MRI）、脑脊液检查等。⑤病程观察，考察疾病的演变情况。

（2）分析资料：①如实评价所收集的上述资料。②根据资料的价值，排列所获重要发现的顺序。③选择至少1个，最好2～3个重要症状与体征。④列出主要症状、体征，存在哪几种疾病，按器质性精神疾病、重性精神疾病到轻性精神疾病的等级逐一考虑。⑤在几种疾病中选择可能性最大的一种。⑥以最大可能性的一种疾病建立诊断，回顾全部诊断依据、正面指征与反面指征，最好能用一种疾病的诊断解释全部事实。否则考虑与其他疾病并存。⑦说明鉴别诊断与排除其他诊断的过程。

上述过程侧重于按照等级原则进行诊断。如果将多轴原则结合考虑，需要考虑来访者的躯体状况，即是否存在某种或某些疾病，这些疾病对于异常心理与行为可能造成的影响。另外，在社会、心理及环境方面存在哪些值得关注的问题，而这些问题对于其症状的作用程度如何。最后对其整体的功能进行全面评价。

综上可见，分类和诊断使定义心理异常成为可能，而DSM、ICD、CCMD等诊断体系为定义心理或行为异常提供了有益的框架，使众说纷纭的异常标准有了相对健全的衡量体系，得到了不同领域专业人员的接受和认可。但由于这一框架是人为制定的，同样存在着不足和缺陷。在过去的几十年里，各个分类系统均经过了多次修订，删除了一些障碍的诊断分类，又增加了一些诊断分类，例如三个系统均将同性恋从性心理障碍的分类中去掉了；而 DSM 系统在 1980 年增加了进食障碍的诊断标准。随着专业领域对不同障碍认识的不断深化，类似的改进仍会不断出现。上述的分类系统在改进的过程中还注意在诊断标准中减少主观成分，而代之以可以观察到的行为模式的“操作性”定义（Nolen-Hocksema，2001）。

尽管如此，许多患者的症状仍然是难以按照这些系统进行确认的。例如，有的障碍需要检测出 4 条症状才可以达到诊断的标准，但患者只符合诊断体系中的 3 条症状。对此 DSM 系统提出了“非典型性精神障碍”（Psychotic Disorder Not Otherwise Speci Fied）的诊断进行应对。还有一些患者，自己感到非常痛苦，但其症状很难对应于分类体系中的任何一种障碍。有时分类系统要求在诊断一种障碍时先要排除另一种障碍的可能性，但在临床诊断中，有时两种情况会同时存在，例如焦虑与抑郁。

三、诊断标准

依据患者的症状进行组合，判断其严重程度或功能损害情况，判断其病期和病程，再根据病因和排除标准确定障碍。

□ 案例

患者信息：小林，女性，28 岁。

主诉：小林情绪低落，自责感强烈，并且经常出现消极的思维，无法摆脱这种情绪状态。

现病史：小林最近几个月来开始感到情绪低落，经常自责并且认为自己没有价值。她全天都感到疲倦，对大部分活动失去了兴趣。她入睡困难，睡眠浅、易醒，并在早晨感到精力不足。她注意力不集中，决策困难，常常对未来持消极态度，甚至有过自杀的想法。这些症状影响了她的社交生活，她逐渐减少了与朋友和家人的接触，也对工作产生了负面影响。

诊断标准：

根据提供的信息，我们可以使用 DSM-5 的抑郁症诊断标准来评估小李的情况：

（1）必须有以下两个核心症状之一（至少持续两周）：

①显著的、持续的低落情绪，表现为悲伤、空虚或绝望；②对很多事情失去兴趣或快乐感的显著减少。

小林的症状符合第一个核心症状，她体验到情绪低落、自责，并且认为自己没有价值。

（2）必须存在以下一组附加症状，这些症状必须在同一时期内，持续时间较长，并且影响到日常功能。至少需要满足其中五项症状，这些症状包括但不限于：

· 显著的体重变化（增加或减少）或食欲改变；

· 睡眠问题（入睡困难、睡眠中断、早醒等）；

· 精力不足或疲劳感；

· 无价值感或过度负罪感；

· 注意力和集中力下降；

· 决策困难；

· 持续的消极思维，包括死亡和自杀的想法；

· 体感运动减速或烦躁不安；

· 社交活动减少或退缩。

除了情绪低落和自责之外，小林还有疲倦、失去兴趣、入睡困难、注意力不集中、消极思维，以及社交活动减少等其他症状。

（3）症状导致明显的社交、职业或其他重要领域的功能受损。小林的症状影响了她的社交生活和工作能力。

（4）症状不能归因于其他医学疾病、药物使用或药物滥用引起。需要排除任何其他身体健康问题导致的类似症状，并确保症状不是由于药物使用或滥用造成。

根据这些信息，我们可以初步认定小林可能符合抑郁症的诊断标准。

四、焦点问题

（一）误诊

误诊是指把精神活动正常变异诊断为精神障碍，或未及时发现轻度精神障碍或早期精神障碍，或将 A 病诊断为 B 病。

误诊的原因：病史收集欠详细可靠；病情表现不够充分；病情观察不够客观，症状识别不正确；采用的诊断标准不够完善或不能正确使用诊断标准；诊断思维过程不科学；科学发展水平所限；患者或病史提供者提供虚假信息，或患者故意伪装。

（二）共病（Comorbidity）

共病是指一个患者同时患两种或两种以上精神障碍。

（三）被精神病

被精神病通常指第三方有目的地编造虚假信息将精神正常者诊断为某种精神障碍，多强行送到精神病院就诊和/或接受强制性住院治疗。

第四节　异常心理评估

心理评估（Psychological Assessment）是指评估者主要采用心理学的方法和工具，对个体或群体的心理特点及状态进行描述、分类与鉴别的过程。其评定内容包括被评估者的心理过程和个性心理特征，如思维、记忆、情绪、智力、性格等。而心理诊断（Psychological Diagnosis）则是指运用心理学方法和技术评定个体的心理活动的性质与水平，并根据相关诊断标准，判断异常心理的程度与性质，以做出一个心理障碍或疾病的诊断。心理诊断是对可能存在心理问题或障碍的人进行判断、筛查及鉴定的过程。

心理评估与心理诊断二者既相同又相异。其共同之处在于，二者都主要采用心理学的方法与策略搜集被评估者的信息，同时，二者都力图准确把握被评估者的内心世界。二者的不同之处在于：首先，目标不同。心理评估更倾向从正常人的角度对被评估者进行分析与判断，而心理诊断则更具有医学的意味，更倾向于按照特定的模式去搜集资料，并最终对被评估者做出某种确定性的诊断。因此，心理评估的范围较心理诊断更广，程度可能更深。其次，应用范围稍有差异。心理评估一词更常见于医疗系统以外的工作领域，而心理诊断一般在临床部门使用。

心理评估与诊断被广泛应用于人才选拔、职业指导、教学研究、人类工效学评价。在临床活动中，心理评估亦是不可缺少的内容，如：在精神科中配合精神障碍的诊断；在神经科内，亦常使用神经心理测验以确定特定的神经系统的功能障碍等。

心理评估与诊断是心理咨询和治疗活动中制定治疗方案、评价治疗效果的重要前提与依据。另外，在其他躯体疾病患者的康复过程中，心理评估与诊断也是促进其早日恢复，以及制订更有效的康复计划的依据。因此，心理评估与诊断在心理学、医学、教育学、人力资源管理、军事和司法等领域有着十分广泛的用途。

一、临床访谈与观察

临床访谈是心理学中最古老，同时也是最常用的一种评估方法。临床工作者通过收集来访者过去和现在的行为、态度和情绪，个体既往病史和现病史等方面资料的专业过程，对来访者的情况进行评估。虽然随着科技的发展，越来越多的先进工具已经被应用到了评估领域，但大多数临床工作者仍然认为，临床访谈是最有效的收集来访者信息的方法之一。临床访谈是一种面对面的过程，在此过程中，临床工作者可以有更多切实的感受，而不仅仅是旁观，因此，也更可能获得更其实的信息。因此，虽然当代已经有了许多可以替代面对面的工具，如互联网、可视电话等，但大多数临床工作者仍然认为，只有面对面的临床访谈才能真实地了解一个人。一般而言，临床访谈中要收集的信息主要包括：①问题发生的时间，顺序及同时发生的其他事件（如生活压力、损伤、生理疾病等）；②来访者过去和现在的人际关系史、社会关系史，包括家庭结构（如婚姻状况、子女数值、与父母生活在一起的情况）还有养育史；③来访者的性发展史、对宗教的态度（过去和现在的）、相关的文化带来的问题（诸如歧视导致的压力）以及受教育史；④其他主观因素（如咨询师个人的主观评估感受）。

临床访谈是临床心理学工作的基本功，是临床工作者与来访者沟通的一个重要过程，也是收集信息、诊断评估和治疗干预的重要方法。临床访谈有三个基本目标：与来访者建立联系，收集来访者的信息或有关资料；做出评估或诊断；进行帮助或干预。

二、结构化临床访谈

结构化临床访谈是指结构化临床访谈的黄金标准是 DSM-5 的结构化临床访谈，也被称为 SCID。这是一个半结构化的面试指南，由熟悉心理健康状况诊断标准的心理学家或其他心理健康专业人员管理。结构化临床访谈的目的：结构化临床访谈有多种用途，包括根据 DSM-5 对患者进行评估以做出诊断研究，研究某些人群都有的相同的症状；用于临床试验；或者供想要成为更好的访问员而进入心理健康领域的学生进行练习。SCID 也可以帮助确定你是否有多种疾病。它包含标准化的问题以确保每位患者以相同的方式接受采访。由于许多与诊断标准有关的问题都是主观的（比如，与可用于诊断身体疾病的血液测试的数字相比较），像这样的标准化指南有助于确保研究者看待人是否具有相同的一般症状。换句话说，它有助于使主观诊断更客观一些。结构化临床访谈的问题类型包括询问患者的家庭病史、当前疾病症状性质、严重程度和持续时间等。其问题非常详细和具体，但并非所有的问题都需要答案，因 SCID 涵盖了许多疾病，其中大部分可能没有答案。根据症状的严重程度和类型，SCID 可能需要进行 15 分钟到几个小时才能完成。以下是在结构化临床访谈期间，患者可能会被问到的有关强迫症的具体问题：

你的强迫症和强迫症的具体细节是什么？

你的这些强迫症持续了多久？

这些强迫症如何影响你的生活？

您的症状在新疾病或服用新药后开始了吗？

在开始有强迫症和/或强迫症之前，你是否身体不适？

在开始有强迫症和/或强迫症之前，你是否使用过毒品？

当这些症状开始时，你多大了？

……

三、标准化量表

标准化量表对人的行为进行评估至关重要。大多数心理测试通常使用经过信度、效度检验的现成量表，例如 MMPI、WAIS、SCL-90 等。心理测验种类繁多。①按测验的功能分类：智力测验，用于测量人的智力；特殊能力测验，测人的特殊能力；人格测验，测量人格特点。②按测验材料分类：文字测验，也称纸单验，所用的是文字材料，被试用文字作答，如艾森克人格问卷；非文字测验，也称操作测验，测验项目多是图画、实物等，无须以文字作答，如罗夏墨迹测验。③按测验对象类：个别测验，即一个主试与一个被试在面对面的情形下进行；团体测验，在同一时间由主试对多个被试施测。在心理诊断中常用的测验包括投射测验、人格测验、智力测验、神经心理测验等。

（一）投射测验

投射测验是指把模糊的刺激，诸如人物或事物图像，呈现给来访者，让他们把看到的描述出来，临床工作者借助于此，对个体无法意识到的想法与感受进行评估的一种技术。测验中所使用的问题模糊，刺激没有明显的意义，对被试的反应也没有明确规定，因此，更容易突破来访者的防御，让治疗师获得更真切的无意识信息。投射测验的理论基础是人们会把自己的人格和无意识的忧虑投射到别人和其他事情上去。所以，来访者面对模糊刺激时，会在不经意间把他们的无意识担法透露出来。投射技术在 20 世纪 40～60 年代盛极一时，尤其是罗夏墨迹测验，被列为临床心理学家训练的必修课程。在那时，罗夏墨迹测验几乎成为临床心理学的同义词。20 世纪 70 年代后，随着行为主义的兴起，投射技术的地位开始下降，但在科研与临床中仍占有重要地位。

常用的投射测验包括：墨迹测验——罗夏墨迹测验（Rorschach Inkblots Test）、霍兹曼墨迹测验（Holtzman Inkblots Test）；图片技术——主题统觉测验（Thematic Apperception Test，TAT）；言语技术（Verbal Techniques）——自由联想测验（Free Association Test）、完成句子（Sentences Blank）；绘画技术（Drawing Techniques）；游戏技术和玩具测验（Play Techniques and Toy Tests）。虽然大多数投射测验并不

被认为是严格的心理测量工具，其信度与效度尚存在争议，但是由于投射测验在评估中所具有的能够绕开来访者防御机制去探索其真实内心世界的独特优势，因而仍然有大量的治疗师将其作为临床评估的重要工具。

（二）人格测验

除了投射测验外，还可以利用自陈量表来对人格进行测验。通常，这样的人格表现会要求被评估者根据量表中的陈述与自身情况的符合程度做出选择。然后，评估者根据其回答，按照评定标准，在各种尺度上绘出得分图，从来访者的量表得分及其图片上，对来访者的心理特征做出诊断与解释。目前，临床上经常使用的人格测验包括艾森克人格卷（EPQ）、卡特尔 16 种人格因素量表（16PF），明尼苏达多相人格调查表（MMPI）等，其中 MMPI 在临床中应用得十分广泛，在精神病的筛选、诊断方面具有重要意义。

MMPI 的施测比较简单，接受评估的个体只要阅读所陈述的问题，回答“是”或“否”即可。MMPI 对个体的反应特点不做分析，而是分析反应模式，以评价反应模式与患有某种障碍的群体是否类似（如模式与精神分裂症组相似）。每组模式都由不同的标准化量表来表示。当完全按照标准化程序进行时，MMPI 的信度非常好。

（三）智力测验

1905 年，法国心理学家阿尔弗雷德·比奈（Alfred Binet）和他的同事西奥多·西（Theodore Simon）受法国政府的委任，编制了第一个智力测验。1916 年，经过斯坦福大学的刘易斯·推孟（Lewis Terman）的修订，斯坦福－比奈量表渐渐为人所知。智力动作主要用于评定个体的一般智力，也就是那些人们适应社会、人际关系和工作学习环境必不可少的基本技巧和能力。

通常，从智力测验中得到的智商（IQ）是一种根据受试者各方面表现得出的综合分数。IQ 分高意味着个体在教育上取得成功的概率比一般群体大。当然，IQ 分低于平均数值并不意味着这个人一定不聪明，有很多原因会导致低分。例如，不用被试的母语进行测验就有可能使测验得分偏低，但这种结果并不能说明被试者不聪明。智力测验常用于预测学生的学业成绩。同时，在临床工作中，人们也常用智商分数来分析来访者在日常的学习或工作中的表现。如一个孩子为什么不能获得期望中的成就，或一个雇员为什么不能取得与别人一样的工作业绩等。

关于智力构成的意见现在仍然没有能够达成一致。智力测验要测量的能力包括注意、知觉、记忆、推理和言语理解，但是这些能力能代表我们所理解的智力的所有内容吗？最近的一些理论家认为智力还应当包括适应环境的能力、孕育新想法的能力和有效加工信息的能力。

（四）神经心理测验

神经心理测验是一类用于检查脑功能失调区域的测验。神经心理测验测量的内容包括语言的理解和表达、注意力、记忆力、动作技能、知觉能力、学习和概括能力等。通过对这些能力的测量，观察人们在特定任务上的能力是否受到影响。治疗师能评价其脑功能失调与否，对个体的行为和有可能存在的脑损伤做出有关的推测。对神经心理测验效度的研究表明，它们在发现器质性损伤方面是有用的。戈德斯坦和谢利（Goldstcin，Shellv，1984）发现，霍尔斯特德－赖坦和鲁利亚－内布拉斯加测验在识别器质性损伤方面的正确率是差不多的，正确率将近80%。目前，神经心理测验主要是作为一种筛选工具，通常要与其他的评估工具结合使用，以提高发现真正问题的可能性，测验的信度和效度都较好，但由于测试时间往往过长，因此一般不大使用，除非怀疑存在脑损伤。

四、客观生物学标记

寻找客观的指标来诊断精神疾病是精神学领域研究的大趋势。据世界卫生组织（WHO）统计，抑郁症已成为全球常见精神障碍。全球有超过 3.5 亿人罹患抑郁症，近十年来患者增速约为 18%。在中国，抑郁症患者超过 9500 万，也就是说，在每 15 个人中，就有 1 位抑郁症患者。抑郁症的高发病率、高致残率以及高漏诊率的特点，引发了众多精神病学家、临床医生及全社会的关注。然而，目前抑郁症主要依靠现象学诊断，需要医生对患者开展仔细的精神检查以发现其精神症状，缕清症状后再按照诊断标准进行诊断。这意味着，现阶段抑郁症的识别率和诊断率仍待提升。此外，抑郁症的治疗多以药物为主，但现有药物治疗起效慢，大约一到两周才开始起效，而不良反应却可能在用药初期产生，这在一定程度上“劝退”了部分患者，使其对药物的依从性降低。曾有研究表明，首次发作的抑郁症患者在未来五年复发的概率高达50%，若是二次发作，在未来五年复发的风险则高达70%，高复发率的其中一个原因就是患者没有进行全程的药物治疗，因此越来越多的科学家开始研究如何寻找客观指标。司天梅团队率先在临床上收集抑郁症患者的症状、认知、影像学及血液学的特征，然后对患者的数据和临床症状进行分析，寻找有助于预测临床反应的客观生物学标记。通过一系列的影像学观察，其发现抑郁症患者存在额叶、颞叶、顶叶、枕叶内多个脑区局部的活动改变，患者眶额、海马旁回、梭状回、枕叶区域的VMHC（体素−镜像同伦连接）减小，提示患者大脑半球双侧功能的同步性下降。

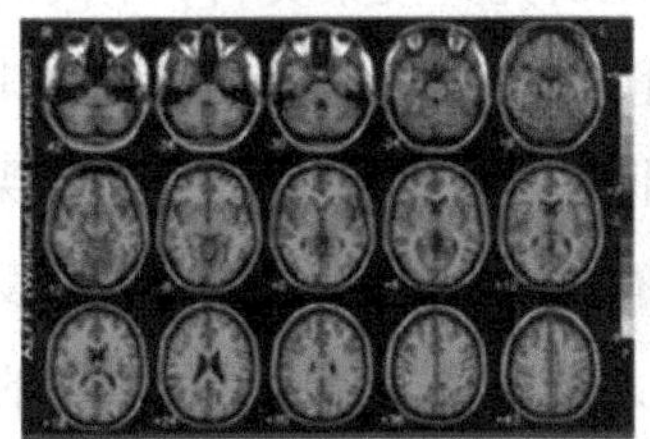

抑郁症患者存在额叶、颞叶、顶叶、枕叶内多个脑区局部的活动改变

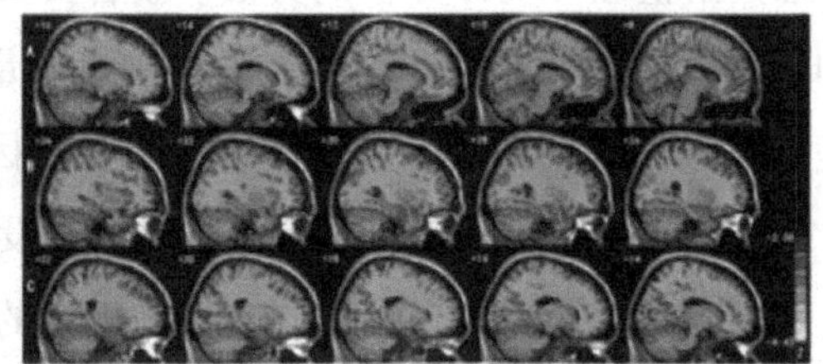

抑郁症患者眶额、海马旁回、梭状回、枕叶区域的VMHC减小，提示患者大脑半球双侧功能的同步性下降

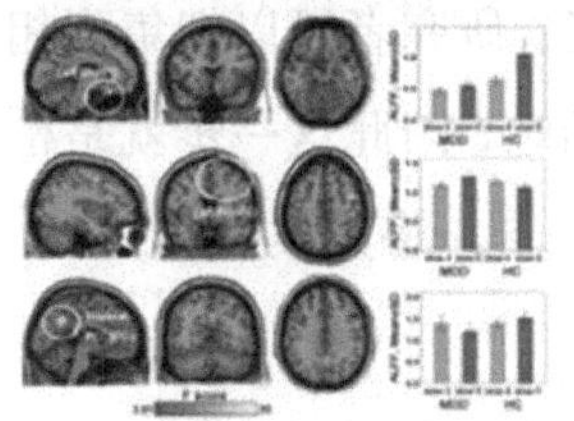

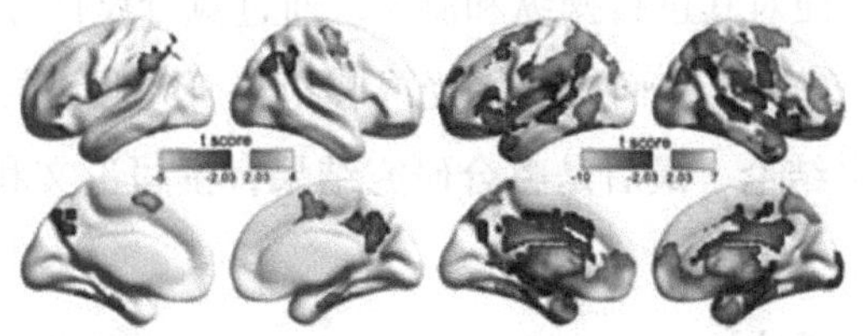

不同低频段患者腹内侧前额叶、额下回、后扣带回区域的ALFF水平不同，提示其脑改变具有频段依赖性

图2−3 证实可用于抑郁症客观诊断的生物标记

第五节　研究方法

一、流程

接下来，我们要对科研流程做进一步说明。

首先是提出问题和假设。研究假设是有一定根据的猜想或看法，或有待数据支持的陈述，是以从各种事实中归纳出来的一般性原则与规律为依据，演绎生成的对特殊或个别现象的推论。其次是设计研究方案，研究设计是对假设进行验证的设计。其要点包括明确研究目的与选择研究对象，选择研究方法与设计方式，确定研究变量与观测指标，选择研究工具与材料，制定研究程序与选择研究环境，考虑数据整理与统计分析的方法。接着要实施研究并搜集资料，不同的研究目的和所采取的研究方法影响研究设计中自变量、因变量的选择与测量。其中自变量是指被操作或被认为是影响因变量变化的因素。因变量则是研究者要观测的变量，它随自变量的改变而变化。前文中虽然没有具体介绍各个研究者的设计方案，但可以明确的是，研究中的自变量是被试的人格特征，因变量是被试的抑郁状态。当然，在具体研究实施的过程中，还需要进一步界定相关变量的操作性定义，以便对其进行操纵和测量。通过执行设计方案，研究者可以搜集到相关资料并进行分析，从而得出接受或者拒绝研究假设的结论，因此这一步就是检验假设并得出结论。最后是整合研究结果，撰写论文和报告，将其发表。

二、方法

（一）观察法

第一，某些事情如果不通过自我报告，而仅根据观察可能不精确。例如，有暴力倾向的孩子的父母可能会说孩子一直在制造麻烦，而孩子回答说只有当别人欺负自己或拿自己东西时才这样，观察者可以通过孩子的回答发现事实究竟如何。第二，观察可以剔除个人对测试者的反应，以及测试者的主观解释。最后，通过观察可提供针对问题行为的可操作性结论。通过观察环境可能发现，孩子可能只在某些与父母互动类型中才有攻击性的表现，解决这个变量比解决潜意识冲突简单。进一步而言，如果确实存在潜意识冲突，那么调节亲子关系也有利于解决问题。但是，观察法也不是完美无缺的，在第一阶段，要求大量的时间用于调查。第二阶段，观察者的出现可能会有“反应”，即被观察者可能因为被观察而与平时的行为有所不同。“问题”儿童（“问题”父母和老师）一旦看到带着写字板的人在旁边时，就会意识到被观察，那么他们会马上表现良好。这个问题可以通过秘密观察来解决。另一种方法是，使用记录仪器来观察而不是人们自己去观察，虽然此方法也存在道德争议。与亲自观察不同，摄像机可以持续记录，这样被观察者可以忽视摄像机的存在而重现平时的行为。

（二）流行病学研究

流行病学研究是研究疾病在人群中的发生、分布情况。流行病学家希望通过研究疾病在人群中的情况来找出病因。常用的方法之一是确定患病率，即某一时期的患病总人数占总人口数的百分比。另一种常见的方法是确定疾病的发生率，即对某一时期新增患者的数量进行估计。尽管流行病研究的最初目的是研究医学问题，但是这种方法对于研究心理问题同样有效。像其他相关研究的意义一样，流行病学研究也不能告诉我们是什么原因导致某种现象的出现，但是有助于对患病率和精神疾病的病程等方面进行了解，也给研究者指明了前进的方向。

（三）相关研究

相关研究是探索两个或两个以上变量间相关关系的研究类型，其研究目的是根据与研究对象有关的各种因素（变量）之间相互联系的强度、方向及性质，对研究对象的特征与行为做出解释和预测。在相关研究中借助相关系数所测量和检验的变量之间的关系是联系性的而不是因果性的。这主要是因为相关研究是对变量进行观察而不是操纵，出于实际地考虑，相关研究就成为在严格的实验研究无法实施情况下的一种最佳选择。

（四）实验研究

实验研究是指对变量做系统的操纵以建立起因果关系的一种研究类型。实验研究中的这种操纵是个案研究和相关研究中所没有的。实验者可以操纵自变量，再测试其对另一个变量，即因变量的效应，并据此对两个变量之间的因果联系做出分析判断。

（五）单被试研究

单被试研究是用多种方法搜集资料，对于处在自然环境背景中的个体，在微观层面进行深入细致的动态描述与分析的研究类型。个案研究所搜集的资料内容极其丰富，包括个体的家庭情况、成长的历史早期的生活环境、重要生活事件、患病的历史及发展情况、个人报告、日记、作品、他人（家庭成员、朋友、邻居等）印象及描述等。其中最重要的信息来自个人的报告。多年来，个案研究对促进我们对异常心理现象的了解产生了深远的影响。它可以帮助研究者达成实用和准确的结合，注意到个体的变异性和复杂性，并提供获得与验证知识及理论的发现式途径。但同时研究结果往往来自个别的案例，无法推广到更大的范围中去。并且通过不同的个案研究得到的结果可能是有差异的，其结果无法重复。因此，使用个案研究方法很难产生适合普遍使用的规律或行为原理。

三、伦理

研究者要面对的一个基本问题是：什么时候研究的内部效度要比患者的治疗权利更重要？解决这个问题的一种方法是使用知情同意（Informed Consent），即参加者在完全了解研究的性质和他在研究中的角色后正式同意参加本研究。在那些需要延迟治疗或取消治疗的情况中，研究者需要告诉参加者这么做的原因和风险．并得到参加者的同意后才能进行。在安慰剂控制组的研究中，研究者需要告知参加者他们在实验中有可能不会得到有效治疗（所有的参加者都不知道他们会被分到哪一组），但是在实验结束后，研究者需要重新给他们一个接受治疗的机会，让他们自己选择是否接受治疗。为了保护实验参加者的权利，明确研究者的责任，美国心理学会在 2002 年出版了《心理学工作者的伦理原则和道德原则》，其中包括研究的基本指导方针。参加实验的被试必须得到足够的保护，以避免受到身体和心理的危害。除了知情同意，这些基本原则还强调了研究者具有保护参加者利益的责任。其中，在知情中主要内容包括我们要面对的实验内容与意义；风险与解决方案；保密及方式；补偿及方法；被试权利等。而同意的具体包括同意参与和签字。

伦理中还需要注意保密，如果不得不需要隐瞒实验的真实目的，则需要在实验结束后向被试解释清楚，最终进行报告结果和数据处理。

参考文献

[1] 钱铭怡. 变态心理学 [M]. 北京：北京大学出版社，2006.

[2] 劳伦 · B. 阿洛伊. 变态心理学 [M]. 上海：上海社会科学院出版社，2005.

[3] 王建平. 变态心理学 [M]. 北京：中国人民大学出版社，2018.

[4] 王登峰. 临床心理学 [M]. 北京：人民教育出版社，1999.

[5] Charlson F J, Ferrari A J, Santomauro D F, et al. Global epidemiology and burden of schizophrenia: Findings from the Global Burden of Disease Study 2016 [J]. Schizophr Bull, 2018, 44: 1195-1203.

[6] 王善梅，许允帅，钱丽菊，等. ICD-11 精神、行为及神经发育障碍分类主要变化 [J]. 中国神经精神疾病杂志，2020 (01): 43-45.

[7] 戴云飞. 中国精神科医师对于诊断系统的观点和分类研究 [D]. 上海：上海交通大学，2015.

人格障碍

第一节　人格障碍概述及分类

一、概述

人格障碍（Personality Disorders）是指人格特征显著偏离正常，并具有稳定和适应不良的性质，同时伴有自我和人际功能的损害，形成了特有的行为模式，对环境适应不良，常影响社会功能，不符合个人发展阶段和社会文化环境。

人格障碍没有明确的起病时间，不具备疾病发生发展的一般过程。人格障碍常开始于幼年，青年期定型，持续至成年期或者终身。因为其适应不良的行为模式难以矫正，仅有少数患者在一定程度上有所改善。严重躯体疾病、伤残、脑器质性疾病、精神障碍或灾难性经历之后发生的人格特征偏离，应列入相应疾病的人格改变。儿童少年期的行为异常或成年后的人格特征偏离尚不影响其社会功能时，暂不诊断为人格障碍。

人格障碍患病率的调查结果因评定方法和调查地区的不同而有很大的差异，最低为 0.1%，最高为 13.0%。人格障碍的危险因素包括：父母过度保护、否认拒绝型养育方式、父母关系不良、单亲家庭、被虐待等。

二、分类

（一）A 类

行为怪癖、奇异，包括偏执型、分裂样和分裂型人格障碍。

1. 偏执型人格障碍

①对挫折和拒绝过分敏感；②对侮辱（无礼）和伤害不依不饶或持久地怨恨；③多疑，且带有弥散性，甚至把中性和友好的态度歪曲为敌意或蔑视；④好争斗，为个人权利进行不屈不挠的斗争，与处境不和谐；⑤病态性的嫉妒；⑥自视过高，过分重视自身的作用，具有持久的自我缓引态度；⑦具有认为周围有人搞阴谋的先入为主的观念。

2. 分裂样人格障碍

①不能享乐；②情感冷淡，对人无温情、无体贴，也不发怒；③对赞扬或批评均无反应；④对异性不感兴趣；⑤沉湎于幻想，孤独地活动；⑥无知心朋友，没有亲密或信任的人际交往；⑦不遵守社会传统习俗，行为怪异。

3. 分裂型人格障碍

①牵连观念（未达关系妄想程度）；②与其文化背景不相一致却影响其行为的古怪想法或魔幻思想；③不同寻常的知觉或者身体幻觉；④古怪的、隐喻的言语；⑤猜疑或者偏执观念；⑥感情不适合或者受限制。

（二）B 类

情感强烈而不稳定，包括表演型、自恋型、反社会型和边缘型人格障碍。

1. 表演型人格障碍

①自我戏剧化，情绪表达过分；②易受暗示，易受他人的影响；③情感肤浅；④自我中心，自我放纵，不考虑别人。

2. 自恋型人格障碍

①膨胀的自我意识；②有特权感；③无同情心；④自我中心，工具化他人。

3. 反社会型人格障碍

①对人冷酷无情，缺乏同情心；②没有责任心，不顾道德准则、社会义务和

社会规章；③不能与人维持长久的关系；④对挫折的耐受性低，受挫后易产生攻击甚至暴力行为；⑤无内疚感，不能吸取教训，处罚无效；⑥与社会或他人相冲突时总是为自己辩解而责怪别人；⑦持续存在的易激怒。

4. 边缘型人格障碍

①常有突如其来、不考虑后果的行为倾向；②人际关系极为不稳定；③心情不可预测，变化不定；④容易暴怒或产生与此相反的激情；⑤不能控制行为的暴发；⑥弥散的身份认同；⑦有自伤自杀倾向。

(三) C类

紧张、退缩，包括回避型、依赖型、强迫型人格障碍。

1. 回避型人格障碍

①持续且弥散性的紧张不安感；②习惯性地注意自我体验，或不安全感，或自卑感；③不断地渴望被别人所接受、所欢迎；④对批评和反对意见过分敏感。

2. 依赖型人格障碍

①怂恿和允许别人在人生重大事件上代负责任；②个人需要服从于所依赖的人的需要；③对所依赖的人不提任何即使是合理的需求；④自认无能，并缺乏精力。

3. 强迫型人格障碍

①优柔寡断，过分谨慎，表现出深层的不安全感；②完美主义，反复核对检查，过分注意细节；③过分认真，顾虑多，只考虑工作或学习的成效而不惜牺牲愉快的心情和人际关系；④拘泥迂腐，因循守旧，不善于对人表达温情；⑤刻板、固执，总要求别人适应其办事方式。

第二节　不同人格障碍特征和行为表现

根据DSM-5诊断分类系统标准条目，对人格障碍有如下描述：当18岁成人的人格的偏向或特征已达到严重界限时，才做出诊断。人格障碍基本分为以下类型：

一、偏执型人格障碍

偏执型人格障碍的特点是敏感、多疑、固执己见；对别人无意的、中性的，或是友好的行为常常猜疑，误解为敌意的，是在蔑视自己；对极小的侮辱、伤害不能宽恕，耿耿于怀；对挫折和遭人拒绝过于敏感，过分自尊，追求权力，自我评价太高，认为自己一贯正确；忌妒心强，常常猜疑周围人在利用自己，对自己搞阴谋；对自己的多疑和固执很难被人说服，很难改变自己的想法和观点。偏执型人格很容易发展成为偏执性精神病。

行为表现：广泛猜疑，常将他人无意的、非恶意的甚至友好的行为误解为敌意或歧视，或无足够根据，怀疑会被人利用或伤害，因此过分警惕与防卫；将周围事物解释为不符合实际情况的“阴谋”，并可成为超价观念（一种类妄想观念或常盘旋于脑中的非强迫性意念）；易产生病态嫉妒；过分自负，若有挫折或失败则归咎于别人，总认为自己正确；好忌恨别人，对他人过错不能宽容；脱离实际地好争辩与敌对，固执地追求个人不够合理的“权利”或利益；忽视或不相信与自己想法不相符合的客观证据，因而很难以说理和事实来改变患者的想法。

二、分裂样人格障碍

分裂样人格障碍的特点是观念和行为表现奇特，与众不同；对人情感淡漠，缺乏亲密、信任的人际关系，无知心朋友；孤僻，好沉思幻想，总是单独活动；行为古怪，不修边幅，不能随和与顺应世俗；对别人的赞扬和批评无动于衷，很少表现强烈的情绪体验；缺乏进取心，回避竞争性处境；性生活表现冷淡。据调查，约有半数的精神分裂症病前是分裂样人格。

行为表现：有奇特的信念或与文化背景不相称的行为，如相信透视力、心灵感应、特异功能和第六感官等；奇怪、反常、特殊的行为或外貌，如服饰奇特，不修边幅，行为不合时宜与习惯或目的不明确；言语怪异，如离题，用词不妥，繁简失当，表达意见不清，并非文化程度或智能障碍等因素所引起；不寻常的知觉体验，如有过性的错觉、幻觉，看见不存在的人；对人冷淡，对亲属也不例外，缺少温暖体贴；表情淡漠，缺乏深刻或生动的情感体验；多单独活动，主动与人交往仅限于生活或工作中必需的接触，除一级亲属外无亲密朋友。

三、分裂型人格障碍

分裂型人格障碍是一种以观念、外貌和行为奇特以及人际关系有明显缺陷，且情感冷淡为主要特点的人格障碍。这类人一般较孤独、沉默、隐匿，不爱与人交往，不合群。既没什么朋友，也很少参加社会活动，显得与世隔绝。他们虽然因此而痛苦，但并不能意识到是自身的问题。分裂型人格障碍有类似分裂症的思维和情感异常及行为怪异，但没有典型的分裂症性紊乱和确切的起病，其演进和病程通常呈人格障碍特性。

行为表现：常做白日梦，沉溺于幻想之中。对人少的工作环境尚可适应，在社交关系中感到孤独和不适，与亲友在一起感到很不舒服，很少动感情，而且还有知觉或者认知歪曲以及古怪的行为；牵连观念未达到关系妄想的程度，例如与其文化背景不相一致却影响其行为的古怪想法或魔幻思想（迷信，特异功能，心灵传感或者第六感受，对于儿童或者青少年，表现为怪异的幻想或者整日沉湎的想法）；不同寻常的知觉或者身体幻觉；古怪的（比如含糊的、琐碎的、隐喻的、过分推敲的或者刻板的）言语；猜疑或者偏执观念；感情不适合或者受限制；古怪的行为或者表现；除一级亲属以外，没有亲密的或者知心的朋友；过分的社会焦虑，往往伴有偏执性的害怕感，但没有对自己错误的判断；并非发生于精神分裂症，伴有精神病性表现的心境障碍，其他精神病性障碍或者某种普遍性发育障碍。

四、反社会型人格障碍

反社会型人格障碍又称悖德型人格障碍，是最多见的一类人格障碍。1935 年法国医生首先提出“悖德狂”这一诊断名称，用以描述这样一类患者：他们出现本能欲望、兴趣嗜好、性情脾气和道德修养方面有异常改变，没有智能、认识或推理能力的障碍，无妄想或幻觉。后来，悖德狂的名称逐渐被反社会型人格所取代。反社会型人格障碍引起犯罪的问题最多，患者以行为不符合社会规范为主要特点，情绪具有爆发性，行为冲动，对社会、对他人冷酷和仇视，缺乏好感与同情心，缺乏责任心和羞愧悔改之心，目无法纪，不能从挫折和惩罚中吸取教训。

反社会型人格障碍转归预后不良，诊断前可使用品行障碍，用于 18 岁前诊断。品行障碍的行为表现包括：经常逃学；被学校开除过，或因行为不轨而至少停学一次；被拘留或被公安机关管教过；至少有两次未经说明而外出过夜；反复说谎（不是为了躲避惩罚）；习惯性吸烟、喝酒；反复偷窃；反复参与破坏公共财物活动；反复挑起或参与斗殴；反复违反家规或校规；过早有性活动；虐待动物和弱小同伴。

18 岁后行为表现包括：不能维持长久的工作或学习，如经常旷工旷课，或期望工作而得到工作时又长久待业（6 个月以上），或多次无计划地变换工作；有不符合社会规范的行为，这些行为已构成拘捕的理由（不管拘捕与否），如破坏公共财物；易激惹，并有攻击行为，如反复斗殴或攻击别人，包括殴打配偶或子女（不是为保护他人或自卫）；经常不承担经济义务，如拖欠债务，不抚养小孩或不赡养父母；行动无计划或有冲动性；不尊重事实，如经常撒谎，使用化名，欺骗他人以获得个人的利益或快乐；对自己或对他人的安全漠不关心；缺乏对家庭应尽的责任，如其小孩因缺乏照顾而营养不良，因缺乏起码的卫生条件而经常生病，有病也不带其求医，无足够的衣食，浪费金钱而不购置家庭必需品；不能维持长久的（1 年以上）夫妻关系；危害别人时无内疚感。

反社会型人格障碍的治疗应以心理治疗为主。有关心理治疗的方法将在后章讨论。俗话说，江山易改，本性难移。人格障碍是长期形成的产物，改变起来相当困难。多数患者不主动求治，因此，一般人格障碍的疗效甚差。心理治疗上主要是通过认知治疗和行为矫正技术让患者进行适应环境的训练，提供行为指导和适当职业选择的建议，调整环境和改善人际关系，治疗需要较长时间和耐心，也要防止患者的依赖或纠缠。

五、边缘型人格障碍

边缘型人格障碍是一种较严重的人格障碍，介于神经症和精神病之间的临界状态，以反复无常的心境和不稳定的行为为主要特征。1938 年，斯特恩在治疗精神分裂症时第一次采用“边缘型”这个术语。根据美国精神医学会出版的《心理障碍的诊断与统计手册》（DSM）中提出的边缘型人格障碍至少需要具备下述 8 种中的 5 种特征：①有冲动性地引起自我伤害的可能，如挥霍金钱、赌博或者自伤身体；②人际关系不稳定或过于紧张，贬低别人，为一己之私经常利用别人；③不适当的暴怒或缺乏对愤怒的控制；④身份识别障碍，表现为对性别认同、自我认同，选择职业等变化无常；⑤情感不稳定，如突然抑郁焦虑，激惹数小时或数日，随后又转为正常；⑥不能忍受孤独，孤独时即感到抑郁；⑦自伤身体行为，如自我毁灭，屡次发生事故或殴斗；⑧长期感到空虚和厌倦。

边缘型人格障碍者的临床症状如下：第一，紊乱的自我身份认同（Self-identity）。缺乏自我目标和自我价值感，低自尊，对诸如“我是谁”“我是怎么样的人”“我要到哪里去”这样的问题缺乏思考和答案。这种自我身份认同的紊乱往往开始于青春期，而边缘型人格障碍患者显然出现了自我身份认同的滞后，长期停留在混乱的阶段，其自我意象不连续一致且互相矛盾。这反映为他们生活中的各种矛盾和冲突。第二，不稳定的、快速变化的心境。患者往往有强烈的焦虑情绪，很容易在愤怒、悲哀、羞耻感、惊慌、恐惧、兴奋感和全能感之间摇摆不定。往往会被长期的、慢性的、弥漫的空虚感和孤独感包围。心境状态有快速多变的特点。特别在遭遇到应激性事件时，患者极易出现短暂发作性的紧张焦虑、易激惹、惊恐、绝望和愤怒。但是其情绪往往缺乏抑郁症所特有的持久悲哀、内疚感和感染力，也没有生物学特征性症状如早醒、体重减轻等。第三，显著的分离焦虑。他们被形容成“手拿脐带走进生活，时刻在找地方接上去”。他们非常害怕孤独和被人抛弃，对抛弃、分离异常敏感，千方百计地避免分离情景，如乞求甚至以自杀相威胁。对孤独非常害怕，缺乏自我安慰能力，往往需要通过各种刺激性行为和物质如饮酒、滥交、吸毒等来排遣空虚孤独感。第四，冲突的亲密关系。他们在亲密关系中会在两个极端间摆动。一方面非常依赖对方，一方面又总是和亲近的人争吵；一会儿觉得对方天下第一，一会儿又把对方说得一文不值。和他们相处的人经常会感觉很累，但是又无法抽身而出。第五，冲动性（Impulsivity）。常见的冲动行为有酗酒、大肆挥霍、赌博、偷窃、药物滥用、贪食等。50%～70%的患者有过冲动性的自毁、自杀行为，8%～10%的患者自杀成功。

边缘型人格障碍是一种高自杀率的疾病。突发性的暴怒、毁物、斗殴、骂人也是患者常见的冲动行为。第六，应激性的精神病性症状。在应激情况下，容易出现人格解体，牵连观念，如短暂的或情景性的、似乎有现实基础的错觉或幻觉等。一般来说这些症状比较轻微，历时短暂，精神压力解除后能很快缓解，抗精神病药物对其也有效。

边缘型人格结构共有特点：①身份认同弥散（Identity Diffusion）；②原始防御机制，如分裂、理想化、否认、投射、付诸行动和投射认同；③现实检验能力一般来说是好的，但是很难承受变动和失败。

六、表演型人格障碍

表演型人格障碍又称寻求注意型人格障碍或癔症型人格，是以高度情感性和以夸张的行为吸引注意为主要特征的一类人格障碍，随年龄增长可逐渐改善。其产生的原因目前尚缺乏研究，一般认为与早期家庭教育有关。比如父母溺爱孩子，使孩子受到过分的保护，造成生理年龄与心理年龄不符，心理发展严重滞后，停留在少儿的某个水平，因而表现出表演型人格特征。另外，患者的心理常有暗示性和依赖性，也可能是本类型人格产生的原因之一。

行为表现：①过分情感性即自我戏剧化，过分夸张的情绪表达，整个精神活动都渲染着十分浓厚的情绪色彩，而且情感反应鲜明，强烈和迅速变化，使周围的人感到表现是过分夸张的，似乎是表演性的，故意惹人注意的。②情感肤浅、易变、极不稳定，往往由一种情绪状态转变为另外一种情绪，甚至是与原来相反的情绪状态，情绪还易于由羡慕、崇拜转到敌对，由顺从转到对抗。患者的判断推理也是易变的，主要是由于思维活动也受情绪的影响，如认为某人好即把该人说得完美无缺，但是可能由于一点小事引起患者的不满，又把该人说得一无是处。③暗示性高，感情上的好恶决定了暗示性，如感情是正性的即易于接受这样的暗示，是负性的就难于接受暗示。④把注意力集中于自己，需要自己成为注意的中心，如不能成为别人注意的中心即感到很不痛快。愿意置身于大庭广众之下，成为大家注意的焦点。他们在外表上、行为上表现得过分吸引人关注，希望得到人们的赞扬，有时在众目睽睽之下招摇过市或者危言耸听、哗众取宠。⑤自我中心倾向，沉溺于自我，只考虑自己，少考虑别人或不顾及别人的感受，不只是常常夸耀自己的才能、智慧，而且有时还强求别人符合自己的意志或需要，如不如意时往往给别人难堪或表示强烈不满。⑥丰富动人的幻想。患者思考或讲话时常常掺杂着丰富的想象，讲话时夸大其词，有时甚至把假想的事情和现实的事情掺杂在一起难以区别，从而可能给人一种似乎是说谎的印象，这就是所谓的病理性谎言。⑦寻求刺激或激动，渴求新奇和满意的活动，常发脾气，情绪易受伤害，还易于产生故意自我伤害或自杀的企图和行为。⑧人际关系差、自负、任性、自我放纵，常想支配或操纵别人，又常是喜怒无常的，难与周围人和睦相处，常常触怒周围人，遭到周围人的厌烦或引起反感。

表演型人格障碍是一种过分情感化和用夸张的言行吸引注意为主要特点的人格障碍。这类人感情多变、容易受别人的暗示影响，常希望领导和同事表扬和敬佩自己，愿出风头，积极参加各种人多的活动，常以外貌和言行的戏剧化来引人注意。他们常感情用事，用自己的好恶来判断事物，喜欢幻想，言行与事实往往相差甚远。

七、自恋型人格障碍

自恋型人格障碍的普遍特征是对自我价值过高地夸大和对他人有贬低、看不起的想法。患有这种心理疾病的人会夸大自己的作为，把自己当作最特殊的一个，认为普通人无法理解他的优点和出色。

自恋型人格在许多方面与癔症型人格的表现相似，自恋型人格的最主要特征是以自我为中心，情感戏剧化，自我意识膨胀夸大，渴望持久的关注与赞美，缺乏同情心，认为自己应享有他人没有的特权，对无限的成功、权力、荣誉、美丽或理想爱情有非分的幻想，对批评的反应是愤怒、羞愧或感到耻辱，有很强的嫉妒心。

行为表现：反感别人的批评，表现为愤怒、羞愧或感到耻辱，也可能隐藏这种感情；指使他人干活，让别人为自己服务；自高自大，目中无人，夸大自身才能，期望受人关注；认为自己是世界上独一无二、无可替代的；过分追求成功、权力、荣誉；希望享有特权；期待他人关注和赞美；对人不关心，缺乏同情心；

嫉妒感很强；可能和亲人关系紧张。

八、强迫型人格障碍

强迫型人格障碍做任何事都要求完美无缺、按部就班，特征是做事犹豫不决，思虑甚多；做事要求十全十美，反复核对，注意细节而忽视全局；过于严肃、认真、谨慎，缺乏幽默感；循规蹈矩，缺少创新与冒险精神；坚持己见，要求别人按他的规矩办事；焦虑和悔恨的情绪多，愉快满意的情绪少。

行为表现：做任何事都要求完美无缺、按部就班、有条不紊，因而有时反而会影响工作的效率；不合理地要求别人要严格地按照他的方式做事，否则心里很不痛快，对别人做事很不放心；犹豫不决，常推迟或避免做出决定；常有不安全感，穷思竭虑，反复考虑计划是否得当，反复核对检查，唯恐疏忽和差错；拘泥细节，甚至生活细节也要程序化，不遵照一定的规矩就感到不安或要重做；完成一件工作之后常缺乏愉快和满足的体验，相反容易悔恨和内疚；对自己要求严格，过分沉溺于职责义务与道德，拘谨吝啬。

九、回避型人格障碍

回避型人格又叫逃避型人格，其最大的特点是行为退缩、心理自卑，面对挑战多采取回避态度或无能应付。容易因他人的批评或不赞同而受到伤害。除了至亲之外，没有好朋友或知心人（或仅有一个）。除非确信受欢迎，一般总是不愿卷入他人事务之中。行为退缩，对需要人际交往的社会活动或工作总是尽量逃避。心理自卑，在社交场合总是缄默无语，怕惹人笑话，怕回答不出问题。敏感羞涩，害怕在别人面前露出窘态。在做那些普通的但不在自己常规之中的事时，总是夸大潜在的困难、危险或可能的冒险。

有回避型人格障碍的人被批评指责后，常常感到自尊心受到了伤害而陷于痛苦，且很难从中解脱出来。他们害怕参加社交活动，担心自己的言行不当而被人讥笑讽刺，因而，即使参加集体活动，也多是躲在一旁沉默寡言。在处理某个一般性问题时，他们往往也表现得瞻前顾后，左思右想，常常是等到下定决心，却又错过了解决问题的时机。在日常生活中，他们多安分守己，从不做那些冒险的事情，除了每日按部就班地工作、生活和学习外，很少去参加社交活动，因为他们觉得自己的精力不足。这些人在单位一般都被领导视为积极肯干、工作认真的好职员，因此，经常得到领导和同事的称赞，可是当领导委以重任时，他们却想方设法推辞，从不接受过多的社会工作。

回避型人格障碍的行为退缩性与分裂样人格障碍的行为退缩性不同，有回避型人格障碍的人并不安于或欣赏自己的孤独，不与人来往并非出于自己的心愿，他们行为的退缩源于心理的自卑。想与人来往，又怕被拒绝、嫌弃；想得到别人的关心与体贴，又因害羞而不敢亲近。

十、依赖型人格障碍

依赖型人格障碍是怂恿和允许别人在人生重大事件上代负责任，个人需要服从于所依赖的人的需要，对所依赖的人不提任何即使是合理的需求，自认无能缺乏精力的人格障碍类型。

行为表现：不能适应环境，难以处理生活中碰到的问题，致使自己与他人的生活都受到极大的影响。依赖型人格障碍的核心症状是依靠。具体表现有无助，依靠和轻信别人，胆怯，认为自己无能和内向投射等。一些婴儿在出生时就表现出了害怕、孤独和忧郁的气质，这些气质特点赢得了父母更多的关心和保护，从而持续存在并有所发展。另外，依赖型人格障碍者体形多为肥胖或瘦弱，由此提示依赖型人格障碍可能具有一定的生物学基础。

第三节　人格障碍的病因及临床评估

一、人格障碍的病因

人格障碍的病因及发病机制迄今仍未完全阐明。生物–社会–心理学模型提出人格障碍是遗传和环境影响相互作用的结果。

（一）遗传因素

遗传因素在人格障碍发病中有重要作用。边缘型人格障碍的遗传度约为0.7。有学者对 1000 名边缘型人格障碍患者进行全基因组关联研究，研究结果表明，其与双相情感障碍、精神分裂症和抑郁障碍存在遗传重叠。

家族谱系研究发现，人格障碍遗传的发生率与血缘关系的远近成正比。人格障碍患者的家属中，血缘关系越近，人格障碍的发生率越高。同卵双生子比异卵双生子发生人格障碍的一致率更高，人格障碍患者的子女被寄养后人格障碍的发生率仍较高。

多数学者认为，随着年龄增长，人格障碍有逐渐趋向缓和的倾向。人格障碍的病程经过不一致，约 1/3 发生社会退缩和不断增长的不正常；1/3 在适应环境能力方面有轻度改善；1/3 的精神活动仍有部分受损。有下列情况者预后良好：①既往在学校学习成绩良好者；②既往工作和人际关系良好者；③伴有情感体验能力者；④参与其所属社区各项活动者。也有报告称，人格障碍中到晚年因暴力和自杀而亡者较多。

（二）脑神经发育因素

人格障碍可能存在脑功能损害，但一般没有明显的神经系统形态学病理变化。神经影像学研究显示，反社会型人格障碍患者的前额叶灰质减少、杏仁核体积减小，边缘型人格障碍患者的海马体和杏仁核体积减小。

人格障碍患者还存在神经递质的代谢异常，如分裂型人格障碍患者的多巴胺功能与阳性症状呈正相关。边缘型人格障碍患者存在5-羟色胺和多巴胺功能异常。

（三）心理社会因素

人格障碍与文化适应不良有关。例如，儿童期从农村搬到大城市的个体，可能会出现单独活动以及社交沟通上的缺陷，可能会发展成分裂型人格障碍等。对金钱、地位、成就的过分追求也可能是诱发自恋型人格障碍发生的社会因素。

家庭环境对人格发育至关重要。儿童时期不合理的教养方式（如早年分离、虐待、粗暴、溺爱或苛求等）和早期教育的质量除了影响大脑结构和功能外，可能还会影响基因表达，从而导致终身稳定的行为特征。

分裂型人格障碍患者常常存在一系列早期创伤，如父母的拒绝和威胁，导致患者认为表达情感是没有意义的，其他人是无情的。分离焦虑障碍被认为是依赖型人格障碍的危险因素。一些“强迫型父母”用僵硬的、控制的教养方式，限制孩子的自主性，从而形成矛盾、固执、刻板等强迫性格特点。双亲的边缘型人格特质对子女出现边缘型人格障碍有一定的影响。

二、临床特征与评估

（一）临床特征

人格障碍是指明显偏离了个体文化背景预期的内心体验和行为的持久模式，是泛化和缺乏弹性的，随着时间的推移逐渐变得稳定，并导致个体的痛苦或损害。人格障碍一般特征如下：

（1）人格障碍的患者在认知内容、情绪体验、行为方式和人际关系等方面存在异常。这些异常显著偏离特定的文化背景和一般认知模式。

（2）人格的异常表现相对固定，不因周围环境的变化而改变。

（3）人格障碍起始于青春早期，往往在儿童期就初露端倪。

（4）人格障碍患者常伴有社会功能的明显损害，部分患者为此感到痛苦，多数患者若无其事。

（二）临床评估

若考虑患者存在人格障碍，应根据尽可能多的资料进行评估，通常需要与患者面谈一次以上，或通过知情者了解有关情况或信息，从而评估患者的人格特征。

1. 临床晤谈

临床晤谈是传统的经典临床检查方法，通过直接向患者提问或知情者了解有关情况和信息，评估患者的人格特征。此法简单实用，但个人经验和主观影响作用较大，可能的原因是患者缺乏自知力，不能感知到人格障碍对自己和他人生活的影响，否认自己的负性特点。基于知情者提供的信息所做出的评定一致性较高，因为知情者可以对患者人格特征做出较为客观的描述。

2. 评估

（1）生活安排：如何安排自己的日常生活？特别是闲暇时间是独居在家还是外出会友？有什么兴趣和爱好？

（2）社会关系：与上级、同级和异性的相处情况如何？是否容易获得友谊？有无值得信赖并保持持久友谊的朋友？

（3）情绪状态：通常情绪是愉快的或是忧郁的？是稳定的或是易变的？如易变，持续多久？变化是自发的还是与环境有关？如有不满情绪，是流露出情感还是加以掩饰？

（4）性格：性格是人格的重要组成部分，要让患者概括说出自己是怎样的人，许多人可能难以描述，则可用提问来帮助。例如，你的为人是严格的还是宽厚的？随和的还是爱操心的？刻板的还是灵活的？你是否过分关注别人的意见或者因被人拒绝而感到受了伤害？一些人格特质如多疑、嫉妒和缺乏信任等往往不为患者本人所觉察，需借助知情者，询问他们：被检查者是否易于激动而与人争吵？其行为是否具有冲动性？被检查者是否关心他人？被检查者倾向于寻求别人的注意吗？被检查者自己是否感觉依赖他人？

3. 临床定式或半定式量表测查

指与患者面对面会谈，通过临床晤谈的技巧，按照定式测查工具，检查和询问患者是否符合某型人格障碍的诊断标准。应给予患者比较宽松的环境，同时还允许检查者在和知情者（配偶/父母等）交谈中收集有用信息。通过患者及知情者的描述，能够帮助澄清含糊不清的问题，而且可以避免直接提问所致的防御性回答，从而获得丰富的诊断信息。

人格障碍的检查工具包括国际人格障碍检查（IPDE）、人格障碍临床定式检查（SCID-Ⅱ）、人格障碍晤谈工具（PDI-Ⅳ）等。

4. 自评量表

临床上对于自陈式调查表的可靠性有争议，可将其作为人格障碍的筛查工具。常用的自评调查表包括明尼苏达多项人格问卷（MMPI）、人格障碍诊断问卷（PDQ-Ⅳ）等。

5. 体格检查和实验室检查

进行必要的体格检查和实验室检查，如血尿便三大常规、生化、甲状腺、内分泌功能、脑电图、头颅 CT/MRI 等，排除躯体疾病所致的人格改变可能。

6. 风险评估

可用自杀态度问卷、Barratt 冲动量表等评估患者自杀或者冲动的风险。

第四节　人格障碍诊断及鉴别诊断

一、诊断要点

人格障碍临床诊断依靠病史、神经系统和精神科检查及对照诊断标准。应特别注意，18 岁以下不诊断人格障碍。

人格障碍的诊断与普通精神障碍诊断的不同之处在于，要系统了解患者人格功能的所有侧面，即其毕生的行为模式。

对人格障碍的诊断要点：不是由于广泛性大脑损伤或病变以及其他精神障碍所直接引起的状况，符合下列标准，通常要求存在至少 3 条临床描述的特点或行为的确切证据，且只有当人格的偏向或特征已达到严重界限时，才可做出诊断：

（1）明显不协调的态度和行为，通常涉及多方面的功能，如情感、唤起、冲动控制、知觉与思维方式及与他人交往的方式。

（2）异常行为模式是持久的、固定的，并不局限于精神疾患的发作期。

（3）异常行为模式是泛化的，与个人及社会的多种场合不相适应。

（4）上述表现均于童年或青春期出现，延续至成年。

（5）给患者带来相当大的苦恼，但仅在病程后期才较为明显。

二、鉴别诊断

鉴别诊断必须排除广泛性大脑损伤或病变，以及其他精神障碍所直接引起的状况。必须注意，人格障碍或人格改变应与其他类别的障碍区分开，在诊断时可采用精神障碍与人格障碍或人格改变的多轴诊断，可根据人格障碍所表现出的最常见、最突出的特点进一步分类，有关亚型是人们普遍承认的人格偏离的主要形式，这些亚型并不相互排斥，在某些特征上有所重叠。

人格障碍与人格改变有所不同。人格障碍是在发育过程中人格发展产生了稳定、持久和明显的异常偏离，在儿童期或青春期出现，延续到成年，并不是继发于其他精神障碍或脑部疾病。相反，人格改变是继发的获得性异常，通常出现在成年期，在严重或持久的应激、极度的环境隔离、严重的精神障碍、脑部疾病或损伤之后发生。采用精神障碍与心理社会因素相结合的多轴诊断系统，有助于记录这类情况。诊断时应注意，人格改变表现为行为模式和社会功能的持久和稳定（至少 2 年）的适应不良，以及主观感到痛苦，这种人格上的改变一定会破坏患者的自我形象。

第五节　人格障碍治疗原则与疾病管理

一、治疗原则与方法

人格障碍患者多缺乏自知力和自我完善能力，故一般不会主动就医，往往在环境或社会适应遇到困难，出现情绪、睡眠等方面的症状时才会寻求治疗或被他人要求治疗。

人格障碍的治疗是一项长期而艰巨的工作，其主要治疗方法是心理治疗结合药物治疗，促进人格重建，使其逐渐适应社会。不同类型的人格障碍需要不同治疗方法的结合，要在全面了解病情、成长经历、家庭环境、教养方式、社会和心理环境的基础上，制定个体化的治疗策略。药物治疗、心理治疗及合理的教育和训练是人格障碍治疗的三种主要模式。一般认为，上述三种治疗模式的结合可能更有利于人格障碍患者的康复。

主要治疗原则包括：①尽早确诊，及时进行系统且长期的治疗；②以心理治疗为主，药物治疗为辅；③对近亲属的健康宣教、心理支持、家庭治疗等。

（一）药物治疗

目前尚无可以治疗人格障碍的药物。但尽管药物不能改善人格结构，却可以改善因人格异常导致的适应不良引发的焦虑、抑郁、情绪不稳定或精神病性症状。抗精神病药、抗抑郁药、心境稳定剂、抗焦虑药等对人格障碍患者的精神病性症状、焦虑、抑郁、情绪不稳、人格解体及社会隔离等症状有改善作用。

制订药物治疗计划时应检查患者有无共患其他疾病，是否需要采取门诊联合治疗或心理病房住院治疗。药物治疗的剂量和疗程应遵循个体化原则。

1. 抗精神病药物

由于偏执型、分裂型人格障碍在症状特征上与精神分裂症相似，抗精神病药物可以缓解精神病性症状和抑郁症状，一般小剂量用药，比如阿立哌唑、利培酮、奥氮平等。但一般不主张常规使用和长期应用，只有在出现异常应激、短暂性精神病症状时才是必要的选择。

2. 心境稳定剂

边缘型、自恋型和反社会型人格障碍情绪变化较大，常有冲动和自我伤害行为，故心境稳定剂、第二代抗精神病药物对控制冲动行为和愤怒情绪有明显的作用。与抗精神病药相比，心境稳定剂对这些人格障碍患者恢复整体功能的积极作用更明显。

3. 抗抑郁药物

主要用于改善抑郁、焦虑情绪，减少患者对拒绝的敏感性，比如抗抑郁药对边缘型人格障碍的抑郁、强迫、敏感、易激惹包括攻击性和冲动性等有一定疗效。常用药物如氟伏沙明、氟西汀、舍曲林等。

4. 抗焦虑药

比如苯二氮䓬类药物有助于缓解激越、焦虑和睡眠障碍等症状，常用药物如氯硝西泮、劳拉西泮等。

（二）心理治疗

考虑到药物治疗的局限性，心理治疗是目前人格障碍治疗的主要策略。心理治疗一方面创造真诚、共情、积极关注的治疗关系，提供支持和理解；另一方面帮助其认识人格问题的根源和影响，鼓励其改变适应不良的认知和行为模式，促进其人格重建，提高其社会适应能力。

偏执型、分裂型和反社会型人格障碍患者极少主动寻求心理治疗。对边缘型、自恋型、依赖型和强迫型人格障碍进行心理治疗的意义更大。常用的心理治疗方法包括精神分析、认知行为治疗、辩证行为治疗、支持治疗等。

从治疗形式上可分为个别治疗、夫妻治疗、家庭治疗和团体治疗。团体治疗可以帮助患者提升社会化功能和发展适宜的人际关系。

1. 精神分析治疗

精神分析治疗是人格障碍的传统治疗方法，其中自体心理学集中于对自恋型人格障碍患者的理解，客体关系理论则更关注边缘型人格障碍患者。比如针对自恋型人格障碍，重点是系统地分析患者病态的无所不能，需要治疗师要有共情的能力，要提供持久的、抱持的治疗关系让其成长。

2. 认知行为治疗（Cognitive Behavior Therapy，CBT）

最可能从认知行为疗法中获益的是依赖型和强迫型人格障碍患者。该疗法通过调整他们的不合理认知，进而改变其非适应性的情绪和行为。

3. 辩证行为治疗（Dialectical Behavior Therapy，DBT）

辩证行为治疗是近年来在认知行为治疗的基础上发展起来的一种主要针对边缘型人格障碍的治疗方法。通过训练患者的情绪管理能力，减少其自伤行为，帮助患者接纳现状、解决生活中的一些情绪问题，可以大幅度提高患者的冲动控制能力、专注力及情绪管理能力。

4. 支持治疗

通过倾听和共情，让患者感到放松、安全、温暖和被接纳，运用语言、行为等各种方式支持患者，帮助其发挥潜在的自我调节能力，协助改变患者的心理困境与症状。

（三）教育和训练

合理的健康宣教可以帮助人格障碍患者认识自身的个性缺陷，提高自知力。针对性的训练有助于帮助他们改变病态的认知与行为模式，并强化其积极的变化，比如对分裂样人格障碍患者进行社交技能训练（如通过角色扮演），以帮助其学习和他人建立关系的技巧。

二、疾病管理

人格障碍是一种相当稳定的思维、情绪和行为的异常状态，在没有干预的情况下可以常年保持不变，甚至持续终身。即使进行治疗，改变也并非易事。仅少数患者会随着年龄的增长而有所缓解。人格障碍的治疗效果有限，预后欠佳。因此，早期预防和识别并减少危害行为的发生尤为重要。

（一）预防

人格障碍形成于早年。因此，强调从幼年开始培养健全的人格对人格障碍发生的预防有十分重要的意义。良好的家庭教养方式、父母给予子女充分的关爱和呵护，为儿童创造良好的生活、居住、学习和人际环境，使儿童远离精神创伤，能在很大程度上避免人格的不良发展。当儿童出现情绪或行为问题时，应及时了解、关心，必要时寻求专业医生的帮助。

（二）识别并减少危害行为

偏执型人格障碍患者由于猜疑常常处于愤怒和不安中，自恋型人格障碍遇到困境后易发生抑郁，由于体验到的失落感和空虚感的增加，容易出现自杀风险或攻击性行为。早识别、早干预这些危险行为需要精神科医生、心理治疗师、社区工作者、教育工作者和长期照顾患者的家庭成员等的密切配合。

一是患者的法定监护人在观察到患者有激烈的情绪反应并可能有极端行为时，应在疏导患者情绪的同时及时通报相关部门并及时就医。在患者就医后应尊重患者，法定监护人要向专业人员学习，积极参加专业机构组织的人格障碍患者家属的团体治疗，学会如何与患者更恰当地交流，法定监护人应为患者创造一个良好的家庭环境。

二是精神专科医院、综合医院和社区等机构密切配合，提供长期而稳定的服务和管理。及时了解患者的人格特点，动态监测其攻击和自杀风险，提供心理支持、临床治疗和危机干预等综合措施。

参考文献

[1] 曹中秋，张晨阳，王婕. 大学生人格障碍成因分析 [J]. 河南理工大学学报（社会科学版），2020，21（1）：93-98.

[2] 胡佳，仇剑崟. 人格障碍诊断与评估的研究进展 [J]. 上海交通大学学报（医学版），2020，40（8）：1143-1147.

[3] 拉玛尼·德瓦苏拉. 为什么爱会伤人：亲密关系中的自恋型人格障碍 [M]. 吕红丽，译. 杭州：浙江大学出版社，2022.

[4] 肖泽萍. 性格，决定命运方向：重视人格障碍对身心健康的影响 [J]. 心理与健康，2021（10）：6-8.

[5] 伊芙·卡利格，奥托 · F. 科恩伯格，约翰 · F. 克拉金，等. 人格病理的精神动力性治疗治疗自体及人际功能 [M]. 仇剑崟，蒋文晖，王媛，等译. 北京：化学工业出版社，2021.

[6] 赵天宇，王学义. 童年期创伤与边缘型人格障碍 [J]. 神经疾病与精神卫生，2022，22（2）：129-133.

第四章

焦虑障碍

焦虑是我们这个时代非常典型的情绪状态，是一种压力下出现的普遍正常的情绪。焦虑与恐惧密切相关，但又有所区别。焦虑和恐惧都是生物体面临将要出现的危险、伤害等产生的一种正常的、自我保护型反应，可以促使个体采取必要的措施来防止或减轻相应的后果。恐惧是对迫在眉睫的、具体威胁的反应；焦虑是对预期的、缺乏具体因素威胁的反应。恐惧是对当前某些特定的事物具有恐惧紧张的情绪，如果脱离了这个事物或者环境，这种恐惧的情绪可以自行缓解。焦虑更倾向于面向未来，是对预期的威胁出现莫名的紧张、担心而坐立不安，预感有不好的事情发生等，很难自行缓解。

焦虑是如何发生的呢？焦虑始于大脑杏仁核，而杏仁核激活提醒大脑其他区域做好防御准备，下丘脑传递信号，激活交感神经系统，引发身体反应，肌肉紧张，呼吸心跳加速，血压升高。脑干区域启动，使人处于高度警觉状态，就会引发战斗或者逃跑的反应。当遇到危险，杏仁核发送信息，而前额叶会评估当前情境，这种循环反应可以帮助抑制我们的反应。海马体也会参与其中，确认安全。面对威胁时，焦虑情绪可以引发战或逃的反应，确保我们安全。

世界精神卫生（WMH）在一项对全球范围内焦虑障碍的患病率以及治疗现状的调查指出，全球范围内焦虑障碍的终生患病率为 5%～25%，12 个月患病率为 3.3%～20.4%。就全球范围而言，9.8%的调查对象在过去 12 个月内罹患至少一种 DSM-Ⅳ焦虑障碍。其中，27.6%的患者接受了某种治疗，仅有 9.8%接受了可能足够的治疗。此外，罹患焦虑障碍的调查对象中，仅有 41.3%感知到治疗需要。这些患者中，接受了某种治疗及可能足够的治疗的比例分别为 66.8%和 35.5%。相比于高收入国家，人均收入相对较低国家的焦虑治疗情况更加不容乐观。

第一节　焦虑障碍概述及分类

□ 案例

小文最近就很苦恼，反复就医，她问医生："我心脏病发作了吗？"我们来一起看看小文发生了什么。小文是一名大三学生。2 个月内，去急诊室 4 次，她说心跳加速，呼吸急促，害怕自己马上死去，担心自己心脏病发作，而仪器检查和医生诊断都没有问题。病情突然发作后，慢慢又恢复正常。小文总是会反复担心自己的身体状况。小文一直在问：我是心脏病发作了吗？要回答小文的问题，我们来系统了解焦虑障碍。

一、焦虑障碍的定义

焦虑障碍也称焦虑性神经症，以广泛和持续性焦虑或反复发作的惊恐不安为主要特征，患者预感到似乎要发生某种难以对付的危险，常常伴有自主神经紊乱的头晕、心悸、胸闷、呼吸急促、出汗、口干、肌肉紧张等症状和运动型不安。焦虑并非由实际存在的威胁所引起，而是一种没有明确危险目标和具体内容的恐惧。患者往往体验到一种莫名其妙的恐惧和烦躁不安，对未来有不祥的预感，同时伴有躯体不适。

（一）ICD-11 对焦虑及恐惧相关障碍的总体定义

焦虑及恐惧相关障碍表现为过度的恐惧、焦虑以及相关的行为紊乱，症状严重程度足以导致明显的临床痛苦或社会功能损害。恐惧与焦虑两种现象的关系十分密切：恐惧是对当下感知到的、紧迫威胁的反应，而焦虑则是对未来预期性威胁的反应。不同类型的焦虑相关障碍所特定的焦虑集中点不相同，即激发这种焦虑的刺激或环境不同。

（二）DSM-5 对焦虑障碍的总体定义

焦虑障碍是指个体焦虑情绪的严重程度和持续时间明显超过了正常发育年龄应有的范围。不同于通常由压力导致的一过性的害怕或焦虑，焦虑障碍更为持久。焦虑障碍的个体往往高估他们害怕或回避的情境，有关的害怕或焦虑过度或与实际不符。只有当症状不能归因于物质/药物所致的生理影响或其他躯体疾病时，或不能被其他精神障碍更好地解释时，才能诊断为焦虑障碍。

正常人的焦虑，是几乎每个人都有过的体验，是即将面临某种处境产生的一种紧张不安的感觉和不愉快的情绪。这样的焦虑是建立在现实情况基础上的，自己明确知道焦虑的来源，所担心的事情也符合客观规律。

焦虑障碍患者的焦虑状态则不同，其焦虑缺乏充分的理由，而是经常出现莫名其妙的持续性精神紧张、惊恐不安，并伴有头晕、胸闷、心悸、出汗等自主神经功能紊乱的症状和运动性紧张。即使有一定的诱因，其症状的严重程度与诱因也明显不对称。

二、焦虑障碍的分类

焦虑障碍分为广泛性焦虑症和惊恐障碍。在 ICD-11（国际疾病分类第十一次修订本）中，焦虑和恐惧相关障碍被划入一个新的疾病分组中，包括广泛性焦虑障碍、惊恐障碍、场所恐惧障碍、社交焦虑障碍、特定恐惧障碍、分离性焦虑障碍，以及其他特定或未特定的焦虑与恐惧焦虑障碍。不同的焦虑与恐惧相关障碍的区别在于恐惧的焦点不同，即那些引起恐惧或焦虑反应的刺激物或者情境不同。广泛性焦虑障碍又称慢性焦虑，是一种以缺乏明确对象和具体内容为特征的担心，患者因难以忍受却又无法控制这种不安而感到痛苦，并伴有自主神经紧张、肌肉紧张，以及运动性不安。因难以忍受又无法解脱感到痛苦：表情紧张，双眉紧锁，姿势僵硬而不自然，常伴有震颤、皮肤苍白多汗，同时有程度不等的运动性不安，包括小动作增加、不能静坐等。

2019 年，北京大学第六医院中国精神障碍流调结果显示，焦虑障碍最高，终生患病率为 7.6%，12 月患病率为 5.0%；女性略高于男性；随着年龄增长患病率逐渐增加，到 65 岁后开始降低。焦虑症不是弱点，重度焦虑并不是一个人的挫折或失败，而是一个健康隐患，就像躯体疾病一样，我们需要正确认识和看待。我国 12 个地区（1982）神经症流行病学调查资料显示，焦虑障碍的患病率为 1.48%，女性多于男性，约为 2∶1。数据统计发现，在我国，广泛性焦虑症的患病率为 5.17%，终生患病率为 4.66%，时点患病率为 0.6%。美国（1994）的调查报告显示，广泛性焦虑症患病率男性为 2%，女性为 4.3%，惊恐障碍的患病率男性为 1.3%，女性为 3.2%。广泛性焦虑症大多在 20～40 岁发病，而惊恐障碍多发生于青春后期或成年早期。

（一）广泛性焦虑症

广泛性焦虑症（Generalized Anxiety Disorder，GAD）又称慢性焦虑症，是一种常见的焦虑症，是焦虑障碍的最常见的表现形式。其终生患病率约为 5%，并且广泛性焦虑症的个体具有严重的痛苦、功能性损伤和人力、经济负担。广泛性焦虑症的主要症状是无法控制、长期存在的担忧，焦虑至少持续 6 个月以上，并伴随着躯体和情绪症状，如烦躁不安，感到紧张或难过，心烦意乱，容易疲劳，注意力难以集中，易怒，肌肉紧张，睡眠障碍等。

（二）惊恐障碍

惊恐障碍又称急性焦虑发作，是一种以反复的惊恐发作为主要原发症状的神经症，这种发作不局限于特定的情境，因此具有不可预测性。主要特点为反复出现、突然发作的强烈害怕、恐惧或不适，可有濒死感或失控感；或伴有明显的心血管和呼吸系统症状，如心悸、呼吸困难、窒息等。2019 年发布的中国精神卫生调查（CHMS）结果显示，我国惊恐障碍的年患病率为 0.3%，终生患病率为 0.5%。惊恐发作起病常在青少年和 45～54 岁两个发病高峰年龄，也有儿童期发病的情况。患者突然处于一种无原因的极度恐怖状态，呼吸困难、心悸、喉部梗塞、震颤、头晕、无力、恶心、胸闷、四肢发麻，有“大祸临头”的感觉或濒死感。此时，观察患者可发现其面色苍白或潮红、呼吸急促、多汗、运动性不安，甚至会做出一些不可理解的冲动行为。病情较轻者可能只有短暂的心慌、气闷。患者往往试图离开自己所处的环境以寻求帮助，持续时间为数分钟至数十分钟，但很少超过1小时，然后自行缓解。

思考：小文的例子属于哪一类？

第二节 焦虑障碍的临床表现与发病机制

一、焦虑障碍的临床表现

（一）广泛性焦虑症的临床表现

□ **案例**

慌慌的苦恼：慌慌高二时有一次考试考了全班第一，特别激动想告诉妈妈，可是妈妈出差不在家，无法倾诉。慌慌当晚失眠，第二天头晕学不进去，担心下次考不上第一该怎么办。从此以后，慌慌再也没考过第一，每次到考试前就学不进去，失眠头晕、生病。高三最后一学期症状更严重，一看书就头晕恶心，连晚自习都不能上。大一开始住校生活，各方面都适应不良、失眠，频繁请假回家。有一天身体不适，拨打了120，从此她认定自己有心脏病，在医院做了多次体检，结果一切正常，但她依然担心自己会心脏病突然发作而死去。第二学期慌慌回家更频繁，甚至提出休学或让妈妈陪读，她的妈妈焦急万分。她几乎什么都不能做，上下楼梯、打水、快走、跑操、上体育课等，只要稍微有点累，就觉得呼吸困难，心悸，头晕，浑身发抖，面色苍白，怕自己死去；在食堂、教室等人多的地方，觉得人们都在看自己，浑身不舒服；不能独自离开校园，怕自己突然晕倒，也不敢独自去乘坐公交或火车，在人多的地方都会觉得不舒服；不敢独自行动，一个人走在校园里时会觉得腿上没有力气，走起路来深一步浅一步；上课时听到老师提问，马上有窒息感，想冲到外面去，但是全身发抖，软弱无力；一看书或电脑就头晕、发抖。在学校的大部分时间里，她都是躺在床上度过的，她觉得只有躺着才不会晕倒。在宿舍里，她觉得舍友们都无视她、排挤她，因而她从不主动和别人交往，总在担心有不好的事情要发生。

广泛性焦虑症临床表现如下：

精神性焦虑：持续存在的过度焦虑和担忧。

躯体性焦虑：运动性不安，肌肉紧张，易疲劳。

自主神经功能紊乱：口干、出汗、恶心、腹泻、尿频、震颤；睡眠障碍、注意力集中困难；易激惹、高度警觉。身体变化的表现取决于患者的交感和副交感神经功能的平衡。

还有一些在慌慌的案例中没有表现出来的症状。例如：缓慢起病，以经常或持续存在的焦虑为主要临床表现，如过分担心、紧张、害怕等。伴自主神经功能紊乱症状，如口干、出汗、心悸、气急、尿频尿急及运动症状，如头痛、轻微震颤、坐卧不安等。患者的睡眠常表现为入睡困难，躺在床上担忧，常伴有一些不愉快的梦境体验，有时出现夜惊、梦魇。患者清晨起床时头脑昏昏沉沉，没有清新的感觉。一种持续性的内心忐忑、惶恐和惴惴不安，或者对琐碎的日常生活事件（包括家庭、工作、学习、健康、财务等）过分担心和紧张，伴有肌肉绷紧、坐不住、来回踱步、手心脚心出汗、急躁易怒、注意力不集中等表现，可以继发严重失眠和食欲不振、体重下降，焦虑的程度在一天之内可以时轻时重，有时也会轻几天重几天，但不会完全消失，危险焦灼的氛围就像空气和水一样，无所不在、令人无处躲藏，每时每刻都弥漫和充满在患者的四周。

患者常常会体验到较为强烈的负性情感，伴随着思维沉溺及自我批评等负性自我参照思维，这种负性自我加工方式或许是对其体验到的强烈情感及躯体体验的补偿性应对策略。近期一项流行病学研究对 26 个国家的广泛性焦虑症患者数据进行分析发现，广泛性焦虑症的全球平均终生患病率约为 3.7%，且高收入国家的终生患病率远高于低收入国家。遗憾的是，广泛性焦虑症的首次检出率仅在三分之一左右，且被诊断为广泛性焦虑症的患者最终寻求医疗帮助的不到患者总数的一半，这不利于患者的早期干预和治疗。并且，广泛性焦虑症与其他类型焦虑症及抑郁症的终生共病率较高，常常会加重广泛性焦虑症患者的症状并加大其治疗难度。有研究发现，受病情影响，广泛性焦虑症患者的工作效率大大降低，其社会、家庭及职业功能出现损伤，这不仅对其情感及生理健康产生了不利影响，也造成了社会的巨大经济负担和医疗资源的大量占用。同时，研究者们还发现，广泛性焦虑症是一种性别失衡的疾病，女性的患病率显著高于男性，且女性患者群体的躯体焦虑症状更严重，受病症影响更大，但缓解率却更低。

广泛性焦虑的患者常同时合并其他症状，最常见的为抑郁、疲劳、强迫症状、恐惧症状，人格解体等症状也不少见，不过这些症状不是主要的临床表现或者仅仅是继发于焦虑。

（二）惊恐障碍的临床表现

□ 案例

小南刚走进心理咨询室就开始哭诉："我真是倒霉！这叫什么病，都5年了也没有弄清楚。不发作时好好的，身体健康，发作时真是丢脸，脸色苍白、发抖出汗、心慌恶心、喘不过气，有时还尿失禁，每个月都有那么几次，没有固定的时间。不发作时情绪也不好，我担心它什么时候发作，担心我随时都会死去。没法和亲朋好友一起去玩、去旅游，哪儿也不敢去，因为我怕在外面没有人及时救助我会死掉。这生活还有什么意思？我姐姐是医生，给我做了几次心脏检查，都没有问题，可是这个病不知道什么时候就会发作，我真是受够了这种担惊受怕的日子。"

惊恐障碍具有如下临床表现：

惊恐障碍的特点是经常性的惊恐发作，起病急骤，不限于特定的刺激或情况，常伴有濒死感和自主神经功能紊乱症状，常突然出现，一般10分钟左右症状到达高峰，发作持续5~20分钟后自行缓解。发作后一切正常，不久后可再次发作。发作期间始终意识清晰，高度警觉。发作后仍心有余悸，产生预期性焦虑，担心下次再发作。不过此时焦虑的体验不再突出，而代之以虚弱无力，需经若干天才能恢复。60%的患者由于担心发病时得不到帮助而产生回避行为，比如不敢单独出门，不敢到人多热闹的场所，以致严重影响其社会功能。惊恐障碍的症状常表现为以下三方面：

惊恐发作：患者在进行日常各种活动时，突然出现强烈的恐惧感，感到自己马上就要失控（失控感）、即将死去（濒死感），这种感觉使患者痛苦万分，难以承受。同时患者会伴有一些躯体的不适，如心悸、胸闷或胸痛、过度换气或喉头梗塞感，有的伴有冷汗、头晕、震颤、面部潮红或苍白、手脚麻木、胃肠道不适等自主神经症状，患者会呼救、惊叫或逃离所处环境。一般发作突然，持续20分钟左右，往往不超过1小时即可自行恢复，患者意识清晰，事后能够回忆。

回避行为：大约60%的患者在发作间期因担心再次发作时无人发现，或发作时被围观十分尴尬，而采取明显的回避行为，如不去热闹的地方，不能独处，甚至不愿乘坐公共交通工具。部分患者置身于某些场所或处境时，可能会诱发惊恐发作，这些场所或处境使患者感到一旦惊恐发作，则不易逃离或得不到帮助，如独自离家、排队、过桥或乘坐交通工具等，称为场所恐惧症。因此在 ICD-11 诊断分类中，惊恐障碍又被分为伴有场所恐惧症的惊恐障碍和不伴有场所恐惧症的惊恐障碍。

预期焦虑：大多数患者会一直担心是否会再次发作等，从而在发作后的间歇期仍表现为紧张不安、担心害怕等明显的焦虑情绪。

患者常在日常生活中无特殊的恐惧性处境时，突然感到一种突如其来的惊恐体验，伴濒死感或失控感，以及严重的自主神经功能紊乱症状。患者好像觉得死亡将至，或奔走、惊叫、四处呼救，伴胸闷、心动过速、心跳不规则、呼吸困难或过度换气、头痛、头昏、眩晕、四肢麻木、感觉异常、出汗、肉跳、全身发抖、全身无力等自主神经症状。突如其来、无法预料的急性焦虑发作，表现为心悸、心跳剧烈、胸痛、胸闷、憋气、恶心、恐慌等，伴有濒死感、失控感或非真实感，持续几分钟到几小时后逐渐缓解。常反复发作，严重时患者会叫急救车或直接去急诊科就诊。尽管各项检查均正常，但仍不放心，每次发作过后患者都会反复到医院做系统的检查。患者往往变得依赖性很强，不敢独处，不敢去偏僻、交通不便、远离医院的环境。总之，只有到医院或医院附近才能放心和放松。

惊恐发作通常起病急骤，终止也迅速，一般 10 分钟左右症状到达高峰，发作持续 20～30 分钟，很少有超过 1 个小时者，但不久又可突然再发作。发作期间始终意识清晰，高度警觉。发作后仍心有余悸，产生预期性焦虑，担心下次再发作。不过此时焦虑的体验不再突出，而代之以虚弱无力，需经若干天才能恢复。60%的患者由于担心发病时得不到帮助而产生回避行为，比如不敢单独出门，不敢到人多热闹的场所，以致严重影响其社会功能。

二、焦虑障碍的发病机制

（一）广泛性焦虑症的发病机制

1. 情绪失调模型

情绪失调模型认为广泛性焦虑症个体会对负性情绪表现出情绪过度警觉。除此之外，广泛性焦虑症个体情绪理解能力差，并且对于情绪的态度更加消极，比如相比于正常个体，他们更容易将情绪知觉成危险性的。另外，他们会表现出情绪调节和管理不良，不能很好地去控制情绪。该模型认为，个体之所以不能有效应对情绪处理，担忧是一个重要因素。

2. 担忧回避模型

该模型认为担忧是一个言语思维活动，抑制了个体鲜明的心理表象以及相关的身体和情绪活动。该模型也表明广泛性焦虑症个体表现出情绪调节异常，但是其认为个体担忧的作用是努力消除感知到的威胁，同时避免在面对恐惧情绪时所产生的厌恶的躯体和情绪体验。

3. 不确定感忍耐性模型

该模型认为广泛性焦虑症个体不能容忍不确定或模棱两可的情境，对于该情境会产生慢性担忧。模棱两可的刺激可以认为是威胁性的，担忧可以帮助个体更有效地应对恐惧事件，或者阻止这些事件的发生。

研究发现，广泛性焦虑症情绪加工失调与额叶异常活动相关，包括额叶或前扣带回与杏仁核连接的异常。情绪失调和过度焦虑是广泛性焦虑症个体认知失调的一个重要因素。学者们认为，广泛性焦虑症患者出现情感失调，主要是因为患者的情感反应及对情感反应的调节出现了问题，这与患者前额叶–边缘系统环路的异常密不可分。具体来说，在面对负性情感刺激或者会诱发患者焦虑情绪的刺激时，如负性情绪面孔、带有威胁性或者令人不适的图片，以及能诱发焦虑情绪的语句等，患者的杏仁核与海马等边缘系统脑区会出现过度活动，而原本对边缘系统区域活动具有调节作用的前额叶皮层及前扣带皮层却出现了脑活动的减弱。尽管有少量研究发现，在负性效价情感刺激下，患者额叶及扣带皮层激活增强，但主流观点认为，广泛性焦虑症患者出现情感失调的原因是，在面对情感刺激时，其边缘系统区域过度反应，而负责情感调节的额叶皮层激活不足，难以实现对边缘系统区域自上而下的控制。而情感加工网络的损伤，可能会导致患者对感受到的威胁性刺激过度解读及估计，从而增加患者对威胁性刺激的敏感性及注意资源的分配。

（二）焦虑障碍的发病机制

静脉内注射乳酸钠和 5%～35%一氧化碳吸入，可诱发具有惊恐发作病史患者的惊恐发作，而这在正常人中很少见。这些证据提示，焦虑症发病可能与脑干（主要是蓝斑）、边缘系统以及额叶前部的功能异常有关。

1. 遗传

通过家系调查发现，焦虑障碍患者一级亲属的患病率达 15%～25%，明显高于正常人群。通过双生子同病率研究发现，惊恐障碍患者单卵双生子同病率（80%～90%）显著高于双卵双生子同病率（10%～15%），广泛性焦虑症患者单卵双生子的同病率（50%）也高于双卵双生子同病率（15%），但也有二者没有差异的报道。广泛性焦虑症当中，有 20%到 40%受遗传影响，而惊恐障碍中有约为 50%受遗传影响。焦虑人格的个体在应激状态和不良社会因素的影响下容易发生焦虑，而焦虑人格的特质和遗传密切相关。焦虑人格具有易紧张、恐惧、警觉性高等人格特点。

2. 神经生物学因素

（1）乳酸学说。学者们认为，乳酸过高引起的代谢性酸中毒导致的一系列相关生化改变会使具有焦虑倾向的个体产生焦虑的表现。神经影像学研究发现，广泛性焦虑症的青少年杏仁核、前额叶背内侧体积增大，杏仁核、前扣带回和前额叶背内侧带活动增加，并与焦虑的严重程度呈正相关。

神经递质学说认为，中枢神经系统的去甲肾上腺素系统、5-羟色胺系统、γ-氨基丁酸系统等神经递质系统的正常、平衡与否可以影响焦虑的产生。有研究表明，影响大脑额叶及边缘系统 NE 能系统、GABA 能系统、DA 能系统和 5-HT 系统的药物，可以部分缓解患者的焦虑症状。

γ-氨基丁酸（GABA）系统：苯二氮䓬类药物（BZDs）激动 GABA 受体有抗

焦虑作用。PET 研究发现广泛性焦虑症患者左颞极 GABA 受体结合率降低。广泛性焦虑症患者外周血细胞 GABA 受体密度降低，mRNA 也减少，当焦虑水平下降时这两项也恢复到正常。

5-羟色胺（5-HT）系统：选择性 5-羟色胺再摄取抑制剂（SSRIs）治疗广泛性焦虑症有效提示 5-HT 参与其病理过程。敲除 5-HT_{1A} 受体基因，导致小鼠焦虑样行为增加，探索行为减少；小鼠过度表达 5-HT_{1A} 受体导致焦虑样行为减少，探索行为增加；激动 5-HT_{2A} 受体导致焦虑样行为，缺乏 5-HT_{2A} 受体的小鼠焦虑样行为较少，探索性行为增加。

去甲肾上腺素（NE）系统：蓝斑位于第四脑室底部，是脑中合成 NE 的主要部位，持续刺激动物模型蓝斑可导致焦虑样症状。应激诱导的 NE 释放可促进模型动物的焦虑样行为。NE 水平升高则刺激丘脑的α受体，导致警觉性增加、易激惹和睡眠障碍。增加突触间隙 5-HT、NE 水平的药物具有抗焦虑的效果，如具有 5-HT 和 NE 双受体重吸收抑制作用的 5-羟色胺和去甲肾上腺素再摄取抑制剂（SNRIs），如文拉法辛、度洛西汀及三环类抗抑郁药有很好的抗焦虑作用。

（2）交感神经功能亢进说。关于发病机理有不同说法，有的学者强调杏仁核和下丘脑等情绪中枢和焦虑症的联系，提出焦虑症的“中枢说”；也有人根据β-肾上腺素能阻断剂有效改善躯体症状、缓解焦虑，支持焦虑症的“周围说”。以下证据证明交感神经参与焦虑症的发生：焦虑患者尿中儿茶酚胺排出量增加，注射去甲肾上腺素可模拟焦虑躯体症状，阻断交感神经β受体可抗焦虑，消除躯体症状，抗焦虑药通过增强γ-氨基丁酸活性，作用于交感神经，可抗焦虑，症状主要为交感神经亢进，如心悸、胸闷、出汗、头晕等。

（3）脑内 5-羟色胺能神经活动障碍说。临床观察发现，增强脑内 5-羟色胺递质活性的药物对抗焦虑有效。

（4）脑内多巴胺能神经系统活化学说。多巴胺活化时，各种心理活动活化，出现焦虑、恐惧、妄想、幻觉、兴奋、躁动等。临床实践和药物化学证实，用阻断多巴胺的抗精神病药物治疗严重焦虑有效。

3. 心理相关因素

（1）心理动力学理论。心理动力学理论认为，焦虑源于内在的心理冲突，是童年或少年期被压抑在潜意识中的冲突在成年后被激活，从而形成焦虑。在临床上，一些焦虑障碍的患者病前可追溯有应激性生活事件，特别是威胁性事件更易导致焦虑发作。研究提示，童年时期不安全的依恋关系、照料者矛盾情感、父母的过度保护、被虐待、与养育者过多分离均可能是患者产生焦虑的原因。精神分析学派认为，焦虑源于内在的心理冲突，过度的内心冲突对自身威胁的结果可以导致焦虑的产生。患者的惊恐发作是压抑在无意识领域中的创伤（与父母分离、幼年躯体和性的创伤等）经外在情境因素促发，通过反应形成消除、躯体化和外在化等防御机制的作用的结果；而对于广泛性焦虑患者，相比能令自己不安的内心无意识冲突的侵扰，持久的焦虑反而起到了保护的作用。弗洛伊德认为焦虑障碍是由于过度的内心冲突对自我威胁的结果，来源有三个：本我、自我和超我。如果不被接受的本我欲望挤进意识并开始击败自我，人就会变得很焦虑。当这种状态存在时，人就会不舒服，自我就要拿起其被称为“防御机制”的大枪，防御机制的目的是阻止本我的冲动进入意识。那么防御机制是如何避开焦虑的？它们通过自我欺骗和歪曲事实，使本我的欲望未能得到承认，比如压抑、否定、投射、反向作用、升华。

（2）行为主义理论。行为主义理论认为，焦虑是对某些环境刺激的恐惧而形成的一种条件反射。焦虑症是通过学习将焦虑恐惧反应与某中性刺激结合的结果。引起焦虑的情境可作为条件刺激或信号，当个体感到自己的安全受到威胁时，便会诱发出交感神经功能亢进、下丘脑-垂体-肾上腺轴亢进、海马边缘系统中缝核活化的焦虑反应，此后类似情境刺激便会产生病理条件反射性焦虑症。

（3）认知学派。认知学派认为，人们对事件的认知评价是焦虑症发生的中介，当个体对情境做出危险的过度评价时，便会激活体内边缘系统交感神经系统等引发焦虑反应，产生焦虑症。对情境过度危险的认知评价加剧焦虑症，形成恶性循环。认知心理学派认为，焦虑与患者对躯体症状或情境因素的非理性观念有关。焦虑症主要来源于潜意识的冲突，个体意识到自己的本能冲动有可能导致某种危险，因而伴有失控感或发疯感，有濒死感。焦虑症的社会因素，比如家庭环境、社会生活事件，如学业压力、人际关系紧张等都会作为情境性应激源，诱发焦虑症的发生。而惊恐障碍患者往往夸大问题的严重程度，低估自己的应对能力，认为自己无法掌控自己的生活。

第三节 焦虑障碍的临床诊断与鉴别诊断

根据焦虑障碍的临床特点，诊断一般不难。应注意的是，焦虑症的焦虑症状是原发的，凡是继发于躯体疾病和其他精神障碍，如妄想、抑郁、强迫等，均不能诊断为焦虑症。惊恐障碍要求 1 个月之内至少有 3 次惊恐发作，或首先发作后，继发害怕再发的焦虑持续 1 个月。广泛性焦虑症病期要有 6 个月（CCMD-3）。

一、广泛性焦虑障碍的诊断

（一）ICD-11 对广泛性焦虑障碍的诊断

广泛性焦虑障碍在 ICD-11 中的编码为 6B00，表现为显著的焦虑症状，持续至少数月，在大多数时间里出现。有以下两者之一：广泛性的忧虑或聚焦点在诸多日常事件的过度的担忧（多为家庭、健康、经济情况、学业、工作），同时伴有附加症状，如肌肉紧张、运动性坐立不安、交感神经过度活跃、主观体验的精神紧张、难以维持注意力集中、情绪易激惹或睡眠紊乱。这些症状导致明显的临床痛苦或社会功能损害。症状不是另一种健康情况的临床表现，也不是某种作用于中枢神经系统的药物或物质所致。

（二）DSM-5 对广泛性焦虑障碍的诊断

广泛性焦虑障碍的核心特征是对多种情境在程度及持续时间上均呈现过度的焦虑和担忧，包括学业、工作和健康等诸多方面。常伴随有躯体症状，如坐立不安、注意力不集中、头脑空白、易激惹、肌肉紧张不适、失眠等。广泛性焦虑障碍的诊断标准如下：

（1）对多种事件或活动呈现出过分的焦虑和担忧，至少持续 6 个月以上。

（2）个体难以控制这种担心。

（3）这种焦虑和担忧同时伴有如下 6 个症状中的至少 3 个：如坐立不安或感

到紧张、容易疲劳、思想难以集中或头脑一片空白、易激惹、肌肉紧张、睡眠障碍。

（4）焦虑、担心和躯体化症状造成患者临床意义的痛苦，或导致社会功能严重损害。

（5）焦虑障碍不能归因于物质如滥用毒品和药物的生理效应，或其他躯体疾病如甲亢。

（6）排除发生在其他轴上精神障碍的焦虑和担忧，如惊恐发作时的焦虑和担心，这是惊恐障碍；在公众场合感到难堪，这是社交恐怖症；担心被污染，这是强迫症；害怕离家或离开亲人这是分离性焦虑障碍；担心肥胖，这是神经性厌食症；多种躯体不适的主诉，这是躯体化障碍；担心患严重疾病，这是疑病症，以及创伤后应激障碍的焦虑和担心。

DSM-5 和 ICD-11 在焦虑及相关障碍中包含的疾病类别及诊断定义均高度一致，所包括的疾病类别有分离焦虑障碍、选择性缄默症、特定恐怖症、社交焦虑障碍、惊恐障碍、广场恐怖症及广泛性焦虑障碍。DSM-5 和 ICD-11 均指出，焦虑障碍包括过度害怕和焦虑，这两种状态有所重叠，但也有不同，害怕经常与“战斗或逃跑”的自主神经的警醒、立即的危险、逃跑的行为有关；而焦虑是一种对未来风险和危机的紧张、警惕或回避行为。两套诊断系统同时提到了鉴别诊断要点，即在各种焦虑障碍中，导致害怕、焦虑、回避行为以及伴随的认知观念的物体或情境类型有所不同。

诊断广泛性焦虑患者必须存在明显焦虑、紧张、恐慌不安等症状表现，并且该症状无明确对象和固定内容，属于漂浮式焦虑状态，焦虑会持续至少几周时间，通常在 6 个月以上同时存在社会功能损害，患者会感觉到痛苦；存在紧张性、运动性坐立不安，感觉紧张、发抖、震颤、静坐不安等运动表现；存在自主神经功能失调症状，例如出汗、头昏、心悸、胃肠道不适，甚至尿频、尿急等症状；除以上症状外还需要排除其他疾病如躯体疾病、甲状腺疾病、心脏疾病，以及药物引起的焦虑问题都应该进行排除。满足以上 4 个方面，才能够诊断为广泛性焦虑。

躯体疾病所致焦虑：临床上许多躯体疾病可以出现焦虑症状，如甲状腺疾病、高血压、冠心病，某些神经系统疾病，如脑炎、脑血管病、脑变性病、系统性红斑狼疮等。临床上对初诊、年龄大、无心理应激因素、病前个性素质良好的患者，要高度警惕焦虑是否继发于躯体疾病。鉴别要点包括详细的病史、体查、精神状况检查，以及必要的实验室检查，避免误诊。

药源性焦虑：许多药物在中毒、戒断或长期应用后，可致典型的焦虑障碍。例如，某些拟交感药物，像苯丙胺、可卡因、咖啡因；某些致幻剂，像 LSD 及阿片类物质；长期应用激素、镇静催眠药、抗精神病药物等。根据服药史可资鉴别。

精神疾病所致焦虑：精神分裂症、抑郁症、疑病症、强迫症、恐惧症、创伤后应激障碍等，常可伴发焦虑或惊恐发作。精神分裂症患者伴有焦虑时，只要发现有分裂症症状，就不考虑焦虑症的诊断，抑郁症是最多伴有焦虑的疾病，当抑郁与焦虑严重程度主次分不清时，应先考虑抑郁症的诊断，以防耽误抑郁症的治疗而发生自杀等不良后果；其他神经症伴有焦虑时焦虑症状在这些疾病中常不是主要的临床表现。

二、惊恐障碍的诊断

（一）ICD-11 对惊恐障碍的诊断

惊恐障碍在 ICD-11 中的编码为 6B01，表现为反复的、非预期的惊恐发作。这种惊恐发作不限于特定的刺激或情境。惊恐发作定义为散在的、发作性的强烈恐惧或忧虑，伴随急性自主神经症状（如心悸或心率增快、出汗、震颤、气促、胸痛、头晕或眩晕、寒冷、潮热、濒死感）。此外，惊恐障碍患者对惊恐发作的复发有明显的担心，或一些意图回避复发的行为，导致个人、家庭、社交、学业、职业或其他重要领域功能的显著损害。症状不是另一种健康情况的临床表现，也不是某种作用于中枢神经系统的药物或物质所致。

（二）DSM-5 对惊恐障碍的诊断

惊恐障碍患者反复体验到不可预期的惊恐发作，而且担心惊恐发作的再次发生，并出现回避行为。惊恐发作是突发性的高度的恐惧并伴有多种躯体不适和负性认知，在几分钟内达到高峰。惊恐发作既可用于任何焦虑障碍，又可用于其他精神障碍。此诊断的总病程要求至少 1 个月。

惊恐障碍的诊断标准如下：

（1）反复出现不可预期的惊恐发作。突然发生，几分钟内达到高峰，发作期间出现下列 4 项及以上症状：心悸、感觉心慌或心跳加速、出汗、发抖、窒息感、哽噎感、头晕、发热、害怕失控、濒死感、胸部疼痛或不适感等都是常见的症状表现。

（2）1 次发作后，出现下列症状中的 1～2 种，且持续 1 个月或更长时间：持续担忧或担心再次发作，表现出显著的不良变化，如刻意回避。

（3）这种障碍不能归因于某种物质（如滥用的毒品、药物）的生理反应，或其他躯体疾病（如甲状腺功能亢进、心肺疾病）。

（4）这种障碍不能用其他精神障碍来更好地解释。比如，特定恐怖症、强迫症、创伤后应激障碍，以及分离障碍的鉴别诊断。

三、鉴别诊断

Q1：如何区分其他精神障碍伴惊恐发作与惊恐障碍？

A1：惊恐发作可作为其他焦虑障碍的一种症状，可以预期何时可能发作。如果只在对特定的激发物进行反应时才出现惊恐发作，只能诊断为相应的焦虑障碍。而惊恐障碍的特征是反复出现的不可预期的惊恐发作。

Q2：广泛性焦虑障碍与强迫障碍的核心鉴别点是什么？

A2：在广泛性焦虑障碍中，焦虑的内容是对未来可能发生的事件的过度担心和思虑。而在强迫障碍中，强迫思维是闯入性或不想要的想法、冲动或画面，患者常常想摆脱却无法摆脱。

Q3：广泛性焦虑障碍与应激相关障碍的鉴别要点是什么？

A3：如果焦虑症状可以被创伤后应激障碍的症状更好地解释，就不单独诊断为广泛性焦虑障碍。同属于应激障碍的适应障碍中也可能存在焦虑情绪。因为适应障碍的诊断等级低，只有当不符合广泛性焦虑障碍的诊断标准时，才能诊断适应障碍。另外，适应障碍和应激源高度相关，在应激源产生后的 3 个月内焦虑情绪出现，随着应激源的终止，持续的症状不超过 6 个月。

必须强调的是，惊恐障碍永远都不能是“优先诊断”，而只能是“劣后诊断”，因为惊恐发作与心绞痛、心肌梗死、哮喘、分离转换障碍、复杂性癫痫等十分相似，仅凭临床表现根本无法鉴别，只有经过系统检查，排除以上疾病之后才能确诊。

第四节　焦虑障碍的治疗

广泛性焦虑症具有高复发性的特点，病程迁延。治疗上倡导全病程综合性治疗，包括急性期治疗、巩固期治疗和维持期治疗3个时期。急性期治疗主要是控制焦虑症状，时长一般为 3 个月。巩固期治疗主要为预防复燃，一般至少需要2~6个月。维持期治疗主要是防止复发，一般至少为12个月。维持期治疗结束后，可以根据病情缓慢减少药物剂量，直至终止治疗。治疗方法包括综合药物治疗、心理治疗、物理治疗等，根据患者情况，有机结合使用。患者发病年龄越早，症状越重，社会功能缺损越显著，预后越不理想。

目前，广泛性焦虑症的治疗主要依赖于药物疗法及认知行为疗法。除此之外，瑜伽疗法及经颅磁刺激和经颅直流电刺激等神经调控疗法也被发现对广泛性焦虑症的治疗存在积极作用。尽管越来越多的研究开始关注广泛性焦虑症患者，但与其他类型焦虑障碍相比，广泛性焦虑症相关的研究数量仍处于落后位置。而在为数不多的研究中，大多研究主要关注广泛性焦虑症的治疗问题及症状或行为相关表现，对广泛性焦虑症的神经生物学机制探究不足。许多研究认为，广泛性焦虑症是一种认知失调的疾病。在此基础上，研究者结合一些经典认知任务及脑成像技术，提出了一系列认知模型来理解广泛性焦虑症病情的发展及维持，还找到了一些对于理解广泛性焦虑症病理学机制十分重要的脑区及环路。在这一系列的认知模型中，最常被提及的模型包括情感失调模型、焦虑回避模型和不确定性厌恶模型，其中，情感失调模型是目前广泛性焦虑症研究中最广为人知、最能被接受的理论认知模型。研究者发现，患者无法正确认知自己的情感状态，常常将生活中感受到的寻常刺激解读为带有威胁性的刺激。为了避免这些可能的威胁性刺激为自己带来潜在的伤害和不好的情感体验，患者常常会使用担忧作为情感调节或者情感压制策略，但这种不良应对策略非但不能帮助患者消除忧虑，反而会加重他们的忧虑，并可能进一步导致其脑功能的损伤。

美国和英国心理协会认可的焦虑障碍循证心理治疗当中，明确说明广泛性焦虑障碍的治疗，主要采用认知疗法和应用放松。惊恐障碍主要采用认知行为疗法。这就说明认知治疗广泛应用于焦虑症的治疗当中。

一、心理治疗

心理治疗可以与药物治疗合用，也可以单独使用，视患者情况而定。如果患者的病因与社会因素或现实因素有关，接受治疗的时间会相对较短，如果患者病前具有明显的人格特征，则治疗过程会较长。另外在对患者进行治疗的同时，也应对与其具有社会关系的人群，特别是家属予以关注。最常用于焦虑症患者的是认知治疗、行为治疗或认知-行为治疗等心理治疗方法。焦虑症患者的个性特征常表现为对现实不满意，对人生期望过高，对疾病的性质认识不清，凡事往坏处想，总担心结局不妙，长期处于一种高度警觉状态，势必会产生一些歪曲的认知，这是造成疾病迁延不愈的原因之一。同时，患者往往有焦虑引起的肌肉紧张，自主神经功能紊乱引起的心血管系统与消化系统症状。因此，应用认知方法改变患者对疾病性质的不合理和歪曲的认知，运用行为治疗，如放松训练、系统脱敏等处理焦虑引起的躯体症状，往往可收到事半功倍之效。相关研究表明，心理治疗有效性约为75%。而心理治疗需要时间发挥作用，无法一蹴而就，所以在接受治疗时需要设置合理的心理预期。

（一）人际心理治疗（心理支持疗法）

心理治疗是常见的与最基础的治疗方式，在治疗广泛性焦虑症患者时通过提供解决建议与心理支持来减轻患者挫折感，进而帮助患者克服情绪障碍。人际心理治疗不但能对患者焦虑症状有效缓解，且对改善抑郁心理与抑郁情绪也具有极为重要的作用。在人际交往中，人际冲突与人际关系缺乏是其中极为重要的问题，且会体现于各种不良沟通模式中，严重影响到患者身心健康。将人际心理治疗相关知识与目标详细告知患者，同时告知患者回顾焦虑症状，寻找新反应方式感觉，经干预后焦虑程度明显降低。

（二）解释性心理治疗

向患者宣教焦虑症的相关知识，有助于减轻患者的心理压力，使其更好地配合治疗。

（三）认知行为疗法

认知行为疗法也是治疗精神障碍疾病最常用的心理治疗方法之一，包括认知重建疗法和焦虑控制训练，可以矫正患者对于焦虑的错误认知，减轻患者焦虑的躯体症状。认知行为疗法是 A. T. Beck 在 20 世纪 60 年代衍生的心理治疗，提出情绪并非源于事件本身，而是来源于对事件产生的看法与观点引起的心理情绪反应，即问题自身不是问题，而解决问题才是问题。若改变自身想法观点，那么对事件的反应也会改变，故认知行为疗法关键是改正不合理认知，缓解消极情绪。通过引导患者转变错误认知，增强患者判断自身消极思维能力和认知矫正技术，从而有效摆脱错误认识。通过心理教育与认知行为训练能够促使患者将焦虑躯体感受及情绪均理解为心理事件，降低患者对焦虑等负性情绪的关注，同时提高患者对躯体疼痛的耐受度，有效改善患者的生理机能，提高患者生活质量。认知疗法认为，焦虑症患者之所以会产生过度的、不切实际的紧张和担忧，是因为对事件存在不合理的认知。因此，若消除这些症状，必须纠正其错误的信念，构建其对世界的合理认知，挑战患者的灾难性思维，通过改变其认知，减少其对情绪状态的影响或减少惊恐发作的时间。

认知理论认为，认知过程通过影响个体的意识情绪，从而导致其行为表现的改变，同时情绪与行为也会反过来影响认知过程。认知行为疗法的具体步骤分为：帮助患者认识分析出现焦虑的原因，制订治疗计划；纠正患者的歪曲认知，并帮助患者熟悉运用放松技能；与患者进一步讨论歪曲认知，引导患者质疑现有的错误认知，从而进行认知重建；给患者布置任务，完成在治疗过程中所学到的技术。朱智佩等基于国际上新出现的简易认知行为治疗（Brief Cognitive Behavioral Therapy，BCBT）编写了应用更为简便的简化认知行为疗法（Simplified Cognitive Behavioral Therapy，SCBT），其在国内广泛性焦虑症患者治疗疗效较好，但因随访时间过短无法确定长期疗效。徐良雄等应用认知行为团体疗法治疗广泛性焦虑症，发现认知行为团体疗法不仅能改善广泛性焦虑症患者的焦虑症状，还能提高患者的生活质量。目前，虽然很多研究已经证实了认知行为疗法在广泛性焦虑症患者的治疗中具有一定的疗效，但由于不是所有广泛性焦虑症患者都能适应和接受认知行为疗法，因此当下仍需寻求更多的可替代疗法。

（四）心理动力学治疗

心理动力学治疗又称动力心理学治疗，是基于精神分析理论的多种治疗方式的总称。与传统的精神分析相比，心理动力学治疗主题明确，通过将回忆与现实相结合，能有效缩短治疗时间和扩大适应范围。心理动力学治疗的目的在于追溯焦虑的根源，在诊治过程中治疗师通过移情、鼓励、安慰等方式减轻患者的焦虑痛苦症状。Lilliengren 等对 215 例广泛性焦虑症患者进行短期心理动力学治疗，结果显示，短期心理动力学治疗不仅能减少治疗所需的费用，还能有效减轻广泛性焦虑症患者的临床症状。而 Leichsenring 等为了解心理动力学治疗是否优于认知行为疗法，其团队将 57 例广泛性焦虑症患者随机分为短期心理动力学治疗组与认知疗法组，均治疗 30 周，治疗结束 6 个月后进行疗效评估，结果表明，心理动力学治疗的疗效劣于认知行为疗法。目前，心理动力学治疗虽已在临床上广泛应用，但在治疗广泛性焦虑症患者的过程中还没有统一的规范及标准。因此，还需要增加样本量进一步讨论与研究，为治疗广泛性焦虑症提供更可靠的依据。

（五）森田疗法

森田正马秉持着顺其自然、为所当为的理念于 1920 年创立了森田疗法。森田疗法分为绝对卧床期（1 周左右）、轻体力活动期（3 天至 1 周）、强体力活动期、生活训练期 4 个阶段。森田疗法作为一种诞生于东方，并与中国的思想体系与文化传统相符合的心理疗法，被公认为是心理学界的重要疗法之一，具有极大的影响力。早在 1996 年，王翔南等将森田疗法与行为疗法的疗效进行对比，发现两者总体疗效没有明显差异。在短期疗效方面，行为疗法有起效快、规范化、操作简便、容易实现等优点，因而强于森田疗法；在长期疗效方面，接受行为疗法的患者复发率高于接受森田疗法的患者。随后，张勤峰等整合了森田疗法和内观疗法，并用于治疗广泛性焦虑症患者，发现整合疗效优于单独使用森田疗法。

一篇系统综述对应用森田疗法的焦虑患者进行了6项研究分析，结果表明，由于目前尚缺乏大量的高质量的临床试验证据支持，森田疗法对焦虑症治疗的疗效仍未很清晰。因此，在深入研究森田疗法的过程中，积极整合其他疗法并开展高质量的大样本研究是未来研究的重点方向。

（六）放松训练

放松训练又称松弛疗法，是一种让患者感受肌群的紧张与放松，帮助患者调控不良情绪，并可后续自行练习的心理疗法。目前常见的放松训练有放松训练、渐进性放松训练、静默法、生物反馈放松训练、自我催眠5种。其中静默法中又包括瑜伽、坐禅、气功、超觉沉思等。训练过程中还可搭配使用一些放松技巧，如漂浮疗法、深呼吸、听音乐、按摩、练太极等。李沙娟分别对广泛性焦虑症患者采用常规心理护理结合放松训练和单纯心理护理，二者相比，结合放松训练能明显减轻焦虑症状，提高治疗效果。Montero-Marin 等对认知疗法与放松疗法在治疗焦虑症患者疗效方面进行了50多项的对比研究，Meta 分析结果表明放松疗法的疗效优于认知行为疗法。Wells 等对比了元认知疗法与放松训练，发现在广泛性焦虑症患者治疗中元认知疗法效果优于放松训练。Heide 等早在1984年搜集整理了放松训练引起焦虑的相关文献，并提出了放松诱发焦虑（RIA）的几种假说。Newman 等将广泛性焦虑症患者的 RIA 行为量化为数值，根据不同阶段患者 RIA 值的变化，绘制为最终的变化轨迹图，并从中发现了 RIA 峰值低的患者放松训练疗效较好。放松训练虽然已经得到了广泛应用，但是疗效尚不清楚。

放松训练是行为疗法中非常广泛且有效的方法。通过呼吸法、想象放松，可以缓解焦虑症状和情绪。放松疗法的假设是，个体的焦虑反应包含“情绪”和“躯体”两个部分，倘若躯体的反应被改变，情绪也会随之改变。患者通过放松训练，可以保持心情的轻松状态。患者可在家练习，如果觉得难以放松，可借助生物反馈技术。

（七）接受与承诺疗法

接受与承诺疗法被称为是认知行为疗法的第三次浪潮。虽然接受与承诺疗法是认知行为疗法的一部分，但接受与承诺疗法与认知行为疗法也存在较大差异。

其主要不同是，接受与承诺疗法的目标并不是降低负性情绪发生的频率或严重程度，而是减少以上经历对生活活动的影响。接受与承诺疗法包含语境论的科学哲学、关系框架理论、语言和认知的基本理论、心理病理学理论等。接受与承诺疗法通过接受不适、认知融合、接触当下、以自我为背景、明确价值、承诺行动6项措施帮助患者提升心理灵活性，从而克服不良情绪。Landy等回顾了接受与承诺疗法与其他疗法治疗焦虑患者疗效比较的4篇文献，研究结果显示，接受与承诺疗法可替代治疗社交焦虑与混合焦虑障碍的传统认知行为疗法及治疗广泛性焦虑症的放松疗法。而另一篇系统综述纳入15篇关于接受与承诺疗法治疗焦虑和抑郁患者的研究，结果表明采纳接受与承诺疗法的干预组患者的情绪状态和心理灵活性均高于空白对照组，但与认知行为疗法的疗效无差异。Wetherell等对患有广泛性焦虑症的老年患者采用接受与承诺疗法，初步结果表明该种疗法可以有效减轻焦虑和抑郁症状。由于该疗法具有学习简单和广泛应用的优点，扩大样本量进行进一步研究，探讨其治疗广泛性焦虑症是否有效以及相比其他疗法的优劣势，不失为一种可行的方案。

（八）正念冥想技术

正念冥想源于佛教，目前主要应用于心理疗法治疗行为和心理健康问题。正念冥想有助于个人专注于现在的经历，而不是沉浸于对未来的担忧中，它着重强调了患者应当关注当前的想法、感觉和身体感受，训练患者有意识有目的地行动，而不是无意识地做出反应。Hoge 等研究发现，正念减压疗法可降低广泛性焦虑症患者体内肾上腺皮质激素和促炎性细胞因子，这表明正念减压疗法很可能有效治疗广泛性焦虑症。尽管正念冥想受到大多数人的欢迎和喜爱，但目前尚未有研究明确指出正念冥想治疗广泛性焦虑症的疗效如何。

正念冥想是一种心理训练的练习，教会你放慢思绪，让你的身心都平静下来。将冥想和正念练习相结合，完全专注于“现在”，不加判断地承认和接受自己的想法、感受和感觉；专注于呼吸，感觉呼吸的空气在你的身体进出。当空气进入鼻孔又离开鼻孔时，感觉腹部的起伏。注意呼吸时吸入和呼出的空气的温度变化。你的目标不是停止你的想法，而是让自己更舒服地成为这些想法的“见证人”。只需注意它们，保持冷静，静静地看着它们漂浮不定和千变万化。

（九）生物反馈疗法

生物反馈疗法是利用生物信息反馈的方法训练患者学会有效放松，从而减轻焦虑。利用科学仪器测量、放大和反馈患者生理信息的心理行为治疗技术。目前生物反馈疗法主要通过肌电图（EMG）生物反馈降低肌肉紧张水平或者通过脑电图生物反馈调节脑电波活动，已被普遍用来治疗焦虑症。Agnihotri 等对比了肌电图生物反馈和脑电图生物反馈治疗广泛性焦虑症的疗效，发现二者在治疗广泛性焦虑症上有同等疗效。生物反馈疗法虽然已经广泛应用于临床，并且其疗效也获得社会认可，但是目前治疗该疾病的国内外大样本临床研究较少，因而需要增加样本量去进一步讨论与研究。

（十）音乐疗法

音乐疗法就是利用音乐进行治疗的心理干预方法。目前，音乐疗法被广泛应用于精神分裂症、抑郁症、睡眠障碍等疾病治疗，还被证实可缓解和改善哮喘与癌症等疾病症状。李美花等将 80 例患广泛焦虑症的患者随机分为音乐疗法联合丁螺环酮组（试验组）与单用丁螺环酮组（对照组），研究结果表明，在治疗广泛性焦虑症的效果上，试验组显著优于对照组，且试验组的疗法能改善患者焦虑状态。Flores-gutiérrez 等研究同样证实了音乐疗法可缓解广泛性焦虑症患者的焦虑和抑郁症状。虽然大部分研究已经证实了音乐疗法对广泛性焦虑症治疗有效，但有部分研究也指出音乐疗法并没有特殊疗效，例如在 O'steen 等的研究中接受化疗的癌症患者在音乐疗法的干预下其焦虑情绪并未得到明显好转。由于至今为止音乐疗法的疗效尚不完全清晰，国内外也缺乏将音乐疗法与认知疗法等其他心理疗法进行对比的研究，因此目前临床上音乐疗法一般只作为辅助治疗，而不单用。

（十一）其他疗法

广泛性焦虑症是一种常见病，虽然认知行为疗法已被证明是最有效的心理治疗形式，但很少有患者能接受这种干预。而运动型治疗如瑜伽、高强度间歇训练（HIT），则提供了一种治疗的新方向。瑜伽通过身体姿势练习、呼吸练习、放松策略和冥想练习等各种技巧来增强身体素质和改善心理健康。Doria 等通过 Surdashan

Kriya 瑜伽干预广泛性焦虑症，研究表明广泛性焦虑症患者的焦虑、抑郁情绪可明显降低。高强度间歇训练是一种目前流行的新型运动形式，其特征是短时间内进行最大强度的运动训练，中间穿插着短暂的低强度的运动或休息。Plag 等通过研究证明了高强度间歇训练治疗广泛性焦虑症疗效好，见效快。以上运动型治疗虽起着良好的辅助治疗作用，但需注意的是，它并不是适用于所有的广泛性焦虑症患者，在实行运动疗法前要充分考虑患者的身体状况。

二、药物治疗

焦虑症可用抗焦虑药物和抗抑郁药物治疗。目前的资料显示，药物治疗可使80%的焦虑症患者显效。急性期以缓解或消除焦虑症状及伴随症状，提高临床治愈率，恢复社会功能，提高生活质量为目标。

常用的抗焦虑药物主要有苯二氮类药物、丁螺环酮类和抗抑郁药物。对广泛性焦虑症常用的药物有阿普唑仑、丁螺环酮、多塞平、马普替林以及普萘洛尔等。常用于惊恐障碍的药物有丙米秦、帕罗西汀等。对伴有抑郁症状的焦虑症患者，应首选抗抑郁药物治疗。焦虑症的药物治疗尽管有效，但相当多的患者停用药物后，在心理社会因素的影响下症状易再次出现，而且有些药物长期使用，会使患者对药物产生耐受性和依赖性。所以，心理治疗对于焦虑症的长期疗效是十分重要的。

有抗焦虑作用的抗抑郁药、抗抑郁剂是治疗广泛性焦虑症常用的一线药物，选择性 5-羟色胺再摄取抑制药（SSRIs）与 5-HT 去甲肾上腺素再摄取抑制药（SNRI）是最为常用的药物。上述两类药物对广泛性焦虑症治疗具有显著效果。SSRIs 最为常用的是舍曲林、帕罗西汀、艾司西酞普兰，并得到循证学证据支持。SSRIs 和去甲肾上腺素再摄取抑制剂（SNRIs）对广泛性焦虑症有效，且药物不良反应少，患者接受性好，如帕罗西汀、文拉法辛、度洛西汀、艾司西酞普兰等，目前已在临床上广泛使用。三环类抗抑郁药如丙米嗪、阿米替林等对广泛性焦虑症也有较好疗效，但较强的抗胆碱能不良反应和心脏毒性作用限制了它们的应用。

苯二氮䓬类药（BZDs）在治疗广泛性焦虑症中具有起效快和耐受性好等优点，其常被用于成人广泛性焦虑症治疗中，在儿童青少年广泛性焦虑症方面较少，故一系列随机对照研究结果不同。由于缺乏支持性证据及滥用与成瘾性风险，该药通常不被推荐用于儿童青少年广泛性焦虑症治疗中，但在早期对症状严重且伴有睡眠障碍的患者可作为辅助药物快速对症状进行控制。丁螺环酮是第一个无镇静作用的非 BZDs，其是一种部分 5-HT_{1A} 受体激动剂，通过激动突触前、后膜的 5-HT_{1A} 受体产生抗焦虑作用，剂量一般在 10～60 mg/d，主要不良反应有头痛、头昏、胃肠道不适等。有研究认为，该药和其他治疗相较优势不明显，且存在较少治疗抑郁症状合并症状的证据，缓解焦虑症状所需时间较长，故此药在治疗广泛性焦虑症方面受到一定限制。根据抗抑郁药起效较慢无成瘾性，而 BZDs 药物起效快，但长期使用有成瘾性的特点，临床上多在早期将 BZDs 与 SSRIs/SNRIs 或三环类药物合用，维持 2～4 周，然后逐渐停用 BZDs 药物。很少单独应用 BZDs 药物作为一种长期的治疗手段。

其他药物丁螺环酮、坦度螺酮是 5-HT 受体的部分激动剂，因无依赖性常被用于广泛性焦虑症的治疗，但起效较慢。β - 肾上腺素能受体阻滞剂对于减轻焦虑症患者自主神经功能亢进所致的躯体症状如心悸、心动过速等有较好疗效。此外氟哌噻吨美利曲辛对焦虑也有较好的缓解作用，但不宜长期使用，老年人使用可能诱发帕金森综合征。

广泛性焦虑症是一种慢性和复发性疾病，在急性期治疗后，巩固治疗和维持治疗对于预防复发非常重要，巩固期至少 2～6 个月，维持治疗至少 12 个月。

苯二氮䓬类药物能增强γ-氨基丁酸能神经传递功能和突触抑制效应，具有抗焦虑作用、镇静催眠作用，加大剂量也不产生麻醉，但长期应用会引起依赖性。

盐酸丁螺环酮主要用于广泛性焦虑障碍，下调 5-羟色胺功能而起到抗焦虑作用。无明显镇静、催眠、肌肉松弛以及引起依赖或戒断反应等不良反应。

三环类主要作用是能阻滞去甲肾上腺素和 5-羟色胺的再摄取。可以和选择性血清素再吸收抑制剂合用。

基于上述结果，研究者指出，针对焦虑障碍的治疗不足，很多患者未能接受到足够的抗焦虑治疗，上述现象在全球范围内均很普遍，而中低收入国家尤为显著。改善焦虑障碍的识别率及抗焦虑治疗的质量势在必行。

□ 案例

求助者杨某某，女，19 岁，原大一学生，现休学在家已经快一年了。体态正常，无重大躯体疾病历史，家庭基本和睦，父母无人格障碍和其他神经症性障碍，家族无精神病史。

求助者自述情况：我的性子很急，很容易紧张焦虑。去年七月，我在家里突然接到一个电话，说我妈和我弟出了车祸，让我们去医院看他们。于是我和姐姐一起去坐车，快到等车的地方时，我突然感觉身体发紧，然后就全身没有力气，心里非常恐惧，后来就失去了知觉，晕过去了。听姐姐说，当时我晕过去有三四分钟，后来就慢慢感觉没事了。可是从那以后，也不知道为什么，过一段时间这种状况就会发作一次，而且感觉越来越严重，也不知道自己到底是得了什么病。去过许多大医院检查，也做了各种各样的心电图、脑电图、CT 检查，医生也不知道这是什么病，就对我说没有病，只是贫血，开了一些补血剂。哎，也不知道这到底是什么病，已经快一年了，还是不见好。为了治这个病，家里也花了很多钱。

了解到的情况：求助者在讲述问题、回答问题的时候，思路清楚，声音较轻，情绪稍显有些紧张，整体交流比较正常。在暑假发生这个事件之前，没有出现过类似的情况。从暑假发作之后，就会不定期发作，发作时，全身会抽筋，表情恐惧，呼吸急促，醒来后就会慢慢地恢复正常。这些发作是不定期的，有时间隔较长，有时候间隔较短。家里人对此非常害怕，带她去过市里、省里的各大医院看病，但是各种检查出来的结果都是正常的，医生也说她没问题，但是就是不见好。因为有医生建议来找心理科，因此，就过来了。另外，还了解到一个非常重要的信息，就是在发作之前，都是遇到了一些紧张或害怕的事情。

参考文献

[1] 许天红. 焦虑障碍［M］. 北京：中国医药科技出版社，2006.

[2] 杨权，张献共. 焦虑障碍的诊断和治疗［M］. 成都：四川科学技术出版社，2006.

[3] 刘义兰，朱紫青. 焦虑症［M］. 上海：上海科技教育出版社，2003.

[4] 钟意娟. 惶惶不可终日：解读焦虑障碍［M］. 西安：陕西科学技术出版社，2012.

[5] 美国精神医学学会. 精神障碍诊断与统计手册（第五版）. 181.

[6] 李广智. 焦虑障碍［M］. 3 版. 北京：中国医药科技出版社，2021.

[7] 罗比肖，杜加斯. 焦虑者自救手册：广泛性焦虑障碍与 CBT 疗法［M］. 凌春秀，译. 北京：人民邮电出版社，2018.

第五章 恐怖症

第一节 恐怖症概述

恐怖症（Phobia）也叫恐怖性神经症（Phobia Neurosis），是指患者对某种客观事物或情境产生异乎寻常的恐怖紧张，并常伴有明显的自主神经症状。患者所表现出的恐怖强度与其所面临的实际威胁极不相称，往往在某一事物或情境面前出现一次焦虑和恐怖发作以后，该物体或情境就成为恐怖的对象。患者明知这种恐怖反应是过分的或不合理的，但在相同场合下该反应仍反复出现且难以控制。由于不能自我控制，因而极为回避所害怕的事物或情境，从而影响正常的社会活动。Westphal 于 1871 年首先提出广场恐怖症（Agoraphobia）的概念。

ICD-10 将恐怖症更名为恐怖性焦虑障碍（Phobia Anxiety Disorder）。

恐怖症多见于青少年或成年早期，女性多于男性，起病较急，病程多迁延，有慢性化发展的趋势，病程越长预后越差。儿童起病者和单一恐怖者预后较好，广泛性的恐怖症预后较差。

恐怖症属于神经症（Neurosis）的一种类型，它有神经症的共同特点，经常与其他各种神经症共病。为了更深刻清晰地理解恐怖症，下面把神经症的特征做详细介绍。

神经症是一组以焦虑、抑郁、恐惧、强迫、疑病，或神经衰弱症状为主要表现的心理障碍。神经症的发生具有一定人格基础，起病常受心理、社会因素的影响，临床表现与患者的现实处境并不相称，但患者感到痛苦和无能为力，自知力完整或基本完整，病程大多迁延，无可证实的器质性病变做基础。神经症概念的诞生已有 200 多年的历史，其内涵一直处于不断变化之中。“神经症”术语最初是由英国医生 William Cullen 于 1769 年提出的，限于当时的医学发展水平，它几乎囊括了神经系统的所有疾病，并被认为是器质性的。随后，Pinel 提出神经症可包括功能性和器质性两大类。19 世纪以后，各种器质性疾病陆续从“神经症”中去除，同时神经症也增添了许多新的类型。1861 年，Morel 提出强迫症（Obsession）；1869 年，Beard 提出了神经衰弱（Neurasthenia）；1871 年，Westphals 首次使用了广场恐怖症一词；1894 年，Freud 将焦虑症（Anxiety）从神经衰弱中分出；1898 年，Dugas 提出人格解体神经症（Depersonalization Neurosis）；二战前，Gillespie 将抑郁性神经症（Depressive Neurosis）从神经衰弱中分出。此外，加上歇斯底里（Hysterical Neurosis）和疑病症（Hypochondriasis）两个古老的诊断术语，至 20 世纪 50 年代，欧美神经症家族中的具体亚型包含焦虑、歇斯底里、恐惧、抑郁、神经衰弱、人格解体神经症等（DSM-Ⅱ，1968）。

由于各理论流派均从单一角度来解释神经症，对其定义存在较大的差异，导致对神经症及其亚型的诊断标准明显不同，诊断的一致性很低。因此，以大家都能观察到的临床症状群来进行诊断分类的观点成为主流，致使近 30 多年来神经症概念的继续变化。1980 年，美国的 DSM-Ⅲ取消了癔症的诊断名称，新创分离性（Dissociative）障碍、躯体形式（Somatoform）障碍和躯体化（Somatization）障碍等新的诊断名词。随后，DSM-Ⅳ取消了“神经症”类别名称，而完全采用症状学分类方法，将神经症拆分为焦虑障碍（Anxiety Disorder）、躯体形式障碍和分离性障碍三个独立的类别；将“抑郁性神经症”归入心境障碍中，命名为心境恶劣障碍；取消了神经衰弱的诊断；癔症被分成转换障碍和分离性障碍，部分被划入躯体形式障碍，还有部分被纳入做作性障碍。ICD-10 则采用折中的办法，将神经症与应激障碍等作为一个类别，称为“神经症性、应激相关和躯体形式障碍”，接受美国 DSM 系统的改变，但仍保留神经衰弱类型，归入其他神经症性障碍中。CCMD-3 继续保留“神经症”这一概念，将症状表现和基本特征有较大差异的“癔症”单列，其他病种、病型与 ICD-10 基本一致。DSM-5 将强迫症从焦虑障碍门类下分出。

神经症不同亚型的临床表现虽然各异，但却有一些共同的特征。

一、焦虑

焦虑情绪是所有神经症患者最常见的主观体验。他们存在一种源于内心的紧张、压力感，自述焦虑、不安、心烦意乱，有莫名其妙的恐怖感和对未来的不良预期。除此之外，伴随焦虑的还有一系列交感神经兴奋性活动。

二、防御行为

这是患者常常采取的应付环境变化的一种行为模式，他们逃避现实、否认困难以对抗内心的焦虑。如恐怖症患者逃避引起恐怖的场景和事物；强迫症患者做出种种刻板的行为动作等。神经症行为模式的特点是：这种行为是刻板的和不由自主的，患者不能以轻松的方式完成这种行为，却又不断地做出这种行为，否则会极度焦虑不安。患者为了回避现实矛盾、降低焦虑而做出这种防御行为，后者因暂时降低焦虑而获得强化，神经症的行为模式得以巩固、持续。这种不正常的行为模式又成为新的不良刺激，引起患者更严重的焦虑，迫使患者进一步陷入防御行为中，更多地做出不良反应，患者由此陷入自己制造的恶性循环中。

三、躯体不适

几乎所有的神经症患者或多或少都会出现躯体不适，从轻微的疲乏、不适、自主神经功能失调，到紧张引起的背痛和头痛，甚至失明和瘫痪等。这些症状的严重程度往往与临床检查不符，也没有确实的病理学基础，但患者却自述“浑身是病”，并为之紧张、痛苦，需要别人的同情和关心。

四、人际冲突

一方面，由于神经症患者情绪和躯体的痛苦及不良行为，使他们沉浸在自己的苦恼中，高度的以自我为中心，过分要求别人，不能体谅别人。因此，很难与他人保持良好的人际关系。另一方面，患者若得到亲朋好友过多的同情和关照，可以逃避责任和放任自己,会带来神经症的继发性受益,使其症状更加难以改变。

第二节　恐怖症的病因和发病机制

一、主要发病原因

大量研究证明，恐怖症和其他神经症是生物学、心理和社会因素共同作用的结果。有学者认为，恐怖症的发生是生物学因素起主要作用，而另一些则由心理因素起主要作用。

（一）心理应激因素

许多研究表明，恐怖症患者较他人遭受更多的生活事件，主要以人际关系、婚姻与性、经济、家庭、工作、生活等方面的问题多见。究其原因，一方面可能是受应激事件较多的个体易患恐怖症,另一方面可能是恐怖症患者的个性特点导致其更容易对生活“不满”或损害人际交往过程，从而引发生活中的冲突与应激。引起恐怖症的心理应激事件一般有以下特点：①应激事件的强度并不十分强烈，常是那些反复发生的、使人牵肠挂肚的日常琐事；②应激事件往往对恐怖症患者具有某种特殊的意义；③患者对应激事件引起的心理困境或冲突有一定的认识，却不能将理念化解为行动；④心理应激事件更多源于患者内在的心理欲求。

（二）素质因素

与心理应激事件相比,恐怖症患者的个性特征或个体易感素质对于恐怖症的病因学意义更为重要。遗传学的研究也指出，亲代的遗传影响主要表现为易感个性。患者的个性特征首先决定着罹患恐怖症的难易程度，如 Pavlov 认为神经类型为弱型或强而不均衡型者易患恐怖症，弱型者中属于艺术型（第一信号系统占优势）者易患癔症，而思维型（第二信号系统占优势）者易患强迫症，中间型（两信号系统比较均衡）者易患神经衰弱；Eysenck 等认为个性古板、严肃、多愁善感、焦虑、悲观、保守、敏感、孤僻的人易患恐怖症。

（三）生物学因素

生物学的研究表明，中枢神经系统中某些结构或功能的变化可能与恐怖症的发生有关。例如，中枢肾上腺素能和 5-羟色胺能活动的增强、抑制性氨基酸如γ-氨基酸的功能不足可能与焦虑性障碍有关；某些强迫症患者脑 CT 和 MRI 检查发现有双侧尾状核体积缩小等现象。但目前的研究结果并不一致，而且这些变化究竟是恐怖症的原因还是结果也尚无定论。

二、各种心理学解释

（一）心理动力学

Freud 认为，恐怖症是本我欲望与超我和自我之间在潜意识领域冲突的结果。本能的欲望由于某种原因未能得到满足，便被压抑在潜意识中，而它具有动力学特征，在潜意识中时时寻找机会顽强地表现自己，形成内心冲突。当自我无法调节现实、本我和超我之间的冲突时，便会产生一种弥漫性的恐怖感，即焦虑。Freud 认为，焦虑是对任何危险威胁的一种必然反应，无论这种威胁是由势不可挡的本能冲动引起，还是由有影响的思想或危险所引起，都是自我遭遇危险的信号，是自我促使个体警惕将要来临的危险，并对其做出反应的一种功能。

Freud 把焦虑视为恐怖症的核心问题，是所有情感中最痛苦的体验之一。恐怖症患者具有很强的焦虑体验，他们把很多日常生活中的小问题都看作是有威胁的，并过分地使用防御机制以减轻内心的痛苦和不安。这种带有防御倾向的行为严重干扰了他们应付和解决问题的能力，使其变得只关注自己，很少有精力和耐心关心其他事情，以至于影响了其对周围环境的适应。Freud 特别强调童年的心理创伤在恐怖症发病中的作用，认为某些症状是由于性心理发育受阻，而固着在儿童的某种特定的性心理发展期所致。Freud 通过精神分析，使恐怖症的症状还原到被压抑的内心冲突状态，然后再使其转入意识状态。由于"能量"还原并被释放，恐怖症的症状便成了无本之木、无源之水，因而被治愈。

（二）行为主义

该学派认为，人的行为源于外界的刺激，都是后天学习与环境决定的结果，是通过条件反射习得的。许多神经症（如恐怖症、焦虑症）都是在后天或早年的生活经历中习得和强化形成的，所以同样可以通过建立新的刺激与新的条件反射来取代病态行为。因此，Wolpe 的交互抑制学说和系统脱敏疗法，Skinner 的操作条件理论和厌恶疗法、阳性强化疗法等，均是源于行为主义理论而发展起来的治疗方法。

（三）认知心理学

认知学派的研究者强调，情绪与行为的发生一定要通过认知的中介作用，而不是通过环境刺激直接产生。在情绪障碍中，认知歪曲是原发的，情绪障碍是继发的。由于恐怖症患者特殊的个体易感素质，常常做出不现实的估计与认知，以致出现不合理和不恰当的反应，这种反应超过一定限度与频度便出现障碍。Beck 认为，恐怖症患者有许多不恰当的认知方式，如焦虑症者感到躯体或心理将会受到威胁；惊恐发作者灾难化地解释自己的躯体或心理体验；恐怖症者认为某些实际无危险的环境有危险；强迫症者总是不放心，怀疑，唯恐不恰当，穷思竭虑；疑病症者认为患了不治之症而到处求医。所以，认知心理治疗重在分析与改变患者这些错误的认知方式。

（四）人本主义

人本主义学派认为，每个人与生俱来地拥有自我实现和自我完善的能力，只是由于环境因素的干扰与阻碍，使这些潜力得不到合理的发挥，致使个人的性格形成与认知格局出现歪曲和畸变。恐怖症的临床表现都是自我完善的潜力遭到压抑、发生歪曲的外在表现而已。因此，恐怖症的心理治疗就是要帮助患者恢复真实的自我，释放自我实现潜能，恢复正常的心理活动。

第三节　恐怖症的临床表现

恐怖症的表现形式多种多样，按患者所恐怖的对象可分为场所恐怖症、社交恐怖症和特殊恐怖症等。

一、场所恐怖症（Agoraphobia）

场所恐怖症又称广场恐怖症。患者恐怖的对象为某些特定的场所或环境，如商店、剧院、车站、机场、广场、闭室、拥挤场所和黑暗场所等。患者对公共场所产生恐怖而出现回避行为，因为患者在看到周围都是人时，会产生极度恐怖，担心自己昏倒而无亲友救助、失去自控又无法迅速离开或出现濒死感等。

二、社交恐怖症（Social Phobia）

社交恐怖症又称社交焦虑障碍，是一种以明显而持久地害怕可能使人发窘的社交或表演场所为主要表现的神经症。患者害怕某个特定的或某几个相互联系的社交场合，如当众讲话或者害怕某些社交行为，如在别人面前吃饭、写字、表演等。社交恐怖症患者的焦虑症状与普通人上台发言、面对陌生人或领导时感到紧张和焦虑有很大不同。其实，社交恐怖症患者真正害怕的并非社交场合本身，而是害怕在社交场合被人注视，担心别人因看到自己脸红、发抖或口吃等窘相从而认为自己愚蠢、虚弱或不正常。由于患者回避某些社交场所，限制了自己的行动环境，往往导致职业或其他社会功能受损。

三、特殊恐怖症（Specific Phobia）

特殊恐怖症又称单纯恐怖症，是一类以持久地害怕某种事物或情境为主要表现的焦虑障碍。当患者接触这些事物或情境时，他们立即感到特有的恐怖，由于害怕而导致对这些事物和情境产生回避行为。生活中常见的恐高症、恐血症和对各种动物的恐怖，都属于特殊恐怖症。

临床上，场所恐怖症和特殊恐怖症的患者很少去就医，最常见的恐怖症就是社交恐怖症，这些人症状很多，痛苦不堪，主动求医，还容易被误诊。所以，大家要认真分析判断各种社交恐怖症的症状，避免各种误诊。下面重点列举一些社交恐怖症的症状。

社交恐怖症多起病于青春期，只有少数起病于 20 岁以后。社交恐怖症症状表现多种多样。除个别患者外，症状只出现在和别人在一起的时候，独处时则没有恐怖症状。常见的症状之一，是在一对一的社交场合下产生强烈的不安，而与一群陌生人（如在街上或公共场所）混在一起时并无恐惧或只有轻微的紧张。社交恐怖症发作严重时常伴有头晕、恶心、震颤等。严重者拒绝与任何人（除家属外）发生接触，不能参加任何社交活动，完全把自己跟朋友孤立起来，无法上学和工作。有的人害怕社交时会脸红，而实际上其并不容易脸红。有人害怕在社交场合下会晕倒、打嗝或放屁等，以致回避社交。社交恐怖症还有其他各种不同的表现形式。如，有一男青年害怕与人交谈时用手挠头皮，他认为这是很不礼貌的行为，其实，他头皮并不痒，也没有挠头皮的习惯，可就是怕交谈时会控制不住地这样做，因而避免社交，可又认为不社交无法立足于社会，十分痛苦。另有一女青年总害怕有人有特异功能，能透过衣服看见她的阴部。尽管她对特异功能持怀疑态度，却仍然害怕与人接近。从童年能记事时起，她就特别怕别人看见她大小便，因而出门前必须先上一次厕所，也不敢远离家门，怕忍不住要去厕所，她多年来从不敢上公厕。即使在家，也必须将门窗紧闭，挂上厚窗帘后才敢大小便，尽管如此严加防范，大小便时仍极为紧张害怕。虽然社交恐怖症可以有各式各样的变异，无法尽述，但归结到一点，社交恐怖症的核心是怕人，各种变异都可以视为人的象征化。社交恐怖症主要类型如下：

（1）视线恐怖。视线恐怖是社交恐怖症的一种常见形式，患者怕看别人的眼睛，怕跟别人的视线相遇。患者主诉与别人见面时不能正视对方，自己的视线与对方的视线相遇就会感到非常难堪，以至于眼睛不知看哪儿才好。患者一味地注意视线的事情，并急于强迫自己稳定下来，但往往事与愿违，结果不能集中注意力与对方交谈，谈话时前言不搭后语，而且往往失去常态。患者怕别人看出他表情不自然，或者感到别人的目光很凶恶，或者从别人的眼光中能看出别人对自己的鄙视、厌恶甚至憎恨。有些患者陈述总控制不住用“余光”看人，患者所谓余光，指注视某物或某人时，觉得自己控制不住地同时也看着另一物或另一人。如果问患者用余光看人有什么不好，是不是意味着斜眼看人，有看不起人的意思，还是意味着暗送秋波、不正派时，患者通常说不清楚，但否认有任何看不起人和不正派的想法。患者的痛苦似乎在于，他必须使自己的目光像焦点一样集中于某人或某物，而不允许其他人或物进入他的视野，但是他做不到。还有极个别患者害怕自己的目光会伤害别人，至于用眼看人怎么会伤害别人，患者却无法自圆其说。尽管如此，患者还是害怕。有的视线恐怖患者与许多人同在一个房间时，主诉不能注意自己对面的人，而强迫地注意旁边其他人的视线，或认为自己的视线朝向旁边的人而使其感到不快。结果患者的精力无法集中于对面的人。有的学生患者在上课时，总是不能自已地去注意自己旁边的同学，或总感到旁边的同学在注意自己，结果影响了上课，并给自己带来无比的痛苦。

视线恐怖常见的亚型有：

①对视恐怖。与人对视时感到紧张害怕，看人时总想着对方的眼神，即使勉强对视，也躲躲闪闪，一扫而过，看人时间不足一秒钟。当对视时心情慌乱，脑子一片空白，说不出话，目光不能集中，感觉对方的目光流露出“疑惑、生气、反感或仇视”的意思。有的患者坚信其目光能伤人、太毒、刺人或不柔和，使被视者显得局促不安、表情难堪或手脚难受、不自然。相当一部分患者认为其目光“色迷迷”的，有邪念，或有异样表情，看人时有“非分之想”的意思，只好眯眼看人或干脆闭上眼睛，悲观地认为或许眼睛瞎了问题就解决了。

□ 案例

施教授您好！能帮帮我吗？救我一命吧，我生不如死啊。我痛苦了 10 年，我找不到工作，受尽了别人的欺辱。我想结婚，想有个工作，但因为我怕人看，我什么都失去了。我今年 29 岁，大概 2 年前我开始出现一种莫名其妙的症状，就是不敢和别人对视，那样会让我感到一种难以言说的恐慌，全身上下都会变得无所适从，严重的时候我甚至不敢看妈妈的眼睛。我不知道到底为什么会这样，我努力想克服这种毛病，但是失败了。听说这是一种社交恐怖症，到底要怎样才能克服呢？我真是痛苦极了。我每天都过着似人非人的生活，好像在我的字典里从来找不到“轻松”这个词语。我也不知道到底是什么原因使我得了这种病，书上说我这叫视线恐怖症，主要是不敢和别人面对面地交流，致使整个场面搞得很尴尬，不知所措；还有就是总认为旁边的人在盯着我，只要旁边有人在，不管是家人、同事，还是朋友，我都无法认真工作，静不下心，总是要分心；有时还会选择逃避，自己跑开暗自悲伤，感觉在这个世界上我好像是多余的。我特别怕别人与我对视，每当这时我就羞得要命，不仅面红耳赤，连手心都汗淋淋的，必须马上躲开，否则双腿就抖个不停，连迈步都很艰难。开始只是对男性，现在对女的也是如此，为此我常躲开视线，可是又情不自禁地用眼睛的余光扫视对方，给对方以很不体面的感觉，说我这人“很不正经”。我自己也特别恨我这双眼睛。

---

②余光恐怖。患者用眼睛的余光看人，特别是在异性面前感到不安、害怕。患者所称用余光看人并不等于斜视，而是眼球定视前方注意力却能高度集中于侧面视野的目标，时间一长，积习成癖难以自控，引起侧面异性的注意和反感，患者抱怨当正视前方时，眼光发散，注意力集中不起来，不由自主地“余光”视野中的动静或人成了注意的目标，这个目标常常是异性或异性的胸部、阴部。由于情绪不安，只好偷视一次以求放松，不久后“余光”又使其精力分散，难以控制。有些学生患者因此不能听课，只好在课桌两侧垒上两堆书或用手捧着脸挡住余光，以求视线集中。有的患者先是不敢和人对视，只好用余光看人，然后用余光看人变成了主要症状。

□ 案例

我因为得了余光恐怖，在这几个年头里，我过着浑浑噩噩的生活。像我们这种人所受到的折磨远远超过身体残疾的人。断手的人、盲人、癌症患者都能得到别人的理解、同情与关怀，但我们呢?

是的，我控制不住自己的眼神，我的眼光会因小孩、女性、男性或物体而偏斜，这种眼神甚至让人厌恶。我多想让别人知道我的眼神并不是有意要偏视，我也不是有意要看他们，但有谁能理解？村里人在你背后议论纷纷，中年人在大街上朝你哈哈大笑，民众在车上怀疑你是小偷，他们朝你瞪眼、嘲笑、谩骂、咳嗽、吐痰。我越来越感觉自己不属于这个世界……

□ **案例**

在上高二时，我一直希望在文理分科后到新的班级，这样我就可以给新同学留下好的印象。可是，就在一次课堂上，我注意到我后面的两个男生在谈论我，说我总是揉眼睛，好像在哭。其实我有沙眼，但是我从小就很不习惯和男生说话。之后我就一直很注意那两个男生，那时我开始用眼睛余光看别人。后来他们发现我用眼睛余光看他们，就跟班里的人说我的眼睛很不正常。渐渐地我对知道我用眼睛余光看人的人很在意，我发现我的眼睛余光已经严重到不管我看什么东西我都会不自觉地看到其他的东西。慢慢地，我的同桌，我的好朋友，乃至我的家人，都开始讨厌我，班里的男生也认为我是一个不规矩的女生，每天去上课他们都会用脏话骂我。我以前是一个学习好的学生，也是所有人眼中的守规矩的女生，当然从来没有被别人那样骂过，我真的好痛苦。后来我开始逃避学校，我经常旷课，每天待在自己的卧室，自己一个人哭泣，我骂自己为什么会是这样。一直到现在我还是那样，甚至我在考试的时候、写字的时候都会不自觉地看其他地方。我真的不想那样，也更不想别人认为我是一个不正常的人，我不想给别人带去困扰，我现在真的很担心自己上不了大学，有人可以帮助我吗？

③目光失控恐怖。患者眼睛总是不能控制地四处乱看，看人时觉得别人不愿被看，像是在生气；看别人的手脚，其手脚像是会“难受、躲避”。患者称不愿干扰别人，只好把目光转移到别的目标上，但又马上觉得这一目标太牵扯精力，只能再转移到别处，这样摇头晃脑不停，做任何事情都不能专注。有的患者总感到眼球像被人牵着，不由自主地随周围人转动，无法集中注意力，深感苦恼。还有的患者感到眼球不能灵活自如地转动，目光僵直呆板，看人不礼貌，怀疑眼神经有毛病，反复到医院检查，也查不出器质性病因。

④被视恐怖。很多患者是在受到别人关注、注视的时候感到浑身不自在，感到莫名的紧张、恐怖，会出现脸红、手心出汗等自主神经症状。

□ **案例**

我实在是无法与人交往，痛不欲生。我的症状是不敢看人，怕被人注视，尤其害怕暴露在众目睽睽之下。一旦有人在我旁边或者从我旁边经过，我的眼珠总是会控制不住地斜向他。我的眼珠斜向别人的时候，我觉得不知为什么别人就会很难堪、尴尬甚至是愤怒，所以我很怕别人生气，害怕眼珠斜向别人，可越担心偏偏眼珠就越斜向别人，别人就越难堪，形成了恶性循环。而且我觉得眼珠斜向别人也是非常可耻的事，可总是不由自主。所以我很怕也从来不敢和别人围成一桌吃饭或开会，最怕众人面对面的情形，包括自己的家人，一旦在这样的场合，我就会惊恐万分。其实我本来也是正常人，过着正常的生活。问题起源于 1994 年上初二时，班里来了一位新同学与我坐同桌，因为我是尖子生，他也是尖子生，而我又很积极举手发言，所以我每次举手发言时，他都露出不悦的神情。开始我觉得他怎么这么奇怪，可后来我不知不觉地竟然也被他传染了，他举手发言时，我也会露出不悦的表情。由于害怕老师发现我的丑恶心态，我每天忐忑不安。我太在乎老师对我的看法了，在他们眼里我一直是一个好学生，所以我总想维护自己的完美形象，不想让老师发现自己的缺点。可后来这种状况越来越严重，开始只是老师眼光注视我的同桌时我会脸露不悦，后来发展到老师不论眼光落到哪位同学身上，我都会脸露不悦；慢慢地又从教室里传到家里，当我的父母眼光注视到我的其他兄弟身上时，我也会脸露不悦；后来发展到旁边的人不论是谁，只要他一看别人或别的东西，我都会脸露不悦。我的这种丑态让我在别人面前感到非常羞耻，所以我总怕别人发现我的这个缺点，整天惶惶不可终日。后来为了不让别人发现我的丑态，我一与别人的目光接触就迅速躲开，老是侧身不看别人，躲着别人的目光。这样躲了一段时间后，我发现我再也无法与别人交往了，一与人在一起就紧张，一与人的目光接触就心惊肉跳。从此，旁边一有人我就紧张，眼光就会斜向他，好像警惕着他、防着他。如果四周都有人的话，我的眼珠更是会斜向各个方向。曾有好多人在我面前做出翻白眼的怪样，我知道他们是在学我。我总怕别人发现我心理不正常，总怕人家说我心理变态，我的耻辱感太强了，所以我一与人相处就非常紧张。由于在人前总是慌慌张张，我就总怕人家会认为我傻，看不起我。我该怎样才能恢复正常人的生活，与人正常地相处呢？

---

⑤色目恐怖。色，是指色情，目，是指视线，色目就是含有色情意味的眼光和视线。这种病的症状表现为对自己的视线和他人视线的恐怖，担心在对视中因自己的眼神给对方留下轻浮、多情甚至下流的印象，而产生紧张、不安、窘迫的情绪，甚至感到痛苦和羞耻，在行为上表现为千方百计回避对方甚至不与之交往。此症的患者多为进入青春期以后的青年男女。这时的男女随着生理上的成熟，第二性征的出现，性意识开始萌动，对性别角色的差异敏感起来。十五六岁以后，他们的异性疏远心理逐渐为异性接近心理所替代，产生了一种对异性的好

奇心和吸引力。男女之间的爱意表达形式多样，但眉目传情是一个很重要的方式。人们常形容花季少女的眼中“脉脉含情”，说男女相爱时用眼光“暗送秋波”，使青年男女的爱情表达更含蓄和优美。这也是青年男女心理刚开始成熟的一种表现。他们的行为拘谨，尚能克制自己以遵守一定的界限，这是正常的现象。

有一些青年男女在幼年时期受到封闭式的教育，传统道德观念极强，自尊心也很强，性格又比较内向，对自己的心理发育变化还不能正确认识，认为自己的性萌动是不正派的表现，对于性萌动在思想上和行动上的表现有强烈的羞耻感和自责感，如果偶然同异性的眼光相遇，便可能激发出色目恐怖症。

□ 案例

十年前，我在读中学的时候，看了不少黄色书刊。由于那时的无知，无端地为书中人物所迷惑，把自己想象成为书中的美女，希望成为书中描写的那样：走在路上要有百分之百的回头率，要有女人的嫉妒。为了达到这个目标，我开始把眼睛睁大，把嘴抿小，心想这就会达到美女的标准。走在路上时，我故意不看别人，眼睛直视着前方，每个陌生人从我身边走过，我就想他一定在想我长得漂亮，她一定嫉妒我长得比她好看。后来参加工作，这种心态仍然未改，且不断往下陷。忽然有一天，我发觉自己的目光变得色眯眯的，是一种勾引人的眼神。我好害怕，于是想回到健康时的样子，可是我已无法调节自己的心态了。不仅如此，假如我发现哪个女生漂亮，我就会嫉妒，从六七十岁的老太太到未满周岁的婴儿，更不用说与我年龄相当的人。每当此时，我就觉得自己非常丑，丑极了，谁都不如。我知道我这样想是不对的，可当我想回到正常的心态，进行自我调整时，已做不到了。现在我犹如行尸走肉，脑子里没有亲情、友情和爱情，只有漂亮和嫉妒，我已失去自尊心。假如现在谁骂我几句，我都不会生气。我连起码的同情心都没有了，比如我奶奶前不久去世，我居然不感到难过，并不是我奶奶待我不好，而是我想难过也难过不起来。我再也不想这样活下去了，活着不能和正常人交往，得不到人们的尊重，多痛苦啊！

□ 案例

白妮是化学系一年级学生，她是以全县第一名的成绩考进这所闻名中外的学府的。由于个子不太高，加上脸上长了很多青春痘，她总是习惯地坐在教室的最前排靠墙的座位，因为上课时怕老师有意无意地盯着她，故而总是低着头听课。

同宿舍的几位女同学，入学不到三个月就已经熟悉了整个校园环境，课外活动总是积极参加。也许是出于形象上的自卑感，每当周末活动时，白妮总是一个人守在宿舍里，用琼瑶小说来慰藉少女的寂寞。

随着女伴们的活跃，她越来越感到压抑和孤独。渐渐地，她失去了笑声，唯一的寄托就是每天写日记，自己对自己说心里话。记得在高中时，也曾有男生对她投来倾慕的目光，她心里明白这是由于她优秀的成绩，但毕竟也是一种安慰，她心中萌生了一种爱的憧憬，这种憧憬随即化成了奋斗的动力。可如今不然，成绩已经不是她至上的目标，人们也不再仰视她，而是更喜欢全面的女孩形象。对比班上任何一个女同学，她都自愧不如，相形见绌。尤其当她见到校园中那一对对靓丽的佳偶和听到同学入睡前的一番“爱情沙龙”，她更加感到性的压抑。她需要爱，但她得不到爱，哪怕是某个男生投来的一瞥一笑……

这天，一位年轻的化学老师首次出现在讲台上，看样子他不过二十七八，矮矮的个子，却有着洪亮的声音，双目炯炯有神，不住地四处盯着，连白妮这样的姑娘也要扫上几眼。每当此时，白妮都情不自禁地脸红，心跳加速，视线不知往何处落，似乎要找一块地躲进去。越是有这种感觉，就越是想和那位老师对视，而每当她鼓起很大的勇气去看时，都恰好遇到老师直视她的目光。刹那间不知怎的，她竟把视线的焦点凝集到老师的下身处。她羞死了，但她的目光收不回来，头脑里迅速涌现出老师走下讲台，径直向她扑来的情景，她闭紧双眼，等待那一幕的到来，直到憋出一身冷汗才惊醒。不知为什么她无法遏制这奇异的性幻想。只要那老师一上课，她就必然会产生这种反射性的白日梦。最后，即使眼中没有老师的形象，她也会在脑海中勾画出来，并发展成被他强奸的场面……

她变得消瘦多了，寝食不思，动辄旷课，躺在宿舍里做她的白日梦，最终经大学医院诊断为神经衰弱而被迫休学。从此她得了专视男人下身的“色目恐怖症”（怕见任何男人，只要见到男人就要凝视其下身）。

还有些病例是将这几种亚型或其中一两种亚型掺杂在一起的，就像如下病例所述。

案例

我现在一直在家，不敢出去，与别人交流都是在网上。一出去身体就会紧张，总在想看到人后会如何如何。怕看见人，走路很不自在，注意力总会集中在我身边的人身上，拼命不想看人，想把注意力放在走路上面，结果自己的瞳孔会放大，眼睛总充满泪水。与别人对视时可以看出别人的不自在，我也会很不舒服。所以我上学的时候没法在教室里面听老师讲课，没法把注意力集中在黑板上，自己好像没法控制自己一样地会把注意力集中到别人身上，以致使别人产生不快。我那时候是很痛苦的。我和别人坐一起的时候没法看书，身体因为害怕而紧张，视线和注意力没法集中在书本上，会在余光中看别人。我想问我该怎么办啊？我能从别人的眼睛中看出异样的眼光，我觉得这是我瞳孔放大、眼睛好像总是发亮引起的，因此我非常内疚，我总想让自己眼睛不要那么多泪水，不让自己的瞳孔放大，可是总做不到，这样我都会害怕看别人的眼睛。总之，一看到别人的眼睛我就会讨厌自己为什么不能正常一点，我会特别害怕而讲不清楚话，很多人因此而讨厌我。在上学的时候别人都暗地里叫我“神经”，这种情况已经持续六年了。我现在一直待在家里，有一年多没有出去过了，我不知道出去会怎样。

（2）赤面恐怖。一般人在众人面前时，经常会由于害羞或不好意思而脸红，但赤面恐怖患者却对此过度焦虑，感到在人前脸红是十分羞耻的事，最后由于症状固着下来，则非常畏惧到众人面前。患者一直努力掩饰自己的赤面，尽量不使人觉察，并十分苦恼。患者惧怕到众人面前，在乘坐公共汽车时，总感到自己处在众人注视之下，终于连公共汽车也不敢乘坐。如有位赤面恐怖的学生患者，对上学乘坐公共汽车感到痛苦，便总是在别人上车完毕，公共汽车快开时才匆匆上车，以此方法避开人们的注目，因为坐下会与别人正面相对，便干脆站在车门口来隐藏自己的赤面。又如一位学生患者，因赤面恐怖不能乘坐公共汽车，只好坐出租车或干脆步行。在必须乘坐公共汽车时，就事先喝上一杯酒，使别人认为他脸红是喝酒所致，以此自我安慰，或拼命奔跑急匆匆上车，解开衣服的纽扣，用什么东西扇着风，让别人相信他脸红是由于奔跑所致，以掩饰赤面。另一患赤面恐怖的医生，为了掩饰赤面，便佩戴红色领带。还有人为了缩小赤面的面积，而留起了胡须。有一位著名的雕刻家，在与人谈话时感到赤面，便借故小便暂时离开座位。这一类患者甚至连向别人问路也感到不便，宁肯自己一个人躲在无人处拼命查看地图，就是多花费时间也甘愿如此。

上述症状在正常人看来似乎很可笑，但对患者来说却如落入地狱般痛苦不堪。他们觉得不治好赤面恐怖症状，一切为人处世都无从谈起。

□ 案例

我因为脸红，胆子小，完全没有自信，没有朋友，没有工作，我很痛苦，觉得活着没有意义。每天都待在家里，周围的人都嘲笑我，我要疯了。几年来，我承受着两种折磨：白天窒息的赤面恐怖和夜晚强烈的思念。我一直认为自己是最不幸的人，从小我在公共场合就不是什么很放得开的人，天生一副不成气候的性格，尤其对异性，属于只活跃在表面上的拟外向型，但是起码不会有事无事都脸红。上了高中后竟然鬼使神差地开始高频率地脸红起来，那个时候只觉得是自己脸皮薄造成的，没有重视，同时伴随着视线恐惧直到毕业。我喜欢艺术，却由于很多现实的因素，踏入了最不适合自己的警校。这时才开始意识到脸红确实是实实在在的“问题”，却为时已晚。关于交感神经的交互作用我不太清楚，只知道是反射，条件反射导致了症状。单就赤面恐怖来说，以自己的经历来分析以下两种情况：首先，由于恐惧感，越是把注意力放在脸红上，越是感到面部燥热，即使接触到不应该敏感的事物还是会一触即发，出现症状，这种心态是医疗上的忌讳；其二，即使在极为放松或兴奋的状态下，突然出现的敏感事物会导致症状瞬间表现出来而无法抵抗，突如其来的尴尬更容易导致心理被阴影笼罩，使症状加深。可见，赤面恐怖的反射一旦建立，单凭主观意识是不可能克服的，我尝试过很多理论，在实际操作的时候终究还是以失败告终。

□ 案例

我今年 30 岁了，很容易脸红，特别是跟陌生人交往的时候，心里只要有一点点小变化，就会反应在脸上。随着年纪的增长，我觉得脸红很丢脸，所以不喜欢跟人交际。心里只要稍微觉得有一点点不好意思，或者有一点点紧张，心里咯噔一下，脸马上就红了。跟女士交往，怕人家觉得我这么大年纪还脸红；跟男士交往，怕人家认为我对别人有意思，其实我心里不是这样想的。而且我不太敢正视陌生人的眼睛，跟陌生人说话时眼睛总是看向他处，显出很没有礼貌的样子。我很苦恼。请问这是什么样的情况？应该怎么克服呢？

案例

后天就要去实习了，可我却是一个社交恐怖症患者，真的觉得压力好大。一想起来，我就觉得胃里一阵痉挛，所以我宁愿选择逃避不去想它。我是一个即将毕业的师范生，胆小自卑，可教师这个职业偏偏需要你放得开，真是郁闷啊！看着教材我连翻都懒得翻一下，心里满是抵触情绪，要是不用去实习就好了。

想想我患社交恐怖症已经有7年多了，从17岁到24岁，一见到异性就提心吊胆，生怕脸红，可越紧张就越会脸红。其中痛苦的滋味也只有同病相怜者能体会到了。

真是不甘心呀！看着其他女孩子都有自己的男朋友，或者都谈过恋爱，可我却始终处于感情空白期。可一见到异性就脸红的我该怎样去坦然地面对他们呢？马上就要毕业了，估计一毕业就会有三姑四婆忙着给我说媒相亲了，到时候我该怎么办呢？年龄这么大了，也应该找个男朋友了啊！

但愿上天能够发发善心，让我快点好起来吧！但愿我能找到一个好的心理咨询师，但愿我能够胆大自信起来，但愿我能够有很多朋友，但愿所有在社交恐怖症里挣扎的朋友都能挣脱束缚！

（3）表情恐怖。表情恐怖患者总担心自己的面部表情会引起别人的反感，或被人看不起，对此惶恐不安。表情恐怖多与眼神有关。患者认为自己的眼神会令其他人生畏，或认为自己的眼神毫无光彩等。有一位表情恐怖患者，他固执地认为自己的眼睛过大，黑眼球突出，这样子会被人瞧不起，又认为自己的表情经常是一副生气的样子，肯定会给别人带来不快。他苦思冥想，竟然使用橡皮膏贴住自己的眼角，认为这样就会使眼睛变小。但眼睛承受极大的拉力，非常痛苦，也很难持久。最后，患者下决心动手术，当然没有一个眼科医生会给他做这样的手术。还有一位患者，他认为自己总是眼泪汪汪，样子肯定很丑，竟找医生商量是否能切除泪腺。另有一位公务员，他认为自己说话时嘴唇歪斜，给人带来不快，竟因此而考虑辞职。有的患者认为自己笑时是一副哭丧相，有的患者则认为自己眉毛、鼻子长得像病态的样子等。有个女同学在和别人开玩笑时，听别人说自己的脸长得像一副假面具，从此她对自己面孔倍加注意，不知如何是好，最后甚至不愿见人了。

□ 案例

我的一大困扰就是表情恐怖，这大概是因为9年前一次事件留下的阴影。那是一次同事结婚，我在给新人红包的时候，可能是太想压抑自己的紧张，太想给别人留下好印象的缘故，当时我的面部肌肉就像抽风了一样痉挛，嘴角抖个不停。没想到以后这种情形就定格下来，一到社交场合，一紧张就会像放电影一样重现当时的情形。在下面的文字里我要引用一些心理学文章中的话，因为它们反映了我的真实心理活动。视线恐怖有两方面的原因：一个就是性妄想的压抑造成的社交恐怖，我恐惧的不是别人，而是害怕别人透过我的目光洞悉到我的性妄想，这种倒错首先从视线中表露出来，我恐惧的就是被别人洞悉到自己的想法；还有一个原因就是我对自己的意象评价是十分丑陋的，我对家里人特别是我的父母评价也很低，我在心底还是对他们很怨恨的，我对家人以及周围的一些人，怀着一些敌意，而正是这种敌意，正是这种对他人不能谅解与宽恕同时也不能原谅自己的态度，便是我产生并加重不敢见人的心理障碍的重要原因之一。我的社交恐怖已经很深很深了，有过敏性牵连和被洞悉感。我对害怕的场面或人，会发生“草木皆兵”的心理泛化，对外部事物产生异常过敏的反应。别人在看我，甚至他人的一举一动，都暗示着对我的讨厌、排斥、无奈等，从而加强我回避的理由：由于我不好，所以人家讨厌我，与其让人厌恶，不如主动离开人群，何必自找没趣呢？从而以这种投射心理使自己取得病态中的平衡。我把我这么多年心里的真实想法都写了出来，希望得到心理医生的帮助，还有，想和目前深受社交恐怖困扰的朋友交流一下，共同进步。

（4）异性恐怖。异性恐怖的主要症状与前几种情况大致相同，只是患者在与异性同事或者异性的领导、上级接触时，症状尤其严重，感到极大的压迫感，不知所措，甚至连话也说不出来。与自己熟识的同性及一般同事交往则不存在太大问题。

□ 案例

也许由于以前父亲管得太严，并经常在我耳边说“现在外面很乱，女孩子出去容易出事”，等等，让我在潜意识里有了一种对男性的恐惧。到了中学和大学以后，一些因素的刺激，使这些潜在的恐惧转化为具体的表现：不敢看男性，一看就会紧张。若有男性坐在我身边，我全身紧张得就跟拉紧了而又扭曲的橡皮筋似的。在这个时候，想笑笑不出来，想说说不出话，腰背酸痛，头痛难忍。而在大学里，学生、老师、修鞋的、看门的……男性无处不在，我根本没有办法逃避，而且还要学习、考试，于是我每天像一张绷紧的弓，天天如此，当时我感觉自己随时都会"啪"的一声把弦弄断了。回想起来，我竟然在这样恶劣的情绪中挣扎了大约900多天，但有一个念头拉着我，让我没有去拥抱死神，那就是我还有十分疼爱我的爸爸妈妈，对我寄予了很高的期望，所以我想："我不能去死！我不能让他们伤心得在一夜间白了头，我要活得更好，让他们高兴。"

□ 案例

我是一个严重的社交恐怖症患者，主要症状是害怕异性，这是由于初中时我的有意压抑和过分自闭造成的。如今已10年过去，我的恐怖症状主要表现在目光恐怖上，我害怕异性，因而有意地回避异性，但我越是回避，我的眼睛越是鬼使神差地要去看他们，甚至是他们的隐私之处。后来如果我的视线里出现与男生相关的比如打火机、烟、鞋或男人专用的衣物等，也会扰乱我的目光，使我心神不宁。如果我身边有男人，哪怕距离很远，我的目光都会不自然，只好低下头闭上眼睛去躲闪。但我特别紧张，局促不安，全身别扭，因此我拒绝与人交往，与社会交往，我的生活一直处在半封闭状态中。另外，也因为这个目光问题，人们对我都极尽羞辱之词，让我的人格尊严受到伤害。

□ 案例

我从小就害羞，怕见人，人家叫我"假丫头"。据说我父亲小时候也有"假丫头"的绰号，一辈子说不上一箩子话。现在我比他还厉害。20多岁了，也想找个老婆，可是我不敢抬头说话。一天到晚没完没了地抽烟，因为烟可以缓解我的紧张情绪。在相亲时，我不仅满身大汗，而且身体像麻绳一样扭着，既怕人家看前面，又怕人家看后面，手脚不知放在哪里好，头也点个不停，在场的人以为我犯"羊癫疯"了，有个女孩吓得叫喊着跑了出去……

（5）口吃恐怖。口吃恐怖可归类于社交恐怖的一种。患者本人独自朗读时，没有什么异常，但到别人面前时，谈话就难以进行，或开始发音障碍，或才说到一半就说不下去了。患者对此忧心忡忡，因不能顺利地与人交谈而感到自己是一个残缺的人，因此非常苦恼。

□ 案例

我是一名机关工作人员。我的性格比较内向，但以前社会交往还算可以，并没有太大的问题。我的反应可能是比较慢的，在对自己不确定的事情要回答时，习惯性地爱拖长音，好使自己有思考的时间。但我的新领导对此特别反感，他总说我各种各样的不是，虽然有时是以相对轻松的口吻说出来的，可一样令我紧张。不知怎的，我开始结巴起来，而且越来越厉害。只要领导让我汇报工作，我就不知所措，有时更是招来同事的嘲笑。我知道其实自己是因为恐惧而口吃，越想改变越严重，为此十分苦恼，请教授帮帮我。

（6）厕所恐怖。厕所虽然是一个场所，而厕所恐怖却被归类为社交恐怖，主要原因是患者实际上不是害怕厕所，而是害怕在厕所里与人交往，害怕自己的隐私被别人发现，有他人在场时无法顺利大小便。

□ 案例

我是一个大一在校学生，患厕所恐惧症多年。这是我小时候养成的一个习惯。我原来不是本地人，四岁的时候从家乡搬到这里来。那时候的我特别胆小，又不会说这里的话，别人都当我是哑巴。在幼儿园想上厕所，不懂怎样说也不敢跟老师说，于是就一直忍，忍不住就干脆尿裤子。后来我每天早上去幼儿园前都要把大小便都拉干净才去上学，有时拉不出就不去上幼儿园，爷爷总是庇护我，上幼儿园时我就老是迟到。后来上小学，我仍然是这样，每次同学们叫我去上厕所我都会找借口不去，即使真被他们拉去了，我都只是脱了裤子假装一下，有时真的很内急我会等他们都走了自己偷偷去，于是和一大群人一起上厕所一直是我最羡慕的事。小学时无知，虽然觉得这样有点怪，但是还是这样过来了。初中时我还是这样，随着认知的加深，反而更怕去厕所了，连只有一个人时都上不出来了，于是我就尽量少喝水，等放学回家才上厕所。上高中时要住宿，这对我来说是个很严重的问题，但一开始由于大家不熟，都关上门上厕所，刚开始的一两个月，我反而正常多了。后来大家熟了，上厕所都不关门，我又开始不习惯了，又回到以前的样子，于是每回上学，我都等到大家都走了我才去。就这样又过了一年。高二时，我把这件事跟父母说了，他们说我居然能把一件事隐瞒这么久。他们同意我不住宿舍，于是高二、高三基本上都是我一个人住。其实高二、高三前期我都去做过心理咨询，曾经稍微好了一点，但高三后期就没时间去了，于是又恢复原形。高中我不再无知，但这并不是什么好现象，有时知道越多就越害怕。你肯定想象不到我这十几年是怎么过的，连我自己都不敢想象。也许是我已经习惯了。

这也不仅仅是习惯问题，我上厕所都怕被人家发现，说我上得很久，实际上就是怕别人知道我的恐惧症，这会让我更加紧张，但实际上别人没发现更不会说我什么，只是我每次都摆脱不了这种想法。

(7) 写字恐怖。写字恐怖主要发生在当别人注视的情况下，独自一人时写字不会出现恐怖。

□ 案例

我早在读高中的时候，就害怕别人看我写字，一看我就非常紧张，手就抖个不停，并伴有轻度的头痛，字越写越大，极不规整，慢慢在人前既不敢提笔，同时还表情不自然，除身体的僵硬感外，连思维都不灵活了。

(8) 放屁恐怖。在有人的场合，放屁是非常令人尴尬的，这是每一个人都可能经历过的事。但极个别人由于一次经历，便成天担心在别人面前放屁，久久难忘，以致无法与人交往，这就是所谓的放屁恐怖。

□ 案例

我的性格比较孤僻，而且越大越怕接触人，原因是我从小肠胃不好，总是放屁，人们叫我“屁精”。等到我长大后，这毛病虽然没有了，但我的臭味也离不开身了，一个人待着闻不出来，和同学在一起，臭味就特别大，因为我从别人的眼光以及捂鼻子或是突然从我身边离开的动作中可以察觉到，所以我想与其人家讨厌我，不如我知趣点，每当遇到熟人走来，我便远远地躲开。

(9) 教室恐怖。教室是每一个学生每天学习的场所，由于害怕同学的嘲笑或老师的提问批评，或害怕教室里同学的目光注视等而不敢去教室，久而久之便形成了教室恐怖。

□ 案例

也许我从上学开始就习惯了小教室，到了大学每当有大教室的课时，我都早早去占座，在别人还没进教室之前坐定。如果去晚了，或是因特殊情况迟到了，在进入教室或穿过走道时，心里就打起鼓来，完全像做贼似的蹑手蹑脚，紧张，出汗，脸也白了，举步维艰地坐到位置上，全身发抖。由于我的抖动，不仅影响到邻桌及前后座的同学，有时全教室的人都会不安。他们用挪动身体、咳嗽、回头张望来向我“抗议”。

（10）聚会恐怖。人是社会性动物，与人交往，参加各种聚会是平时生活必不可少的。有些人由于偶尔出丑，便害怕各种交往，形成了聚会恐怖。

□ 案例

我特别怕到人多的地方去，比如去商店、广场，参加集会、宴会或穿越马路。每当这时，我就心惊胆战，既不敢抬头看人，也不敢与人交谈。我曾问过我母亲这是为什么，母亲说我在幼儿园时，有一次表演节目在台上出了丑，老师说了几句，从此就不愿去幼儿园了。后来在六岁时，母亲带我去逛商场，人多又把我挤丢了，我在人群里大喊大叫找妈妈，吓得尿了一裤子……

（11）会餐恐怖。社交活动中，和朋友或单位同事或陌生人一起聚众会餐也是常常不可避免的，个别人极度恐惧会餐场合，常常逃避。

□ 案例

我 20 岁，十分孤僻，不爱说话，和别人交往有低人一等的感觉，几乎每天都在自卑中生活，有时想到轻生。出来打工的目的就是想在社会中锻炼一下自己，可是经过一年的时间一直不能适应，不敢和人说话，见人就害羞、紧张。我特别怕和人一起吃饭，那样我张不开口，连吞咽都感到嗓子噎得慌，我担心我会疯。

（12）出汗恐怖。出汗是一种正常的生理现象，在运动、炎热、紧张等场合，每个人都可能会出汗。可个别人对在公开场合出汗非常烦恼，以致达到恐惧而逃避正常的交往。

□ 案例

我的问题就是在公共场合写东西或当众发言就开始紧张，紧张的同时额头开始出汗，这时如有风吹着，紧张即消失。如没有风吹着，则汗越流越多，直至变成“太平洋”，越想停止流汗越是流得多，就想离开，解决流汗问题。汗不流了，紧张也消失了。

（13）体臭恐怖。每个人的身体都会发出气味，是汗腺分泌物所致。个别人对自己的气味非常敏感，总担心自己的气味让别人讨厌而不敢与人交往。

□ 案例

我是体臭恐怖患者，因为把汗臭当成了腋臭，害怕得要死，成天喷香水。后来因恐惧紧张而以为自己有病，经别人介绍去做了腋臭手术。我又因怀疑腋下的皮肤被我用香水和洗发液擦坏了而又逼爸爸带着去了一个认识的亲戚那里“做手术”，他4分钟就做好了。而我回来后感到好多了。但是过了一天又那样，我才感到是自己的心理在作怪。我现在明白汗臭本来就是臭的，但我还是会害怕别人发现那里的秘密。

总之，社交恐怖症的症状是多种多样、复杂多变的，有的时候各种症状表现掺杂在一起，既有视线恐怖又有赤面恐怖还有表情恐怖，很难说清具体属于哪一种类型。由于过于敏感，患者经常认为马路上的人都是在针对自己，很容易被误诊为精神分裂症。

第四节　恐怖症的诊断评估和治疗

一、恐怖症的诊断标准

关于恐怖症的诊断标准，要注意和正常的恐怖反应相区别，并排除由于幻觉妄想或器质性精神障碍、分裂症和心境障碍、强迫障碍或躯体疾病导致的恐怖症状及回避行为。

ICD-10关于恐怖症的症状标准：

（1）符合神经症的诊断标准。

（2）以恐怖为主，需符合以下 4 项：①对某些客体或处境有强烈恐怖，恐怖和程度与家际危险不相称；②发作时有焦虑和自主神经症状；③有反复或持续的回避行为；④知道态惧过分、不合理、或不必要，但无法控制。

（3）对恐怖情景和事物的回避必须是或曾经是突出症状。病程：符合症状标准至少已 3 个月。

二、心理治疗

（一）行为疗法

行为主义学派认为可以通过建立新的刺激与新的条件反射来取代病态的行为，具体的治疗方法包括冲击疗法和系统脱敏。例如，针对社交恐怖症的冲击疗法旨在破坏患者对于社交情境固有的情绪体验和认知，并帮助个体习得一些社交技能。系统脱敏则采取逐步暴露法，让患者逐渐接触害怕的社交场合，逐渐减轻焦虑，以达到治疗的目的。

（二）认知疗法

认知学派认为神经症起源于患者常常做出不现实的估计与认知，以致出现不合理和不恰当的反应。例如，恐怖症患者总是认为某些实际无危险的环境对自己有威胁。因此治疗的目标在于纠正患者不合理的认知信念，改变患者对自己和他人的看法。

（三）团体疗法

团体疗法对于治疗恐怖症有很多优点。例如，在团体中患者会发现其他人和自己有相似的想法和感受，能利用群体力量挑战歪曲的认知信念。同时团体提供了模拟社交场合的机会，通过示范、预演、角色扮演等方式，患者在社交情境中的行为举止得以训练和提高。认知行为团体治疗（CBGT）是当今较为流行的针对社交恐怖症的综合性治疗方法。

（四）森田疗法

日本精神病学家森田正马综合西方的多种心理治疗方法及东方宗教哲学思想，创立了神经症的森田疗法。他认为神经症就是一种神经系统过分敏感的倾向，其症状纯属主观问题而非客观的产物，共同特点是内向性与疑病倾向。患者总是把自己的精神能量投向自身，对自身的变化特别关注与敏感，对一些细微的、常态下可以忽视的生理范围的变化感受得十分强烈，这种不适感又常常会被强化注意，使注意愈发集中并固着于不适感之上，从而形成神经症症状。因此，森田疗法采用“顺应自然”的方法，致力于改变患者的疑病基调，打破精神交互作用，发挥患者生的欲望以达到战胜神经症的目的。

森田疗法对各种神经症强迫症、疑病症尤其是社交恐怖症都有非常好的治疗效果，施旺红教授主编，第四军医大学出版社出版的《社交恐怖症的森田疗法》详细描述了社交恐怖症的发病机制及运用森田疗法如何进行咨询治疗及自我调节的具体技巧，书中有大量案例值得参考。

三、药物治疗

可对症选用三环类抗抑郁剂（TCA）和选择性 5-HT 再摄取抑制剂（SSRIs）等抗抑郁药。必要时，苯二氮䓬类（BDZ）联合 SSRIs 类药物可能起效更快。5-HT 和 NE 再摄取抑制剂（SNRI）、NE 能和特异性 5-HT 能抗抑郁药（NaSSA）等也可作为首选药。

参考文献

[1] 杨群，施旺红，刘旭峰. 临床心理学［M］. 2 版. 西安：第四军医大学出版社，2018.

[2] 世界卫生组织. 国际疾病分类（第 11 版）. 2018.

[3] 施旺红. 社交恐怖症的森田疗法［M］. 西安：第四军医大学出版社，2016.

[4] 陆林. 沈渔邨精神病学［M］. 6 版. 北京：人民卫生出版社，2018.

[5] Huang Y，Wang Y，Wang H，et al. Prevalence of mental disorders in China：a

cross-sectional epidemiological study [J]. Lancet Psychiatry, 2019, 6 (3): 211-224.

[6] Kessler R C, Berglund P, Demler O, et al. Lifetime prevalence and age-of-onset distributions of DSM-Ⅳ disorders in the National Comorbidity Survey Replication [J]. Arch Gen Psychiatry, 2005, 62 (6): 593-602.

[7] 刘新民，杨甫德. 变态心理学 [M]. 3版. 北京：人民卫生出版社，2018.

[8] 肖茜，张道龙. ICD-11与DSM-5关于强迫及相关障碍诊断标准的异同 [J]. 四川精神卫生，2020，33 (3)：277-281.

抑郁症

第一节　抑郁症概述

一、抑郁症

（一）概念

抑郁症（Major Depressive Disorder）又称抑郁发作，是以显著而持久的情感低落、抑郁悲观为主要特征的心理障碍。患者通常经历了一次或多次的抑郁发作，期间没有躁狂发作，又称为单相障碍（Unipolar Disorder）。这种疾病是最严重的心理障碍之一，发病率高、容易复发。

（二）流行病学特征

2019年，据《柳叶刀》杂志报道，抑郁症终生患病率为3.9%，12月患病率为2.3%；中国的调查数据显示，中国抑郁症终生患病率达到6.8%，约有9500万患者；2020年我国青少年的抑郁检出率为24.6%，重度抑郁为7.4%；《2022年国民抑郁症蓝皮书》显示，我国青少年的抑郁症患病率为15%～20%。在全世界的十大疾病中，抑郁症排到第二位。

（三）危害

抑郁症全球疾病负担沉重，且对人的劳动能力的损害严重。在世界上十种致残或使人失去劳动能力的主要疾病中，有五种是精神疾病，它们是抑郁症、精神分裂症、双相情感障碍、酗酒和强迫性神经症。1995 年，研究者调查了一家美国大公司填写健康声明的 15153 名职员的健康和职员档案资料，分析比较了抑郁症和其他四种情况——心脏病、糖尿病、高血压、衰退问题的心理卫生支出、药费、病假和总医药费的关系，用回归模型来控制人口统计学和分工的影响，结果发现，该公司职员每年治疗抑郁症的医药费为 5415 美元，远远多于高血压，而与其他三种情况近似。职员同时患抑郁症和其他任何一种疾病的费用比单独患这种病多 1.7 倍。抑郁症患者平均每年病假 9.86 天，显著高于其他疾病。40 岁以下患抑郁症的职员比 40 岁或以上的职员每年多休 3.5 天病假。抑郁症的支出，特别是工作日的损失，是与许多其他疾病一样大或更大的花费，尤其是当抑郁症与其他疾病合并出现时更是如此。

（四）临床表现

既往将抑郁症的表现按心理过程内容概括为“三低症状”，即情绪低落、思维迟缓和意志活动减退。目前对抑郁症归纳为核心症状、心理症状群与躯体症状群三个方面。

1. 核心症状

抑郁的核心症状包括情绪低落、兴趣缺乏、精力减退。

（1）情绪低落：可以从闷闷不乐到悲痛欲绝，觉得生活充满了失败，一无是处，对前途失望甚至绝望，觉得存在已毫无价值（无望和无用感），对自己缺乏信心和决心（无助感），十分消极。

（2）兴趣缺乏：对以前喜爱的活动缺乏兴趣，丧失享乐能力。

（3）精力不足，过度疲乏：感到疲乏无力，精力减退，活动费力，语调低沉，语速缓慢，行动迟缓，严重者可整日卧床不起。

2. 心理症状群

（1）焦虑。常与抑郁伴发，可出现胸闷、心跳加快和尿频等躯体化症状。

（2）自罪自责。患者对自己既往的一些轻微过失或错误痛加责备，认为自己给社会或家庭带来了损失，使别人遭受了痛苦，自己是有罪的，应当接受惩罚，甚至主动去“自首”。

（3）精神病性症状和认知扭曲。

（4）注意力和记忆力下降。

（5）自杀：抑郁症患者中，有自杀观念和行为的占50%以上。约有10%～15%的患者最终会死于自杀。偶尔出现扩大性自杀和间接性自杀（曲线自杀）。

（6）精神运动性迟滞或激越。

（7）自知力受损。

3. 躯体症状群

（1）睡眠紊乱。多为失眠（少数嗜睡），包括不易入睡、睡眠浅及早醒等。早醒为特征性症状。

（2）食欲紊乱。表现为食欲下降和体重减轻。

（3）性功能减退。

（4）慢性疼痛。不明原因的头痛或全身疼痛。

（5）晨重夜轻。患者不适以早晨最重，在下午和晚间有不同程度的减轻。

（6）非特异性躯体症状。如头昏脑涨、周身不适、心慌气短、胃肠功能紊乱等，无特异性且多变化。

二、抑郁情绪

抑郁症和抑郁情绪是有区别的。实际上，每一个人在生活中都感到过哀伤、沮丧、悲观甚至是绝望等情绪，这种状态程度没有抑郁症重、持续时间短、不频繁。

抑郁情绪本身不足以使抑郁症的诊断成立，与此相反，在遇到可悲伤的事件时，如果没能感到抑郁，反而可能存在问题。只要在遭遇令我们感到悲哀的生活事件后能够尽快地从抑郁状态中走出来，生活没有受到过度的困扰，那就不需要寻求干预。情绪本身并没有正常或异常之分，可以说，抑郁、焦虑、恐惧等情绪是负性的，高兴、快乐、兴奋、自豪等情绪是正性的。但不能就此认为负性情绪就是异常的。抑郁本身的体验是不愉快的，但这并不意味着它就是异常的。就像疼痛，固然是令人痛苦的，但也是对人的一种保护性措施，人如果没有了疼痛感，则很容易在受伤害时不能及时采取保护性反应。同样，抑郁本身也有积极作用：轻度的抑郁从长期来看有适应性的功能；抑郁可以使人面对一些平常试图避开的思考和感受。

因此，抑郁应该和其他负性情绪一样，是从正常到异常的一个连续体，而且在正常和异常之间并没有绝对的界限。大体上当抑郁达到了某一特定的严重程度，严重影响到了人的正常生活和社会功能时，我们说这是异常的、需要治疗的。但这种界限有时连有经验的精神科医师和临床心理学家也不能完全区分清楚。科学和严格的区分需要临床医生通过临床观察、病史采集、精神检查，根据统一的诊断标准才能做出。即使是这样，有时也还不能得到肯定的判断。

那么，什么样的抑郁是正常的抑郁情绪呢？通常我们认为经历了近期的应激后出现的抑郁情绪（如遭受挫折、居丧反应等）被视为是一种适应性的反应，大多情况下，这种抑郁能在短期内自行缓解，因此不需要寻求专业的治疗。下面具体讨论一些较轻微的正常抑郁。

（一）哀伤

通常被视为人失去所爱的人后所经历的心理历程。其他形式的丧失，如地位的丧失、分居或离婚、经济的损失、失恋、退休、第一次离家、失去友谊，甚至包括宠物的走失也会使人产生类似的情绪。不管是由于以上什么原因，这些事件通常都会引起当事人一段时间的悲伤期。在这段时间内，他对外界发生的事情失去了兴趣，借此避免再度受到伤害的可能。与此同时，他往往会沉浸于对美好过去的回忆中。最初自然会很痛苦，但在这些回忆不断重复后，将会渐渐失去引发痛苦的能力，这就是一种反应消除的历程。

弗洛伊德在 1917 年发表的论文《悲伤和忧郁》中，对哀伤和抑郁进行了区分，他认为前者是对丧失的正常的和有意识的反应；而后者则被假定是由于把对所失去的人的无意识的矛盾和敌对情感转向自己的结果。在典型的案例中，经过几周或几个月不定的时期后，个体对外界的反应能力逐渐恢复，哀伤减退，重新恢复对生活的乐趣。一般认为居丧反应在半年到一年内可以完成。如果哀伤的症状持续超过一年，则应寻求专业治疗。

（二）其他正常的抑郁

还有一些情景也可能引起抑郁的感觉，比如有些母亲（甚至是父亲）在婴儿出生后出现产后抑郁反应（Postpartum Depressive Reaction）。有研究者指出，有50%的女性在婴儿出生后曾体验到至少是轻微的抑郁发作，其中10%出现严重的抑郁反应。研究者认为，怀孕和分娩过程后激素的重新调整是产生这种现象的原因。但心理因素也起了重要的作用，它可能反映了长期的预期及努力后的一种失望，或是作为父母的个人对婴儿的预期没有包括某些现实的层面，如对婴儿的照料、婴儿对母亲的依赖等，因而导致了抑郁。但并不是所有的产后抑郁反应都是正常的。如上所述，有10%的产妇会出现严重的抑郁反应，这时应被诊断为产后抑郁症，并应予以积极的治疗。

三、抑郁症的特殊类型

（一）隐匿性抑郁症（Masked Depression）

隐匿性抑郁症是一组不典型的抑郁症候群，其抑郁情绪不十分明显，突出表现为持续出现的多种躯体不适感和自主神经系统功能紊乱症状，如头痛、头晕、心悸、胸闷、气短、四肢麻木及全身乏力等。患者因情绪症状不突出，多先在综合医院就诊，抗郁药物治疗效果好。

（二）更年期抑郁症（Involutional Melancholia）

首次发病于更年期阶段的抑郁症，更年期首次发病，女性更年期一般在绝经期前后，约45～55岁，男性约在55～65岁，女性多见，发病率约为男性的2～3倍。常有某些诱因，多有消化、心血管和自主神经系统症状。早期可有类似神经衰弱的表现，如头昏、头痛、乏力、失眠等；而后出现各种躯体不适，如食欲缺乏、上腹部不适、口干、便秘、腹泻、心悸、胸闷、四肢麻木、发冷、发热、性欲减退等。生理方面的变化常出现在心理症状之前。典型者有明显抑郁，常悲观地回忆往事、对比现在和忧虑未来，总觉得自己“会吃饭，不会做事，生不如死”。在此基础上认为自己无用又有罪过，感到人们一定会厌恶她或谋害她，进而形成关系妄想和被害妄想。焦虑、紧张和猜疑突出成为本病的重要特点，而思维与行为抑制不明显。宜用抗焦虑或抗抑郁药物治疗，可配合性激素治疗。

（三）季节性抑郁症（Seasonal Affective Disorder）

这是一类与季节变化关系密切的特殊类型，多见于女性。一般在秋末冬初发病，常没有明显的心理社会应激因素。表现抑郁，常伴有疲乏无力和头疼，喜食碳水化合物，体重增加，在春夏季自然缓解。本病连续两年以上秋冬季反复发作方可诊断，强光照射治疗有效。

（四）产后抑郁症（Postpartum Depression）

指产妇在产后 6 周内，首次以悲伤、抑郁沮丧、哭泣、易激怒、烦躁、重者出现幻觉、自杀甚至杀人等一系列症状为特征的抑郁障碍。发病率国内报道为 17.9%，国外最低 6%，最高达 54.5%。本症的诱因可能是多方面的，如分娩（或手术产后）的痛苦，产后小便潴留，出院日期推迟，无乳汁或者乳汁分泌少，不时要喂奶影响睡眠，丈夫对其关心和体贴不够，或家庭负担过重等。大多数产后抑郁症患者不需要住院治疗，一般持续几周后逐渐缓解。最主要的是心理治疗，可使用小剂量抗抑郁药。

第二节　抑郁症的诊断

目前，在第五版的《精神障碍诊断与统计手册》中，关于抑郁的诊断标准如下：

标准 A：在同一个 2 周时期内，出现 5 个以上的下列症状，表现出与先前功能相比不同的变化，其中至少 1 项是心境抑郁或丧失兴趣或愉悦感。

（1）几乎每天大部分时间都心境抑郁，既可以是主观报告（如感到悲伤、空虚、无望），也可以是他人的观察（如表现流泪）（注：儿童和青少年可能表现为心境易激惹）。

（2）几乎每天或每天的大部分时间，对于所有或几乎所有活动的兴趣或乐趣都明显减少（既可以是主观体验，也可以是观察所见）。

（3）在未节食的情况下体重明显减轻，或体重增加（如一个月内体重变化超过原体重的5%），或几乎每天食欲都减退或增加（注：儿童则可表现为未达到应增体重）。

（4）几乎每天都失眠或睡眠过多。

（5）几乎每天都精神运动性激越或迟滞（由他人观察所见，而不仅仅是主观体验到的坐立不安或迟钝）。

（6）几乎每天都疲劳或精力不足。

（7）几乎每天都感到自己毫无价值，或过分地、不适当地感到内疚（可以达到妄想的程度），并不仅仅是因为患病而自责或内疚。

（8）几乎每天都存在思考或注意力集中的能力减退或犹豫不决（既可以是主观的体验，也可以是他人的观察）。

（9）反复出现死亡的想法（而不仅仅是恐惧死亡），反复出现没有特定计划的自杀意念，或有某种自杀企图，或有某种实施自杀的特定计划。

标准B：这些症状引起有临床意义的痛苦，或导致社交、职业或其他重要功能方面的损害。

标准C：这些症状不能归因于某种物质的生理效应，或其他躯体疾病。

标准D：这种重性抑郁发作的出现不能用分裂情感性障碍、精神分裂症、精神分裂症样障碍、妄想障碍或其他特定的或未特定的精神分裂症谱系及其他精神病性障碍来更好地解释。

标准E：从无躁狂发作或轻躁狂发作。

若所有躁狂样或轻躁狂样发作都是物质滥用所致的，或归因于其他躯体疾病的生理效应，则此排除条款不适用。

诊断标准A—C构成了重性抑郁发作。

对于重大丧失（如丧痛、经济破产、自然灾害的损失、严重的躯体疾病或伤残）的反应，可能包括诊断标准A所列出的症状：如强烈的悲伤，沉浸于丧失，失眠、食欲缺乏和体重减轻，这些症状可以类似抑郁发作。尽管此类症状对于丧失来说是可以理解的或反应恰当的，但除了对于重大丧失的正常反应之外，也应该仔细考虑是否还有重性抑郁发作的可能。这个决定必须要基于个人史和在丧失的背景下表达痛苦的文化常模来做出临床判断。

不过，值得注意的是，对抑郁症的诊断标准随着研究和认识的深入还在不断地变化，一个明显的趋势是被诊断为抑郁症的患者越来越多。20 世纪 50 年代，情感障碍患病率估计为 3%～4%，到了 80 年代就上升为 3%～9%，如今更高。这种现象很大程度上应归因于诊断标准的变化，也就是说对抑郁症诊断的标准放宽了，因而纳入抑郁症断的疾病增加了。

第三节　抑郁症的病因

一、生物学研究

（一）遗传因素

多年来，有关情感障碍患者的家系研究、双生子、寄养子研究和基因连锁研究等发现抑郁症与遗传有关，患者家族遗传倾向明显，遗传是发病的重要因素。

1. 家系研究

抑郁症患者有家史者高达 30%～41.8%，远高于一般人群，且血缘关系越近，患病概率越高。抑郁症患者一级亲属的患病率可达 10%～16.3%，是一般人群的数十倍。

2. 双生子研究

研究发现，同卵双生子重性抑郁的同病率是 50%，而异卵双生子重性抑郁的同病率是 10%～25%。尽管每一研究结果有所不同，但均发现同卵双生子的同病率显著高于异卵双生子。

3. 寄养子研究

寄养子的调查支持情感障碍具有遗传学基础。

（二）神经生化研究

1. 5-羟色胺假说

情感障碍的 5-羟色胺（5-HT）假说认为，5-HT 直接或间接调节人的心境，该功能活动降低与抑郁症患者的抑郁心境、食欲减退、失眠、昼夜节律紊乱、内分泌功能失调、性功能障碍、焦虑不安、活动减少等密切相关；而 5-HT 增高与躁狂有关。有研究发现自杀者和一些抑郁患者脑脊液中 5-HT 代谢产物（5-HIAA）含量降低，5-HIAA 水平降低与自杀和冲动行为有关。单相抑郁症中企图自杀者或自杀者脑脊液 5-HIAA 比无自杀企图者低；另外，脑脊液 5-HIAA 浓度与抑郁严重程度有关，浓度越低，抑郁越严重。

2. 去甲肾上腺素说

研究表明抑郁症患者中枢甲肾上腺素（NE）能系统功能低下。抑郁症患者尿中 NE 代谢产物 3-甲氧基-4-羟基苯乙二醇（MHPG）排出降低；而躁狂患者中枢 NE 能系统功能亢进，NE 受体部位的 NE 增多，患者尿中 MHPG 排出升高。

3. 多巴胺假说

研究发现，某些抑郁症患者脑内多巴胺（DA）功能降低，尿中的DA的降解产物高香草酸水平降低；而躁狂发作时 DA 功能增高。降低 DA 水平的药物可导致抑郁，提高 DA 功能的药物则可缓解抑郁。

4. 乙酰胆碱假说

乙酰胆碱能与肾上腺素能神经元之间张力平衡可能与抑郁障碍有关，脑内乙酰胆碱能神经元过度活动，可导致抑郁；而肾上腺素能神经元过度活动，可导致躁狂。

（三）神经内分泌功能失调

1. HPA 轴

研究发现，郁症患者存在下丘脑-垂体-肾上腺皮质轴（HPA）功能异常，包括：①高可的松血症，皮质醇昼夜分泌节律改变，即不出现正常人的夜半时分的谷底；②地塞米松脱抑剂，即地塞米松不能抑制皮质醇分泌，地塞米松抑制试验（DST）远高于正常人。

2. HPT 轴

下丘脑垂体-甲状腺轴（HPT）功能特点与 HPA 轴相似，甲状腺激素释放激素（TRH）兴奋试验曾用于协助诊断抑郁症，40%左右的抑郁症患者 TRH 阳性，但它与 DST 不完全重叠，将两个试验结合，阳性率可达 70%左右。

3. 其他激素

生长激素 GH 的分泌存在昼夜节律，在慢眼动睡眠期达到高峰。抑郁症患者这种峰值变得平坦。

（四）神经病理学研究

1. 脑室扩大

CT 研究发现，情感障碍患者的脑室较正常对照组大，部分抑郁相严重且伴精神病性症状的双相障碍患者右侧脑室扩大，无精神病症状者仅有第三脑室扩大。但也有学者认为，脑室扩大可能是情感障碍的易感因素而非结果。

2. 脑区萎缩

CT 和 MRI 均发现抑郁障碍患者有大量的脑部异常表现，较为一致的发现有颞叶和额叶的体积缩小、海马体积缩小、基底节体积缩小等萎缩性改变。在慢性温和性刺激所致抑郁症动物模型中，也发现海马神经元萎缩及海马神经再生受损，而抗抑郁剂可以通过激活促进神经可塑性的细胞内信号传递途径，逆转这种病理改变。

3. 脑血流和代谢改变

功能影像学研究（fMRI、PET、SPECT）已发现抑郁发作患者脑代谢和脑血流的改变，大脑皮层尤其是额叶皮质血流量减少。脑血流通常和代谢量高度相关，研究发现大脑代谢率低下仅限于单相抑郁组，而躁狂症患者大脑代谢率旺盛。

二、社会心理因素

（一）生活事件

压力与精神创伤是精神障碍的病因中影响最显著的。素质–压力模型描述了可能的遗传和心理的易感性，那么是什么启动了这种易感性（素质）呢？我们通常会询问患者在他们逐渐变得抑郁或产生其他精神障碍之前，有无重大的精神创伤生活事件。大多数患者报告了失业、离婚、生子、找工作、亲人丧亡等。但是，事件发生的背景及其对个体的意义对个体而言更加重要。比如，失业对大部分人来说都具有很大的压力，对一部分人来说也许会很严重，但有的人也许会将它视为一种恩惠。如果你是一个有抱负的作家或艺术家，曾经没有时间去追求你的艺术，成为失业者也许是你期待已久的一个机会。特别是，如果你的妻子对你富有想象力的追求能够给予充分的理解和支持的话。然而，由于在记忆事件时出现的偏差问题，对生活压力事件的研究需要方法学的保障。如果你问一个正处在抑郁状态的人，五年前他第一次体验抑郁时发生了什么，得到的将是不准确的答案，因为患者当前的心境会歪曲记忆。

尽管几乎所有的抑郁发作患者都经历过重大的压力事件，但大多数人在经历这类事件后并未发展成抑郁发作。尽管有20%～50%的个体在经历了压力性事件后变得抑郁，但仍有50%～80%的个体并未发展成抑郁或其他的精神障碍。其次，数据支持了压力性生活事件和特定的易感性——遗传的、心理的或者更可能是两种影响的结合——之间很强的交互作用。

（二）婚姻

对婚姻的不满和抑郁之间存在很强的相关性。有研究指出，婚姻关系可以作为将来抑郁发作的预测指标。有些研究强调将婚姻冲突与婚姻支持分开的重要性。换句话说，较高的婚姻冲突与较强的婚姻社会支持可能会同时出现或同时缺失。高冲突、低支持，或两者同时存在，对引发抑郁而言尤其重要。

有研究指出，抑郁，尤其是持续的抑郁，会显著破坏婚姻关系，其中的原因很好理解。因为对于任何人而言，和一个消极、脾气不好、总是悲观的人相处一段时间后，总会感到无法忍受。但婚姻内冲突似乎对男性和女性具有不同的影响。抑郁会使男性从婚姻关系中退缩，或结束这种关系。而对于女性而言，婚姻关系中出现的问题会导致她们患上抑郁。因此，对于男性和女性，抑郁和婚姻关系中的问题是存在一定相关性的，但是，因果关系的方向是不同的。因此，治疗师在治疗抑郁障碍的同时，还应该处理混乱的婚姻关系，以确保患者康复到较高的水平，从而减少并防止将来复发。

（三）性别

流行病学数据显示抑郁症存在明显的性别差异，有70%的抑郁症和恶劣心境患者是女性。尽管这种总的比率在不同国家有所不同，但这种性别的失衡比例在世界范围内变化不大。还有研究表明，在许多文化中，女性具有更可能遭受身体暴力、性虐待或身处贫穷且又需要抚养年幼的孩子和年长的父母等经历，这些都可能使女性更容易罹患抑郁症。

这些性别差异是具有文化性的，来源于社会对男性和女性持有不同的性别角色期望。一个男性被期望成为独立的、能干的和果断的；而一个女性则被期望成为顺从的、敏感的和有很强依赖性的。尽管这些旧的观念正在慢慢改变，但它们在很大程度上描述了当今的性别角色。越来越多的证据表明，鼓励旧有性别角色的教养方式与抑郁和焦虑的易感性有关。

有研究认为，女性对亲密关系的重视也会使她们身处危险。婚姻关系的破裂以及伴随着这种破裂产生的无助感，对女性意味着更多的伤害。还有学者认为，存在另一种潜在的重要性别差异：女性比男性更倾向于沉思她们的处境，并为自己的抑郁状况感到自责；男性则倾向于忽略这些感受，他们或许会通过参加一些社会活动来摆脱这些想法。男性的这种行为是具有治疗效果的，因为“活跃”（总是忙着有事做）是成功治疗抑郁的关键因素。

（四）社会支持

社会支持包括三个层面：①社会关系存在与数量；②社会关系的结构；③社会关系所提供的情感交流、相互关心、实际帮助等。

良好的社会支持本身对个体的生理、心理健康和应激情境有保护和缓冲作用；社会支持对已经出现情感或精神问题的个体有治疗作用，如缩短病程、减轻症状。一般来说，一个人的社会关系越融洽，和社会接触的次数越多、频率越高，他的寿命也会越长。同样，社会因素也会影响一个人是否患抑郁。Brown和Harris研究指出：社会支持在重性抑郁的发作中占有重要意义。在对大量经历过严重生活压力的女性所做的研究中发现，在那些有值得信赖的朋友的女性中，仅有1%发展成抑郁；而那些缺乏亲密支持关系的女性的患病率高达37%。其他研究也揭示，社会支持在抑郁康复过程中具有重要作用。

三、心理学理论解释

（一）心理动力学观点

1. 对丧失的反应：自我惩罚

以弗洛伊德为代表的心理分析家认为，抑郁不是器质性损害的症状而是自我对内心冲突的防御的表现。弗洛伊德在其经典的论文《悲伤和抑郁》中明确指出，抑郁是对丧失（显义的和象征的）的反应。如果一个人面对丧失时的悲痛和愤怒没能发泄出来，仍处于无意识中，那么就会弱化自我。而抑郁则是对自我的一种惩罚形式。一个表面上看起来是因为失去丈夫而极度抑郁的妇女，实际上是在为她对她丈夫以往怀有的罪恶感而自我恼怒。抑郁和躁狂症状是一个人为想象中的罪恶而惩罚自己的手段。

这一理论为弗洛伊德的一个学生——K. Abraham所发展。Abraham认为，当一个人具有矛盾（正性的和负性的）的感情对象时，抑郁便产生了。面对失去所爱的对象，负性的感情转化为强烈的愤怒。与此同时，正性的情感引起内疚，他会感到自己对刚失去的东西没有做出恰当的行为反应。由于这种内疚，内疚的人就把他的愤怒内投（Angerin，又译“指向自身的愤怒”）而不是外泄了。这就造成了自罪和绝望，即我们所说的抑郁。在自杀的案例中，患者确实试图去杀死那个不会合作的对象，愤怒的内投变成了对自己的谋杀。

这些理论也得到了一些实验的支持。Hauri把已经恢复了的抑郁症患者的梦与正常成年人的梦进行了比较，两组被试都间断地被唤醒，结果发现患过抑郁症的人有较多带有愤怒的自我惩罚的梦。

现代的心理分析对经典的理论又有了新的发展和修正。现在有许多关于抑郁的心理分析理论，但这些理论也有一些共同的和核心的观点：

第一，一般认为，抑郁源于先天的缺陷，常常源于早年的丧失。

第二，个体早期的创伤被现在的事件（如失业或离婚）所激活，这将患者带回到了婴儿期的创伤。

第三，这种退行的一个重要的后果是无望感和无助感。这反映了一个婴儿在面临伤害时的无能为力。由于无法控制自己的世界，抑郁者便产生了退行。

第四，许多理论家不再认为愤怒的内投是抑郁的核心，而认为对对象的矛盾心理是抑郁者心境困扰的基础。

第五，自尊的丧失是抑郁的主要特征。

2. 对丧失的补偿

长程的心理动力学治疗一般通过揭示抑郁的童年期根源来揭示对先前和目前失去的东西的矛盾心理。但现代的心理动力治疗家趋向于用比他们的前辈更直接的方式进行治疗，他们更关注患者目前的环境而不是过去的经历，因此，他们更注重当前抑郁的原因以及患者是怎样以抑郁的方式来处理与他人的人际关系的。Kierman 和他的同事发展出了一种 12～16 个单元的治疗方案。这一方案主要针对 4 个核心的问题进行治疗，即悲伤、人际关系的纠纷、角色转换（如退休）和缺乏社交技能。治疗师和患者一起积极努力解决上述问题。研究表明，这种动力学的人际关系的治疗方法对防止未能坚持药物治疗的抑郁症患者的复发是有效的。

（二）行为主义观点

行为主义者对抑郁的解释主要有两种，一种强调外界的强化，另一种关注人际关系过程。

1. 消退

许多行为主义者将抑郁看作是消退的结果，认为抑郁是一种不完全或不充分的活动。消退的含义是指人的某种行为一旦不再被强化，人再表现出这种行为的概率就会逐渐减少甚至消失。他们会变得不参与活动并出现退缩情况，也就是说出现了抑郁。

是什么导致了强化的减退呢？ Lewinsohn 指出，一个人所获得的阳性强化物的数量主要依靠 3 个因素：①强化刺激的数量和范围；②环境中这些强化物的可利用性；③人获得这些强化的能力。人的环境的突然改变，会导致对上述因素的影响。例如，新近并不情愿的退休者会发现，办公室以外的环境缺乏真正的强化物；一个妻子刚去世的男人会发现，虽然他具有营造一个成功婚姻的社会能力，却又困惑于怎样去开始新的约会。在新的环境中，这些人很少知道如何去获得强化，因此就产生了退缩行为。最后，某些抑郁者可能开始将死亡而非生存看作为强化物，因为这会使得别人感到后悔和内疚。在这种情况下，抑郁将导致自杀。

许多研究支持了 Lewinsohn 的观点，研究证明如果抑郁者和正常人一样学会了降低不愉快事件的频率、增加愉快事件的频率的话，他们的心境也许会改善，而抑郁者正是缺乏获得强化和与他人交往的能力。一项对企图自杀而住院的青少年的研究表明，与虽然抑郁但没有自杀行为的青少年相比，自杀组的被试者在遇到问题时更容易采用社会隔离（Social Isolation）方式来应对。自杀组更喜欢回避问题，把问题看得不紧急，用更情绪化的方式来做出反应。显然，这种糟糕的应对方式导致他们难以获得帮助。

2. 回避型社会行为

研究发现，抑郁者较非抑郁者更容易对他们接触的人做出负性的反应，这一发现构成了抑郁症的人际关系治疗的基础。根据这一观点，抑郁者有着一种令人讨厌的行为风格。他们总是迫使那些他们感到对自己不再充分关照的人“关照”自己，但抑郁者从他们的家庭和朋友那儿得到的往往不是爱而是拒绝，也就是说抑郁是一种呼救，但又很少起作用。另一种人际理论认为抑郁是在寻求拒绝，因为对抑郁者来说，拒绝那些比较积极的反馈对他们来说是自己更熟悉的，这样做，他们能在事先对结果更好地进行预测。

同样有许多研究支持抑郁的人际关系理论。例如有研究发现，同样是抑郁症患者，在治愈后的 9 个月中常被其配偶批评的比获得配偶接受的患者更易复发。但现在人们还不能说这种人际关系风格导致了抑郁的发作，因为有研究证明，这种风格的人际关系只在抑郁发作时出现，在抑郁治愈后便消失了。但无论怎样讲，抑郁者的糟糕的人际关系是其抑郁持续存在的重要因素之一。

3. 强化

行为主义认为，个人所获得的社会奖励取决于他们的个人能力和要求、社会经济地位及与他们相互影响的“依恋”的人数。当这些强化因素中的任何一个发生变化，如朋友去世、能力或财产地位的丧失，强化的频率和量都会减少。一旦这些强化减弱，依赖行为也随之减少，进而较低级的反应水平（例如情绪低落）则可以由社会奖励（如同情）所强化。因此一方面是正常的情感的强化量不断减少，另一方面是对异常的情绪症状的奖励量增加，由此出现了异常情绪的恶性循环。

Werner 和 Rehm 检验了行为主义的理论观点，他们对 96 名女大学生进行了情感评定。随后，根据评定结果将她们分为高强化和低强化两组。被试者不了解研究的真正目的，以为自己在参加一个智力测验。对于低强化组故意只给予 20% 的强化奖励（即告诉被试反应正确），而高强化组则给予 80% 的强化。结果显示，通过心理测验自我评分和对反应速度的行为指标的测定，低强化组表现出明显增多的抑郁行为。某些起初只有轻微抑郁的被试者，往往低估强化的数量（即被试者感觉被告知其正确的次数少于实际次数），而且也变得更加抑郁了。

（三）人本主义和存在主义观点

存在主义者认为，抑郁是源于未能完整和真实地生活而产生的一种非存在感。如果抑郁者说他们感到很内疚，人本主义和存在主义者会解释说这是由于他们没有能够做出正确的选择，发挥自己的潜能，以及对自己的生命负责。总之，抑郁是对一种非真实存在的可理解的解释，自杀是这种非真实感达到极致后的选择。

这种不真实感的一个方面可能是对孤独的恐惧。抑郁者常常是高度的依赖者，Fenichel 把他们称为“爱的成瘾者”。因此孤独感可能是抑郁的一个重要的组成部分。从存在主义的观点来看，孤独本身不是需要避免或治疗的，而是应被人们所接受的。正如抑郁者应接受孤独一样，自杀者应懂得死亡的重要性。Rollo May 认为，死亡给予生命以绝对的价值。由于死亡是不可避免的，这使得我们珍惜生命。

（四）认知理论的观点

认知理论的主要论点是，个体的想法和信念是引发和影响情绪状态的关键因素。在理解抑郁方面，Aaron Beck 的认知模型是目前最具影响力和实践性的。

1. Beck 的理论

Beck 起先是一位经过了心理分析训练的精神病学家，在临床实践中，他发现患者在报告中常常歪曲事实，充满了自我否定和悲观消极的思想。由此，他提出抑郁者之所以抑郁，是因为他们的思维有消极的歪曲（图 6-1）。

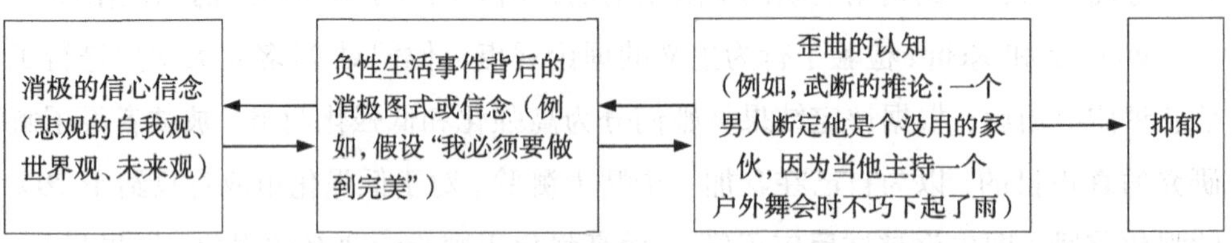

图 6-1　Beck 的抑郁理论中的三个层面的认知

依照 Beck 的理论，我们每个人都拥有各种各样的图式（Schema），通过这些图式，我们规范着自己的生活。抑郁者在童年或青少年时，因为种种的原因，如父母的去世、被同龄人的小团体拒绝、老师的批评、父母的抑郁态度等，发展出消极的图式或信念——消极地看待周围世界的倾向。此后，一旦遇到和以往学到的图式的情境相类似的新情境，可能只有一点点类似之处，这些消极图式就会自动地发挥作用，严重地影响抑郁者的生活。譬如，一个自我非难的图式令抑郁者时常陷入无意义感的深渊，一个负性的自我图式会导致无价值感。

抑郁者还有许多认知歪曲，这些认知歪曲使他们不能真实地认识现实世界。认知歪曲和消极图式相互作用，更进一步加深了抑郁者的消极倾向，并发展出 Beck 所谓的消极的三联征（Negative Triad），即负性的自我观、世界观和未来观。

以弗洛伊德为代表的许多理论家认为，人只能被动地承受情绪，智慧很难控制感受。Beck 却相信，人的情绪是其逻辑判断的产物。我们的情感反应主要取决于我们是怎样看待这个世界的，而实际上抑郁者的解释与大多数人对世界的看法并不一致。Beck 将抑郁看作是抑郁者的不合逻辑的自我判断的胜利。

大量的证据支持 Beck 的观点。人们根据 Beck 的抑郁理论编制了评估抑郁的认知偏差的问卷，如自动思维问卷（ATQ）、抑郁体验问卷（DEQ）、认知偏差问卷（CBQ）等。许多研究表明，经过治疗后抑郁者在这些问卷上的得分都出现了显著的降低。但是，也有研究不支持 Beck 的观点，并不认为抑郁者的认知被扭曲了。譬如，认为抑郁者对成功有恰当的期望，而普通人则倾向于高估成功的可能。另一个挑战 Beck 的理论是：究竟是抑郁导致消极的认知，还是消极的认知导致抑郁。实验心理学的众多研究表明，一个人对事件的诠释影响着他的心境，但心境反过来也可以改变一个人的想法。现在还没有直接证据证明抑郁的情感和生理方面是负性的图式和偏差的二级症状和功能。

2. 无助感和无望感的三种理论

除了 Beck 以外，其他研究者从不同的角度对抑郁的产生及持续进行了解释。其中最具影响的是关于无助感和无望感的三种理论（图 6-2）。无助感和无望感是抑郁症的一个重要的症状，人们对它的认识和理论解释走过了一条从最初的习得性无助理论，到更具认知色彩的归因和习得性无助理论，乃至目前的无望感理论的道路。

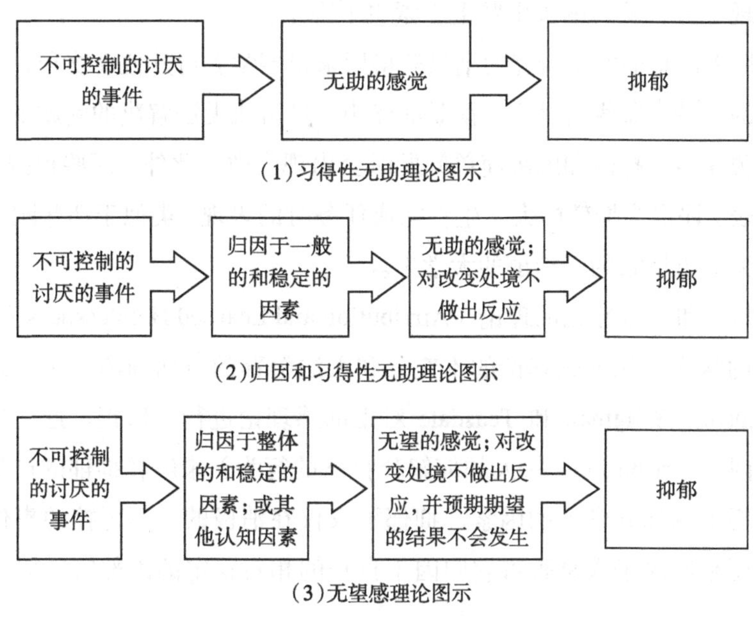

图 6-2　无助感和无望感的三种理论

（1）习得性无助理论（Learned Helplessness Theory）。该理论认为，个体的消极状态和无法有所行动、无法控制自己的生命的感觉来自个体的不成功的控制尝试的经历和心理创伤。

习得性无助感的研究始于 Seligman 对实验室里狗的行为观察。研究者首先将狗置于一个完全无法逃脱的情景，然后给予电击。电击引起了狗的惊叫和挣扎，但它无法摆脱电击。然后将狗置于中间有隔板的房间中，隔板的一边有电击设备，另一边没有。隔板的高度是狗不费力就能跳过的。然后将狗置于有电击的一边，并给予电击。电击开始后，狗只要跳过隔板就能够摆脱痛苦。实验结果发现，狗除了在接受电击的最初半分钟内有一阵惊恐外，一直就躺在地板上，接受电击的痛苦，纵有逃脱的机会也不去尝试。Seligman 提出，动物在面对不可控制的痛苦情景时产生了“无助感”。这种无助感此后变得越来越严重，有害地影响到了它们在可以控制的应激情境下的行为表现，以致失去了学习有效地对痛苦情景进行反应的能力和动机。

在此研究的基础上，Seligman 认为，无助感可以用于解释抑郁的某些症状。和许多抑郁的患者一样，这些产生了无助感的动物出现了厌食、进食困难、体重下降等表现，并且脑内的去甲肾上腺素也下降了。

习得性无助感的实验研究的结果获得后来很多学者对其他动物和人类被试研究和观察的支持。那些面对无法摆脱的噪声、打击或无法解决的问题的人，在此后面对摆脱噪声、打击和解决简单问题时会出现失败。此外，那些根据 BDI（贝克抑郁量表）评定为抑郁的大学生在完成任务时的表现，类似于那些刚经历了同样的产生无助感情景的不抑郁的大学生。

（2）归因和习得性无助理论（Atrribution and Learned Helplessness Theory）。随着研究的深入，无助感理论的不充分和无法解释的方面渐渐显现出来。1978 年，Abramson，Seligman 和 Teasdale 对无助感理论进行了修正。这一理论的本质是以归因（Atrribution——人如何解释自己的行为）来解释抑郁的产生，这种解释中包括了认知和学习的因素。抑郁不仅仅在消极的、不可控的事件发生时才产生，而是取决于人是否将它归因于自身的相对稳定的内部特征以及生活的其他方面。

这一理论受到维纳归因理论的影响。按照归因理论，在个体经历了失败的情境中，个体会将这种失败归结为某些原因。按照其归因的不同情况，可区分出个体不同的归因方式：①失败是由于内在（自身），还是外在（环境）原因造成的；②导致这类问题产生的原因是稳定的，还是不稳定的；③导致这类问题产生的原因是特殊的，还是一般的。下表的例子有助于了解抑郁者的归因倾向。

表 6-1　抑郁者对于自己在重要的英语考试中失败的归因

程度	内在（自身）		外在（环境）	
	稳定的	不稳定的	稳定的	不稳定的
一般	我太笨了	我今天太累了	考试都是不公平的	今天是个坏日子（不是黄道吉日）
特殊	我缺乏学好外语的能力	我讨厌学英语	英语考试不公平	英语考试对我来说就是倒霉

归因和习得性无助理论认为，人对失败的解释方式决定了失败的影响作用。一般性的归因会使失败的影响泛化。归因于稳定的因素会导致失败对个体产生长期的消极影响。将失败归因于内在的自身的原因，会导致个体自尊的下降。从归因和习得性无助理论出发，抑郁是因为人们将负性的生活事件归因于一般的和稳定的原因。人的自尊是否会崩溃，取决于人是否将失败归因于自身的缺陷。抑郁者被认为有着一种“抑郁的归因方式”，即将坏的结果归因于自身的、一般的、稳定的特质。当具有这种归因方式的人遇到不愉快的、痛苦的经历时，他们就会变得抑郁，其自尊就被摧毁了。

许多研究支持了归因和习得性无助理论，魏立莹等人对 46 例抑郁症患者和 46 例正常人的对照研究表明，抑郁者在 ASQ（一种用于测量个体归因特点的量表）坏事件上的归因，其稳定性、一般性、无望感和总分均明显高于对照组。

（3）无望感理论（Hopelessness Theory）。20 世纪 80 年代以后，无助感理论又有了新的发展。一些形式的抑郁被认为不是由于无助感而是由于无望感造成的，即个体存在一种对自己所希望的结果不会发生或自己不希望的结果将会发生的预期，并因此不再做出任何行动以改变这种情境的心理反应。

在归因理论的公式中，负性的生活事件（应激源）被看作是与素质（Diathese）相作用，产生了无助的状态。归因方式就是一种素质，将负性的生活事件归因于稳定的和一般性的因素。

无望感理论考虑的则是另一种素质，即一种认为负性的生活事件将会有严重的消极结果和倾向于对自己做出消极的推论（Negative Inference）的倾向性。无望感理论的优点在于能够解释抑郁和焦虑障碍的共病问题，即抑郁常常与焦虑障碍同时存在。个体对无助的预期会导致焦虑的产生。当对无助的预期产生时，包含了焦虑和抑郁的症状就随之而来了。最后当负性事件发生时，无望感就产生了。

（五）综合模型

临床上的发现表明，大多数个案在抑郁发作之前都经历过生活压力事件。近期比较流行的观点认为，生活应激事件激活了应激激素，这种激素对神经递质系统具有广泛影响，尤其是涉及5-羟色胺和去甲肾上腺素的递质系统。还有证据表明，如果应激激素活化的时间较长，可能会导致某些基因的“打开”，引起脑内长期的结构和化学变化。比如，长期处于压力状态下，也许会导致具有调节情绪作用的海马萎缩。这些结构改变也许会持续影响患者神经系统的调节活动，更广泛的可能会扰乱个体的昼夜节律，使其具有环性心境障碍的易感性。

心境障碍的易感者同时还具有一种心理易感性，主要表现在应对困难时感到自己的能力不足。许多证据表明。这些态度和归因与应激和抑郁的生化标志有关，如去甲肾上腺素的副产品、大脑半球的横向不对性和大脑某些特定回路。这种易感性的原因可以追溯到早年的不幸经历，早期的压力经验可能在心境障碍发作之前就留下了一种较为持久的认知易感性，强化了以后对应激事件的生化和认知反应。

心境障碍的综合模型如图6-3所示。

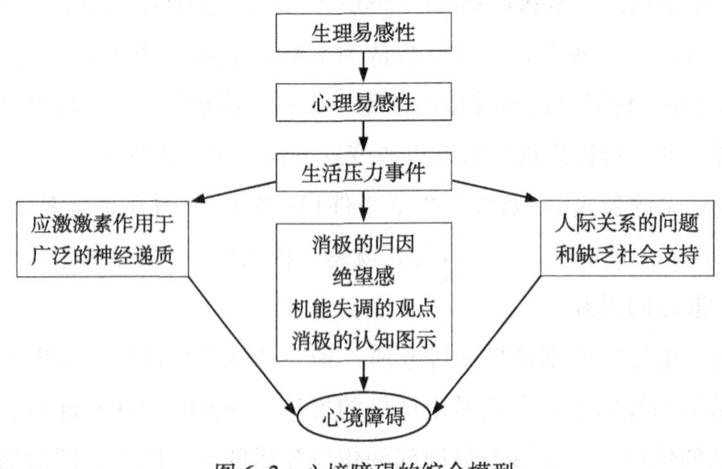

图6-3　心境障碍的综合模型

很明显，有些因素（如人际关系）会保护我们免受压力的影响，从而避免情感障碍的发作，或者使我们从这些障碍中尽快恢复。

总之，生物的、心理的和社会因素都会影响情感障碍的发展。

第四节　抑郁症的治疗

对抑郁症的治疗，一般首先强调的是对症状和体征的控制，因为严重的抑郁患者可能有自杀或自残的危险，因此人们一般认为首先应该运用医学手段，包括抗抑郁药治疗、适当的监护和必要时的住院治疗，甚至在紧急情况下应用电抽搐治疗，以及时控制住病情，使患者度过危险期。在病情较稳定以后，即症状和体征缓解后，应积极恢复患者的职业和心理社会角色和功能，并通过给予适当的心理治疗和教育以及必要的药物维持治疗，使患者复发、再发的危险降低到最低的程度。

一、药物治疗

（一）三环类抗抑郁剂（TCA）

1957 年 Kuhn 首先发现丙米嗪有抗抑郁作用，其后一大批结构类似的药相继问世。常用的有丙米嗪、阿米替林和多虑平等。临床研究发现，这类药物对于抑郁发作的疗效能达到 60%～75%，但其抗抑郁疗效均须 3～4 周才能达到高峰，安全性较差，毒副作用比较大。

（二）选择性 5-HT 再摄取抑制剂（SSRIs）

20 世纪 90 年代以来，SSRIs 类药物逐渐成为抗抑郁的主力军。这类药物主要有氟西汀、帕罗西汀、舍曲林、氟伏沙明和西酞普兰等。这类药物的抗抑郁作用与三环类药物相当，起效时间需要 2～3 周，但由于其药理作用的高选择性，安全性较传统药物有显著提高，且副作用小，用法简便，对患者日常生活影响较小。

（三）心境稳定剂

研究发现，碳酸锂不仅能治疗躁狂发作，而且对双相心境障碍的抑郁也有良好的作用，锂盐治疗能有效地预防躁狂或双相抑郁的复发，在单相抑郁发作维持治疗中，锂盐的辅助治疗也能有效地防止其复发。

抗抑郁药物的进展十分迅速，目前广泛应用于临床的药物还有 5-HT 与 NE 再摄取抑制剂（SNRI）文拉法辛、NE 能和特异性 5-HT 能抗抑郁剂（NaSSA）米氮平，5-HT_2受体拮抗剂（SARI）尼法唑酮，神经肽类抗抑郁剂 RP67580 等。

二、心理治疗

抑郁患者常存在各种各样的心理和社会问题，抑郁症又进一步影响了患者的人际交往、家庭和工作能力。因此，对抑郁症患者进行心理治疗是十分必要的。

（一）心理动力疗法

对抑郁的心理动力学治疗强调工作的重点是支持和再保证，通过减少患者的焦虑，使他们感到安全，获得支持、舒适和轻松来缓解症状。待患者情绪稳定后，再揭示其症状的根源。值得指出的是，心理动力学的以解决内心冲突为中心的心理治疗不是对每一个抑郁症患者都适用的。抑郁症患者的压力、负担和心理冲突，主要产生于抑郁体验。而进行心理动力学治疗可能加重抑郁症患者的负担，并可加重其罪恶感。特别是在无把握或患者有较大的自杀可能性时，这种治疗可能带来危险。

（二）人际关系疗法

人际关系疗法源于精神分析学派的 Sulivan 以及 Fromm 的相关疗法。人际治疗研究发现，抑郁发生与应激和社会生活事件相关，特别是人际交往丧失、缺乏社会支持、人际关系紧张和婚姻关系不良等因素，而抑郁的发作使人际关系进一步恶化。人际治疗的目标是通过帮助患者改善由于抑郁所引起的人际关系问题从而减轻抑郁症状。人际治疗着重解决四类问题：①患者由于亲人亡故或其他原因造成的人际交往中断而引起的情绪抑郁，这种悲痛如果持久（超过2～4周），影响患者的正常生活和工作，就应加以干预。人际治疗帮助患者采取适当的方式寄托哀思，重新建立新的人际交往，替代已丧失的人际关系，使其重新适应环境。②当患者与某人缺乏满意的关系，特别是对患者有重要意义的人际关系如婚姻、亲子、上下级、较亲密的朋友关系等失败时，人际治疗帮助患者确定矛盾焦点，矫正其适应不良的社交方式，重新评价和调整患者对他人的期望值，协调患者与他人之间的关系。③当个人情况变化，如上大学、参加工作、结婚、生子等，而不能适应角色改变时，需要帮助患者认识新的角色，进行必要的社交技能训练，指导患者积极适应环境，建立适当的人际交往，鼓励患者恢复自信。④社会关系缺乏或有社会隔离的抑郁患者，抑郁程度重且不易恢复，人际治疗帮助患者分析过去的成功经验，建立起正常的人际交往，并维持这种交往。

（三）认知治疗

认知治疗试图消除患者逻辑上的思维和错误，即认知治疗是通过认知和行为技术来改变患者的认知歪曲和思维上的习惯性错误，以达到治疗的效果。认知治疗强调此时此地的困扰，不讨论较远的起因。已有充分的证据表明其治疗效果不逊色于药物治疗。抑郁症患者常会歪曲自己对事件的解释，这样他们就会保持对自身、环境和将来的负性观点，这些歪曲的认知是偏离人们正常的思维逻辑的。例如当丈夫回家比平时晚时，患抑郁症的妇女会做出这样的结论——他一定是有婚外恋了。即使并没有其他证据支持这一结论，她仍然会这样想。这个例子就是所谓的武断推论，患者没有经过有效的证据的检验就做出了结论。其他的认知歪曲，包括全或无的想法、过度概括化、选择性概括和夸大等。

贝克提出，患者会习惯性地用一些消极的句子来描述自己，这些毁灭性的自动思维会维持抑郁症。认知疗法可以帮助人们确认这些自动思维。当患者学会确认这些自动思维后，认知治疗师就要和患者进行对话，以便找到有哪些证据支持、反对了这种想法。当抑郁症患者面临不幸事件时，他们倾向于将原因归咎于自己，即使他们本不该对此负责任。为了抵消这种不合理的自责，治疗师需要和患者一起重新对这些事件进行审视，从而对责任进行正确归因，这样做并不是为了消除患者的自责，而是为了让他看到除了自己的因素，还有很多因素会导致这个不幸事件发生。

认知治疗的最终目标是帮助患者重建认知，其中包括矫正患者对现实个人经历以及对前途做出预测的系统偏见，帮助患者澄清和矫正认知歪曲和功能失调性假设治疗过程中或纠正否定认知过程中应注意强化肯定性认知。具体而言，认知治疗的目标是改变抑郁性的想法，这些改变通过行为实验、逻辑辩论、证据的检验、问题解决、角色扮演、认知重建等途径得以实现。其中认知重建是用积极的、符合现实的认知替代那些消极的、与现实不相符合的认知，这是认知治疗最重要的方面。

（四）行为治疗

行为治疗注重增加强化刺激和改善社交技巧。依据消退理论，行为治疗通常聚焦于增加患者的强化刺激治疗的目标是让患者重新学会快乐。首先，鼓励患者去做一些有趣的事，比如吃一个冰激凌、读一个侦探故事；其次，帮他们制订活动计划表，当计划时间到时，无论喜欢或不喜欢，他们必须做一些事情。患者反复操练，坚持记录自己对这样的快乐旅行的反应。这样不仅可以增加患者与强化物的接触，而且可以训练其体验快乐。

对抑郁进行行为治疗的另一种重要措施是借助一种社交技能训练（Social Skillls Training）的技术来帮助患者，这些技术包括渐进的达成目标训练、决策训练、自我强化训练、社交技能训练以及放松训练等。治疗者通过这些训练直接教给患者一些基本的人际交往技能或其他应对技能。治疗时可以根据患者的不同问题，通过行为训练来达到治疗的目的。如治疗师可以示范怎样开始会谈，怎样保持目光接触，怎样做一个简短的交谈，怎样结束会谈。这些都是社会交往的核心问题。示范之后让患者通过角色扮演来练习这些技巧。

实际上，行为治疗师在运用这些行为治疗技术时往往是将上述方法结合起来运用的。例如行为治疗家 Lewinson 的治疗方案中包括心境和行为的自我监控，对应对技能、社交技能、时间管理等的训练，以此来达到降低不愉快的体验、增加快乐体验的目的。

（五）人本-存在治疗

人本和存在主义治疗家在治疗中尝试帮助抑郁的患者认识到，他们的情感痛苦是一种真实的反应。患者要学会不能通过过分地依赖他人来获得满足感，真实的生活是自己追求的目标。人本和存在主义治疗家力图引导患者发现实现个人生活目标是获得更好生活的理由，在治疗过程中，治疗者努力应用所提倡的心理治疗原则，通过共情、理解去倾听抑郁患者的心声。实际上，这种方法也被自杀热线的志愿者所使用，即不加评论，而仅仅是倾听。

（六）团体治疗

如果说心理治疗与药物治疗的结合是治疗抑郁障碍的一个主要趋势的话，那么团体心理治疗则是另一个治疗的主要趋势。与个别心理治疗相比，团体心理治疗的主要优点有两个：一是高效，一般的团体治疗能对8～12个患者同时进行治疗，因此治疗的效率较高；二是通过团体治疗可以激发和运用患者之间的积极的互动作用，同一种疾病甚至不同疾病的患者，他们具有许多相同的症状、病感、体验、相似的病程和治疗反应（包括服用药物的副作用），正所谓“同病相怜”。这些相同之处，可以成为患者之间互相交流、互相鼓励、互相启发的基础。通过团体治疗者的引导和治疗，可以促进这些互动向正性积极的方向发展，不再仅是同病相怜，而且是“同病相励”“同病相治”，从而提高治疗的效果以及患者对治疗的信心和依从性。

因为操作性比较强的特点，认知行为团体治疗常被运用于抑郁症患者。通过心理教育，帮助组员了解抑郁症的症状特点、发病率和复发率、治疗的过程和特点。通过集体讨论、小组互动、角色扮演、分组练习的方式，帮助组员识别自动思维，与负性自动思维辩论，相互帮助，相互督促，在日常生活中运用应对引起心境波动的负性自动思维，重建积极认知。

三、其他治疗

（一）无抽搐电休克治疗（Modified Electric Convulsive Treatment, MECT）

无抽搐电休克治疗源于传统的电休克治疗（Electric Convulsive Treatment, ECT），又称改良电痉挛治疗、无痉挛电痉挛治疗，该治疗是先适量使用肌肉松弛剂，然后用一定量的电流刺激大脑，达到无抽搐发作而治疗精神疾病目的的一种方法。用于急性重症躁狂和锂盐治疗无效时，可单独应用或合并药物应用。对严重的内源性抑郁疗效较好，对有严重自杀企图以及拒食拒饮处于木僵状态者可作首选。

（二）重复经颅磁刺激（repetitive Transcranial Magnetic Stimulate, rTMS）

重复经颅磁刺激在某一特定皮质部位给予重复经颅磁刺激的过程，它能更多地兴奋水平走向的连接神经细胞，产生兴奋性突触后电位总和，使皮质之间的兴奋抑制联系失去平衡。rTMS 不仅影响刺激局部和功能相关的远隔皮质功能，实现皮质功能重建而且产生的生物学效应在刺激停止后仍将持续一段时间，是重塑大脑皮质局部或整体神经网络功能的良好工具。在抑郁症治疗方面，常用的刺激脑区为左前额叶背外侧区和右前额叶背外侧区。研究发现，rTMS 高频率刺激左前额叶背外侧区或者低频率刺激右前额叶背外侧区，均可对抑郁症起到治疗效果。相比于传统电刺激治疗，rTMS 具有更容易实现颅脑深部刺激、人体不适感很小、与人体无接触、对人体的伤害小等优点。但国外也有患者接受 rTMS 治疗无效而接受 ECT 治疗有效的报道。

（三）睡眠剥夺

此法用于抑郁症的治疗是在近十几年。就时间上说，睡眠剥夺的起效最快，可在 24 小时内使抑郁症状戏剧般地减轻。许多人就此进行探索，使此法逐渐成为治疗抑郁症简便有效的方法之一。睡眠障碍在抑郁症患者中常见，有人发现有意让患者一夜不眠后，患者的抑郁症状明显减轻。有学者通过样本量约2000人的研究发现，有54%的人在被剥夺一夜睡眠后症状改善。而被诊断为内源性抑郁的患者67%有效，神经症性抑郁48%有效。对许多内源性抑郁症患者而言，白天的睡眠与情绪的改善有关，此类患者在早晨醒来时常伴有严重的抑郁症状，经过一个白天后症状逐渐减轻，到了晚上可从症状中相对解脱出来，这一变化与睡眠剥夺后症状减轻相似。一些研究表明，具有晨重夜轻的患者对睡眠剥夺疗法反应较好。

（四）光照治疗

光照治疗对于具有连续两年，每年均在秋末冬初发作，体内抗黑变激素昼夜节律紊乱（正常分泌是昼少夜多，冬天昼短夜长，故夜晚分泌更多而节律失调）为特征的季节性心理障碍有效。方法是将患者置于人工光源中，光强度为普通室光的200倍，每日增加光照2～3小时，共1～2周。

四、维持治疗和预防复发

抑郁症的复发率较高。研究指出，首次抑郁发作后约50%的患者不久后可能会出现再次发作，第二次发作会有75%复发，第三次100%复发。因此对抑郁症复发的预防是一个重要环节。若第一次发作且经药物治疗临床缓解的患者，药物维持治疗时间需6个月至1年；第二次发作维持治疗3～5年；第三次发作需长期维持治疗，甚至终身服药。但在临床实践中还应根据患者的病情严重度、工作及生活情况、服药的方便等综合考虑。其中病情严重程度是一个重要因素。如果抑郁发作伴有明显的自杀倾向，应考虑较长时间的维持治疗；如果两次发作间隔少于2.5年，也应考虑较长时间的维持治疗，如5年。维持治疗应尽量采用半衰期长、服用方便、不良反应较少的抗抑郁药。

心理治疗和社会支持对预防本病复发有非常重要的作用，应尽量予以考虑和实施。目标为解除或减轻患者过重的心理负担和压力，帮助患者解决生活和工作中的实际困难及问题，学习应对方法和措施，提高应对能力，为患者创造良好的环境。

第五节　案例

一、个案介绍

程明，男，22 岁，列兵，指导员建议其做心理咨询。该同志入伍后一直在外地培训，刚回到单位不到两个月。连队的同年兵都是在本单位进行新兵入伍训练的，下连前后都在一起，互相熟识，只有他一个人从外地训练回到连队，性格内向，极少和其他战友交流，体能素质较弱，各项训练成绩在班排垫底。班长反映该同志最近有两次极端行为，均被拦下。

二、主诉

来到这里不到两个月的时间里，不想与别人交流，自己觉得变内向了，自我封闭，羡慕别人能一起聊天，互相开玩笑。自诉近两个月以来，有过两次想要自杀的行为。一次夜里 11 点钟，想偷偷吃掉大量用来治头痛的布洛芬止痛片结束自己生命，被同宿舍战友发现拦下。另一次用小水果刀扎伤自己小腿，被班长发现制止（查看程明右小腿近踝部可见约 1 厘米长的浅疤痕）。夜间入睡困难，一般躺床上得一两个小时才能入睡，并且睡不踏实，每夜平均醒 4~5 次，醒来后过一段时间才能入睡。

三、成长经历

父母常年在外地工作，从初中开始，基本自己一人生活，另有一个姐姐，已结婚成家。家族里无精神类疾病史。

四、经历的重要事件

（1）从班长处得知，该同志在新兵连有两个月时间都在“泡病号”，不能参加训练。在新兵训练基地两个月才基本适应军营生活，来部队不到两个月的时间里，也总是说肩痛、头痛，不能正常参加训练，多次医院检查无阳性表现及诊断明确的疾病。班长观察其不合群，睡眠饮食可。欲吃大量止痛片时被发现，没有服下去。该同志主诉的刀割伤，是训练中的擦伤，为该同志夸大。

（2）该同志自己反映，和班里战友缺乏交流，心里特别愿意和他们在一起，但又觉得自己是新加入的，别的战友已经很熟悉了。自己的情绪大部分时间比较低落，与其他战友没法同步，不想和别人聊天，大家也觉得和自己合不上拍，关系越来越生疏，自己感到被孤立。

（3）该同志属于新兵中年龄较大的，入伍前有 4 年的工作经历，在小公司做财务工作，工作能胜任。自述与同事相处关系一般，平日一般独来独往，不大和别人打交道，对入伍前那份工作没有什么兴趣，平时自己也没有特别的爱好。

（4）该同志自诉自己的一名初中同学，在高中阶段因为学习压力大，跳楼自杀了。他认为这名同学太不值得，考不上大学也没什么打不了，为什么要结束自己的生命？

五、问题评估

程明来到新单位 2 个月出现抑郁的症状，表现为绝望，孤独，愉悦感和兴趣减退，内疚，悲观自责，想结束生命。有退缩行为，不愿和战友接触，出现头痛、肩痛，无法放松，食欲下降，入睡困难。SCL-90 测评结果抑郁因子 3.6 分，焦虑因子 3 分，人际关系因子 2.6 分，躯体化因子 2.8 分。SDS 显示重度抑郁。

六、咨询方法及设置

运用认知行为疗法。此疗法的基本假设是问题的产生并不由于外界事件引起，而是对这些事件的一些态度、看法、评价、信念等引起的，也就是认知引领了行为，产生了情绪。要帮助程明解决心理问题，而不是去改变外部的世界。可以通过重构合理的认知和态度，促使来访者情绪和行为的改变，同时让其能够接受采纳一种新的行为方式。经和程明商定后，咨询设置为：每周一次，每次 50 分钟。

（一）咨询目标

短期咨询目标是解决抑郁情绪和身体不适症状，使来访者能参加正常训练和工作。长期心理咨询目标是，使来访者对自己有合理的认知，增强其自信心，帮助他解决、改善不善社交、人际关系不良的问题，使其掌握人际交往技能，克服抑郁情况。

（二）咨询过程

（1）咨询初期（2 次咨询）：此阶段主要是收集资料、建立咨访关系、激发动机、建立治疗同盟。以接纳、共情、积极关注的态度与来访者工作，该来访者有领悟力，在初期建立了较好的互相信任的咨访关系。同时，从程明的班长和指导员处了解到程明的一些情况。程明体能弱，惧怕、逃避训练和自己无法融入班集体引发了其抑郁状态，用身体不适、情绪不佳、自伤行为支持自己不能胜任的行为，也回避和战友之间的交往。和程明协商制定以下治疗目标：①能去参加日常操课。②基础体能中 3 公里跑步达到合格标准。③在本班或本排能和 1~2 个同年兵战友交心聊天、做朋友。

（2）咨询中期（4 次咨询）：此阶段识别程明的困境是训练跟不上，当他想努力时，就会出现这样的自动思维："我年龄大，体质差，别人都开始训练半年了，我才开始，我再努力也跟不上他们。""我是新来的，不像他们已经相处半年了，我没能力，我很失败，他们看不起我，不会接纳我的。"程明是在这些负性自动思维指引下，出现的抑郁情绪，停止努力训练、逃避的行为反应，以及头痛、肩痛的生理反应，同时，产生负面的悲观的想法，感到绝望，出现自杀想法和行为。

咨询中不断和程明探讨：支持这些想法的证据是什么？反对这些想法的证据

是什么？有没有其他的解释和观点？按照程明的想法，最坏会发生什么？如果真的发生了，程明你如何去应付？最好的结果是什么？如果同班里有一个战友处在和你一样的情景里，程明你会对他说些什么？通过提问，探索他的深层的功能失调性假设是“我是无力承担的，我身体是虚弱的、是容易生病的，我是无能的”，这与其早年形成的潜在的认知结构有关。

和程明一起商量用行为检验一下“年龄大，体质差，努力训练也赶不上别的战友”的自动思维，去营里看一下比他年龄大的战友的训练考核成绩表，他们的成绩排在全营战友的什么位置。详细统计体能五项单项排名及综合排名，并请程明分析思考。和程明一起检验“我是新加入的，我不被战友们接纳”的自动思维。在本排里主动去和2～3名战友聊天，邀请他们一起完成任务，记录结果几次合作较好，几次被拒绝。

引导程明用0～100%尺度量表法评定情绪的强度和对自动性思维的相信程度。每周至少完成3次的思维记录。先写下事情发生的时间和内容，然后在事件发生时的情绪怎样，最后再中间写下如何看待和评价这件事。后期学会识别并改变观念。

建议程明体验和自己的身体不适感共处，不去试着消除这类头痛、肩痛，教程明呼吸放松法，当感到头痛肩痛时暗示自己，身体并没有严重的疾病，不管它、不关心它，继续做自己的事或者做呼吸放松10分钟，再觉察身体不适感对自己的影响力。

（3）咨询后期（2次咨询）：此阶段主要是咨询结束工作。巩固前期治疗效果，使来访者认知有这种“虽然我有不足和劣势，但我可以有能力，可以改变现状，可以实现自己发展道路”的变化。评估咨询效果，教会来访者在今后的训练工作和交友中遇到问题时如何理解和分析。

七、效果评估

（1）来访者自我评估：程明感觉经过两个多月的咨询，情绪状态改变很多，觉得自己有力量了，自信心增强了，与别人交往时有勇气了，心里想什么可以说出来，不再有别人都看不起自己的感觉了。找到了今后发展的方向，收获很大。

（2）来访者班长的评估：程明能正常参加操课，基础体能有进步，从刚来时的都不及格提升为 3 项合格、2 项良好。和班里一名上等兵同乡聊得来，互相信任，关系较亲密。

（3）咨询师的评估：来访者内省力较好，咨询过程比较顺利，效果也比较明显。咨询结束时，SCL-90 测评结果抑郁因子 1.6 分，焦虑因子 1.2 分，人际关系因子 1.4 分，躯体化因子 1.8 分，测评结果正常。

参考文献

［1］钱铭怡. 变态心理学［M］. 北京：北京大学出版社，2015：135-171.

［2］王建平，张宁，王玉龙. 变态心理学［M］. 2 版. 北京：中国人民大学出版社，2013：164-183.

［3］刘新民，杨甫德［M］. 2 版. 北京：人民卫生出版社，2018：149-161.

［4］杜布森. 认知行为治疗手册［M］. 李占江，译. 北京：人民卫生出版社，2015.

［5］郑日昌，江光荣，伍新春. 当代心理咨询与治疗体系［M］. 北京：高等教育出版社，2006.

［6］王长虹，丛中，临床心理治疗学［M］. 北京：人民军医出版社，2004.

［7］全国卫生专业技术资格考试用书编写专家委员会. 心理治疗学［M］. 北京：人民卫生出版社，2017.

第七章 强迫障碍

强迫障碍，即强迫症，是现代社会很常见的一类神经症。第一例强迫症病例是 1838 年由法国精神病学家 Esquiro 提出的，Esquiro 称之为怀疑病，并将其划为单狂（Monomania），因为那时以妄想为唯一症状的疾病被称为单狂，可见此时的强迫观念与妄想尚未明确区分。1861 年，Morel 描述了类似的病例并称之为情绪妄想，1866 年命名为强迫症（Obsession）。如今，在 ICD-11 精神、行为或神经发育障碍中，强迫性障碍（Obsessive-Compulsive Disorder，OCD）属于强迫性或相关障碍，编码 6B20。

第一节　强迫障碍概述

强迫症以强迫症状为主要临床表现，是一种以反复持久出现的强迫观念（Obsession）或者强迫行为（Compulsion）为基本特征的神经症性障碍。其特点是有意识的自我强迫和反强迫并存，二者尖锐冲突使患者焦虑和痛苦，患者体验到观念或冲动系来源于自我，但违反自己意愿，虽极力抵抗，但无法控制。患者意识到强迫症状的异常性，但无法摆脱。患者的人格特点包括内向、胆小、认真、优柔寡断、严肃、刻板等。男女患病率相同，多童年或成年早期起病，就诊晚于发病 10 年以上。我国终生患病率 2.4%，病程迁延者能以仪式动作为主而精神痛苦减轻，但社会功能严重受损。强迫症的发病原因复杂，与生物、心理、社会因素都有关系。

一、遗传

家系调查表明，强迫症患者的一级亲属中焦虑障碍发病风险明显高于对照组，患者父母中约5%~7%的人患有强迫症，不过患强迫症的风险并不高于对照组。把患者一级亲属中有强迫症状但未达到强迫症诊断标准的人包括在内，则患者组父母的强迫症状发生（15.6%）明显高于对照组父母（2.9%）。家系研究发现，强迫症亲属中焦虑或恐惧相关性障碍、人格障碍或人格困难中突出的强迫性特征、Tourette综合征等明显高于正常对照组，单卵双生子中的同病率高于双卵双生子，均提示强迫行为可能具有遗传性。

二、生化

下列证据提示5-羟色胺（5-HT）能系统可能与强迫症发病有关：

（1）氯丙咪嗪与选择性5-HT（SSRIs）等具有5-HT再摄取阻滞作用的药物，对强迫症有效。而缺乏5-羟色胺再摄取阻滞作用的其他三环类抗抑郁药（如阿米替林、丙咪嗪等）疗效不佳。

（2）采用PET发现，患者脑内5-HT递质释放减少，而用增高脑内5-HT能神经活动的药物如SSRIs和升高脑内5-HT的药物都可有效减弱和消除强迫症状。强迫症状减轻常伴有血小板5-HT含量和5-HT的代谢产物高于正常对照组。氯丙咪嗪治疗能降低脑脊液5-羟吲哚乙酸（5-HIAA）浓度。但是，5-HT能低下并不能完全解释强迫症的发生机制，因为仍有40%左右的强迫症患者用SSRIs无效，即使是加用拟5-HT能药物（例如锂盐、丁螺环酮、芬氟拉明或色氨酸）有时也难以获效。已知拟多巴胺（DA）药苯丙胺和可卡因能引起强迫症状，而DA阻滞药氟哌啶醇能加强SSRIs的抗强迫效应，故推测强迫症患者与DA能亢进相关联。但是，单用DA受体阻滞剂对强迫症的核心症状无效，提示在强迫症的发生机制中，5-HT能低下比DA能升高更重要。

（3）治疗前血小板5-HT和脑脊液中5-HIAA基础水平较高的患者用氯丙咪嗪疗效较好。

（4）强迫症患者应用选择性5-HT激动剂甲基氯苯吡嗪，可使强迫症状暂时加剧。

（5）另有研究发现，强迫症患者有25%～40%地塞米松抑制试验阳性，有的患者多导睡眠图显示眼快动睡眠潜伏期缩短，有的静注可乐定后生长激素反应迟钝，这些生物学标记提示强迫症可能与抑郁障碍有关。不过5-HT与强迫症的因果关系尚未最后证实，有些学者指出，药物阻断5-HT再摄取是纠正了其他神经生化系统的异常，而后者才是真正引起强迫症的原因。

（6）内分泌改变。有学者发现强迫症患者的血清催乳素增高，且女性明显。强迫症患者可有血皮质醇改变，但多数地塞米松抑制试验无脱抑制现象存在。

三、解剖

下列证据提示强迫症可能与基底节功能失调有关，基底节损害的疾病可伴发强迫症状，例如秽语多动症与基底节功能障碍密切相关，其中15%～18%的患者有强迫症状；脑外伤、风湿性舞蹈病等损及基底节的疾病可有强迫症状；脑CT检查可见到有些强迫症患者双侧尾状核体积缩小；切断额叶与纹状体的联系纤维，治疗强迫症有效。此外，PET、MRI等影像学证据表明，尾状核代谢功能亢进，且与强迫症状严重程度呈正相关，药物治疗后，在强迫症状缓解的同时，尾状核代谢功能亢进现象也随之消失。基底节5-HT含量较高，应用SSRIs治疗强迫症有效，也间接说明强迫症与基底节功能异常可能有关。

四、生理

巴甫洛夫学派认为，强迫症是在强烈情感体验下，大脑皮层兴奋或抑制过程过度紧张或相互冲突，形成孤立病理惰性兴奋灶，因条件联系的形成，使强迫症状固定并持续存在。而强迫性对立思维与超反常相有关。心理生理学说认为强迫症发病是在遗传和强迫型人格基础上，由于应激引发尾核5-HT变化所致，从而形成了脑内5-HT能神经元活动减弱说。

五、心理

（1）强迫症与强迫型人格有密切关系。强迫型人格的核心特征是缺乏自信和完美主义，他们对自己要求严格、追求完美、胆小怕事、谨小慎微、一丝不苟、优柔、寡严断肃古板、做事按部就班、循规蹈矩、注意细节、酷清爱洁。有强迫型人格的个体在心理压力或生活事件应激下易发展为强迫症。有学者认为，强迫症是强迫型人格的进一步发展，约有2/3的强迫症患者在发病之前存在强迫型人格。这种强迫型人格的形成也与遗传、家庭教育和社会环境有关。此外，童年期的创伤性经历、父母过于严厉的教育方式、功能失调的信念往往影响强迫症的发生。

（2）弗洛伊德认为强迫症的发生与肛欲期发展受阻有关，所以他把强迫型人格称为肛门人格，特征为爱整洁、吝啬和顽固。弗洛伊德学派的心理动力学理论，假定强迫型人格特性与强迫症明显的强迫动作或思维的症状之间存在一个连续谱，把强迫症视为强迫型人格的进一步病理性发展，由于防御机制不能妥善处理强迫型人格形成的焦虑，于是产生强迫症状。强迫症状形成的心理机制包括固着、退化、孤立、反映形成等。

（3）行为治疗学派的学习理论认为，强迫症的产生分两个阶段：患者将焦虑与某一特定的心理事件联系起来；患者做出一些仪式行为来缓解焦虑。如果这个动作进行起来，又加强了仪式动作的重复，由此循环强迫动作便产生了。某些思维或想象也可能与缓解焦虑有关，却最后导致了认知上的强迫观念。

行为主义学派则以两阶段学习理论解释强迫症状发生和持续的机制。在第一阶段，通过经典的条件反射，由某种特殊情景引起焦虑。为了减轻焦虑，患者产生回避反应，表现为强迫性仪式动作。如果借助仪式动作或回避反应可使焦虑减轻，则在第二阶段通过操作性条件反射，使这类强迫行为得以重复出现。中性刺激（如语言、文字、表象和思想）与初始刺激伴随出现，则可进一步形成较高一级条件反射，使焦虑泛化。不过，强迫症的流行病学研究表明，强迫症患者不必有强迫症人格特征，而具有强迫人格特点的人更易于产生抑郁和偏执，多于发展成强迫症。强迫症和强迫型人格的基本区别是强迫症的症状是自我不协调性的，而后者是自我协调性的。

（4）认知学派认为人们经常有重复出现的想法是正常的，如人们经常思考一个问题，反复思考以求全面和细致。但如果一个人有不合理的信念，对己对物存在完美主义和过高的责任感要求，在思维方法上又有绝对化、片面性、夸大危险的想象等，则反复思考偏于负性的评价，使重复想法添加了情绪色彩，感到威胁和可能伤害自己而产生焦虑。患者为了避免威胁和伤害自己，采取反强迫回避，于是患者觉得有必要采取象征性的中和行为以缓解自身焦虑，这类行为被操作性条件反射强化，形成了持久的强迫症状。如此恶性循环形成了强迫症患者强迫和反强迫自我搏斗的核心症状：强迫思维、强迫观念→焦虑→减轻焦虑的象征性中和行为及精神仪式→强迫思维、强迫观念。

（5）强迫症的发生也与社会因素有关。各种各样的生活事件、心理应激常是发病和症状加重的诱因。询问患者病史常可发现强迫症状与工作紧张、人际关系紧张、家庭不和、夫妻生活不协调、亲人死亡和意外事故等有关。

第二节　强迫障碍的临床表现

强迫症的基本症状是强迫观念、强迫行为，可以一种为主，或几种并存。强迫思维或强迫观念定义为反复和持续的思想、表象、冲动或渴望，这些思维是侵入性的、不必要的，且通常与焦虑相关。强迫行为既包括反复的行为，也包括重复的精神运动。强迫行为是对强迫思维的中和反应，目的是遵守一种严苛的规则或获得一种完整感。

一、强迫观念

常见有强迫怀疑、强迫联想、强迫性穷思竭虑、强迫回忆、强迫意向等。

（一）强迫怀疑

强迫怀疑是指患者对自己言行的正确性反复产生怀疑，明知毫无必要，但难以摆脱。如寄信时怀疑是否已经签名，丢进信筒后又怀疑是否写错住址等。

（二）强迫联想

强迫联想是指见到一句话或一个词，或脑海中出现一个观念，便不由自主联想起另一个观念或词句。如联想的观念或词句与原来意义相反，则称强迫性对立观念。

（三）强迫性穷思竭虑

强迫性穷思竭虑是指对日常生活中的一些事情或自然现象，反复思索，刨根问底，明知缺乏现实意义毫无必要，但不能控制。如反复思考树叶为什么是绿色的，1+1为什么等于2等。

（四）强迫回忆

强迫回忆是指患者对经历过的事件，不由自主地在脑海中反复呈现，无法摆脱，感到苦恼。如果这种回忆达到表象程度，称为强迫表象。

（五）强迫意向

强迫意向是反复体验到想要做某种违背自己意愿的动作或行为的强烈内心冲动。知道没有必要，努力控制自己不做，但难以摆脱这种冲动，也称为强迫性害怕丧失自控能力。

二、强迫行为

常是强迫思想导致的不由自主的顺应性行为，企图由此减轻强迫思想引起的焦虑。临床常见：反复洗涤，强迫检查，强迫询问，强迫性仪式动作。如仪式动作或行为导致行动缓慢，称为强迫性迟缓。例如反复看书的第一行，不能继续往下阅读。

三、自知力

患者对强迫症状有一定的自知力，知道这类思维或行为是不合理的或不必要的，试图控制又未能成功。

四、症状特点

强迫症状应具备的特点为：必须被看作是患者自己的思维或冲动；必须至少有一种思想或动作仍在被患者徒劳地加以抵制；实施动作的想法本身令人不快；强迫的思想或冲动必须令人不快地一再出现。精神分裂症、Tourette 综合征、与分类于他处的障碍或疾病相关的继发性精神或行为综合征的强迫症状应视为这些障碍的一部分。以强迫思维或穷思竭虑为主的患者可表现为观念、心理表象或行为的冲动。内容虽有变异，但总是令患者痛苦。强迫性穷思竭虑与抑郁的关系尤为密切，只有在没有抑郁障碍时出现或继续存在穷思竭虑，才可诊断为强迫症。大多数强迫动作涉及清洗（特别是洗手），反复检查以防范潜在的危险情境、保持有序和整洁。常有害怕的心情，如害怕自己遇到危险或害怕由自己引起危险。

五、人格特征

较多具有强迫型人格特征，表现为墨守成规、优柔寡断、过分仔细、苛求完美、力求准确。但亦有 16%～36%的患者没有强迫型人格。

六、病程与预后

强迫症多在青少年或成年早期无明显原因缓慢起病，病程迁延，症状可因某些应激因素而加重。症状随时间而波动，如果缺乏适当治疗，很少自发缓解。常有中度到重度的社会功能损害，生活质量降低，患者很少能建立和保持正常人际关系，而且苦于学习和职业功能受到干扰。约 15%的患者表现为职业和社会功能逐渐恶化。一般而言，一年后约2/3的患者症状缓解，病程超过一年者，病情往往波动不已。对症状极重而住院治疗者随访发现，在13～20年后有3/4患者无变化。预后不佳的主要影响因素是：症状严重；病前人格有严重缺损；存在持续的心理社会应激。

强迫症患者常常认为自己的症状是独一无二的，世上只有自己是如此痛苦。下面详细列举一些案例，让他们知道世界上还有许许多多和自己同类的人。仅此一点，就可让很多人取得心理上的共鸣，减轻对症状的焦虑。随后介绍森田疗法的理论和运用技巧，并列举许多成功走出强迫症患者的案例，为身处苦难中的朋友树立榜样，增强走出强迫泥潭的信心。

□ 案例

一个在强迫症中挣扎的大学生

我最早出现的强迫症状是强迫性对立思维，关于救人还是不救人的穷思竭虑是我想象的产物，而现实中一些微不足道的事件更触动我那根敏感的神经。譬如，洗澡用肥皂还是香皂，竟成为我绞尽脑汁思考的问题。香皂太贵，据说肥皂碱性太大对皮肤有损。我反复衡量比较用肥皂和香皂的利弊得失，犹豫不决，结果不管实际用的是肥皂还是香皂，都令我后悔、忧虑。这就像布利丹的驴子，因位于两堆草中间，不知该吃哪一堆而活活饿死。我的心力倾注在这类毫无意义的事情上，苦恼的程度正常人是难以想象的。一封信放入信封，我会用过量的胶水粘牢封口和邮票，因为我总担心在旅途中封口可能裂开，邮票可能脱落。检查了一遍又一遍，确定没问题后投进邮箱，很快就产生怀疑，又不能取出来再检查一遍，心里就焦虑不安，耿耿数日。信半路遗失怎么办？信的内容被人看见了怎么办？要不要再补写一封？……朋友，难以言表的苦恼犹如钝刀割颈，虽无剧痛却压迫得我难以喘息，我恨不能用一把利剑直接穿透心房，那才叫痛快呢。你知道吗，这就是我大学生活的主要内容啊！后来又毫无理由地感到浑身别扭，动不动就整整衣领、抻抻衣角、扑打扑打肩膀和裤腿，总觉得身上哪个地方不板正或有污迹，我必须反复检查和拂拭。有段时期，我的注意力集中在左裤腿，看了又看，也没发现任何问题，可就感觉不得劲，控制不住地看看摸摸，抬起腿，低头审视，仔细研究，又不得不在人面前加以掩饰，结果弄得左腿像灌了铅般沉重，走路都有点滑稽。对于桌上的物品也觉得摆得不是地方，拿起来换个位置，又觉不合适，换来换去，意乱心烦。我的字写得不好，便开始练字，想不到字又成了我的强迫对象之一。我一边写一边检查，往往一个字写了涂，涂了写，达数十遍，越写越别扭，注意力就全集中在这个字上了。平时尚无大碍，上课时就乱了套，因为一直与字较劲，以至于根本没法听讲，连笔记也记不成。

正因为我明明知道这些重复行为不合理、毫无必要，而且又怕被人发现，所以才去拼命克制，但是越克制就越重复，越重复就越痛苦。这种痛苦常人难以理解，我只能默默地独自承受，这几乎要了我的命。能说出来的痛苦算不了什么，无言的痛才是锥心刺骨的痛啊！

□ 案例

一位穷思竭虑的女士

我是一位被精神问题困扰了好多年的女士。以前挖空心思也要把我所见到的人的样子和名字回忆起来，如果想不起来，就像背负了一块大石头，心情极差，还想哭，脑子有时都要想空掉了。后来写日记终于缓解了这种压力。从 2004 年开始，我有了问问题的习惯，每一个问题我都要搞清楚，而且要问得很明白，有的问题是很复杂的，别人根本不愿意回答。那时我的头脑里像一团乱麻，而且又昏又痛，连夜里做梦都在想着这个问题为什么会是这样的，心情很差，经常什么事情都不想做，就静坐在那里考虑所有的可能性，有时头脑都要裂开了，却始终觉得不合适、不对。我多么希望能知道出现这样问题的原因啊，别人毕竟不全理解，所以你要想好方法去问，不让别人厌烦，可是问题太多太琐碎，他们都会躲着你，就像避瘟疫一样，我真的太痛苦了。我也想控制，可是越害怕，问题就会越多。我现在生活在极其恐惧的心理状态下，怕有问题，怕得不到解决，怕别人觉得我是神经病而不愿意回答我。我好难受，因为这样不仅影响到我自己还影响到别人，使我都不能正常工作了。

可是别人无法顺应自己，在工作和生活中会遇到各种各样细小的问题，而且有些根本与我无关，一次两次别人会回答你，但是总会有厌烦的时候，这样别人会时刻有意躲避你，而我这时反而会盯上他似的，注意力会集中在他一个人身上，会发现更多的问题，有时会越问心里越紧张，恨不得这时把关于他的问题都问清楚了然后离开他，听不到他的声音，看不到他所做的，心里就会很恐惧。还有，有时和别人说完话，开始没什么，后来回家了却发现了问题，很想问他，但是我又担心别人记不住了，又担心我问出来的话让别人觉得很滑稽，根本不想说。这时我就要研究怎样表达最清楚而且不会让别人觉得奇怪，挖空心思，有的问题自己心里明白是怎么回事可又难以表达。一个小问题能引发很多问题出来，最基本的东西，也要他亲口说出来，抠得太细了，每一个细节都不放过，我真的好累。以前的好朋友现在一个个都和我越来越疏远了，我不仅伤害了自己还伤害了我的老公。每次我问问题的挫败感都会发泄到他身上，还让他帮我去问问题，有时是我不好意思问的话。他是一个很要面子的人，但是没办法，他只能委曲求全。我知道这样做很自私，可是我真的没有办法了。自己每天躲在家里，不敢与别人多讲话，我知道只要一讲话百分之百会出问题。咨询了好多医生，他们说要吃四个月的药，还要做心理辅导，需 300～400 元/小时，我现在连工作都没了，根本负担不起。我该怎么办？每天一起来就是无尽的惆怅和痛苦，请告诉我该怎么做？我在这个社会是多余的吗？没有一点社会价值吗？我也一直寻找解决的办法，可是无论用什么方法，那个没弄明白的事情或问题，就像一个吸盘一样吸在我的脑子里，实在难受就苦思这个问题的种种可能性，但又对不上号或觉得不太像这个原因，脑子都想空了，我的头就像炸开了一样，真的好痛苦。到现在我没发现其他任何一个人症状像我这样的，而且我这样的症状还会影响别人，要别人的支持才能解决，这也是我的很大的困扰。兄弟姐妹们，请你们帮我出出主意好吗？

□ 案例

一个强迫性疑病症患者

我今年 28 岁，男性，已婚。提起这病的历史有将近 3 年了。我得病的经过是这样的：那年的一晚，我家的亲戚突发心梗，接到电话后我们就过去了，整整忙了一宿，结果放了 4 个支架，人还是没能留住，我很伤心，这时我感觉人平时看着挺好、挺强的，说去世就去世了，人太脆弱了。于是我开始害怕死亡，总是怕自己得要命的病，这痛那痛我都会嘀咕很久，不久我开始不能接受例如“心梗”“死亡”这类的字或话，听到或看到后，我全身就开始出虚汗，全身无力，难受得要命，不敢独自在家，不敢独自上街，不敢独自睡觉，总是害怕我出现意外没有人能救我。家人已经被我折腾烦了。我尝试了各种方法来改变身体不适的感觉，没有什么效果，一年后我开始尝试独自在家，独自上街，独自开车、工作，用做事情的方式来消耗我大部分的时间，在忙的时候我什么感觉也没有，可是只要一闲下来，不适的感觉就会出现，我痛苦至极。我的睡眠质量还可以，偶尔会失眠，基本躺下后过一小会儿就能睡着并一直睡到天亮，可是整夜会做很多梦，早上起来总感觉跟没睡觉一样，没精神，全身感觉软绵绵的，到了上午 10 点左右开始哈欠连天，别人都以为我昨晚没睡觉，可是到了晚上还特别精神。3 年了，一直这样，身体不适的感觉有头晕、胸闷、气短、心悸、胸前偶尔会痛，还经常感觉全身无力。这 3 年为了消除这些症状我不知道去了多少次医院，做了无数的检查，全都正常，也看了中医，喝了不到一年的中药，什么效果也没有。现在的我相比原来好了很多，我能忍着身体的不适去工作，基本不会耽误事情，也不用天天待在家里，这样的身体不适我感觉我都有点习惯了。但是我想彻底地改变，我想完全恢复正常，不要这样不适的感觉。就是现在，我胸前痛时还是会往坏处想。唉！是不是我都习惯成自然了。

我看过心理医生，我的亲戚就是心理医生，他说不能给亲戚做心理辅导，这是他们的职业规范，就是简单给我说说，教给我一些方法，我都在尝试做，但效果不明显。

最近可能是因为工作不忙，闲暇的时间较多，我感觉我又开始焦虑了。主要是焦虑身体状况，我每天都感觉身体不舒服，从头到脚没有一处好受的地方，就是这样我开始担心我会不会得病，从而开始想了下去……

例如，头痛，我想我会不会要得脑卒中，我开始留意自己的手脚有没有麻木的症状。最近老是感觉腹胀，吃点东西就胀得要命，我想我会不会内脏长了瘤子，我开始天天摸自己肚子看看有没有硬的地方。小便总是发黄，腰还总酸，我开始怀疑我会不会是肾脏有问题，我开始每天摸腰的两侧看看有没有异物感，开始留意我的四肢看看会不会水肿。我经常摸自己的脉搏看看心跳状况，有没有停搏和房颤，诸如此类的我每天都在想着。我控制不了自己的想法，一旦有难受的地方我就会非常关注那个地方，我摆脱不了，我到底该怎么办！我每天早上起来，头都是晕晕的，身体轻飘飘的，不知道什么时候胸口就会痛一下，总是感觉特别疲惫，也没有什么精神，随便干点活就会觉得很累，上六楼也会感觉累。不知道什么时候身体还会特别难受，在难受的时候血压也有变化，已经开始影响我的工作了，有时开车的时候会出现这种情况，我真的很害怕。我的思维无法摆脱这种感觉，一出现这样的感觉我就会想到我会不会死掉，想到死我就会很害怕，一害怕这种难受的感觉就会加深。我每天都在怀疑自己是不是得了不治之症，会不会在不久的一天突然死掉，如果我死了，我的父母、我的孩子、我的老婆该怎么办，想到这些我就更加害怕，也就更加难受！这个病我得了 3 年了，在第一年的时候最严重，第二年好了很多，这是第三年了。半年前我还觉得我好了，从今年 9 月开始到现在我感觉又加重了，我实在是不知道该怎么办了。这个病已经让我白白浪费了 3 年的时间，这 3 年我几乎没怎么给家里挣钱，还经常乱花钱看病（哪里痛就看哪里，总怕长瘤子），我家人已经被我折腾烦了，已经没有人再愿意听我说这些难受的事情了。请大家帮帮我吧！

□ 案例

一个强迫症患者的自我拯救

不知哪位心理学家曾说过："一切的成就，一切的财富，都源于健康的心理。"的确，在现实生活中，人或多或少都存在着心理问题。而我，才 19 岁却有 6 年的心理疾病史。但值得庆幸的是，通过自己的不断努力我终于摆脱了束缚心灵的那层阴影。

记得 13 岁那年，我刚刚上初一，发现邻家的男孩（比我大 4 岁）好像总在关注我似的，在上学、放学时，我们总是不期而遇，偶尔他也会冲着我笑笑，这使本来就内向的我更加敏感起来，心里怦怦直跳，一个念头飞快闪过：莫非他喜欢我？所以我也开始注意起他来。慢慢地，我陷入一种感觉中，有时会感觉到他就在我身边看着我，对着我笑。刚开始这种意念只是偶尔出现，直到有一天他到我们班来借东西，我认为那是他找借口来接触我的。在那之后，即使在课堂上，他的样子也会在我脑中不断闪现，回到家里，我都会想起隔壁有个他，甚至当我想专心背书、写作业时，他依然会不时出现在我的脑海中。其实我很明白，自己并不喜欢他，但我越想忘记他就越是忘不掉。我的内心痛苦极了，可我又能说给谁听呢？我想过很多方法把他忘掉，如参加很多种体育项目，做复杂的习题，玩激烈的游戏……为的是让自己没有时间去想他。但是所有的办法都失败了，不论我做什么，心底似乎都有一个声音，这声音告诉我要去想他，不想不行。这种意念控制着我，让我不论做什么事情时，总是有他这个人占据着我思维的空间。不久，他搬到一个很远的城市去了。那时，我真是很开心，觉得终于可以压住自己心中盘据已久的意念了，他终于离我远去了……

然后，就在我已逐渐忘掉他时，又有了这样一个意念：一个"他"走了，一定会出现另外一个"他"。果然在这种不自觉的情况下，"他"转换成了我的男物理老师，然后又开始了那种无止境的痛苦。那几年，我的成绩再也没有上过 80 分。同学的冷眼、父母的责骂、老师的批语都让我觉得这世界已没有什么值得留恋的了。外表看似正常，可谁又知道我心中的苦楚呢？我也曾想到以自杀解决我的问题，可我又不敢。恰在这时，我随着父母从寒冷的北方搬到了南方，这郁积在我心中的结终于又一次离我远去了。

新的环境、新的事物、新的生活让我没有那么多的精力去回忆那痛苦的过去。有一次上课交作业，原以为能全部正确的我把一道很简单的题目做错了。我不相信，我记得很清楚我检查过好几遍呢！从那以后，我对作业检查得特别仔细，有时检查完了放进书包后又拿出来一遍又一遍地检查，甚至已经躺在床上睡觉了，突然想到，又爬起来再检查，直到确信完全正确为止。这种不断重复的枯燥无味的机械动作，我自己也知道是不必要的，但可笑的是，我就是控制不住自己，好像冥冥中有个人让我这么干似的，否则我就别想继续做其他事情。从反复地检查作业到反复地洗手、走路，反复地数电线杆，反复地上楼检查门窗是否关好……这种反常举动我不敢明显地表现出来，但别人似乎已经觉察到了，就问我："你做什么？"我只好笑笑。可这种永无止境的重复动作，我不做又受不了，我想克制自己又做不到。过去的痛苦又回来了。

那年我 17 岁，正在读师范学校，听说很多医院里都开设心理咨询科，能矫正许多心理疾病，我就像找到了救命稻草。

第一次去看心理科，当时患者很多。轮到我时，我就把事先准备好的纸条递给医生，上面写着我不正常的行为举动。我问："可以开些药吗？"医生看完我的纸条后告诉我："你得了强迫症，很多人都有，只是你的程度稍重一些，经过心理治疗就会好，不必吃药。"末了，他给我介绍了两本书，让我好好看看，还送给我一句话："顺其自然地做你要做的事情，就带着这些你认为不正常的意念去做你要做的事情。"医生和蔼的态度让我打消了重重顾虑，他让我有困难再去找他。当时，一种温暖的感觉涌上我心头：还有人会帮助我、鼓励我。回去后我找到了那两本书，从中我找到了答案，也试着用"森田疗法"进行自我矫正。我老老实实接受自己的症状，再也不试图用任何方法去抵制这些意念，就让它存在，而且带着它从事正常的工作和学习，因为对它抵制、反抗或回避都是徒劳的，反而会使那些意念更强烈，而对它不加排斥和压抑，抱着一种"有，就让它有去"的态度，这些意念反而会淡化。就这样，经过一段时间"顺其自然"的过程，在不知不觉中我得到了自信的体验，而原有的反复动作也少了许多。我为自己的进步感到骄傲，在精神上我得到了安慰。

而今，我已参加工作了，在工作中，偶然我还会出现一些强迫性的意念，但这比两年前已经好多了。我第一次体验到拯救自己的快乐与自信。

第三节　强迫障碍的诊断与治疗原则

一、诊断的基本原则

强迫症在 ICD-11 中的编码为 6B20，表现为持续性的强迫观念和/或强迫行为。而强迫思维或行为必须是耗时的（每天耗费时间大于 1 小时），或在个人、家庭、社会、教育、职业或其他重要功能领域造成重大痛苦或严重损害。

二、治疗的基本原则

以足量足疗程药物治疗结合心理治疗效果较好。

（1）药物治疗以具有 5-HT 再摄取阻滞作用的氯丙咪嗪和 SSRIs 等疗效较好，一线药物包括氯米帕明、氟西汀、氟伏沙明、帕罗西汀、舍曲林。焦虑明显者可并用 BZ 类如氯硝西泮。

（2）心理治疗以支持性心理治疗、行为疗法较常用，包括认知行为疗法、精神分析疗法、森田疗法、厌恶疗法、家庭疗法、催眠治疗。

（3）少数患者可做精神外科手术，指征为：症状严重、药物与心理治疗失败、自愿。

三、强迫症的治疗

（一）心理治疗

有多种心理治疗方法对强迫症有效。认知疗法通过与患者一同探讨一系列与发病原因相关的问题，包括人格特征、家庭互动模式、童年有无心理创伤等，使其对自己的病因有全新的认识。同时，帮助患者找出歪曲观念和失常的认知模式，通过改变认知达到改变情绪、行为的目的。对于有明显仪式性强迫行为的患者，反应阻止和暴露疗法结合的行为疗法疗效较好。高度结构化的心理治疗效果可能优于药物治疗。森田疗法目前公认为治疗强迫症效果显著。

（1）认知-行为治疗是对强迫症治疗最有效的心理治疗方法。行为治疗主要运用两种方法，即暴露和反应预防。暴露是逐步的，与系统性脱敏相似，或者是更快捷的满灌法，逐渐延长患者在引起焦虑环境中停留的时间（如肮脏），直到患者不再对其敏感。暴露疗法用于缓解患者在害怕环境中的焦虑反应，而反应预防主要是让患者面对恐怖环境不做出强迫性反应。例如对于强迫怀疑的患者，教其学会停止反复思考出门是否锁门等问题。

（2）森田疗法。森田疗法传入中国将近30多年，在广大精神科、心理医生，尤其是广大患者的运用实践中，森田疗法得到了新的发展，已经被公认是治疗强迫症比较有效的方法，对强迫症治疗有效。施旺红教授主编，第四军医大学出版社出版的《强迫症的森田疗法》详细描述了强迫症的发病机制及运用森田疗法如何进行咨询治疗及自我调节的具体技巧，书中有大量案例值得参考。

（二）药物治疗

三环类氯丙咪嗪的有效率约为50%～80%，当前主要使用选择性5-HT再摄取抑制剂（SSRIs），如帕罗西汀等；还有5-HT和去甲肾上腺素再摄取抑制剂（SNRI），如文拉法新；对伴有明显焦虑和失眠者可合并使用苯二氮䓬类药物。将药物治疗与心理治疗结合起来，可以取长补短。

（1）氯丙咪嗪治疗量平均每日150～250 mg，必要时可予静脉滴注，剂量为口服用量一半左右。该药比较有效且价格便宜，但其抗胆碱能和抗肾上腺素能副作用限制了临床应用。另外，氯丙咪嗪过量有毒性作用，不宜用于有自杀危险的患者。故SSRIs成了治疗强迫症的主导药物。必要时可加用拟5-HT药物（例如锂盐、丁螺环酮、芬氟拉明或色氨酸），或者抗精神病药氟哌啶醇或利培酮，以提高疗效。

（2）强迫症需要较长的治疗时间，一般需应用治疗剂量治疗10～12周。

（3）严重病例或难治病例，约40%患者对SSRIs治疗反应欠佳可考虑其他治疗方法，如静注氯丙咪嗪或转神经外科治疗。

（4）同时有抽动症状的强迫症患者，可用SSRIs氟哌啶醇或利培酮治疗。

参考文献

［1］杨群，施旺红，刘旭峰. 临床心理学［M］. 2版. 西安：第四军医大学出版社，2018.

［2］世界卫生组织. 国际疾病分类（第11版）. 2018.

［3］Dougherty D D，Brennan B P，Stewart S E，et al. Neuroscientifically Informed Formulation and Treatment Planning for Patients With Obsessive-Compulsive Disorder：A Review［J］. JAMA Psychiatry，2018,75（10）：1081-1087.

[4] Pauls D L，Abramovitch A，Rauch S L，et al. Obsessive-compulsive disorder：an integrative genetic and neurobiological perspective [J]. Nat Rev Neurosci，2014,15 (6)：410-424.

[5] 陆林. 沈渔邨精神病学 [M]. 6版. 北京：人民卫生出版社，2018.

[6] Huang Y，Wang Y，Wang H，et al. Prevalence of mental disorders in China：a cross-sectional epidemiological study [J]. Lancet Psychiatry，2019,6 (3)：211-224.

[7] Kessler R C，Berglund P，Demler O，et al. Lifetime prevalence and age-of-onset distributions of DSM-Ⅳ disorders in the National Comorbidity Survey Replication [J]. Arch Gen Psychiatry，2005,62 (6)：593-602.

[8] 刘新民，杨甫德. 变态心理学 [M]. 3版. 北京：人民卫生出版社，2018.

[9] 肖茜，张道龙. ICD-11与DSM-5关于强迫及相关障碍诊断标准的异同 [J]. 四川精神卫生，2020,33 (3)：277-281.

[10] Simpson H B，Reddy Y C. Obsessive-compulsive disorder for ICD-11：proposed changes to the diagnostic guidelines and specifiers [J]. Braz J Psychiatry，2014,36 (Suppl 1)：3-13.

[11] 施旺红. 强迫症的森田疗法 [M]. 西安：第四军医大学出版社，2016.

第八章
躯体形式障碍

第一节　躯体形式障碍概述

有理论发现，如果癔症患者可以在催眠状态下被引导着毫不隐瞒地讲述其儿童时期以及现在的问题，那么他们的症状就在一定程度上得到了减缓。在这种治疗方法以外，弗洛伊德提出其个人的能量转换理论，他认为强烈的情绪得不到表达就会导致躯体症状。弗洛伊德发现，他的患者向他表露的那些痛苦记忆常常是关于童年时期的性诱惑。开始，弗洛伊德假定这些诱惑的确出现过。后来，他开始相信这些诱惑通常都是俄狄浦斯阶段产生的幻想。但是，不管是真实的还是幻想的，青春期的性意识似乎又在大脑中重新唤醒了这些片段。结果便是焦虑，反过来导致对记忆的压制，导致生理的症状，这二者都表达了愿望并且阻止其实现。但是性意识并不是唯一的原因，敌意也导致了癔症。比如，癔症性瘫痪可以作为表达暴力情感的防御机制。自 1980 年的 DSM-Ⅲ之后，DSM 系统对精神障碍的分类开始建立在可观察到的行为之上，而不再是按照假设的病因学基础分类，便将神经症（Neurosis）这个疾病名称取消了，因为它太模糊，几乎可以囊括所有非精神病性的心理障碍；取消的原因还在于这个名称暗示了一种对这类障碍的病因学解释。这种解释是建立在心理动力学基础之上的，尽管很独特而又明确，但却不能被证实。

一、躯体症状障碍（Somatic Symptom Disorder，SSD）

躯体症状障碍的核心特征是围绕躯体症状的思维、情绪反应及患病行为异常。躯体症状障碍是DSM-Ⅳ中一个新的分类名称，其特征是患者具有非常痛苦或导致重大功能损伤的躯体症状，可有或没有既已诊断的躯体疾病，表现为对躯体疾病的担忧，及在求医问药上消耗过多的时间或精力，包括对躯体症状严重度的不恰当且持续的忧虑。DSM-Ⅳ认为，目前尚无基于新诊断标准的流行病学调查，估计躯体症状障碍的患病率约在 1%～19%，在躯体化障碍与未分化躯体形式障碍的患病率之间（DSM-Ⅳ中），在一般成人中其患病率可能在5%～7%（郑雨恩，2022）。

躯体症状障碍主要涉及由自主神经支配的系统或器官，包括心血管系统、神经系统、呼吸系统、消化系统、内分泌系统、泌尿生殖系统等。①心血管系统：心慌、心痛、胸闷、心悸、心前区紧束感等；②神经系统：头晕、头痛、头胀、头部昏沉感、疲乏无力、睡眠问题、记忆力减退、抽搐发作等；③呼吸系统：憋气、喘憋、呼吸困难、过度换气、咽喉异物感等；④消化系统：食欲缺乏、呃逆、腹胀、腹痛、便秘、反酸、呕吐、胃灼热、胃痛、胃胀等；⑤泌尿生殖系统：尿频、尿急、尿痛、夜尿多、排尿困难、小便灼热、性及月经方面的异常主诉等；⑥自主神经系统：口干、畏寒、潮热多汗、皮肤异常感觉等（郑雨恩，2022）。

表 8-1　DSM-5 躯体症状障碍诊断标准

标准
标准A：1个或多个的躯体症状，使个体感到痛苦或导致其日常生活受到显著破坏。
标准B：与躯体症状相关的过度的想法、感觉或行为，或与健康相关的过度关心，表现为下列至少一项： （1）与个体症状严重性不相称的和持续的想法。 （2）有关健康或症状的持续高水平焦虑。 （3）投入过多的时间和精力到这些症状或健康的担心上。
标准C：虽然任何一个躯体症状可能不会持续存在，但有症状的状态是持续存在的（通常超过6个月）。 标注如果是： 持续性：以严重的症状，显著的损害和病期长为特征的持续病程（超过6个月）。

续表

标注目前的严重程度： 轻度：只有 1 项符合诊断标准 B 的症状。 中度：2 项或更多符合诊断标准 B 的症状。 重度:2 项或更多符合诊断标准B的症状,加上有多种躯体主诉(或一个非常严重的躯体症状)。

二、疾病焦虑障碍（Illness Anxiety Disorder，IAD）

疾病焦虑障碍是指在精神病理学特征上是疑病性超价观念。这是一种顽固的确信，只采信、甚至放大支持其推论的证据，忽视否认相反证据。核心特征是对健康的担忧和寻求安慰的循环，而不是专注于缓解躯体症状（如躯体症状障碍）引起的痛苦。临床上显著的健康焦虑是常见的，在一般成年人群中估计高达 13%。有基于证据的治疗方法，包括心理药理学和认知行为疗法，可以显著缓解症状。了解疾病焦虑症的核心精神病理学和临床特征对于培养与健康焦虑患者的工作关系至关重要，对他们的焦虑持非评判态度（Scarella Timothy M&Boland Robert J.，2019）。

表 8-2　DSM-5 疾病焦虑障碍

标准 A：患有或获得某种严重疾病的先占观念。
标准 B：不存在躯体症状，如果存在，其强度是轻微的。如果存在其他躯体疾病或有发展为某种躯体疾病的高度风险（例如，存在明确的家族史），其先占观念显然是过度的或不成比例的。
标准 C：对健康状况有明显的焦虑，个体容易对个人健康状况感到警觉。
标准 D：个体有过度的与健康相关的行为（例如，反复检查其躯体疾病的体征）或表现出适应不良的回避（例如，回避与医生的预约和医院）。
标准 E：疾病的先占观念已经存在至少 6 个月，但所害怕的特定疾病在此段时间内可以变化。
标准 F：与疾病相关的先占观念不能用其他精神障碍来更好地解释，例如，躯体症状障碍、惊恐障碍、广泛性焦虑障碍、躯体变形障碍、强迫症或妄想障碍躯体型。 标注是否是： 寻求服务型：经常使用医疗服务，包括就医或接受检查和医疗操作。 回避服务型：很少使用医疗服务。

此处补充一个小的概念，“健康焦虑”是指个人对健康或疾病存在的担忧程

度升高和临床显著水平。提及疾病焦虑障碍（IAD）、疑病症（HC）、躯体症状障碍（SSD）和躯体化障碍（SD）是指在 DSM-Ⅳ和 DSM-V 中所描述的诊断，躯体化障碍（Somatization Disorder）是组成了躯体症状障碍的一部分，而疑病症（Hypochondria）中虑病观念突出的归入疾病焦虑障碍，其中躯体症状突出的归入躯体症状障碍。IAD 标准强调了 IAD 患者身体症状的相对缺失，以及担心和寻求安慰的程度，将身体症状作为 SSD 患者的主要痛苦焦点。据估计，目前只有26%～36%的符合DSM-Ⅳ标准的个体符合IAD标准，而不是SSD标准，56%～74%的个体符合 SSD 标准，而非 IAD 标准。此外，许多研究使用维度而非分类定义来识别临床上健康焦虑水平升高的参与者。在《疾病和相关健康问题的国际统计分类》第 10 版（ICD-10-CM）中实体疑病症与 HC 和 IAD 稍有不同。主要特征仍然是对存在身体疾病的坚定信念，尽管这种信念被认为与潜在症状直接相关。ICD-10 的定义还包括被推定为“畸形或毁容”的职业，DSM-V 中将其列为单独的身体畸形障碍。

IAD 的诊断面试应包括关于抑郁、焦虑、躁狂、精神病、强迫症和创伤后应激障碍症状的提问。在评估躯体形式疾病时，重要的是询问对健康的担忧程度（如果有的话）、患者担心的特定疾病、患者基于这些担忧的证据、患者参与的任何检查/保证行为、在这些方面花费的时间、躯体症状的存在和严重程度。由于IAD 的鉴别诊断包括内科疾病，因此询问进行了哪些医学评估并对所有可用的医学记录进行彻底审查非常重要。在可能的情况下，应获取并审查患者之前寻求过治疗的外部机构的记录，并鼓励患者为当前提供者提供每次任务，以获得之前的测试。如果有任何医疗状况被忽视的可能性，应与患者的主治医师进行讨论。在流行病学研究中，SSD 约占全科初诊患者的 20%，IAD 占成年人群的 13%。

CBT = cognitive behavioral therapy, **HC** = hypochondriasis, **IAD** = illness anxiety disorder, **ICD-10-CM** = International Statistical Classification of Diseases and Related Health Problems, Tenth Revision, Clinical Modification, **OCD** = obsessive-compulsive disorder, **SD** = somatization disorder, **SSD** = somatic symptom disorder, **STPP** = short-term psychodynamic psychotherapy

图 8-1　相关疾病英文全称

第二节　躯体形式障碍的临床表现

一、躯体症状障碍

□ 案例

青年女性，躯体不适伴情绪低落，持续性病程 2 年。

病史叙述："我是 2017 年秋天第一次看病，当时是我生完孩子 7 个月的时候，逐渐开始出现全身发冷、汗多，背后到头部有冷气游走，浑身发软，没力气，有时都不能动，身上还会感到刺痛，情绪也差。老是不停地想自己的身体状况和病，如果身体好情绪就会好。还能上班，但心思也不在工作上，经常是同事帮忙处理工作。看过皮肤科，也没效果……"

核心特征是围绕躯体症状的思维、情绪反应及患病行为异常。

（一）诊断特征

有躯体症状障碍的个体通常在当下有多种躯体症状，它是痛苦的，或导致对日常生活的显著破坏（诊断标准 A），尽管有时只有一个严重症状，最常见的是疼痛。症状可能是特定的（如局部疼痛）或相对不特定的（如疲乏）。症状有时代表正常的躯体感受或不舒服，一般不预示着严重的疾病。没有明确医学解释的躯体症状，不足以做出该诊断。个体的痛苦是真实的，无论能否被医学解释。

症状可能与其他躯体疾病有关，也可能无关。躯体症状障碍的诊断与同时存在的躯体疾病并不互相排斥，且两者通常同时存在。例如，在没有并发症的心肌梗死之后，个体可能因躯体症状障碍的症状而变得严重失能，即使心肌梗死本身并不可能导致任何失能。如果存在其他躯体疾病或其他躯体疾病的高发风险（如严重的家族史），那么与这种状况有关的想法、感觉和行为是过度的（诊断标准 B）。有躯体症状障碍的个体有高水平的关于疾病的焦虑（诊断标准 B）。他们将自己的躯体症状过度评估为有威胁性的、有伤害性的或是麻烦的，经常把自己的健康想象得极为糟糕。即使存在相反的证据，一些个体仍然担心他们的症状的医学严重性。在一些严重的躯体症状障碍中，对健康的担忧可能是个体生活的中心，是他们身份的特征，并且主导其人际关系。

个体通常体验到痛苦，主要聚焦于躯体症状及其意义。当被直接问及他们的痛苦时，一些个体会描述它与日常生活的相关性，而其他个体则会否认躯体症状之外任何的痛苦的来源。与健康相关的生活质量通常受损，既包括躯体的又包括精神的。在严重的躯体症状障碍中，受损很明显，并且当其持续时，该障碍可导致衰弱。

通常存在高水平的医疗服务的使用率，这很少能减轻个体的担忧。因此，个体可能因为相同的症状寻求多个医生的服务。这些个体通常对医学干预没有反应，并且新的干预可能只会加重症状，他们可能会感到医生的医学评估和治疗并不充分。一些有该障碍的个体通常对药物的副作用非常敏感。

（二）支持诊断的有关特征

认知特征包括注意力聚焦于躯体症状，将正常的躯体感觉归因于躯体疾病（可能伴随灾难性解释），担忧疾病，害怕任何的躯体活动可能损害肢体。相关的行为特征可能包括重复检查身体，查看是否异常，反复寻求医疗帮助和确认，以及回避躯体活动。在严重的、持续性的躯体症状障碍中，这些行为性特征最为明显。这些特征通常与为了不同的躯体症状而频繁求助于医疗服务有关，这可能导致在医疗会诊中，个体过度聚焦于对他们躯体症状的担忧，以至于无法转移到其他方面，来自医生的反复确认——说明这些症状并不意味着严重的躯体疾病——通常在短时间内有用，和/或被个体认为，医生没有严肃对待他们的症状，由于聚焦于躯体症状是该障碍的主要特征，有躯体症状障碍的个体通常就诊于一般性医疗健康机构，而不是精神卫生机构。若建议转诊给精神卫生专业人员可能令个体感到惊讶，甚至遇到有躯体症状障碍的个体会直接拒绝。

由于躯体障碍症状与抑郁障碍有关，因此自杀风险升高。尚不清楚与躯体症状障碍有关的自杀风险升高是否独立于伴随的抑郁障碍。

（三）发展与病程

在老年人中，躯体症状和同时出现的躯体疾病很常见，诊断标准B的要点是做出这一诊断的关键。在老年人中，躯体症状障碍可能被漏诊，或是因为一些躯体症状（如疼痛、疲乏）被考虑为正常老龄化的一部分，或是因为与年轻人相比，在有更多的一般躯体疾病和使用药物的老年人中，关于疾病的焦虑是“可以理解的”，同时出现的抑郁障碍在有许多躯体症状表现的老年人中也很常见。

在儿童中，最常见的症状是反复发作的腹痛、头痛、疲乏和恶心。在儿童中，比成年人更多地呈现一种单一的主要症状。幼儿可能有躯体主诉，但与青少年相比，他们很少主诉“疾病”。父母对症状的反应很重要，因为这可能决定有关的痛苦水平。由父母来决定对症状的解释、有关的离校安排和寻求医疗帮助。

事实上，躯体症状在不同的文化中会有不同的表现特征。在全世界，基于人群的、基本医疗研究中发现大量的躯体症状，在最常见的，被报告的躯体症状、损害和寻求治疗方面都有相似的模式。在不同的文化中，躯体症状的数量和疾病担忧的关系都是相似的，并且在跨文化中，显著的疾病焦虑与损害和寻求更多的治疗有关。许多躯体症状与抑郁的关系似乎在全世界都很相似，在同一国家的不同文化之间也是如此。尽管有这些相似性，在不同的文化和种族群体中，躯体症状还有不同点。躯体症状的描述随着语言和其他本地文化因素而不同，常见于一些文化和种族而罕见于其他文化和种族。解释模式也会不同，躯体症状可能归因于特定的家庭、工作或环境应激等，个体遭受愤怒和不满感受的压抑或一些生理因素。在不同的文化群体之间，除了对医学治疗服务的获取方式不同以外，在寻求医学治疗方式上也存在不同。在一般性医疗场所，寻求对多种躯体症状的治疗是一个世界范围的现象，在同一国家，不同民族之间出现的比例是相似的。

（四）鉴别诊断

如果躯体症状与其他精神障碍（如惊恐障碍）一致，以及符合另一种障碍的诊断标准，则其他精神障碍应被考虑为替代的或额外的诊断。如果躯体症状和相关的想法、感受或行为只发生在重性抑郁发作期间，就不应额外给予躯体症状障碍的诊断。像常见的那样，如果符合躯体症状障碍和其他精神障碍的诊断标准，那么应给予两种诊断，因为两者可能都需要治疗。

存在不明病因的躯体症状，本身并不足以做出躯体症状障碍的诊断。许多个体有像肠易激综合征或纤维肌痛的障碍，其症状不符合躯体症状障碍的诊断标准（诊断标准 B）。相反，存在已经确诊的躯体疾病（如糖尿病或心脏病）的躯体症状，如果符合躯体症状障碍的诊断标准，则不能排除其诊断。

表 8-3　其他相关障碍区分（诊断来源于 DSM-5）

惊恐障碍	在惊恐障碍中，躯体症状和关于健康的焦虑倾向于急性发作，而在躯体症状障碍中，焦虑和躯体症状更持续
广泛性焦虑障碍	有广泛性焦虑障碍的个体担心多个事件、处境或活动，其中只有一种可能涉及他们的健康。与躯体症状障碍不同，广泛性焦虑障碍的主要焦点通常不是躯体症状或害怕疾病
抑郁障碍	抑郁障碍通常伴随躯体症状。然而，抑郁障碍区别于躯体症状障碍，其核心抑郁症状是低落的（烦躁不安的）心境和快感缺失
疾病焦虑障碍	如果个体过度担忧健康，但没有或只有很轻微的躯体症状，可能更适合考虑为疾病焦虑障碍
转换障碍（功能性神经症状障碍）	在转换障碍中，表现的症状是功能缺失（如肢体缺失），而在躯体症状障碍中，聚焦是特定症状所致的痛苦。躯体症状障碍的诊断标准 B 列出的特征可能有助于鉴别这两种障碍
妄想障碍	在躯体症状障碍中，个体相信躯体症状反映了严重的基础躯体疾病，但没有达到妄想的强度。然而，个体担心躯体症状的信念非常坚定。作为对比，在躯体型妄想障碍中，躯体症状的信念和行为比在躯体症状障碍中更强烈
躯体变形障碍	在躯体变形障碍中，个体过度担心、沉湎于感受到的躯体特征上的缺陷。作为对比，在躯体症状障碍中，有关躯体症状的担忧反映了害怕基本疾病，而不是外形上的缺陷
强迫症	在躯体症状障碍中，反复出现的关于躯体症状或疾病的观念侵入性较弱，以及有该障碍的个体没有在强迫症中旨在减轻焦虑相关的重复行为

（五）共病

躯体症状障碍与躯体障碍、焦虑和抑郁障碍有较高的共病性。当存在同时出现的躯体疾病时，损害的程度强于单独的躯体疾病所致的损害。当个体的症状符合躯体症状障碍的诊断标准时，应给予该诊断；然而，鉴于频繁的共病，特别是与焦虑和抑郁障碍，应寻找存在这些疾病的诊断的证据。

二、疾病焦虑障碍

□ 案例

对某种严重疾病的焦虑严重；且害怕的是某些慢性致命的疾病（如癌症、艾滋病），而医生的解释难以打消他们的顾虑，或仅在短时间里起作用，且他们经常换医生。

（一）诊断特征

大多数有疑病症的个体目前被归类为有躯体症状障碍，而在少数案例中，应诊断为疾病焦虑障碍。疾病焦虑障碍的个体有认为自己患有或即将患有严重的、未被诊断的躯体疾病的先占观念（诊断标准 A）。不存在躯体症状，或是如果存在，在强度上也仅仅是轻度的（诊断标准 B）。仔细评估，也无法确定解释个体担忧的严重的躯体疾病。当担忧来自非病理性的体征或感觉时，个体的痛苦不是主要来源于躯体主诉本身，而是来源于他对主诉的内容、意义和病因的担忧（即怀疑的躯体诊断）。如果存在躯体体征或症状，它通常是一种正常的生理感觉（如体位性眩晕），良性的自我限制性功能失调（如短暂性耳鸣），或躯体不适，这种不适通常不被认为预示着疾病（如打嗝）。如果存在确诊的躯体疾病，个体的焦虑和先占观念明显过度与病情的严重程度不成比例（诊断标准 B）。关于先前的 DSM 中的疑病症诊断的经验性证据和现存文献，尚不清楚在多大程度上并且如何精确地适用于这一新诊断的描述。

沉湎于自己有病，并伴有显著的健康和疾病方面的焦虑（诊断标准 C）。有疾病焦虑障碍的个体很容易因疾病而惊慌，例如，听说他人生病或阅读到一篇与健康有关的新闻报道。他们对未确诊疾病的担忧，并不因恰当的医学确认、阴性的诊断测验或良性的病程而缓解。医生的保证和症状的减轻通常不能缓解个体的担忧，反而加重担忧。对疾病的担忧在个体生命中占据了突出的位置，影响其日常活动、并可能导致失能。疾病变成个体身份和自我形象的中心特征、社交活动的主题，以及对应激性生活事件的特有反应。有该障碍的个体通常反复自我检查（如照镜子检查喉咙）（诊断标准 D）。他们过度研究自己所怀疑的疾病（如在互联网上），反复向家人、朋友或医生寻求确认。个体不停的担忧通常会令他人感到沮丧，从而可能导致家庭关系紧张。在一些案例中，由于个体害怕损害健康，焦虑可导致适应不良的情境回避（如拜访生病的家庭成员）或活动（如体育运动）。

（二）支持诊断的有关特征

由于相信自己有躯体疾病，所以，有疾病焦虑障碍的个体更频繁地到医疗服务场所而不是精神卫生服务场所就诊。绝大部分有疾病焦虑障碍的个体获得了全面但并不令其满意的医疗服务，尽管一些个体过于焦虑以至于无法寻求医疗关注，他们通常有更高的医疗服务使用率，却不比普通人群更多地使用精神卫生服务。他们通常因同样的问题咨询多位医生，以及反复获得阴性的诊断结果。有时，医疗关注导致焦虑矛盾性的加重，或是有来自检查和操作的医源性并发症。有该障碍的个体通常对医疗服务不满意，认为没有帮助或者医生没有严肃地对待他们。有时，这些担忧可能是正当的，因为医生有时对其不屑一顾，或者懊恼，或敌意地应对这类个体。这种反应偶尔导致漏诊存在的躯体疾病。

（三）发展与病程

疾病焦虑障碍的发展与病程尚不清楚。疾病焦虑障碍一般被认为是慢性的、复发性的，于成年早期和中期起病。在基于人群的样本中，与健康相关的焦虑随年龄而增长，但在医疗场所中，有高度健康焦虑的个体的年龄似乎与那些医疗服务场所中其他患者的年龄并无差异。在老年人中，与健康相关的焦虑经常聚焦于记忆丧失；该障碍罕见于儿童。

当个体的疾病观念与广泛的、文化认同的信念相一致时，就应谨慎诊断该障碍。对该障碍跨文化的现象学研究所知甚少，尽管患病率在不同国家不同文化中相似。

疾病焦虑障碍导致重要角色受损、躯体功能减弱和与健康相关的生活质量下降。健康担忧经常妨碍人际关系，破坏家庭生活，并且损害职业表现。

（四）鉴别诊断

首先需要鉴别考虑的是基础的躯体疾病，包括神经系统或内分泌系统疾病，隐性恶性肿瘤，以及其他影响多个器官系统的疾病。存在躯体疾病并不能排除同时存在疾病焦虑障碍的可能性。如果存在躯体疾病，则与健康相关的焦虑和疾病担忧明显与其严重性不成比例。与躯体疾病有关的短暂的先占观念不构成疾病焦虑障碍。

表 8-4　其他相关障碍区分（诊断来源于 DSM-5）

适应障碍	与健康相关的焦虑是对严重疾病的正常反应而不是精神障碍。这些非病理学的健康焦虑显然与躯体疾病有关，通常有时间限制。如果健康焦虑足及病症诊断估计够严重，就可诊断为适应障碍。然而，只有当健康焦虑有足够的时间、严重性和痛苦程度，才能诊断为疾病焦虑障碍。因此，该诊断要求与健康相关的不成比例的焦虑持续至少 6 个月
躯体症状障碍	当存在显著的躯体症状时，可诊断为躯体症状障碍。作为对比，有疾病焦虑障碍的个体只有轻微的躯体症状，主要是担心生病
焦虑障碍	在广泛性焦虑障碍中，个体担忧多个事件、情境或活动，其中只有一种可能涉及他们的健康。在惊恐障碍中，个体可能担心惊恐发作反映了躯体疾病的存在；然而，尽管这些个体可能有健康焦虑，他们的焦虑通常也是急性的、阵发性的。在疾病焦虑障碍中，健康焦虑和恐惧更持续和更持久。有疾病焦虑障碍的个体可能经历被疾病担忧所触发的惊恐发作
强迫及相关障碍	有疾病焦虑障碍的个体可能有关于有某种疾病的侵入性想法，也可能有相关的强迫行为（如寻求反复确认）。然而，在疾病焦虑障碍中，先占观念经常聚焦于有某种疾病，而在强迫症中，想法是侵入性的，通常聚焦于害怕未来患病。大部分有强迫症的个体除了害怕患病以外，还涉及其他担心的强迫观念或行为。在躯体变形障碍中，担忧局限于个体认为自己躯体外形的缺陷或瑕疵
重性抑郁障碍	一些有重性抑郁发作的个体反复考虑他们的健康，过度担忧疾病。如果这些担忧仅仅发生在重性抑郁发作期间，就不能额外给予疾病焦虑障碍的诊断。然而，如果重性抑郁发作缓解后，过度的疾病焦虑仍然持续，就应考虑给予疾病焦虑障碍的诊断

续表

精神病性障碍	有疾病焦虑障碍的个体并没有妄想，并且可认识到其所害怕的疾病不存在的可能性。他们的观念不符合在精神病性障碍（如精神分裂症、妄想障碍、躯体型，重性抑郁障碍伴随精神病性特征）中的躯体妄想的僵化和强度。真正的躯体妄想通常比疾病焦虑障碍中的担忧更为古怪（如认为某个器官正在腐烂或死去）。在疾病焦虑障碍中的担忧尽管是非现实的但是可能的
适应障碍	与健康相关的焦虑是对严重疾病的正常反应而不是精神障碍。这些非病理学的健康焦虑显然与躯体疾病有关，通常有时间限制。如果健康焦虑足够严重，就可诊断为适应障碍。然而，只有当健康焦虑有足够的时间、严重性和痛苦程度，才能诊断为疾病焦虑障碍。因此，该诊断要求与健康相关的不成比例的焦虑持续至少 6 个月

（五）共病

由于疾病焦虑障碍是一种新障碍，确切的共病尚不清楚。疑病与焦虑障碍（特别是广泛性焦虑障碍、惊恐障碍、强迫症）和抑郁障碍同时出现。约 2/3 有疾病焦虑。

第三节　躯体形式障碍的影响因素

一、躯体症状障碍

（一）气质类型

负性情感（神经质）的人格特征已被确定为一种独立的与大量躯体症状存在显著相关的风险因素。共病的焦虑或抑郁是常见的，并可能加重症状和损害。

（二）环境

躯体症状障碍在受教育较少、社会经济地位较低，以及近期经历了应激性生活事件的个体中更多见。

（三）人口学特征

持续的躯体症状与下述人口学特征有关（如女性、老龄、受教育时间短、社会经济地位低、失业），所报告的性虐待史或其他儿童期逆境，同时出现的慢性躯体疾病或精神障碍［如抑郁、焦虑、持续性抑郁障碍（恶劣心境）、惊恐］，社会应激和有利的社会因素（如患病福利）。

（四）个体认知

对疼痛的敏感，对躯体感受的高度关注，以及将躯体症状归因于可能的躯体疾病，而不认为它们是一种正常现象或心理应激。

（五）该障碍与健康状态的显著受损有关

许多有严重躯体症状障碍的个体受损的健康状态的评分低于人群正常值两个标准差。

图 8-2　认知行为理论框架

二、疾病焦虑障碍

（1）对躯体不适的错误解释。是一种由强烈感情因素的认知性或知觉性精神障碍，异常的关注导致的感觉更加灵敏。

（2）家庭影响。焦虑具有家族性，即焦虑易感。儿童所关注的躯体不适经常是其他家庭成员曾经有过的。若家庭成员患病较频繁，则需要重点获得关注。

（3）环境因素。在应激事件中往往是与死亡或疾病相关的事件，有时疾病焦虑障碍被主要的生活应激或一次严重的但结果是良性的个体健康威胁所促发。儿童期的受虐史或严重的儿童期疾病史使个体在成人期更易患该障碍。

（4）约三分之一到半数的有疾病焦虑障碍的个体有短暂的形式与较少的精神疾病共病，与较多的躯体疾病共病，与较不严重的疾病焦虑障碍有关。

□ **知识积累**

人脑是一个多尺度网络，具有多层组织。具有树突和轴突连接的神经元形成了大脑电路的微观结构，宏观的大脑区域和白质连接形成了系统级大脑通信和信息集成的基础设施。从大脑结构和功能的多尺度视角中获益良多的一个神经科学领域是网络神经科学领域，它从网络的角度绘制和研究神经生物学系统的要素和相互作用。从微观尺度的神经元到宏观尺度的区域水平，在所有组织尺度上，连通性是神经系统结构和功能的核心要素。人类大脑元素和神经连接的综合网络被称为人类连接组或人脑网络。随着大脑网络连接的微观和宏观水平资源的日益可用，研究人员已经开始探索人类大脑组织和行为的遗传、分子和宏观水平之间的关系，重要的是，它们在疾病条件下的假定多尺度相互作用。

第四节　躯体形式障碍的疾病防治

躯体症状障碍的防治与疾病焦虑障碍的防治之间存在细微差别。躯体症状障碍主要依靠认知行为疗法并把精神科药物作为辅助。疾病焦虑障碍主要采用认知行为疗法，重复告知无病，或者详细解释患者症状的其他原因，有时也可采用抗焦虑药、抗抑郁药。

躯体症状障碍患者通常把寻求心理治疗当作最后的求助手段，因为他们十分相信他们的问题是生理医学的，当一位医生告诉他们，他们没有生理问题时，他们通常再去求助另一位医生。经过许多次这样的反复之后，他们才会转向求助心理治疗。因此要对存在躯体症状障碍的患者进行全面评估。这种全面评估是适宜治疗的基础，评估涉及生物、心理和社会诸方面。全面细致的医学检查是至关重要的，以防疏漏了严重躯体疾病，然后进行深入的精神医学检查。由于躯体症状障碍的患者反复陈诉躯体症状，坚持将这些症状归咎于并不存在的躯体疾病。因此，他们的态度和目标常和医生的期待不一致。医生模棱两可的说明、无效的治疗与手术常引起患者的失望与不满。这种情况要求综合医院各科医生对这类患者的医患关系给予特别注意。对这类患者通常应申请精神科会诊。躯体形式障碍的出现与心理社会应激有密切关系，患者对其症状的解释和采取的应对行为方式，都表明他们需要心理治疗。由于这类患者常伴抑郁和焦虑，又有躯体化的申诉，使用 SSRIs 类抗抑郁药或副作用少、抗焦虑作用显著的其他抗抑郁药也是有价值的。认知行为治疗和 SSRIs 类抗抑郁药联用被认为比单用药物或单用认知行为治疗更为有效。

一、药物治疗

目前尚无针对躯体症状障碍发病机制的药物。

（一）抗抑郁药治疗

精神药物对躯体症状障碍有着不错的疗效，尽管具体药理机制尚不清楚，但应用适量精神药物对此类患者有益。抗抑郁药不但能缓解其心理症状，还能改善其躯体症状。由于病耻感等原因，患者可能会拒绝服用这类药物。

三环类抗抑郁药（TCAs）非选择性地抑制突触前膜对单胺类神经递质的再摄取，使突触间隙单胺类递质含量增多，而产生抗抑郁作用。包括多塞平、阿米替林、丙咪嗪和氯丙咪嗪等。研究表明，TCAs 治疗躯体形式障碍的疗效很好，但该类药物对神经递质的阻断作用缺乏选择性，会产生多种副作用，因而已经逐渐退出抑郁症治疗的一线。氟西汀、帕罗西汀、舍曲林、氟伏沙明、西酞普兰和艾司西酞普兰等这一类药物与 TCAs 疗效相当，但副反应相对较小。

有研究比较艾司西酞普兰和阿米替林治疗躯体形式障碍，两者疗效相当，艾司西酞普兰起效更快，副作用更小。采用舍曲林治疗躯体形式障碍，治疗 8 周后总有效率为 80.7%，显效率 49.1%。

（二）抗焦虑药治疗

抗焦虑药物以苯二氮䓬类为主，该类药物可通过改善患者的焦虑症状、睡眠障碍等减轻躯体症状。研究发现，短期内使用苯二氮䓬类药物可以明显减轻焦虑、显著减轻躯体症状。随着用药时间的延长，躯体症状改善与未使用苯二氮䓬类者无明显差异。

（三）多药物联合治疗

很多躯体形式障碍患者用单药物治疗并不能很好改善病情，需要多药物联合治疗。常见的组合种类主要是不同作用机制的抗抑郁药联合应用以及抗抑郁药与小剂量抗精神病药物联合应用。汤义平等研究发现，小剂量氨磺必利联合帕罗西汀治疗躯体形式障碍，可加快症状缓解，提高治疗效果，且无明显的不良反应。刘慧颖研究发现，度洛西汀联合奥氮平治疗躯体形式障碍疗效优于单用度洛西汀，且起效快，安全性好（郑恩雨，王可，2022）。

二、非药物治疗

（一）行为主义

行为主义疗法对躯体形式障碍的治疗和对分离性障碍的治疗一样，通常分为两个阶段。第一阶段，治疗者撤除对疾病行为的强化。第二阶段治疗者努力加强患者的处理技巧，据推测，这种技巧的缺乏是依赖于患者角色的部分原因。躯体症状障碍的行为疗法包括两部分。第一，治疗者要设法消除维持患者生病行为的强化物，比如家人不再对患者的疾病及抱怨嘘寒问暖，而是要求其承担起力所能及的家务或其他义务。第二，治疗者要努力提高患者的应付技能，缺乏应付技能或许是使患者采用"患者角色"的部分原因。提高应付技能通常包括社交技能训练和决断训练。

有一个研究，对 17 名疑病症和疾病性恐惧（对疾病感到一种无能为力的恐惧）患者做了一个短期的治疗，它强调的是撤除强化，特别是患者在试图消除恐惧时获得的负面强化（通过减轻焦虑）。当他们试图在治疗者那里消除恐惧时，他们没有得到，他们的家庭成员也被指导说不要做什么来让他们消除恐惧。在 5 年的追踪观察中，大约一半的患者没有了这些症状。除此之外，研究者还发现，在降低疑病症方面，应激管理和认知行为治疗都比不治疗的控制效果要好。应激管理疗法的组成有：放松训练，关于躯体症状其他解释的教育，降低担忧的行为主义技能。另外，行为主义疗法和那些用来治疗强迫症的疗法一样，要延长，重复暴露焦虑引起的躯体感觉以及身体检查和寻求肯定这些反应性预防。

就加强处理技巧而言，行为主义疗法常常包括社交技巧训练和独断力训练。在社交技巧训练中，治疗者会教患者如何有效地与他人交往，在独断力训练中，治疗者会教患者如何显示力量——如何提出要求，如何拒绝要求，如何在必要的时候表现自己的愤怒。对许多人来说，患者角色可能就是向他人提要求，躲避别人的要求的一种方式，而且他们不需要为这样的行为负责任（“因为我是个病人，你不得不为我做事情，我不需要为你做什么事情”）。行为主义学家努力地教人们如何不用这种“勒索”的方式来进行社交中的取舍。对慢性疼痛障碍来说，行为主义疗法运用放松和偶然性控制这样的技术来减少止痛药物，降低疼痛的口头报告，阻止“病人”行为，提高活动水平。

（二）一般非药物治疗

躯体症状障碍患者往往不接受自己的症状属于精神心理科疾病范畴，且患者普遍担心药物存在副作用，导致患者更容易接受非药物治疗的方法。常见躯体症状障碍的非药物干预手段包括心理、物理、运动、放松等替代医学治疗。研究表明，运动、放松等替代疗法能有效地减缓慢性疼痛，减轻患者的焦虑、抑郁等情绪。

（三）心理治疗

在实施任何理论取向的心理治疗时，对躯体形式障碍患者提供心理支持，建立良好的治疗关系，耐心倾听患者的倾诉，对患者表示关心、理解、同情，让其对治疗师产生信任，对治疗抱有信心，都是非常重要的。治疗目标是帮助患者认识问题的性质。帮助患者认识问题的性质以评估、询问方式进行。治疗师应表明对患者体验症状的痛苦等事实的接受，表达对其的关心，鼓励患者说出自己的观点和论据，然后一起对其论据进行审视，提出可能的替代性解释。

焦虑多伴有自主神经功能亢进。对身体感知方面注意聚焦，增强了躯体不适的敏感性，治疗师在全面评估的基础上，提议患者考虑和检验其对健康的焦虑同身体症状的关联。治疗师要鼓励患者说出自己的疑虑和想法，盘诘时要强调躯体检查结果的正面信息，或与患者协作设计行为实验，以检查其信念的不真实性。因此，要鼓励患者尝试积极的应对行为，改变以往回避问题的消极应对行为。

放松训练是行为治疗的方法之一。这一训练通过对全身肌肉有意识地放松、消除杂念，从而使患者的躯体不适症状、焦虑、抑郁及失眠症状得到改善，并且能消除患者的紧张情绪，缓解患者的心理压力，淡化患者对躯体疾病的优势观念，以达到治疗效果。国内有研究者发现，通过放松训练配合药物治疗躯体化障碍，效果明显优于单纯应用药物治疗。

（四）暗示治疗

暗示治疗是由 Charcot 于 20 世纪首先提出的，至今仍通用于世界，是治疗癔症的经典方法。作为消除癔症性躯体障碍的一种有效措施，它特别适用于急性起病且发作频率不高的患者。这主要是因为癔症的起病与暗示有密切关系，因此在其治疗中，暗示也同样起着极其重要的作用。暗示治疗对于缓解癔症患者的症状具有明显的疗效。初次使用者效果很明显，有效率达 73.3%，如果第二次发作仍用原暗示方法，则会效率降低，但是改用其他暗示方法后，仍明显有效，有效率为 75.0%，与初次使用效果相当。同时，暗示治疗由于快速起效，因此还能明显缓解癔症患者发病时围观者的情绪。暗示治疗对癔症患者之所以具有较为明显的疗效，是因为癔症患者本身就具有易于接受暗示的心理特点，许多患者还具有明显的“癔症人格”。在进行暗示治疗时，医生或治疗师一定要镇静自若，要显得对所用治疗方法充满信心（这种态度本身，就是一种很好的暗示），同时明确告知患者该方法一定有效（可用直接或间接的方法告知，间接方法如让其观察自己尿液的颜色等）。对多次发作的患者，一般要使用与以前不同的暗示方法才有较好效果。在回答患者的咨询时，可告知“癔症”的病名，但一般不应解释过细，即使对围观者也是如此。

（五）家庭治疗

家庭治疗注重了解个体在成长环境中受到重要影响的不同背景因素，认为调整个体的家庭或其他使之受到影响的系统，才有助于患病个体产生改变。国内外有报道表明，家庭治疗对于躯体形式障碍的治疗是有效的。例如国内有研究者通过对一例患者及其家庭进行治疗，摸索了结构式家庭治疗如何应用于躯体形式障碍的治疗的实践。治疗师应用加入技术，再现家庭互动模式。当患者在治疗时“痛斥”母亲种种不是，而母亲却连连称自己没做好，患者就更加觉得自己的“病”（闭经）是被母亲逼出来的，自己就可以在家什么都不做，也可以不上学等，这种纠结的互动模式的转化，首先需要动摇系统的平衡状态。治疗师在家庭治疗中与母亲建立联盟，打破平衡，重新界定母女系统的界限。在后续的治疗中，治疗师运用重构技术，挑战女儿，是愿意做一个什么都要母亲负责的尚未月经来潮的小女儿，还是愿意做一个21岁的青年。母女二人因治疗师的加入而重新定位，母女之间新的动力也因此活跃起来，一种新的互动模式在逐渐建立。患者闭经症状改善，这样使得家庭发生更加深入的改变。

（六）认知形式

惊恐症的认知解释本质上是一个错误解释的问题。对疑病症和非器质性身体障碍的认知观点也与此基本相似。根据一些理论家们的观点，这些障碍患者的认知形式使他们容易夸大正常的身体感觉，把细微的症状看作巨大的灾难。由于有了这些倾向性，他们就会把细微的心理变化错误地解释为严重的健康问题。比如，当这些患者处于应激状态并感觉到消化不良时，他们会说“我可能患胃癌，只是还没有发现”，而不是“我现在很紧张”。这个观点得到了支持，已经有研究显示，疑病症患者更为关注身体的感觉，更容易把症状当作巨大的灾难，关于疾病有更多的错误观念，比非疑病症精神病患者或正常人更害怕衰老和死亡。容易放大身体感觉，把常见症状当作疾病，把忧虑躯体化的患者与没有表现出这些认知偏见的患者相比，不那么容易在4年的追踪期内消除疑病症。因此，他们产生疾病的原因是错误地解释了身体感觉。

也有研究已经发现，躯体障碍患者（或者说有很多医学上无法解释的躯体方面疾病的人）相应地也有高度的负面情感：悲观、自责、总体上的不幸福感。如果这些负面情感与情绪表达困难结合在一起，那么这个人就更容易把消极情绪引导到身体上来。

三、未来发展

躯体症状障碍患者往往辗转就诊于各级综合医疗机构。如果非精神专科医生对该病认识不足，则可能导致漏诊或误诊，造成严重的医疗资源浪费，可能造成医患关系紧张、甚至医疗纠纷或医疗暴力等不可挽回的局面。因此，亟须提高综合医院医师对躯体症状障碍的认识和辨别能力。躯体症状障碍诊断B标准量表（SSD-12）是量化评估躯体症状障碍心理行为特征阳性标准-B标准的诊断工具，有很好的心理测量学属性，已有中文版本。建议在综合医院引入SSD-12等躯体症状障碍自评量表的筛查。在综合医院对躯体症状障碍患者诊断和治疗将是未来发展的方向。治疗方面，患者对躯体症状归因错误，大部分医疗人员不能很好地给患者解释，且目前尚无疗效满意的治疗方法，导致患者对治疗依从性低；心理治疗、药物治疗等能起到缓解焦虑和抑郁，减轻躯体症状的作用，但起效慢，患者往往不肯坚持。因此，探索多元治疗方案，开展多层次、多方位心身同治的综合治疗研究，从而更有效地缓解患者的躯体症状，提高患者的生活质量，将是今后医疗领域研究和发展的重要方向（郑雨恩，2022）。

参考文献

[1] Scarella T M, Boland R J, Barsky A J. Illness Anxiety Disorder: Psychopathology, Epidemiology, Clinical Characteristics, and Treatment [J]. Psychosomatic medicine, 2019 (5).

[2] 郑恩雨，王可，冯雪竹，等. 躯体症状障碍相关研究进展 [J]. 中国药物依赖性杂志，2002 (06)：407-410，416.

[3] Martijn P, Lianne H, René S. Biological Psychiatry [J]. Multiscale Neuroscience of Psychiatric Disorders, 2019 (7).

[4] 钱铭怡. 变态心理学 [M]. 北京：北京大学出版社，2006.

[5] 劳伦·B. 阿洛伊. 变态心理学 [M]. 上海：上海社会科学院出版社，2005.

[6] 王建平. 变态心理学 [M]. 北京：中国人民大学出版社，2018.

[7] 王登峰. 临床心理学 [M]. 北京：人民教育出版社，1999.

第九章

创伤及应激相关障碍

第一节　应激及其障碍概述

一、概念

应激（Stress）是指个体在察觉到威胁或挑战时做出适应性或应对性措施的过程。心理应激（Psychological Stress）是指个体在察觉到威胁或挑战时紧张的身心状态。

应激障碍（Stress Disorder）指一组由强烈或持久的心理和环境因素作用引起的异常心理应激反应而导致的精神障碍，亦称心因性精神障碍，反应性心理障碍。这类障碍具有发病时间与应激因素密切相关的特点。

创伤与应激障碍经历了漫长的发展。19 世纪五六十年代，Delbruck 描述了一种由严重心理创伤导致的并可很快恢复的心理障碍。19 世纪 70 年代，Bernard 提出机体内环境的稳定是保持健康的关键，机体会对抗破坏内环境稳态的威胁或挑战以保持内环境的稳态。20 世纪 20 年代，Wimmer 首次提出心因性精神障碍的概念，并认为创伤对本病的发生起着关键作用；同年代，Cannon 提出机体在面对内外环境变化时通过各种自我调节机制保持内环境的动态平衡的过程称为“内稳态”。20 世纪三四十年代，Selye 提出生物应激理论，第一次系统地使用应激概念来解释机体受到威胁性刺激时所产生的生理反应，他将这一类刺激涉及的生理生化反应称为“一般性适应综合征”（General Adaptation Syndrome，GAS）。20 世纪 80 年代，Lazarus 和 Folkman 在研究了认知评价和应对方式在应激中的重要性之后形成了认知交互作用的应激理论。

二、应激理论模型

应激是一个十分复杂的过程，各个维度与因素的变化都可以影响应激的过程和结果。同时应激还是一个动态变化的整体，整体的平衡与失衡可能造成个体的适应与适应不良。

由于人们关注的侧重点不同，从而形成了不同的理论。模型是对理论的概括，因此理解模型对学习理论有重要作用。代表模型主要有侧重于应激反应的应激反应模型、侧重于个体对应激源的认知评价和应对能力的应激认知评价模型、侧重于应激作用过程的应激过程模型，以及近年来备受关注的多因素、多维度动态交互作用的应激系统模型。

（一）应激的刺激模型（图 9-1）

应激的刺激模型注重于刺激的研究，这种模型认为应激是能够引起机体紧张反应的刺激。该模型力求探究什么样的刺激可以引起机体的紧张反应（Strain），其认为刺激与反应之间存在因果关系与数量关系。此模型促进了应激的研究，帮助人们认识了什么样的刺激可以引起机体的紧张反应以及生活事件与心身疾病的关系。但是该模型一方面难以将刺激与反应进行定量的研究，另一方面忽略了人的认知、评价等主观能动性的因素。

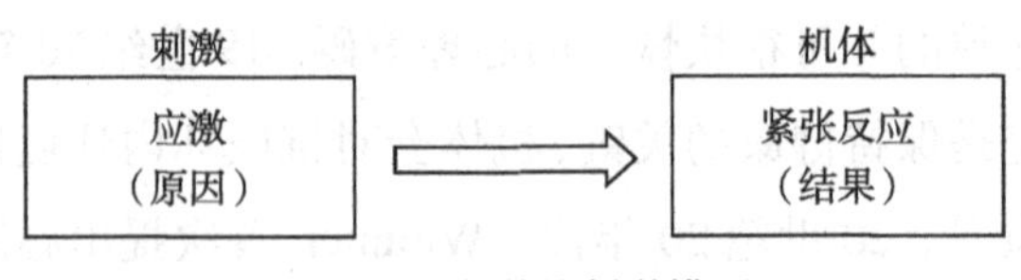

图 9-1　应激的刺激模型

（二）应激的反应模型（图 9-2）

如果说应激的刺激模型重视输入端的研究，那么应激的反应模型则是注重对应激反应的研究。此模型将机体察觉到威胁或挑战时产生的紧张性的生理反应、心理反应、行为反应称为应激，而刺激则称为应激源（Stressor）。此模型的一个重要意义是探究了应激时的生理生化反应，更加直观地呈现了应激与机体健康之间的关系。

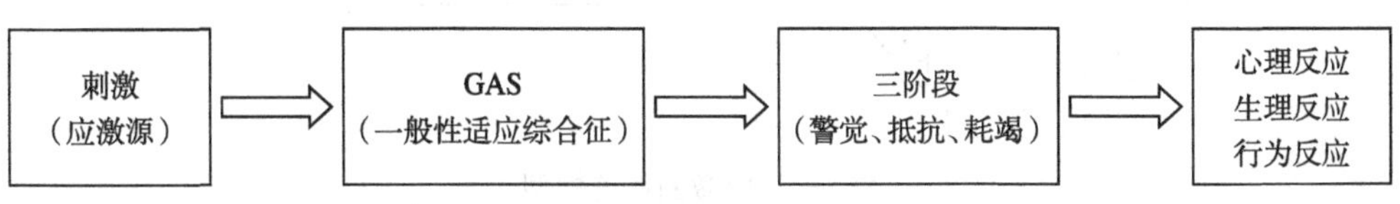

图 9-2　应激的反应模型

（三）应激的认知评价模型（图 9-3）

前两个模型重视应激两端的研究，而认知评价模型则更注重应激过程的研究，同时该模型还更注重对人的主观能动的关注。其认为应激反应的产生不是由应激源直接作用，而是由认知、评价和个体体验到事件的意义为主要中介和直接动因。认知评价可分为初级评价、次级评价和再评价三个阶段。这种应激模型重视个体与环境的相互作用，它摆脱了前两种模型将人看作一个消极被动的客体，并为通过矫正认知评价以应对应激的方法提供了理论基础。

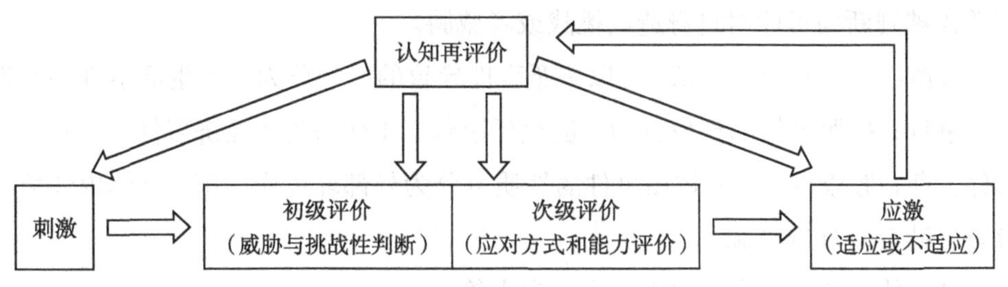

图 9-3　应激的认知评价模型

（四）应激的系统模型（图 9-4）

应激系统模型是近年来研究较多的理论模型，该模型认为各种应激因素之间是存在着交互作用的。例如，认知评价可以影响应激反应，同时应激反应也可以反过来影响认知评价。该模型的特点是多因素互相作用，人格特征是其核心因素，认知因素起关键调节作用。各因素之间的动态平衡被打破后会导致机体的不适应。

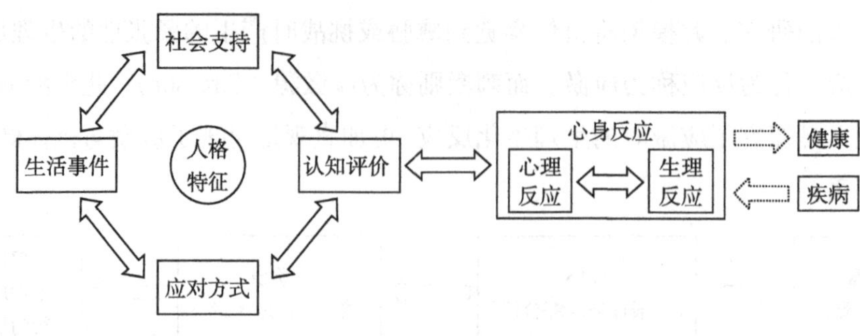

图 9-4　应激的系统模型

三、应激过程

（一）应激源

应激源是引起应激的刺激，也称为生活事件（Life Events）。引起个体应激的刺激是多种多样的，可以是生物、物理、社会、心理等各种不同性质的。这些刺激改变了身心的平衡状态，是向个体提出适应与应对变化并导致生理和心理反应的输入。应激源不仅可以是负性生活事件也可以是积极的变化，但其需要能够被察觉并被判断为可能对自身造成挑战或者威胁。

应激源有多种分类方法，可以按照事件导致的影响分为正性生活事件和负性生活事件；按照事件的现象分为家庭生活事件、工作事件、经济事件、人际交往事件、身心健康事件等；按照事件的性质可分为外部环境应激源、个体内环境应激源、社会心理应激源。

（1）外部环境：自然灾害、人为灾害等。

（2）个体内环境：疾病、营养缺乏、内分泌紊乱等。

（3）社会心理环境：负担重、节奏快、人际关系紧张等。

（二）中介因素

应激源与个体的心理和生理反应之间存在着密切的联系，但是这种联系不是直接的，它受到多方面因素的影响，例如，同样的刺激对于不同的个体可以产生不同的心理和生理反应。中介因素按照性质可分为心理社会因素和生理因素。

1. 心理社会因素

（1）认知评价（Cognitive or Appraisal）因素。认知评价是个体对所遭遇事件的性质和可能的危害做出的评价。这对心理应激的产生以及程度有重要影响作用。沙赫特认为，在情绪的产生中认知因素发挥着重要的作用；贝克认为，负性情绪的产生不是由事件本身直接导致的，而是由不合理的认知与信念导致的；拉扎鲁斯把认知分为初级认知、次级评价和认知再评价。

（2）应对策略（Coping Strategies）因素。应对策略又称应对方式，是个体为了应对由生活事件或生活事件所导致的自身不平衡而采取的认知和行为相综合的自我保护措施。应对策略有多种分类方法，按照其指向性可以分为关注问题解决的问题中心策略和关注情绪应对的情绪中心策略，按照对应激缓冲作用和个体态度的不同可以分为消极与积极的应对策略。

（3）个性特征（Personality Characteristics）因素。个性心理学包括个性倾向（需要、动机、理想、兴趣、价值观）和气质、性格、能力等个性心理特征，这些特征具有稳定性、独特性、社会性等。个性特征影响个体对生活事件的认知评价、应对方式，同时对良好社会支持的建立与利用具有重要影响。

（4）社会支持（Social Support）因素。社会支持是个体接受来自社会各方面的精神与物质上的帮助和援助。良好的社会支持可以提高个体对生活事件的应对能力，并可以降低对事件的危害性与严重性的评价，同时一些生活事件本身就是社会支持方面的问题。社会支持还可以促进身心健康和良好情绪的维持，例如抑郁症的治疗中社会支持具有重要作用。

2. 生理因素

应激的生理中介因素指参与调节应激源与应激反应之间的生理结构与功能。可以分为神经、内分泌、免疫三大因素，但是需要注意的是，这三者是一个统一的整体，三者相互作用、相互影响、密不可分。

（1）神经系统因素：自主神经系统中交感神经和副交感神经的优势变化分别调节机体的紧张与放松状态。同情绪相关的边缘系统对情绪的产生与调节起作用。

（2）内分泌因素：肾上腺髓质分泌的肾上腺素与去甲肾上腺素可激活机体。肾素–血管紧张素–醛固酮系统的激活可导致血压升高，排尿、排钠减少。性激素分泌减少，生殖能力受损。糖皮质激素分泌增多抗炎、抗感染、抗过敏，调节代谢诱发胰岛素抵抗、脂肪重新分布、细胞缺氧、细胞凋亡启动。

(3) 免疫因素：糖皮质激素分泌增加可以抑制免疫系统功能。

(三) 应激反应

应激反应亦称应激的身心反应，是指个体因为应激源的刺激所导致的在生理、心理、社会方面的变化。

1. 应激的生理反应

应激的生理反应可以分为警觉、抵抗、耗竭三个阶段。

(1) 在警觉阶段，机体面对威胁或挑战事件引发警觉，紧张性与敏感性提升，立刻调动自身资源以做出应对。这一阶段交感–肾上腺髓质系统激活，心率加快、呼吸加深加快、瞳孔放大、血液重新分布、能量动员，可产生攻击或逃跑反应，是机体做出的适应性反应。

(2) 在抵抗阶段，机体调动大量的资源应对应激源，长期的应激使下丘脑–垂体–肾上腺系统（HPA）长期处于病态活跃状态，大量分泌的糖皮质激素，可使机体的免疫功能减低，内分泌紊乱，同时可导致消化系统、生殖系统、运动系统、神经系统等系统的改变，如胃溃疡、月经不规律、生长发育缓慢、记忆力减弱。

(3) 在耗竭阶段，机体采取的应对措施没有效果或应激的持续存在可导致资源的耗竭。此时个体全面崩溃，可导致身心疾病。

2. 应激的心理反应

应激的心理反应可包括认知、情绪、行为等方面的改变。

(1) 认知改变。应激一方面可导致认知能力的下降，如意识障碍、注意力受损、记忆力减退、思维迟滞等。另一方面可导致负性认知，如灾难化、偏激的思维。

(2) 情绪改变。应激能唤起几乎所有的负性情绪，其中焦虑是面对应激以及预期的灾难后果时很常见的一种情绪反应，恐惧亦是面对威胁与伤害时的一种常见消极情绪。应激也导致抑郁状态的发生，表现为兴趣下降、无助、郁郁寡欢、自我评价下降等。

(3) 行为改变。行为改变是机体应对应激源，摆脱身心不安的应对策略。积极的行为改变可以是寻求帮助、解决问题；消极的行为改变包括逃避、退化、无助、敌对、冷漠等。

四、影响因素

（一）生物学因素

（1）遗传：PTSD 一级亲属共病比例明显高于二、三级亲属；PTSD 子代患病率显著高于健康个体子代。

（2）神经生化：神经内分泌系统变化（HPA 轴兴奋性增高）；炎症系统激活等。

（3）脑结构和功能改变：杏仁核、旁嗅皮质和前额叶皮层、前扣带回之间的功能交互作用改变；慢性应激海马结构发生改变，细胞萎缩，海马萎缩会导致 HPA 轴调节失控。

（二）社会心理因素

（1）儿时心理创伤、心理冲突、不良防御机制、心理弹性差。

（2）个体对应激事件的认知评价、应对方式及社会支持系统。

（3）人际关系差、团体凝聚力差、指挥混乱、失去信心、缺乏支持。

（三）环境因素

各种环境中的理化和生物性刺激。如高/低气温、高/低气压、噪声、辐射、有害化学物质等。

（四）性别因素

女性比男性更可能诊断患创伤及应激障碍。一方面女性相比男性更容易经历性虐待等应激事件，另一方面女性经历的创伤事件更易遭到污名化进而减少社会支持。

（五）文化与地区因素

不同的文化背景可以影响人们的认知与评价。不同地区由于经济、文化、社会治安、整体受教育程度的不同也可影响应激。

五、分类

在 CCMD-3、ICD-11、DSM-5 中，创伤与应激相关障碍主要有以下几种类型（表 9-1）：

表 9-1　创伤与应激相关障碍分类

CCMD-3	ICD-11		DSM-5
癔症、应激相关障碍及躯体形式障碍	**应激相关障碍**	**与有害或创伤事件有关的问题**	**创伤及应激相关障碍**
41.1 急性应激性障碍	B40 创伤后应激障碍	QE80 犯罪或恐怖主义的受害者	反应性依恋障碍（F94.1）
41.2 创伤后应激障碍	B41 复杂性创伤后应激障碍	QE81 暴露于灾难、战争或其他敌对行为	脱抑制性社会参与障碍（F94.2）
41.3 适应障碍	B42 延长哀伤障碍	QE82 虐待个人史	创伤后应激障碍（F43.10）
短期抑郁反应	B43 适应障碍	QE83 在童年时受惊吓的经历	急性应激障碍（F43.0）
中期抑郁反应	B44 反应性依恋障碍	QE84 急性应激反应	适应障碍
长期抑郁反应	B45 脱抑制性社会参与障碍	QE8Y 其他特指的与有害或创伤事件有关的问题	伴抑郁心境（F43.21）
混合性焦虑抑郁反应	B4Y 其他特指的应激相关障碍	QE8Z 未特指的与有害或创伤事件有关的问题	伴焦虑（F43.22）
品行障碍为主的适应障碍	B4Z 未特指的应激相关障碍		伴混合焦虑和抑郁心境（F43.23）
41.9 其他或待分类的应激相关障碍			伴行为紊乱（F43.24）
			伴混合性情绪和行为紊乱（F43.25）
			未特定的（F43.20）
			其他特定的创伤及应激相关障碍（F43.8）
			未特定的创伤及应激相关障碍（F43.9）

六、心理应激的意义

心理应激对机体既有积极作用又有消极作用，适度的心理应激对个体有积极作用，过度的应激对个体有消极作用。

（一）积极作用

（1）适度的心理应激能促进人的功能活动，激发人的潜能，帮助个体健康成长。

（2）适度的应激可以减少无聊、厌烦的情绪状态，激励人们投入对生活事件的应对，努力克服各种困难。

（3）同时适度的环境刺激是机体保持感知觉正常的重要内容。

（4）适度的刺激对神经系统的发育具有重要作用。

（二）消极作用

（1）急性应激有强烈的生理心理反应，可表现为焦虑、烦躁、心悸、出汗、呼吸与血压等生理指标的改变。

（2）慢性应激使人产生疲劳、头疼等一系列的躯体症状。长期的交感–肾上腺髓质病态性激活可以导致机体各系统的异常。

（3）长期应激可导致机体认知、情绪、行为的消极改变，严重者可导致身心疾病甚至药物滥用与自杀。

（4）长期应激还会影响个体正常的社会功能。

第二节　急性应激障碍 ASD

□ 案例

小李，男，23 岁，某部战士。小李平时开朗活泼、热情大方，乐于助人，喜欢社交。一次驻地发生地震，小李所在部队受命参与抗震救灾任务，小李的工作是掩埋地震中丧生的群众的尸体。第一天，当他看到现场大量尸体残肢断臂的状态后，当即精神恍惚、全身发抖、待在原地不知所措，面对战友的呼唤完全没有反应，只是不停地自言自语，没法开展工作。于是带队干部调整他做修理帐篷、分发食品等保障工作。之后小李反复梦见那些残肢断臂的尸体，常常从梦中惊醒，大汗淋漓。在工作中，也经常会无缘无故地发呆、精神恍惚。这些症状持续了3天，班长将小李送到医疗队求助专业医生。

问题1：小李的问题是什么？依据有哪些？

问题2：你将如何治疗干预小李的症状？

一、概述

（一）概念

急性应激障碍（Acute Stress Disorder，ASD）是由于突然发生强烈的创伤性生活事件所引起的一过性精神障碍。

（二）特点

（1）多见于青年人，性别无差异。

（2）起病急骤，及时治疗预后良好。

（3）ASD创伤人群50%以上会发生PTSD。

二、临床表现

ASD的临床特点可以概括为“急、多、短”。“急”，指几分钟到几小时发病；“多”，症状多样；“短”，症状一般在几小时至一周消失。

具体表现：

1. 侵入性症状

①对于创伤性事件反复的非自愿的和侵入性的痛苦记忆。②反复经历内容或情感与创伤性事件相关的痛苦的梦境。③分离性反应（例如，闪回），个体的感

觉或举动好像创伤性事件重复出现。④对象征或类似创伤性事件某方面的内在或外在线索产生强烈或长期的心理痛苦或显著的生理反应。

2. 负性心境

持续地不能体验到正性的情绪（例如，不能体验到快乐、满足或爱的感觉）。

3. 分离症状

①对个体所处环境或自身的真实感的改变（例如，从旁观者的角度来观察自己，处于恍惚之中、时间过得非常慢）。②不能想起创伤性事件的某个重要方面。

4. 回避症状

①尽量回避关于创伤性事件或与其高度有关的痛苦记忆、思想或感觉。②尽量回避能够唤起创伤性事件或与其高度有关的痛苦记忆、思想或感觉的外部提示（人、地点、对话、活动、物体、情景）。

5. 唤起症状

①睡眠障碍（例如，难以入睡或难以保持睡眠或休息不充分的睡眠）。②激惹的行为和愤怒的爆发（在很少或没有挑衅的情况下），典型表现为对人或物体的言语或身体攻击。③过度警觉。④注意力有问题。⑤过分的警觉。

三、诊断评估

（一）临床评估

（1）急性应激障碍访谈问卷（ASDI）；急性应激障碍量表（ASDS）；斯坦福急性应激反应问卷（SASRQ）；儿童急性应激反应问卷（CASRQ）。

（2）军人急性应激问卷（PSET，李权超）；军人负性应激事件量表（王好博，2017）。

（二）诊断要点

（1）应激事件：①直接经历创伤性事件。②亲眼看见发生在他人身上的创伤性事件。③获悉亲密的家庭成员或亲密的朋友身上发生了创伤性事件。（注：在实际的或被威胁死亡的案例中，创伤性事件必须是暴力的或事故。）④反复经历或极端接触于创伤性事件的令人作呕的细节中。

（2）起病急：在应激事件出现 3 天到 1 个月出现。

（3）症状出现的时间：症状出现的时间与应激事件密切相关。

（4）临床表现特点：精神运动性抑制或兴奋。

（5）病程短：应激源消除后症状可在几小时至几天内迅速缓解，若应激源持续存在，一般最长不超过一个月。

□ 资料卡片

急性应激反应（ASR）与急性应激障碍（ASD）

急性应激反应在 ICD-11 中被定义为由于暴露于具有极端威胁或恐怖性质（如自然或人为灾害、战斗、严重事故、性暴力、攻击）的事件或情况（短期或长期）而产生的短暂情绪，身体、认知或行为症状。急性应激反应症状可能包括焦虑的自主神经症状（如心动过速、出汗、脸红）、发呆、困惑、悲伤、焦虑、愤怒、绝望、过度活动、不活动、社交退缩或昏迷。鉴于应激源的严重程度，对应激源的反应被认为是正常的，通常在事件发生后几天内或在脱离威胁环境后开始消退。

目前一些主流观点认为 ASR 与 ASD 的区别在于：前者是正常的反应，通常可以自行缓解，症状一般不超过两天。后者通常不能自行缓解，症状持续时间至少三天至一个月。

四、防治要点

研究证明，对急性应激障碍的患者提供治疗能够有效地预防创伤后应激障碍的发生。治疗可遵循及时、就近、期望、简单的原则，其目的是恢复正常功能、预防创伤后应激障碍。

（一）快速评估与处置

快速评估 ASD 患者并采取一些及时的处置措施是至关重要的，一方面可以减少 ASD 患者与周围人受到伤害的可能，另一方面对于保证作业的正常实施也有重要作用（特别是特殊环境下的作业，例如抢险救灾、军事行动）。

在军事行动中的具体实施步骤：

（1）及时发现：情绪异常、行为异常。

（2）迅速检测：①自知力；②定向力；③反应力；④精细动作能力。

（3）快速分类：①继续作战；②火线调整；③暂时撤离。

（4）就近处置：①承诺：与其进行身体和情感接触（如拥抱、抚摸等），积极反馈（如“我们现在是安全的”“我不会离开你”等），不呵斥。目标：对抗恐惧孤独。②交流：积极的行为指导（站起来、爬到这边来）、询问细节（“你哪里不舒服”）、解释并共情其感受。目标：对抗过激身心反应。③控制：逐步指导其行为，提供选择（“你需要一个人待着还是我陪着你”），提供积极信息。目标：对抗无助感。④联结：明确其身份、职责和团队角色；建立定向、引导其表达。目标：对抗混乱。⑤补充：给予食物、水、香烟等，安抚其休息。目标：缓解疲劳、增加应对应激的生理资源，即生理支持法。同时适当使用心理干预技术：情绪稳定化技术、正常化技术等。

（5）撤离：目的是能够带领、运送救助对象安全撤离战术区，撤离过程中注意心理支持、鼓励与陪伴。

（二）心理治疗

（1）暴露疗法：暴露疗法通常是处理创伤记忆的首选治疗方法，同时研究发现，在预防 PTSD 上其似乎比认知重构更为有效。在安全的环境下重复进行暴露可以减少恐惧、增加积极的心理暗示、促进认知评价的改变。

（2）团体疗法：在治疗期间，团体成员就应激及创伤相关的问题进行交流和讨论，团体成员自然形成一种亲近、合作、相互帮助、相互支持的关系和气氛，使团体中的个体得到改善。这种治疗可用于短期产生大量急性应激障碍患者的情况，如恐怖袭击、重大自然灾害、战争等。

（3）社会支持：目的是帮助来访者提高社会支持的利用度。

（4）认知行为疗法：认知行为治疗中的放松疗法对急性应激障碍的患者具有非常好的效果，如慢呼吸法在短时间内应对紧张与应激具有非常好的效果，而且方便实施，对场地、器材没有要求。

（三）物理干预

一些急性应激障碍的患者可出现过度兴奋、行为异常等一过性精神障碍，可能对自身与周围人员造成伤害，必要时可以采取人为的物理控制方法有效控制过度兴奋和行为异常的救助对象，避免伤害行为。

（四）药物治疗

对于极度亢奋的救助对象，救治人员有条件时可采用镇静药物进行控制：如肌肉注射氟哌啶醇 5～10mg 或肌肉注射齐拉西酮 20mg。

第三节　创伤后应激障碍 PTSD

□ **案例**

小刘，男，27 岁，某部驾驶士官。小刘驾驶技术娴熟，做事胆大心细，积极阳光、乐于助人。去年夏季，小刘所在部队组织了一次野外驻训演练，小刘驾驶一辆大巴车前往驻训基地。路上突遇山体滑坡，坠落的山石砸向车窗，靠窗的多位战士受到不同程度的外伤。自此之后，小刘十分自责，总觉得战友受伤是自己造成的。此后他不愿再驾驶车辆，而且总会找各种理由回避参加野外驻训任务，在单位里远远看到那天受伤的战友也会刻意绕开。不仅如此，小刘还经常梦到山体滑坡将他驾驶的大巴车掩埋，同车的战友全部牺牲，常常从梦中惊醒。平时工作生活中，一旦周围出现稍大的声响，他也会一惊一乍、疑神疑鬼，完全不能集中注意力做事，终日郁郁寡欢，对周围的人和事都提不起兴趣，总感觉不开心。这些表现持续了两个多月，严重影响了正常工作和训练。上级领导为小刘联系了心理医生进行诊疗。

问题 1：如果你是心理医师，你会为小刘做出什么诊断？依据是什么？

问题 2：你将如何帮助小刘解决问题？

一、概述

（一）概念

创伤后应激障碍（Post-Traumatic Stress Disorder，PTSD）又称延迟性心因性反应，是一种遭遇到与威胁性或灾难性心理创伤有关，并延迟出现和（或）长期持续的精神障碍。

（二）特点

（1）常出现创伤性体验反复重现、持续警觉性增高和持续性回避。

（2）大灾之后 PTSD 发生率为 10%。

（3）症状可持续数月、数年，甚至数十年。

（4）PTSD 患者自杀风险明显高于普通人。

二、临床表现

三大核心症状：闯入性症状、持续的回避、持续的警觉性增高。

（一）闯入性症状

又称闪回，容易诱发。以生动的侵入性记忆、闪回或噩梦的形式重新体验创伤事件或当前事件。这种重新体验可能在一种或多种感官上发生，通常伴随着强烈或压倒性的情绪体验，特别是恐惧或恐怖，以及强烈的身体感觉。

（二）持续的回避

回避对该事件的想法和记忆，或回避让人联想到该事件的活动、情景或人物。可导致人际疏离、格格不入、万念俱灰、自杀。

（三）持续的警觉性增高

持续感觉到当前威胁的加剧，例如表现为过度警觉或对意外噪音等刺激的惊吓反应增强。这些症状至少持续数周，并在个人、家庭、社会、教育、职业或其他重要功能领域造成严重损害，可导致持续焦虑、难以入睡、易受惊吓、注意力难以集中，约50%的个体一年内恢复。

（四）其他症状

与创伤性事件有关的认知和心境方面的负性改变，在创伤性事件发生后开始或加重；由于分离性遗忘症导致无法记住创伤性事件的某个重要方面；对自己、他人或世界持续性放大的负性信念和预期；对创伤性事件的原因或结果持续性的认知歪曲，导致个体责备自己或他人；持续性的负性情绪状态，不能体验到正性情绪；显著地减少对重要活动的兴趣或参与；产生与他人脱离或疏远的感觉。

三、诊断评估

（一）问卷评估

创伤后应激障碍量表平民版，结合生活事件量表；临床医师专用PTSD量表；PTSD症状会谈量表；创伤后应激障碍自评量表。

（二）诊断要点

（1）应激事件：应激事件具有严重性、灾难性。

（2）起病慢：症状持续1~6个月。

（3）三大核心症状，并伴负性情绪反应。

（4）病程较长：只有约一半的患者可在3个月内完全康复。

□ **资料卡片**

急性PTSD、慢性PTSD和延迟性PTSD

PTSD的症状和相对占主导的症状可以随着时间的变化而不同。症状持续时间也有差异，约有半数成年人可以在3个月内完全康复，而有些个体的症状持续超过12个月，有时会超过50年。由于对原始创伤提示物、不断的生活压力或新经历的创伤性事件的反应，可以使症状复发和强化。对于老年个体，健康状况衰退、认知功能恶化以及社会隔离可能加重创伤后应激障碍的症状。

按照PTSD症状的持续出现时间可将其分为：急性PTSD（症状持续3个月以内）、慢性PTSD（症状持续超过3个月）、延迟性PTSD（症状在创伤事件后至少6个月后发生）。

四、防治要点

PTSD会给个人、家庭和社会带来严重的负担（包括心理、生理与经济方面），同时自杀与患其他精神心理障碍的风险增高，因此对PTSD的防治具有重要意义。防治的目的是缓解症状、预防共病与病程的迁延。

（一）心理治疗

（1）暴露疗法：是一种很有效的预防与干预手段，有研究表明它的效果好于药物或支持性的疗法。暴露疗法可以分为现实暴露与想象暴露两种方法，如果条件允许治疗师可以让来访者直接生动地暴露在应激源中；另一些可能对来访者造成伤害或难以复制的场景如性侵、虐待、战争等，治疗师可以让来访者回忆细节或使用虚拟现实的技术进行场景模拟。

（2）认知行为治疗：认知行为疗法包括一系列的治疗技术（如合理情绪疗法、贝克认知疗法，压力接种技术），它关注于不合理认知和行为的改变。它是一组以问题为中心，注重行动的治疗方法。例如应激接种技术也称为压力接种训练，对于一些来访者使用暴露疗法可能加重创伤后应激障碍的症状，或者其不能忍受暴露在创伤情境中，那就可以使用应激接种技术。该技术分为概念、技能获得和复述、应用三个阶段，治疗师可以教给来访者技巧，以面对增加应激的问题。

（3）眼动脱敏与再加工（EMDR）：这是一种比较新型的治疗技术，最初由Shapiro创立，是目前国际创伤应激协会指定的一种PTSD治疗方法。Shapiro认为在治疗过程中患者可以进入一种类似快速眼动睡眠的状态，可以帮助来访者减轻相关的记忆与负性情感。

（4）正念疗法：正念疗法广泛地用于缓解焦虑、压力等情绪反应。正念疗法帮助来访者专注于当下、全然地觉察与接受自我，但是不做任何的判断和分析。

（5）社会支持：社会支持是影响应激反应的重要中介因素之一，良好的社会支持和更高的社会支持利用度可以减轻应激反应的程度。治疗师可以帮助来访者建立和利用社会支持，同时给予来访者的家属指导。

（二）物理治疗

经颅磁刺激（rTMS）、经皮耳迷走神经刺激（taVNS）、经颅直流电刺激（tDCS）、经颅交流电刺激（tACS）的物理疗法可明显改善睡眠情况，帮助来访者更快入睡、减少夜间觉醒次数。同时对增加情绪稳定性、减少闪回症状、改善思维能力也有良好的作用。

（三）药物治疗

一般来说药物治疗使用较少，但是药物治疗对于急性期特别是患者处于极度焦虑或者相当痛苦的情况时是必不可少的，同时要注意到停止药物的使用的话，病情可能复发。选择性 5-羟色胺再摄取抑制剂（SSRIs）、三环类抗抑郁药物和苯二氮䓬类药物可以用于 PTSD 的治疗，能帮助缓解症状、减轻痛苦。

（四）预防措施

（1）平时教育训练：注重正确认识和处理生活事件的教育、提高人员的挫折耐受力、增强对环境变化的适应能力。

（2）特殊环境专项训练：提高战场环境适应性，在虚拟现实技术下进行趋避训练、战场环境脱敏训练等。如趋避训练：借助 VR 技术，呈现战场残酷、危险及血污场景，通过反复训练，降低军人在实战条件下面对战场血污场景的回避和恐惧倾向，提高战场环境适应能力，提升战场心理“免疫力”，达到战场环境“免疫接种”的目的。

（3）心理强化训练：心理韧性训练，如特种部队的“魔鬼周”训练等。

（4）预防性干预：对经历重大创伤者开展预防性干预，提供支持、接受、面对、表达、宣泄、寻找社会支持资源、学习新的应对方式等服务。例如紧急事件晤谈（CISD），在创伤事件发生的 72 小时内对相关人员（包括受害者及其家属）

进行紧急干预，无论个体是否出现创伤及应激的相关症状。

第四节　适应障碍 AD

案例

小易，18 岁，某军校新生。小易今年以优异的高考成绩考入了某知名军校，入校后学校立即展开了新学员军训。自新训开始小易就感觉到十分不适应，训练很辛苦也不能经常拿到手机，而且带训教官也很严厉，对新学员要求严格。新训三周来，小易一直郁郁寡欢，愁眉苦脸，经常没有原因地精神紧张、焦虑。小易也一直感到痛苦万分、生不如死，每次和家里通电话时都是吵着要申请退学，还经常一个人在夜里自言自语或是躲在被子里抽泣。为了逃避训练，之前很少撒谎的小易总是会编出各种各样的理由来欺骗教官。学员队干部发现小易的异常表现后也和小易做了许多次思想工作，但效果一直不太好，随即学员队干部向学校心理医生寻求帮助。

问题 1：小易有些什么症状表现？

问题 2：你觉得小易可以诊断为何种障碍？

一、概念

适应障碍（Adjustment Disorder）是个体由于个体易感性、适应能力不良、应对能力缺陷对可识别的社会心理压力源（如离婚、疾病或残疾、社会经济问题、家庭或工作冲突）或生活环境的改变产生较明显的情绪障碍、生理障碍、行为异常、适应不良的不适应反应。

二、临床表现

（一）以情绪障碍为主要表现

其中主要表现为焦虑与抑郁。焦虑表现为精神紧张、胆小害怕、神经过敏、注意力不集中，同时伴有相关的躯体症状如心慌、胸闷、胃肠道症状、尿频尿急；抑郁表现为情绪不高、郁郁寡欢、愁眉苦脸，兴趣减退、对平时感兴趣的事情也提不起兴趣，自卑无助，同时伴有食欲紊乱、性功能减退、慢性疼痛、睡眠紊乱等躯体症状。

（二）行为与品行异常

来访者可出现惹人注目的适应不良行为或暴力冲动行为。儿童可出现退行性行为如吮吸手指、尿床、幼稚言语，青少年可出现社会敌对行为以及品行障碍如欺骗、逃学、斗殴，甚至是吸烟、酗酒或者药物滥用。

（三）生理功能异常以及社会工作或功能受到影响

前者如食欲紊乱、头痛、心慌、胸闷，后者可导致个人、家庭、社会、教育、职业或其他重要功能领域的显著损害。

（四）症状持续时间

通常在压力源发生后 1 个月内开始，并且通常在 6 个月内消失，除非压力源持续时间更长。

三、诊断与评估

（一）评估要点

适应障碍的评估需要全面评估患者的个性特点。

（1）存在生活事件：在发病前 1 个月内有明显可辨别的一个或多个事件为诱因。诱发事件的种类是多种多样的，例如生活环境的改变、参军、移民、离家上学、离婚、丧亲、职务调整等。

（2）来访者个体特征：来访者的特征在适应障碍的发生中起着相当重要的作用。即使同 ASD、PTSD 一样，AD 也存在肯定的应激源，但是其应激源的强度较前两者要小，此时个体的易感性和主观因素在疾病发生中更为重要。个体特征可包括：性格方面的缺陷（如多疑、胆怯、敏感），扭曲认知与信念（如绝对化、灾难化、概括化的负性思维），应对策略的缺陷（如不良的应对方式与适应不良的行为），不良的生理状态（如脑功能改变、疾病、妊娠），社会支持不良或利用度差（良好的社会支持可以给个体提供精神与物质上的帮助）。

（3）症状表现特点：一方面是来访者的痛苦与应激源的严重程度严重不相符，另一方面是症状可与年龄有联系，如儿童可表现为退行性行为和模型的躯体不适，青少年主要表现为品行障碍，成年人多表现为情绪障碍，老年人可伴有躯体症状。

（4）社会功能受损：来访者的正常社会功能受到影响，如不能够正常地学习、工作、训练、社交。

（5）病程持续时间：一般在应激源出现 1 个月内出现症状且症状持续不超过半年，除非应激源持续存在。

（6）排除其他疾病：这种应激相关的症状不符合其他精神障碍的诊断标准，不是原先存在的精神障碍的加重。

（二）鉴别诊断

1. AD 与 ASD、PTSD 的鉴别诊断

表 9-2　AD、ASD、PTSD 的鉴别诊断

障碍类型	AD	ASD	PTSD
应激源严重程度	较轻	较重	较重
症状持续时间	1~6 个月	较短，3 天至 1 个月	大于 1 个月

2. AD 与重度抑郁障碍的鉴别诊断

如果来访者对应激源的症状表现符合重度抑郁障碍的诊断标准，那么适应障碍的诊断就不再适用而应该诊断为重度抑郁障碍。

3. AD 与人格障碍的鉴别诊断

一些人格障碍的特质可能类似于适应障碍的表现。当存在人格障碍时，如果症状符合适应障碍的诊断标准，同时应激相关的紊乱超出了可以归因于人格障碍症状的适应不良，则应该做出适应障碍的诊断。

同时人格障碍的病史可以是终身性的，病程持续时间有助于对人格障碍与适应障碍进行区别。应激源可以加重人格障碍的症状但与其产生没有直接关系，而适应障碍的症状产生与应激源有直接的关系。

□ 资料卡片

ICD-11 与 DSM-5 中适应障碍症状出现时间的区别

ICD-11 中定义适应障碍通常在压力源发生后一个月内出现，本书参考 ICD-11 中症状出现的时间。在 DSM-5 中定义适应障碍的紊乱在应激源出现后的 3 个月内开始，在应激源或其后果终止后持续不超过 6 个月。如果应激源为急性事件（例如，被解雇），紊乱通常即刻开始（例如，在几天之内）而持续时间相对短暂（例如，不超过几个月）。如果应激源或其后果持续存在，适应障碍可能继而变成持续型。

四、防治要点

（一）问题解决援助

应激源是引起该障碍症状的重要诱因，应激源消除后症状即可马上得到缓解甚至消除。帮助来访者解决所面临的困境是治疗的重要手段，如果条件允许，可以设法改变引起来访者症状的环境（如脱离不良环境），但是最重要的是提高来访者的应对能力、适应能力和心理韧性。

（二）心理咨询治疗

心理咨询与治疗是 AD 的主要治疗手段。认知行为疗法帮助来访者改变对应激源的不合理认知和行为；支持性心理疗法一方面帮助来访者改善症状，另一方面帮助提升来访者的自信与自尊；森田疗法帮助来访者减少精神交互作用，顺其自然地去生活；家庭疗法与团体疗法可以帮助来访者建立更好的社会支持并提高社会支持的利用度。

（三）药物治疗

药物治疗一般用于症状严重的患者，药物使用应注意保持小剂量，症状一旦缓解，应尽快停药。针对焦虑与抑郁的情绪障碍，可以对症使用少量的抗焦虑与抗抑郁药物。

参考文献

[1] 刘新民，杨甫德. 变态心理学［M］. 3 版. 北京：人民卫生出版社，2018：103-115.

[2] 张伯源. 变态心理学［M］. 北京：北京大学出版社，2005：163-170.

[3] 王卫红. 变态心理学［M］. 重庆：西南师范大学出版社，2021：215-228.

[4] 钱铭怡. 变态心理学［M］. 北京：北京大学出版社，2006：227-239.

[5] 余毅震. 医学心理学［M］. 武汉：华中科技大学出版社，2020：85-104.

[6] 姚树桥，杨艳杰. 医学心理学［M］. 7 版. 北京：人民卫生出版，2018：96-117.

[7] 诺伦—霍克西玛. 变态心理学［M］. 邹丹，译. 6 版. 北京：人民邮电出版社，2017：126-127.

[8] 克林，约翰逊，戴维森，等. 变态心理学［M］. 王建平，韩卓，符仲芳，等译. 12 版. 北京：中国轻工业出版社，2016：207-214.

[9] 韦有华，汤盛钦. 几种主要的应激理论模型及其评价［J］. 心理科学，1998（05）：441-444.

[10] 美国精神医学学会. 精神障碍诊断与统计手册［M］. 张道龙，译. 5 版. 北京：北京大学出版社，北京大学医学出版社，2015：257-282.

[11] 高幸，杨群，刘建军，等. 急性应激障碍治疗的研究进展［J］. 中国健康心理学杂志，2022（03）：471-475.

[12] 张钦涛，马竹静，任垒，等. 作战人员核心心理素质的结构和内容分析［J］. 职业与健康，2020（13）：1841-1845.

[13] 马竹静，张钦涛，任垒，等. 战时官兵心理危机干预的研究进展［J］. 职业与健康，2021（01）：132-136，140.

[14] 姜荣环，马弘，吕秋云. 紧急事件应激晤谈在心理危机干预中的应用［J］. 中国心理卫生杂志，2007（07）：496-498.

[15] 施旺红. 战胜自己：顺其自然的森田疗法［M］. 3 版. 西安：第四军医大学出版社，2015.

第十章 自杀

加缪说过，真正严肃的哲学问题只有一个，那就是自杀。自杀是一个广受社会各界关注的话题，这件严肃的事也是一种令人担忧的复杂的社会现象，是笼罩在恐惧、羞耻、耻辱和沉默的喧闹声中的一个全球公共卫生问题。在美国，每天大约有 100 人自杀，自杀是导致个体死亡的第十大原因。在中国，每年自杀身亡者达 29 万，自杀未遂者有 200 万，而自杀更是年轻人死亡的首位原因。除了这些抽象的统计数字之外，还有许多耳熟能详的名人也因自杀而失去生命：凡·高、玛丽莲·梦露、马雅可夫斯基、川端康成、海明威、三毛、顾城、海子、张国荣、阮玲玉、翁美玲……

2015 年 3 月 24 日，一架空客 A320 飞机在法国南部阿尔卑斯山区坠毁，机上 150 人全部遇难。随着调查的深入，黑匣子数据破解，德国之翼失事谜题解开。副驾驶卢比茨恶意制造空难，一人自杀 149 人陪葬，这起事故非常让人痛心。自杀不仅会给亲人以及朋友带来痛苦，并且也会对家庭以及社会造成不良的影响。

9 月 10 日是“世界预防自杀日”。为预防自杀和降低自杀率，2003 年 9 月 10 日被世界卫生组织定为首个“世界预防自杀日”，以帮助公众了解诱发自杀行为的危险因素，增强人们对不良生活事件的应对能力，预防自杀行为，共同提高公众对自杀问题重要性以及降低自杀率的意识。

第一节　自杀概述

2016年世界卫生组织数据显示，世界平均自杀率为十万分之11.4，而我国平均自杀率为十万分之11.1，和世界平均水平相近。也就是说，每10万人口当中就有11.1个人自杀。世界卫生组织发布《2019年全球自杀状况》报告估计，2019年，有70多万人死于自杀，即每100例死亡中有1例是自杀，每年死于自杀的人数超过死于艾滋病毒、疟疾或乳腺癌甚至战争和凶杀的人数。自杀仍然是全世界的主要死因之一。从2009到2018年，16～22岁的严重抑郁症增加了一倍以上，在16～69岁的人群中，抑郁症的人数增加了17%；严重的心理困扰，包括焦虑和绝望的感觉，占比从17%上升至22%。与2017年相比，2018年患抑郁症的人数增加了两倍，而2018年有更多的人有自杀念头。在此期间，自杀率也有所增加。例如，18～19岁的自杀率从56%上升至82%。其他与抑郁有关的行为也有所增加，包括急诊科的自我伤害入院，如自杀未遂等。

自杀是一个极其重要的公共卫生问题。基于相对保守的估计，自杀是中国15～34岁人群首位重要的死亡原因。这些结果说明自杀在中国是一个极其重要的公共卫生问题。

尽管对自杀率及自杀的绝对数字有争议，但对中国自杀的独特性几乎没有任何疑义。与其他国家不同的是，中国农村的自杀率是城市的3倍（50岁以下人群中农村是城市的2.8倍，50岁以上人群中农村是城市的4.9倍）。一些其他国家（如澳大利亚）报告农村自杀率稍微高于城市，特别是男性，但是这些差异不大，不像中国这样有巨大的差异。

由于农村自杀率高，造成中国自杀状况的另一个特点是：中国是非常少数几个报道女性自杀率高于男性的国家之一（其他国家有科威特和巴林）。国外，发达国家女性企图自杀者是男性的3倍。人们认为这种差异可能与女性获得社会心理支持的机会少，比较容易产生挫折感有关；而男性采取的自杀手段往往比较激烈，因此自杀致死的可能性较大。我国总的女性自杀率比男性高25%，这一差异主要是因为农村年轻女性的自杀率非常高所致：农村年轻女性的自杀率比年轻男性高66%，但是在其他亚人群中男女的自杀率接近。根据统计，1998年我国城市自杀人数为16631人，农村为257264人，即90%以上的自杀发生在农村，其中大多为农村年轻女性。许多媒体关注中国男女自杀率的比例与西方国家相反，在西方国家男女自杀率的比例通常为2∶1，有时为3∶1。通常所说的中国男女自杀率比例（为0.81∶1）的倒置实际上是印度（1.10∶1）和其他亚洲国家（1.48∶1）男女自杀率比例较低的一种延伸。由于亚洲人口在世界人口中所占比例大，中国自杀率的男女性别比例与世界平均水平（1990年为1.37∶1）接近。

中国尚无确切的数字来说明自杀所造成的直接经济、社会和心理损失，但评估自杀和自杀未遂所造成的损失的一个间接指标是根据自杀和自杀未遂所造成的伤残调整生命年（DALYs）的多少来评估其卫生负担。根据世界卫生组织的资料，中国1998年自杀及自伤造成883.7万DALYs损失，占全部疾病负担的4.2%。根据这一指标进行排序，自杀成为我国第四位重要的卫生问题，前三位分别是慢性阻塞性肺部疾病（占所有DALYs损失的8.1%）、重性抑郁症（占所有DALYs损失的6.9%）、脑血管疾病（占所有DALYs损失的5.7%）。自杀和自杀未遂造成如此高的卫生负担，这是因为自杀与其他疾病不同（如癌症和心血管疾病），大多数自杀死亡者和自杀未遂者年富力强。DALYs这个指标仅仅评估了个体死亡或自伤所造成的直接卫生负担。

根据保守估计的数字推算，即每年有25万人自杀死亡、200万人自杀未遂，1例自杀死亡可使6个人受到严重影响，1例自杀未遂可使2个人受到严重影响。自杀死亡给他人造成的心理伤害可持续10年，自杀未遂可持续6个月。每年有150万人遭受到亲友自杀死亡所带来的严重心理创伤，400万人遭受到亲友自杀未遂所带来的严重伤害。基于如上假设，我国每年有1700万人的心理和社会功能因他们所爱的人的自杀死亡或自杀未遂而受到严重损害。尚无办法来准确地评估由此而产生的“负担”大小，但如果进行保守估计，即所爱的人的自杀会使亲友的心理、社会和职业功能降低20%，那么自杀每年会使卫生负担增加340万DALYs，这会使自杀所造成的总的卫生负担增加38%。

与疾病或其他意外死亡不同的是，自杀给受害者的亲友造成严重的、持久的负面心理影响。每出现1例自杀，平均至少对6个人产生严重的不良影响。当然，影响的强度和持续时间的长短有所不同，但相当比例的人随后会一直生活在这种负性心理影响中。在一些情况下，自杀死亡者的家人或好友随后会得抑郁症或自杀死亡，不利于维护家庭的和谐。自杀未遂者其自杀过程也会给个体带来严重的心理伤害，损害个体的身心健康。

目前尚未形成公认的自杀定义。一般来说，自杀是指在复杂心理活动作用下，蓄意或自愿采取各种手段结束自己生命的行为。精神科认为，自杀是指个体有意识地伤害自己的身体，以达到结束生命的行为。

一、自杀的分类

自杀目前尚无统一的分类。对自杀行为进行分类可以更好地进行辨别，为个体提供合适的诊断以及个性化的干预措施。提高人们对自杀概念的重视，正确地认识自杀行为，有利于降低自杀率。

（一）情绪性自杀和理智性自杀

1. 情绪性自杀

情绪性自杀常常由于爆发性的情绪所引起，常见于由委屈、悔恨、内疚、羞惭、激愤、烦躁或赌气等情绪状态所引起的自杀。此类自杀进程比较迅速，发展期短，甚至呈现即时的冲动性或突发性。

2. 理智性自杀

理智性自杀不是由于偶然的外界刺激唤起的激情状态导致的，而是由于自身经过长期的评价和体验，进行了充分的判断和推理以后，逐渐地萌发自杀的意向，并且有目的、有计划地选择自杀措施。因此，自杀的进程比较缓慢，发展期较长。

（二）涂尔干《自杀论》中的分类

1897 年，涂尔干写了《自杀论》，运用其在早期职业生涯中阐述的社会学的方法，将自杀分为四种不同的类型：利己型自杀、利他型自杀、失范型自杀和宿命型自杀。

1. 利己型

有相关研究表明，利己型自杀主要是由个体与群体的离散程度决定的。这里的群体主要是指我们生活的社会这个大群体。当社会有很好的思想引导，群体的凝聚力强，个人在群体中的价值得到体现，有很大的成就感，自杀的人群就会比较少；相反，群体的离散程度大，个人在群体中处于一种涣散状态，个人在群体中自我实现的需要无法实现，会给个体带来很大的挫败感和失落感，这种不良情绪会诱发自杀的发生。另一种说法便是，指因个人失去社会之约束与联系，对身处的社会及群体毫不关心，孤独而自杀。如鳏寡孤独者及相应的精神障碍患者。涂尔干认为这类自杀在家庭气氛浓厚的社会发生概率较低。

2. 利他型

利他型自杀指在社会习俗或群体压力下，或为追求某种目标而自杀。其中不乏为了民族大义和国家发展而选择用自杀的方式来唤醒国人对某些方面的重视的例子。常常是为了身上的责任而选择牺牲小我，成全大我。如屈原投身汨罗江，以死唤起民众的觉醒；孟姜女哭长城，殉夫自杀；疾病缠身的人为避免连累家人或社会而自杀等。杜尔凯姆认为在原始社会和军队中这类自杀较多，在现代社会里越来越少。还有一种比较负面的表现，便是在西方国家比较常见的“人肉炸弹”，他们通常会认为这种方式结束自己的生命是一件光荣的事情。还有学者认为，利他型自杀是由于成员与集体或社会过分地融为一体，当集体或者社会的利益受损，集体或社会要求或者奖励自杀时，利他主义者做出自杀的行为。利用利己型的观点解释，也就是过犹不及。

在一定条件下，根据利他主义自杀产生的社会原因的不同可以将其分为三类：强迫义务性自杀、非强制义务性自杀和强烈性自杀。强制义务性自杀中，自杀者的动机是受到外在条件的强迫，不得不遵守社会规范，正如古代制度中的陪葬制度，这种类型的自杀在当时维护了相应的社会制度，维护了统治阶级的利益，对于社会结构的稳定有着重要的意义。非强制义务性自杀就像日本的武士，他们的自杀都是遵从传统的社会价值观念所产生的行为，这样的行为能够为其带来社会各界人士的称颂。而强烈性自杀则与宗教有着密切的关系，自杀者得到宗教教义的支持。我国早年存在许多邪教组织，导致一些人受到邪教组织的蛊惑，选择用自杀的形式来证明宗教的信仰。

3. 失范型

指个体与社会的固有关系遭到破坏而引发的自杀行为。例如失去工作、失恋、失去亲人、失去挚友等负性生活事件，导致个体内心难以接受，郁郁寡欢，最终选择以自杀的方式结束自己的生命。还有一种解释就是，当社会调控制度发生紊乱时，可能会发生自杀行为，种种紊乱可能发生在经济繁荣或萧条期间。紊乱使得个人遵循的社会规范和价值观念发生改变，个体感觉到无所适从。可以表现为对其生活的影响，例如在经济大萧条期间，一些企业的倒闭，导致员工和老板一时之间陷入困境，面对生活的种种压力，那些内心比较脆弱的人会选择以自杀的方式来逃避现实。

4. 宿命型

涂尔干并未主要讨论宿命型自杀问题。瑞泽尔和古德曼指出，涂尔干仅仅在脚注中讨论过宿命型自杀。他认为在社会调控过度时会发生此种自杀事件。例如奴隶可能会因为自己绝望的处境而自杀。那些被追债的赌徒们，当他们无力偿还巨额高利贷时，许多也会选择自杀。

（三）迪尔凯姆的自杀类型

迪尔凯姆认为自杀的类型可以分为利己主义自杀、利他主义自杀和社会混乱引起的自杀（反常自杀）。

迪尔凯姆与涂尔干理论的不同之处在于其所谓的反常自杀，即是指工业危机或金融危机等引起的自杀。迪尔凯姆指出，“并非由于这些危机使人贫困，因为繁荣的机遇也产生同样的结果；而是由于这些危机扰乱了机体秩序”，此理论和涂尔干的失范型自杀有极大的相似之处。

（四）其他类型

传染型的自杀主要是指一些具有广泛社会影响性的自杀事件，通过媒体的传播，导致大众中的某些个体效仿其自杀行为的做法。不少研究都介绍过因影视、广播等媒体详尽报道一些自杀事件，而使社会上自杀或企图自杀者增加的事实。有研究表明，自杀的模仿性现象及潜意识引导确实存在。如日本曾出现一位走红女演员跳楼自杀的事件，此后的几个月中，连续不断出现采用类似方式而自杀的事件，其中女学生居多；筑波大学发生过一男性教师从理工大楼 7 层跳楼自杀的事件，一年中在同一地方先后以同样的方式自杀 3 人。

最容易引发模仿性自杀的新闻报道有以下特征：

（1）详细报道自杀方法；

（2）对自杀而引致的身体伤残很少提及；

（3）忽略了自杀者生前长期有心理不健康的问题；

（4）将引发自杀的原因简单化；

（5）自杀者知名度高，社会影响大；

（6）使人误认为自杀会带来好处等。

自杀的模仿性现象及潜意识引导确实存在。对 1973 年至 1979 年美国电视报道自杀事件的研究报告指出，电视报道自杀事件导致青少年自杀率上升，越多媒体报道，内容越详尽，则引致自杀率上升幅度也越大。青少年女性自杀率上升约 13%，男性上升 5%。为减少自杀的传染现象，大众传播媒介应注意在报道自杀事件时持谨慎态度，应尽量指出自杀者实际有很多其他可以选择的途径。

二、自杀的特点

（一）自杀者的个性特点

（1）自杀者大都是性格执拗的人，他们在和别人的冲突中不易接受劝告，不愿随和，而是一意孤行。

（2）遭受挫折后经常自暴自弃，表示活着没有意义，一切都完了，不会再对工作、生活产生兴趣。

（3）发生精神和运动迟滞，不愿回答问题，动作缓慢而吃力，表露出轻生意念。

（4）一段消沉、抑郁之后表现出空虚的欣快，待人异常热情。这是因为他们一开始是在考虑是否自杀，思想上进行激烈斗争之后决定结束这一切了，便感到一种解脱、轻松、“愉快”。

（5）理智型自杀者常抓紧一切时间把本来不必急于做的事赶快做完，还会悄悄留下遗信、遗嘱、遗书等。

（6）重大事件以后，出现极度消沉、麻木。

（7）个性特征：通常具有以下心理特征的人在精神应激状态下自杀的风险会增加。①易冲动、多疑、固执、易紧张、情绪不稳；②缺少同情与社会责任感；③自我价值低，缺乏自信，易产生挫折感；④缺乏判断力，看问题以偏概全；⑤人际交往和应对现实能力差；⑥对自杀持宽容、理解和肯定态度，更可能采取自杀行为。

（二）自杀者的情绪特点

多表现为情绪低落、消沉、感觉生活没有意义；不愿与人沟通；可能表现出比较紧张、焦虑、悲伤、恐惧，甚至出现愤怒、无助、绝望等一些情绪和情感体验。在认知方面，在情绪创伤或者是自杀准备阶段，患者把注意力都集中在悲伤或者是自杀的想法当中，从而出现了记忆和认知方面能力的下降。

（三）自杀者的行为特点

（1）自杀行为多样化，并且以跳楼、自缢、口服安眠药为主。

（2）往往有悲痛的情绪表情、喜欢独处、工作效率下降、不能正常地工作、兴趣丧失、社交下降，出现这种孤单、离群，郁郁寡欢和与环境不相称的行为状态。

（3）躯体症状方面，相当一部分的人在自杀前有失眠、早醒、多梦、食欲下降、心悸、头痛、全身不适的症状，有的还会出现血压、心电图的改变。

第二节　自杀的理论模型、影响因素与心理特征

一、自杀的理论模型

（一）自杀的适应器理论

进化心理学家丹尼斯·德·卡坦扎罗早在20世纪80年代就提出过一个惊世骇俗的理论，从生物学的角度分析人类的自杀心理。这篇主题论文发表在学界的顶级期刊《行为与脑科学》1980 年第三期上。卡坦扎罗当时任教于加拿大麦马

斯特大学心理学系。这是要冒险的，因为从生物学角度研究人类行为在当时是一件容易引起争议的事。要知道，生物学家爱德华·威尔逊早在五年前就因为社会生物学的主张引发过来自哈佛大学同行的严厉指责。自杀，作为一种复杂的人类行为，就更是一块社会科学的保留地了，他们不会轻易让人染指。毫不意外，卡坦扎罗的文章引发了对他的批评。不过，到了 1991 年，卡坦扎罗又在《习性学与社会生物学》期刊上发表了新的论文，明确地提出了自杀的适应器理论。

他认为自杀在某些情况下是一种适应行为。这里的适应需要在进化生物学的角度上来理解。根据社会生物学家汉密尔顿的理论，个体的适应度分为两部分：第一部分是直接适应度，即通过自身传递基因而带来的适应度；第二部分是间接适应度，即通过亲人间接传递自身基因而带来的适应度。这两个部分加起来就构成了个体的整体适应度。在社会性动物中，两个适应度之间存在相互影响，这种影响可以是积极的，也可以是消极的。设想一个场景，你因为生病需要家人长期地照料，在这种情况下，你自己未来的繁殖预期比较低，但是家人的繁殖预期比较高，假如你选择以自杀的方式结束自己的生命，你的直接适应度降低了，但是你的间接适应度升高了，你的后代没有通过你得到繁衍的机会，但是通过你的父母或者兄弟姐妹获得了繁衍的机会，因而在总体上你可能留下了更多的后代，虽然不是通过你直接获得的。

卡坦扎罗认为自杀是自然选择的结果。通过个体的自我毁灭，传递基因的效率反而更高，这种情况下自杀机制是有可能被自然选择保留下来的。而且，卡坦扎罗还认为，自杀需要满足一定的智力阈限，因为自杀机制的启动需要在下意识中权衡自杀的利弊，而高智商的个体更可能做到这一点。此外，假如自杀机制具有某种适应优势，那么这种适应优势应该具有一定的遗传基础；换句话说，自杀应该具有一定的遗传性。

自杀最有可能在实现整体适应度的能力下降时出现。该理论推论有三：高智商者更可能自杀；自杀倾向有一定的遗传性；暗示适应不良的进化线索与自杀相关。

来自维也纳大学的马丁·沃拉切克对自杀与智商之间的关系进行了系统的研究。结果显示，自杀风险的确跟智商存在密切关系。比如，一项追踪研究发现，智商为 151 的天才儿童自杀的风险是普通儿童的四倍。包括小说家、文学家、剧作家和诗人在内的高智商者，死于自杀的可能性也远远高于普通人。这一关系也适用于某些特殊人类：跟寿终正寝的同类相比，自杀而死的精神分裂症患者拥有更高的智商。来自意大利、奥地利和白俄罗斯的调查也都证实了沃拉切克的猜想：高智商的人更可能死于自杀。

来自行为遗传学的研究为自杀的遗传性提供了某种支持。丹麦的一项全国性调查发现，跟同父异母或同母异父的兄弟姐妹相比，亲生手足之间自杀风险的相关更高。瑞典的研究者也发现，两个个体之间的亲缘关系越近，双方自杀的风险相关就越高：同卵双生子高于异卵双生子，异卵双生子高于表亲兄妹，表亲兄妹高于陌生人。

卡坦扎罗和太平洋路德大学的布朗等人通过各自的研究，直接检验了自杀的适应器理论：当个体实现整体适应度的能力或预期下降时，个体的自杀意念会增强。早在 1991 年，卡坦扎罗就对包括正常人和精神病患者在内的多个群体进行了调查，结果发现跟自杀意念关联最密切的因素是个体对家庭的影响。一旦觉得自己成了家庭的负担，人们就有较多的自杀意念。觉得自己对家庭有贡献，这样的人自杀意念较少。布朗等人的研究也发现，当个体觉得自己是家庭负担时，会有较多的自杀意念。不过两者之间的关系受到健康、浪漫关系质量以及母亲年龄的影响。当自身健康欠佳、浪漫关系较差而母亲较年轻时，认为自己是家庭负担的人会有最强烈的自杀意念。健康不佳和浪漫关系较差意味着个体未来的繁殖潜能较低，若这时候个体再成为家庭负担，就意味着他们也会降低家人的繁殖潜能，从而恶化自身的整体适应度，因此自杀意念这时更容易出现。年轻的母亲意味着家人的繁殖潜能较高，若自己成了家庭负担，同样会降低自己的整体适应度。一个可能拥有较多后代的母亲，也许因为要照料已成为家庭负担的自己，把相当多的资源消耗在自己身上，这种“浪费”最终会对自身基因的传递带来代价。

（二）人际关系理论

自杀的人际关系理论最初由 Joiner（2005）提出，然后由 Van Orden 及其同事（2010）进一步完善。该理论与以前的自杀理论最大的不同在于它强调解释为什么大多数拥有自杀意念的人不会选择自杀，它认为自杀意念和自杀行为有着不同的发展途径。

自杀的人际关系理论认为一个人要实施自杀行为必须同时具备受挫的归属感、知觉到的累赘感和习得的自杀能力三要素。受挫的归属感、知觉到的累赘感是自杀的人际理论中的核心要素，它们会引发无助感，进而引发自杀意念，这时个体会面临自杀风险。如果这个人具备实施自杀的能力，就可能做出致命的自杀行为。其临床应用价值一是为自杀风险评估发展了新工具，二是为自杀干预指明了新方向。

二、自杀的诱因

总体而言，中国的自杀诱因以家庭、婚恋纠纷、人际关系不和以及精神障碍、躯体疾患为主。在性别方面，中国女性的自杀诱因以家庭、婚姻纠纷为主，且所占比例超过 50%，甚至高达 80%。而男性，虽然婚姻、家庭纠纷是主要诱因，但所占比例较女性低，而疾病因素以及畏罪较女性多见。下面主要针对大学生自杀的诱因进行相关的分析和阐述。

（一）社会因素

1. 社会整合发生巨大变化

杜尔克姆在《自杀论》一书中提出社会整合力的强弱是自杀的重要影响因素。自杀行为与社会和个人的结合度有关。我国现在正处在大发展、大变革的时代，社会整合力发生了巨大的变化，如文化的变迁、价值观念的改变以及道德行为的改变等。这些社会整合的变化给正处于人生观、价值观、世界观还不够成熟的大学生造成了极大的冲击，不可避免地经受巨大的挑战和巨大的心理压力。如果得不到及时的释放和调节，极易产生无助感、焦虑感，就很容易产生极端的心理改变和行为。正如迪尔凯姆指出的那样：“任何打破平衡状态的动荡，即使它带来更多的利益，激起民众的活力，实际上都是使自杀率增加的一种因素，一旦社会秩序出现更大的重叠，无论是骤降的好运还是意外的灾难，人们自我毁灭的倾向都会格外强烈。”

2. 高等教育本身发生巨大变化

自 1998 年扩招以来，我国高等教育进入大众化发展阶段。教育部曾表示，1999 年决定的全国高校大规模扩招太急促，一些学校由于扩招造成教学质量的滑坡和学生质量明显下降。高校培养出来的人才不断贬值，社会对人才的要求不断提高，毕业即失业的现状使得现在的大学生承受着巨大的心理压力，容易感到迷茫和无所适从。如果得不到及时的调节和疏导，学生极易选择极端的行为来让自己获得“解脱”。

3. 人口结构发生变化

计划生育政策的实施，使得独生子女这个群体越来越庞大，他们是家里的宠儿，缺乏一定的自主能力和适应能力。他们中的部分存在着因过分优越感产生的高傲心态，同时伴随着进入校园远离家长庇佑失去信赖后的恐慌心态，同时有顺境中成长的软弱心态和在经历不顺之后欲望落空的压抑心态，还有家庭传统教育方式变革导致的叛逆心态和转型期价值观多元化的困惑心态，这些有失偏颇的心态如果没有恰当的引导以及他们自身强有力的自控力的控制，极易产生心理危机或产生自杀的念头。

4. 网络文化的影响

大学生正处于网瘾高发年龄段，网络开拓了大学生的思维，丰富了他们的知识，同时网络的开放性和虚拟性也给大学生的思想带来了很大的冲击。各种不同的观点、不同的文化、不同的价值观对明辨是非能力还不够健全的大学生产生了巨大的影响。华中师范大学教育心理学专业刘华山教授指出，根据其最新研究，网络游戏和看恐怖片也可能诱发大学生自杀。

5. 媒体宣传的不良影响

国内外许多研究表明，媒体关于自杀的新闻报道与自杀行为之间存在复杂的关联，且具有不宜报道的特点。媒体在连续报道自杀事件的同时，常常会不断地挖掘自杀者的自杀原因及社会各界的反馈，尤其是对自杀的方式进行详细的报道以及名人的自杀事件等，常常会给存在悲观厌世情绪和偏激极端行为的个体留下更加深刻的印象，带来短期的负面印象和长期的巨大隐患。而且现如今的大学生中还存在不少比较极端的追星族，当他们心中的偶像自杀之后往往会给他们的世界带来巨大的创伤，从而更容易诱发自杀行为。

6. 应试教育的影响

在传统的应试教育的影响下，一些家长和学校只注重学生的学习成绩，从而忽视了学生的心理健康，忽视了对学生综合素质的培养，没有培育他们健康的身心。许多同学在步入大学之前是学校里面的佼佼者，而步入大学之后，不再只是关注学生的学习成绩，还会有特长的加持，从而使得一部分没有特长、一心向学的同学产生挫败感，从而导致悲观消极情绪的堆积。也有一部分同学擅长在应试教育中取得不错的成绩，但是在人际交往方面存在一定的缺失，使得他们很难融入集体，造成孤僻的性格，心理压力得不到合理的释放，容易产生偏激的行为。

7. 社会心理支持不足

研究表明，大学生在需要心理求助时，多数会倾向于向家人和朋友倾诉并寻求建议，很少有人会接受专业的心理咨询。一些大学生的性格比较内向，不善于与人沟通和交流，也会因为一些原因，不愿意百分百地全部讲出内心的真实感受。一个人的心理承受能力是有限的，如果缺乏一个完善的心理支持系统，心里的负面情绪长期积压，就会产生心理问题。

（二）家庭因素

1. 家庭教育方式方法不当

家庭是温暖的港湾，父母是孩子的第一任老师。家庭环境的好坏和家庭的教育方式直接影响学生的心理承受能力和心理状态。根据社科院心理研究所王极盛教授的研究，中国有 70%的家长教育方式不正确，其中 30%是过度保护，30%是过度监督，10%是严厉惩罚、传统的打骂式。这些不正确的教育方式带来的结果就是孩子的受挫能力差、适应能力差。孩子长大后步入“小型社会”，难以忍受各种环境的变化，如果再加上向父母倾诉时，父母表现出满不在乎，认为他们现在经历的事情都是芝麻小事，他们会更加受挫，最后选择自杀作为自我解脱的唯一途径。

2. 家庭特殊环境

离异家庭、单亲家庭、重组家庭、留守儿童家庭等特殊家庭的数目不断上升。从这些家庭成长起来的大学生，过早地失去了父母的关爱，相对缺乏情感关怀和温暖，早年或多或少有一定的心理创伤，如果这种心理得不到及时的矫正，就很容易产生不健康或者畸形的心态，对以后的心理发展带来诸多不利的影响，甚至出现危害社会、伤害他人或者自杀的行为。

（三）学校因素

1. 高校心理健康教育不完善

大学生自杀现如今已不再是偶然现象，是不良的心理素质恶性发展的必然结果。大学生日常生活中的不如意通过及时的心理疏导完全可以得到适当的缓解，但目前我国许多高校对大学生的心理健康教育不够重视，造成大学生的不良情绪不断累积，最终选择以自杀的方式爆发。

2. 高校生命教育不完善

生命教育能培养学生正确地认识人的生命价值，理解生存和生活的真谛，培养学生的人文精神和对终极信仰的追求。意大利教育家蒙台梭利认为："教育的目的在于帮助生命力的正常发展，教育就是助长生命力发展的一切作为。"我国高校的生命教育不够完善，造成许多大学生在遭受挫折时会觉得活着没有意义，会发出"活着的意义是什么"等类似的质疑，这是没有接受良好的生命教育的结果，对生命没有正确的思考。

3. 高校人文教育缺失

随着科技的发展和社会的进步，人与人之间面对面的沟通越来越少，更多的是通过屏幕上冰冷的文字进行沟通，这就使得大家不能及时发现身边人的表情和情绪反应，对自杀危险的识别造成了一定的影响。同时高校的教育更多地强调教育的经济价值，忘记了教育的最高目的在于通过知识来启迪智慧，提升生命的价值和意义，使得大学生容易急功近利，忽略了相应的精神追求，人文素质偏低，导致大学生对人的价值、人的尊严和人格完整的忽略。同时也存在一部分学生忘记了父母的养育之恩，觉得身边的同学和老师应该像自己的家人一样关心、理解和包容自己，当他们没有感受到想要的温暖，欲望没有得到满足的时候，就会采取比较极端的行为。

三、自杀的过程及心理特征

（一）自杀的过程

自杀不是突然发生的，它有一个发展的过程，不是毫无预兆毫无原因的。生活中，我们经常会遇到这样的人，他们对生活绝望，在承受苦难的同时，看不到希望，无法获得任何帮助，悲观绝望，选择通过自杀或者其他极端的方式结束这种绝望和痛苦。自杀不是突然发生的，它有一个发展的过程。日本学者长冈利贞指出，自杀过程一般经历如下阶段：产生自杀意念→下决心自杀→行为出现变化+思考自杀的方式→选择自杀的地点与时间→采取自杀行为。对于不同年龄、不同个性、不同情境下的人，自杀过程有长有短。

我国学者一般把自杀过程分为三个阶段：

1. 自杀动机或自杀意念形成阶段

表现为遇到难以解决的问题，想逃避现实，为解脱自己而准备把自杀当作解决问题的手段。

自杀行为的形成相当复杂，涉及生物、心理、文化及环境因素，根据精神医学研究报告，自杀的人70%有抑郁症，精神疾病者的自杀概率更高达20%。

社会环境因素中社会的脱序现象，如暴力、犯罪、毒品、离婚、破产、失业等，以及个别情况因素中的家庭问题、婚变、失落、迁移、失业、身体疾病、其他自杀事件的影响与暗示等，都是影响自杀的成因。研究显示，任何单一因素都不是自杀的充分条件，只有当它们和其他重要因素合并发生时才会发生自杀行为。

2. 矛盾冲突阶段

产生了自杀意念后，求生的本能会使打算自杀的人陷入生与死的矛盾冲突之中，从而表现出谈论自杀、暗示自杀等直接或间接表现自杀企图的信号。

3. 自杀行为选择阶段

从矛盾冲突中解脱出来，决死意志坚定，情绪逐渐恢复，表现出异常平静，考虑自杀方式，做自杀准备，如寻找刀具、买绳子、搜集安眠药、爬高楼等。等待时机一到，即采取结束生命的行为。

（二）自杀的心理特征

自杀是一种复杂的社会现象。19 世纪末，法国社会学家涂尔干对自杀原因的解释受到全世界的关注。他认为，自杀其实并不是一种简单的个人行为，其自杀情绪是具有传染性的，是对正在解体的社会的反应。社会的动乱和衰退，造成了社会的不稳定状态，破坏了对一个人非常重要的援助和交流，从而削弱了一个人生存的能力、信心，导致其自杀率明显增高。

1. 矛盾心理

死亡对自杀者是既可怕又有吸引力的事。现实生活中许多有形无形的困难可以在死亡的幻想中得以解决和满足。但死亡毕竟是可怕的，自杀者一方面想解脱，一方面又想向他人求助。

2. 偏差认知

企图自杀者的知觉常因情绪影响而变得歪曲，表现为“绝对化”或“概括化”或两者交替。绝对化是指对任何事物怀有认为其必定如此的信念。比如“我做任何事都注定失败”“周围的人肯定不喜欢我”。“概括化”指以偏概全、以一概十的不合理思维方式，常常使人过分关注某项困难而忽略除死之外的其他解决方法。比如“我考试作弊，我爸爸一定不会饶恕我，他会永远不再爱我”，“我有缺陷，别人都瞧不起我”，从而自暴自弃，自责自怨，自伤甚至自杀。

3. 冲动行为

青少年的自杀意念常常在很短的时间内形成，因情绪激动而导致冲动行为，一想到死马上就采取行动。他们对自己面临的危机状态缺乏冷静分析和理智思考，往往认定没办法了，只有死路一条，思考变得极其狭隘。

4. 关系失调

自杀者大多性格内向、孤僻、自我中心，难以与他人建立正常的人际关系。当缺乏家庭的温暖和爱护，缺乏朋友师长的支持与鼓励时，常常感到彷徨无助，最后变得越来越孤独，进入自我封闭的小圈子，失去自我价值感。

5. 死亡概念模糊

企图自杀的青少年对死亡的概念比较模糊，部分甚至认为死亡是可逆的、暂时的，因此对自杀的后果没有做出充分估计。

第三节　自杀风险评估和线索识别

一、自杀风险评估

所有精神障碍都会增加自杀的危险性，相关研究表明，自杀率较高的精神障碍包括抑郁障碍、精神分裂症、物质使用或成瘾行为所致障碍等。抑郁障碍患者的终生自杀风险为4%～19%；精神分裂症患者的终生自杀风险为4%～10%。精神症状与自杀行为也密切相关，抑郁情绪是自杀者最常见的内心体验，命令性幻听和被害妄想是导致精神分裂症患者自杀行为的常见因素。酒精依赖和吸毒患者伴有严重的抑郁情绪或出现酒精性幻觉或妄想，容易引发自杀行为。躯体忧虑障碍患者的顽固性躯体化症状也会增加患者自杀的风险。

风险评估的因素如下：

（一）个性特征

通常具有以下心理特征的人在精神应激状态下自杀的风险会增加：易冲动、多疑、固执、易紧张、情绪不稳；缺少同情与社会责任感；自我价值低，缺乏自信，易产生挫折感；缺乏判断力，看问题以偏概全；人际交往和应对现实能力差；对自杀持宽容、理解和肯定态度，更可能采取自杀行为。

（二）心理危机时间

突然遭受严重的灾害、重大生活事件，如地震、交通事故导致亲人丧失、躯体残疾、重大财产损失，重要考试失败，失恋，等等。遭遇以下负性生活事件者，其自杀的可能性增加：失恋；情绪低落或无倾诉对象；与重要的人关系破裂；家庭破碎、失去家人；患了重病、失去健康；被判坐牢、失去自由；工作或学校的过大压力；失去工作，金钱，地位，自尊，重要的人、事、物；酗酒及滥用药物；厌恶自己或这个世界；处在被折磨或极度痛苦的环境；处在濒临死亡的危机中；绝望，发生无法避免、挽回的事（被性骚扰、强奸、性侵害、性虐待、性操纵）。

（三）自杀信念

有自杀意念、自杀计划、自杀未遂史、自杀动机的患者往往自杀的风险更大。其中自杀未遂史是最大的危险因素，医护人员需予以警惕和关注。病史中或近期有过自我伤害或自杀未遂的行为，表明患者将自杀行为作为解决问题的一种应对方式，其自杀死亡的成功率要比无自杀史的患者高出 10 倍。有自杀家族史的患者，如父母、兄弟姊妹曾有自杀史，其易受家庭成员间行为模式的影响，从而导致自杀风险增高。

（四）应对资源和支持系统

包括患者的家庭和社会关系等方面，评估患者是否具备积极的应对技能以及可获得的社会支持，是否缺乏有效的应对方式，即在内外环境变化或遇到情绪困扰事件时而采取的有效方法、策略和手段。抑郁症患者在发病期间更多地采用以情绪为中心的消极应对方式和手段。

二、自杀线索识别

相关数据表明，80%有自杀倾向的患者在实施自杀行为前都曾经表现出一定的自杀先兆，患者会自觉或不自觉地发出语言或非语言信息。自杀本身不是一种精神疾病，它是许多可治疗的精神疾病的一种行为后果。

日本长冈利贞认为自杀前会有种种信号，这些征兆可以从言语、身体、行为三方面进行观察。

（一）言语

有自杀意念的人会间接地、委婉地说出来，或者谨慎地暗示周围。如“想逃学”“想出走”“活着没有意思”。这些语言征兆，或是通过话语表现出厌世念头，如“人活着真没意思”；或是打听一些药品或武器的杀伤性质，如“怎样死才比较没有痛苦”；或是谈论与死亡有关的话题，如“人是不是真的有来世”；或是向亲近的人交代后事，如向父母说“感谢你们的养育之恩”，向朋友说“谢谢你给了我许多帮助，遗憾的是，我没法报答你了”；或是极度自责，如“我太让人失望了”；或是暗示自己将离开人世，如“我的痛苦马上就要结束了”；或是表达自杀意图，如“我觉得我还是死了的好”等。

（二）身体

有自杀意念的人会有一些身体症状反应，比如感到疲劳、体重减轻、食欲不好、头晕等。这往往是抑郁情绪所致，不能简单地认为是身体有病，应引起注意。生理征兆，如目光无神、呆滞、失眠、体重下降等。

（三）行为

当自杀意念增强时，在日常生活中会表现出不同于平常的行为。如无故缺课、频繁洗澡、看有关死的书籍，甚至出走、自伤手腕等。根据以上种种征兆，可以为自杀预防提供线索和可能。这些行为征兆，或是不明原因地突然给同学、朋友或家人送珍贵的礼物；或是突然比较全面地整理自己的物品；或是个人喜好发生改变，对以前关心的事物漠然处之；或是典型行为习惯改变，如逃学旷课、夜不归宿、没有食欲或暴饮暴食等；或是社交退缩，回避熟人或朋友，甚至中断和其他人的交往；或是物质滥用，如大量的饮酒和吸烟等；或是自制力丧失、语言偏激、攻击性强、不顾一切地乱开车等；或是个人卫生习惯变坏，不讲究修饰等。此外，还有情绪征兆，如情绪明显异常，忽悲忽喜；或平时乐观开朗，突然郁郁寡欢；或平时寡言少语，突然爱说爱笑；或高度紧张和焦虑，爱发脾气；或是悲观失望，无故哭泣等。

有自杀倾向的人在自杀之前往往会有一些行为、信号的存在。

可能和朋友说到过自己要自杀，当然有的人表现方式比较隐晦，比方很多的人在日记当中会写下自己有过自杀的念头或者自杀的一些行动、计划等。

以前有过自杀的想法、企图或者是行为。临床资料研究表明，四分之三自杀成功的人，以前就有过尝试自杀的想法或者行为。

把自己珍爱的、珍惜的一些物品放弃，比如一些玩具、宠物或者自己喜爱的东西。

总盲目地去冒不必要的危险，把生命看得很轻，缺乏自制力，很容易因为事故导致自杀。

脑子里边老是有死亡或者即将要死的念头，但是不寻求医生的帮助，对治疗也是不合作，故意不遵守医嘱，和医生唱对头戏。

对爱好、学习、工作失去兴趣，行为反常，不愿社交，喜欢独处，习惯突然发生了很大的变化。

陷入抑郁状态，食欲不振、少眠、情绪不安定、烦躁不安。

喝过量的酒或者吃大量的药，吸食或者长久的绝食。

情绪明显不同于往常，持续地低落、悲伤，情绪波动，出其不意地发火、焦躁不安，常常哭泣，行为怪异粗鲁。

第四节　自杀的预防与干预

一、三级预防模型

危机工作者希普尔（Hipple）提出了自杀管理中的注意事项——“14 个不要”。施奈德曼提出了自杀后干预技术，统称为心理解剖。它的目的是在自杀后详细地解剖自杀者的心理史。根据近 40 年的研究、治疗以及对被证实的有自杀倾向的人的预防经验，施奈德曼（Schneiderman）指出自杀人群认为死亡是解决一切难题的唯一手段。从危机理论的角度，林德曼（Lindeman）提出了对自杀的危机干预模式，主要侧重于帮助有自杀意识的人认识和纠正自杀意识引发的暂时性或过渡性的认知、情绪和行为的偏差。

自杀的干预主要在预防，预防自杀可分为三级，即一级预防、二级预防和三级预防。

（一）一级预防

一级预防又称为病因预防，主要是指预防个体自杀倾向的发展。

一级预防的主要措施有：

提供安全的环境，加强危险品的管理和家属的安全宣教工作，做好安全检查，尤其是外出和会客结束后都应仔细检查有无危险品。管理好农药、毒药、危险药品和其他危险物品，监控有自杀倾向的高危人群，与有自杀倾向的个体保持密切接触，了解其心理状态及情绪变化，及时发现异常行为及自杀征兆，积极治疗自杀高危人群的精神疾病或躯体疾病，广泛宣传心理卫生知识，提高人群应付困难的技巧。

及时与相关专业人员取得联系，寻求帮助。

识别患者的能动性，肯定并鼓励患者的能力。

总结患者的优点，以提高其自尊和信心，帮助患者建立正向思维模式。

参加有益的活动，一些有意义的活动可帮助释放紧张和抑郁的情绪，如洗衣服、打扫卫生等，让患者独立参与日常生活很重要，因为这些活动可以促使患者产生生活兴趣，增加其成就感、归属感和自我价值感。

充分动员社会支持系统，帮助患者了解可利用的资源，对患者家属进行与自杀干预有关的教育，让家属参与干预计划。

利用支持系统，告知患者病情的治疗和自杀观念的改变会有一个过程，需要时间，写下可以为患者提供帮助的人的姓名和电话。让患者学会使用医院的资源来帮助自己应对自杀的想法和冲动，以及针对现实问题可采取哪些应对方式、可利用的支持系统等。

多倾听，少说话，多认同和支持，少论断，表达出我们的关心。

（二）二级预防

二级预防主要是指对处于自杀边缘的个体进行危机干预。

通过心理热线咨询或面对面咨询服务，帮助有轻生念头的人摆脱困境，打消自杀念头。

必要时住院治疗相关的心身疾病，经常了解患者对症状的理解和自身感受，鼓励其表达自己的情绪，给予支持性心理安慰。告诉患者现在的痛苦是暂时的，不会总像现在这样一直持续下去。类似的患者通过治疗都得到了帮助和好转。通过宣教，减少疾病的病耻感，使其可以正视自己的心理问题。

训练处于自杀边缘的个体学习新的应对方式，教会其在无能力应对时如何求助，如何让别人有效地帮助自己摆脱困境。

给患者情感宣泄的机会，表达对其境况的理解，正常化自杀的想法，了解目前状态及情绪、饮食、睡眠对生活的影响，向处于自杀边缘的个体传递出愿意帮助他的愿望，并表示我们将一起探讨其他的选择，有问题解决问题，没有什么过不去的坎。

对家属及患者信任者进行相关培训，使其具备与自杀相关的应对知识。

（三）三级预防

三级预防主要是指采取措施预防曾经有过自杀未遂的人再次发生自杀。

连续评估自杀风险，直至自杀风险消除。对自杀未遂的人，要选取合适的时机有技巧地询问其方法、相应的计划，讨论自杀的相关事宜，了解患者获得自杀工具和再次发生自杀行为的可能性。把自杀的想法谈出来，并不会加强这种念头的植入，反而会将这个本质上是冲动的行为，转化为理性的讨论，这对于当事人会有不同程度的帮助。

二、自杀的干预过程

（一）控制传染源

1. 限制获取自杀手段，是高影响干预措施

鉴于20%的自杀估计由杀虫剂中毒所致，而且国家对剧毒、高度危险杀虫剂的禁令已证明具有成本效益，因此世卫组织建议实施此类禁令。其他措施包括缩小药物包装尺寸以及在投跳地点设置障碍物等。

2. 及早识别、评估、管理和跟踪受自杀想法和行为影响的任何人

对曾试图自杀或被认为有自杀风险的人应予以及早识别、评估、管理和跟踪。曾经的自杀企图是未来自杀的最重要风险因素之一。应在早期识别、评估、管理和跟踪方面培训卫生保健工作者。自杀者遗属群体可以补充卫生服务机构提供的支持。此外，还应提供危机服务，为处于极度痛苦中的个人提供即时支持。

3. 加大心理健康教育宣传力度

积极开展生命教育知识宣传活动，向新生普及自杀预防和干预的相关知识，发布咨询室具体地址、咨询电话、网址等信息清单，让有心理问题或自杀倾向的人能在第一时间知道可以向谁求助，怎样求助。高校要在全校范围内宣传和科普生命教育的相关知识，营造全员学习生命教育的氛围。

4. 积极开展生命教育

国内的生命教育起源于20世纪90年代的素质教育。而真正提出生命教育是在21世纪初，并且最开始针对青少年人群开展。以实践活动为载体，通过理论与实践相结合的方式，做好青少年群体的生命价值涵育；有效融合学校、家庭和社会的有利资源，为青少年群体的生命教育保驾护航。对学生进行认识生命、珍惜生命、尊重生命、热爱生命的教育活动，开展专题生命教育，学校在日常生活方面渗透和推广生命教育。

5. 构建具有针对性的心理干预体系

大多数自杀在自杀行为实施之前都有相应的先兆，我们可以通过识别先兆，对自杀行为进行针对性的干预。构建具有针对性的心理干预体系要从日常入手，除了专业的心理咨询老师和心理骨干等，还要积极发挥身边同学、老师、宿管等的作用，做到早发现、早干预。

6. 加强心理教育的师资队伍建设

要提高高校学生自杀的早期预警和干预工作效率，就要建设一支以专职为骨干、专兼结合的心理咨询队伍。不断壮大心理咨询的师资队伍，将自杀预防和干预工作分配到学校管理学生工作的各个层面和群体。从多渠道对自杀行为进行阻断，加强辅导员、专职心理咨询、学生心理委员等队伍建设。及时为学生进行心理疏导，防止情绪的堆积，营造和谐的校园环境。

7. 提高自杀预防群体的专业性

自杀预防群体包括高层管理者、心理骨干、安保人员等。高层管理者要培养自杀预防和干预的危机意识，在日常学生管理事务中，提升自杀预防和干预管理的能力，特别是应对突发事件的危机管理能力。提高心理委员心理自助和助人能力，充分发挥心理委员的桥梁和纽带作用，以便更好地开展心理健康教育工作。培训安保人员在自杀现场阻止和救助自杀者的实战技能，如：如何缓和自杀现场的紧张氛围，安抚自杀者的躁动情绪。另外，还要提高安保人员的个人心理素质，锻炼其心理承受能力，减轻事件对个人造成的心理影响。

8. 构建全员参与的五级联动机制

建立“学校统筹、多方协同、全员参与”的联动机制，覆盖学校、学院、中心、班级、宿舍。建立大学生自杀预防群体的联合机制“全员参与”模式，全校师生员工共同关注有自杀倾向的学生，尽量做到早预警、早发现、早干预，将自杀倾向扼杀在萌芽状态。建立高校-社会-家庭联动机制，多方参与、多方干预。相互协作，信息共享，做好对大学生自杀的早期预警和早期干预。

（二）切断传播途径

媒体报道自杀可能导致模仿（或盲目效仿）现象，从而使自杀人数上升，特别是如果报道涉及某个名人，或者描述了自杀方法时。

建议监测对自杀的报道，媒体可以用成功克服了精神健康挑战或自杀念头的事例来抵消自杀报道的影响。此外，可与社交媒体公司合作，提高其意识，并改进其识别和删除有害内容的规程。

为减少自杀的传染现象，大众传播媒介应该注意在报道自杀事件时持谨慎态度，应尽量指出自杀者实际有很多其他可以选择的途径，以便尽量减少那些有自杀意念的人认为自杀是一种正确且唯一处理困难的方法，认为自杀是一种可以理解的选择的现象。

（三）保护易感人群

1. 培养青少年的社会情感生活技能

青春期（10～19岁）是获得社会情感技能的关键时期，尤其因为一半精神卫生问题出现在14岁之前。“爱惜生命”指导鼓励采取行动，包括促进精神健康和实施反欺凌规划，与支持服务挂钩以及为学校和大学工作人员制定存在自杀风险时使用的明确规程。

重视对青少年的日常健康教育，尤其是心理健康的教育，让心理教育像思政教育一样走进课堂，穿插在相应的科目之中，改变心理健康教育的授课形式，采用青少年容易接受的形式，减少他们对心理疾病的病耻感，使得他们能够正视自身的心理疾病，并坦然寻求外界的帮助。

2. 增强青少年识别善恶的能力

“蓝鲸游戏”自杀事件：蓝鲸，是一款俄罗斯死亡游戏，游戏的参与者在10～14岁之间，完全顺从游戏组织者的摆布与威胁，凡是参与的没有人能够活下来，已经有130名俄罗斯青少年自杀，而且这个游戏还在向世界扩张。这款游戏借由网络，从俄罗斯传到世界上其他国家，包括英国、阿根廷、墨西哥等在内的多国都发布警告。启示：对未成年人加强教育这一点很重要，要让他们有一个识别善恶的基本能力，知道什么该做什么不该做，自己的身体要爱惜，不能自杀自残。

3. 家长及学校要注重心理教育

学生步入大学之后，与家长和老师的沟通逐渐减少。大学生不再像高中一样和老师有频繁的交流，老师很难及时发现学生的心理问题。要建立完备的沟通及信息传递渠道，确保及时发现学生的心理问题，及时进行相应的心理疏导。

（四）最后的施救

1. 对自缢的抢救措施

（1）脱开缢套。

（2）发现自杀者吊于高处，应马上抱住其身体向上抬高，以减轻对颈动脉的压力，同时快速松解或剪断缢套，防止坠地时跌伤。如自杀者是平卧的，也应立即解开绳套。

（3）立即抢救。

（4）将自杀者就地平放或置于硬板床上，松开衣扣、腰带，清除呼吸道分泌物，保持呼吸道通畅。检查呼吸、心搏，如已经停止，立即进行口对口人工呼吸和体外心脏按压，直至患者呼吸、心跳恢复。方法为：双手向下重叠放于自杀者胸骨左侧心前区，用力下压，每压四次做一次口对口的人工呼吸（一只手捏住自杀者双侧面颊使其口张开，另一只手捏住自杀者的鼻子，用力向口内吹气）。

（5）联系医生或其他人员共同抢救。

（6）迅速送往医院，进行后续的相关治疗。

（7）给予患者心理支持，稳定患者的情绪，避免再次出现自杀行为。

2. 对切刺自杀者的救助

切刺自杀就是用刀、剪子、玻璃等锐器自杀。

（1）对这类自杀者应迅速止血。较大的出血可往伤口内填塞无菌纱布，再将侧上肢高举过头部做支架，施行单侧加压包扎。四肢较大的出血可用结扎止血带止血。

（2）观察患者的神志、面色、口唇、血压、脉搏等，并根据受伤时间、部位，估计失血量，同时联系急救人员，描述病情，就地抢救。

（3）使用止血带止血要注意：动脉出血或动脉静脉混合出血，止血带要扎在受伤肢体的近心端，单纯静脉出血，止血带要扎在肢体的远心端；每 30 分钟松解止血带一次，以防出现肢体坏死。还可用指压止血法，即按压受伤动脉的近心端，阻止血流。如前额及头皮出血，应压迫耳前下颌关节处的颞动脉；如颜面部出血，应按压下颌角前方 1.2 厘米处；上肢出血，应压迫锁骨下动脉位于锁骨上凹内 1/3 处，或压迫股动脉；下肢出血，应压迫位于腰股沟韧带中点搏动处的股动脉。初步止血后应送医院做进一步处理。

3. 对头部撞击自杀者的急救

发现这类自杀者应迅速送医院。医生应检查有无颅脑损伤及急性颅内血肿，瞳孔是不是等大等圆，伤口渗出物中有无脑脊液，脑组织是否膨出，目、鼻腔有无出血或脑脊液流出，颅骨有无凹陷性骨折，患者有无喷射性呕吐、头痛等颅内压增高症状，有无意识障碍等，进行针对性治疗。遇有开放性骨折，不可将露出伤口的骨端复位，以免造成神经、血管的损伤。条件不允许处理伤口时，要先用无菌纱布覆盖伤口。如需搬运或转送，必须先行固定、止痛。

4. 对农药自杀者的救助

（1）判断中毒物的种类：早期发现中毒者的人在将其送医院前应尽量发现、查找并带上中毒农药的包装瓶或有关容器，另可根据中毒者口中的气味辨别中毒物的种类，如有机磷杀虫剂中毒，中毒者口中会有大蒜味。

（2）清除毒物，防止继续吸收：可让轻度中毒且有意识者喝淡肥皂水催吐。对有机磷中毒者应灌服 500～1500 毫升 1%～5%浓度的碳酸氢钠水（注：对敌百虫中毒者不可灌服碳酸氢钠水）。各类中毒者均应在 4 小时内送医院洗胃（但不包括强酸强碱或其他腐蚀剂中毒者），然后进行解毒处理。

（3）应用解毒剂解毒：解毒剂的作用主要为中和、吸附，与毒物结合而去除毒性。解毒剂有中和剂、吸附剂、通用解毒剂 3 种。中和剂主要有醋酸、食醋等，食入强碱中毒者可口服 1%的醋酸或稀释的食醋以中和酸碱度（但碳酸盐中毒者禁用），还可服用氧化镁、氢氧化铝凝胶等弱碱性药物进行中和。吸附剂主要有药用炭、植物炭（即一般的草木灰），用于吸附食入的有机和无机毒物。可以 15～30 克植物炭倒入一碗温开水中，搅拌混匀后让中毒者喝下或用胃管灌入胃内，随后用催吐药或洗胃法将吸附毒物的植物炭排出体外，或再给一些盐类泻药促使已进入肠内的其余毒物从肠道排出。通用解毒剂有干草、绿豆、大黄、茅根等，可将其煎液用于毒物不明又不能洗胃但能接受催吐药的患者。

5. 对灭鼠药物自杀者的抢救

食入中毒者应用 0.5%硫酸铜溶液洗胃，或用硫酸钠导泻。可用糖皮质激素防止肺水肿（忌用脂肪类食物和油类泻药，以免增加毒物吸收）。控制出血可用静脉注射维生素 K1，每次 10～20mg，每日 3 次，持续 3～5 日，可用糖皮质激素。

6. 对催眠及镇静药物自杀者的抢救

这类药物主要分苯二氮䓬类（安定及安定的化合物）、氯丙嗪类（氯丙嗪、奋乃静）两类。过量服用这类药物可引起中毒死亡。遇到这类中毒者应正确判断毒物的种类、数量、服毒的时间，及时抢救。

抢救要有针对性：精神药物、镇静催眠药中毒可给中枢兴奋剂及复苏剂，氯丙嗪中毒应及时给抗癫痫药物，三环抗抑郁药物中毒可注射毒扁豆碱治疗（此种治疗应防止癫痫发作）。要采取必要的措施，防止出现循环及呼吸衰弱、合并感染、血压升高等。同时应进行洗胃或导泻，洗胃的溶液应视毒物的种类而定。最后可根据需要进行肾脏排毒、保肝治疗。

（1）首先观察并记录患者的生命体征、意识、瞳孔、呕吐物、分泌物、肤色等。

（2）联系医务人员，描述相关信息，以帮助其判断所服药物的种类、剂量和性质等，对于意识清醒的患者，应尽量请患者说出所服药物的种类、剂量及过程。

（3）对于意识清醒的患者，应先通过刺激咽喉部促使其呕吐，对刺激不敏感者，可就地取材，采取办法进行催吐，以减少体内的药物剂量。

7. 对跳楼自杀者的救助

（1）首先应立即检查患者身上有无开放性伤口，患者意识是否清醒、有无呕吐、头痛，外耳道有无血性液体流出，肢体有无骨折。同时查看落下地点，有助于判断伤势的严重程度，小树丛、雪地、草坪、车辆、屋顶甚至路灯等缓冲物都有可能减轻伤势。

（2）对于开放性伤口，立即用布带结扎肢体近心端进行止血。

（3）确认骨折：如果局部红肿，起“大包”，疼痛剧烈，尤其是移动或触摸伤肢时，伤处似能听见“咔嚓”的响声，腿无法站立，上肢无法提起物体，便有骨折怀疑，应先按骨折包扎处理，以免引起严重后果。

（4）简易固定：用夹板、绷带、棉花垫和三角巾合理包扎，固定伤处。书刊、纸板、木棍、树枝等皆可作为固定骨折所用的夹板，绷带和三角巾则可用破旧衣服、床单撕成条状代替。

（5）脊椎骨折应极其小心：脊椎骨折往往病情严重，严禁不经固定而随意搬动。应在保持脊柱稳定的情况下，将伤者轻巧平稳地移至硬板担架，用三角巾固定。切忌扶持伤者走动或躺在软担架上。颈椎骨折最好用颈托固定头、颈部，防止骨折移位压迫中枢神经造成终生截瘫。

（6）安全搬运：如果没有担架，可用绳索、被服制成结实的临时担架。由3~4人合成一组，将伤者移上担架，头部在后，脚在前，抬担架的人脚步、行动要一致，使伤者保持在水平状态。

8. 对触电自杀者的救助

（1）脱离电源。即尽快切断电源，如关闭电门、拉下电闸、用干燥的木棒或竹竿等绝缘体将电线挑开、用干燥的绳子套在触电者身上将其拉离电源。不可用手直接接触带电者的身体。

（2）现场抢救。触电者脱离电源后，应使其仰卧，触电者心跳、呼吸变慢、弱或停止时，应进行人工呼吸及体外心脏按压。

（3）复生后应进一步进行治疗。

9. 对煤气中毒自杀者的救助

（1）立即打开房间所有门窗，进入厨房关掉煤气开关。

（2）发现煤气泄漏，不能开灯，不能打开抽油烟机，因为按动开关可能会产生电火花，引起爆炸。

（3）冬天应该先摸一摸暖气片或者自来水管再进入厨房，因为衣服可能有静电，产生电火花。

（4）将煤气中毒者脱离中毒环境，给予吸氧或呼吸新鲜空气，但要注意保暖。中毒轻者在空气新鲜的地方休息2~3小时就会好转。

（5）呼吸停止应就地进行口对口吹气或人工呼吸。有条件时给予注射呼吸兴奋剂。

（6）中、重度中毒者在急救后，及早送到有条件的医院做高压氧舱治疗，以防止严重并发症和后遗症的发生。

10. 对溺水自杀者的救助

（1）迅速游至溺水者附近，从其后方前进，用左手握其右手或托住头部用仰泳方式拖向岸边，也可从其背部抓住腋窝推出。

（2）将溺水者救出水后，立即清除其口鼻内的污泥、呕吐物，保持呼吸道通畅。牙关紧闭者按捏两侧面颊用力启开。呼吸微弱或已停止时，立即口对口呼吸和心脏按压。进行口对口人工呼吸的时间要长，不要轻易放弃，并可给予吸氧和保暖。

（3）不要强调“控水”，头置于侧位时口腔中的水即能流出。大多数溺水者并非是喝大量的水而窒息，而是因气管呛入少量的水呈“假死”状态。所以“让患者吐水”没什么实际意义。

（4）如需“控水”，溺水者应取俯卧位，用衣物将其腹部垫高或横放在救护人员屈曲的膝上（救护人员一腿屈膝），让溺水者的头尽量低垂，轻轻拍打其背部，使进入呼吸道和胃中的水迅速排出，然后帮助其平卧，头侧向一边，等待进一步抢救。

（5）恢复心跳呼吸后，可用干毛巾擦遍全身，自四肢、躯干向心脏方面摩擦，以促进血液循环。重者送医院进一步诊治。

第五节 自杀的认识“误区”

（一）自杀动机很容易确定

人际动机：通过自杀改变他人的行为、态度。自杀未遂者多见。

内心动机：表达内心欲望或需求不能满足。

摆脱痛苦，逃避现实，惩罚自己，报复他人。冲动自杀只是较少一部分，很多有相当长一段时间的策划、酝酿、准备过程。

有的自杀没有任何动机，如精神障碍，突然的、一时无法抗拒的冲动结果，是共同因素作用，复杂，有时较难确定。

（二）自杀行为具有遗传性

有相关研究表明，有自杀家族史的人，自杀率更高。同卵双生双胞胎比异卵双生双胞胎的自杀率要高。自杀有关的精神病的传递，如精神分裂症、抑郁症、物质滥用等。自杀也具有独立因素。

遗传有影响，但不是决定性影响，还有社会因素、心理因素等。自杀行为不遗传，却有更大可能性选择自杀，遗传影响了个体的易感性。

（三）自杀者患有精神病

日本半数过劳自杀者死前患有精神疾病，如：抑郁症、双相情感障碍的抑郁期患者，有自杀风险。其他的如精神分裂症、人格障碍、物质滥用等也有自杀行为。其他非精神病也会自杀。

（四）自杀行为不存在模仿性和传染性

名人的自杀模仿行为，具有社会传染性。《少年维特的烦恼》中少年维特为情烦恼而自杀，掀起自杀风潮，该书一度被称为禁书。避免自杀传染的重要途径，就是强烈的社会支持。

（五）自杀者非常想死

有的自杀者的确是呼救了很多次，但没有人能帮助，绝望无助。

多数自杀者不是真的想死，他们经历痛苦矛盾，发放求救信号，是想结束痛苦、绝望，希望有人能懂。例如有好多人在自杀之前会选择在网上发布相应的自杀信号，想要获得网友们的安慰和鼓励，来寻找生活下去的意义。但是当他们没有获得想要的关注、安慰或者陪伴时，大部分人就会采取自杀的行为来“报复”身边的人。大部分想要自杀的人，现在都很庆幸还活着。

（六）自杀是冲动性行为

有一些自杀是突发的，没有任何征兆和预警。但引起冲动性自杀的，一类是负性事件，一类是精神障碍，不由自主地自杀。大多数自杀有预警和信号，可以提前预防和干预。

（七）嘴上说要自杀的人不会自杀

人们总是在事件发生之前不够重视，当事件真正发生才会后悔哀叹。当他尝试了所有的办法，得不到救赎的时候，他就真的彻底绝望了。有一些自杀是威胁，用自杀来达成某种目的，不是真的想自杀。3/4 的是呼救、求救信号，如无回应或无法解决，就会绝望实施。

（八）自杀危机过后，就不会再自杀

有研究表明，一次自杀成功，对应 20 次失败的尝试。当有了一次自杀行为后，后续会不会再次实行自杀行为，取决于此次自杀行为带来的影响。能否杜绝再次自杀，重要的是危机过后问题的解决以及持久干预。

（九）情绪好转，自杀危险减少

非抑郁的情况，问题解决，情绪好转，风险会有所降低。

而针对抑郁的患者，情绪突然好转，要警惕自杀的可能。最危险的时候，可能是情绪高涨时期。危险迹象是抑郁或自杀未遂后出现的“欣然”期。

（十）有过一次自杀，以后还会自杀

有可能，问题没解决，有自杀想法的人可能会反复进行自杀尝试。自杀想法可能会出现，但不会永久存在。

（十一）自杀未遂者并非真的想死

有一些是真的想结束生命，所以自杀风险还会存在，预防干预任重道远。

大多数并不是真的想死，只是缓解痛苦，求得解脱。相关研究表明：选择自杀的，超过一半在生前6个月都寻求过正式或非正式的帮助。

（十二）不能谈论自杀，会诱导自杀

PUA情感控制，诱导自杀自残，甚至有自杀鼓励，怂恿教唆，触犯刑法，需要警惕。

在特定范围内，进行非诱导性公开谈论，不仅不会导致自杀，还会预防自杀，评估风险，提供其他选择，或是重新考虑决定。

□ 案例

“佳佳”，女，19岁，大一新生，班级生活委员。佳佳在大学生活中，工作表现得非常认真负责，学习努力刻苦，周围的同学评价她团结同学，乐于助人，但她时常闷闷不乐，表现出较为严重的抑郁、悲观、焦虑的症状。一开始大家以为她对新环境适应不良，并未特别在意，鼓励她积极适应环境。但学期末随着期末考试临近，发现佳佳越来越憔悴、焦虑，时常有行为异常和休息不好的表现，班级干部和同宿舍同学反映，她已经有半个月左右严重失眠，并且有强烈的自杀想法。

通过分析，发现佳佳的自杀诱因如下：

（1）自杀者遭遇人生的挫折后，长时间无法摆脱这种挫折心理，为逃避现实时常考虑以自杀作为寻求解脱的手段。佳佳高考前过于紧张，发挥不够理想，后被调剂，大学生活开始后发现周围的很多同学在各种社团活动、学习、文娱等方面表现得都比自己出色，她对所学专业不感兴趣，对大学里的课程设置和内容不

太适应，认为自己学期前半段荒废了太多时间。临近期末考试，开始担忧考试不过关，这是她不能接受的，这种担心又加重了她的压力，造成恶性循环。巨大的心理压力使她已经无法进行正常的学习，现实中的落差使她极端痛苦。

（2）自杀者借自杀作为对自己因做错了事而产生的悔恨、惩罚，作为自罪自责心理的补偿。谈话中佳佳时常流露出自我否定、自卑倾向并喜欢独处，但同学反映大家对她都比较有好感，可见她的问题不仅仅来自人际关系，同时也应该是自身经历造成的。她家庭经济情况不好，父亲做生意失败，她在父母心目中被认为是优秀的孩子，是父母的骄傲，但进入大学后她自我感觉不够优秀，达不到父母的期望，愧对父母对自己付出的辛劳，在强烈的自罪自责心理驱使下，对父母的内疚让她备感痛苦。

（3）自杀者有时将自杀作为报复手段，从而使有关的人感到内疚、后悔和不安。佳佳原来是家里超生的孩子，从小就被送到亲戚家中，在一个比较孤独的环境中长大，她认为自己在父母心目中位置较低，这点让她异常痛苦，从潜意识里也有对父母报复的企图。

（4）自杀者部分有遗传因素，同时也涉及个体气质和性格方面存在的缺陷以及人格障碍和情绪控制导致的精神疾病和心理障碍。佳佳的母亲长期神经质，佳佳有类似的遗传，表现出自卑、悲观、消极等情绪，内向的她时常产生焦虑感和绝望感。

佳佳在有自杀念头后，曾多次去医院寻求帮助，并主动与老师和同学谈起她现在的问题，希望能从其他人那里得到帮助和关注。据观察和同学反映，她在失眠的同时已经有了忧虑、焦虑、烦躁的症状，与咨询师的谈话中已经流露出严重的自杀倾向，精神处于崩溃边缘，在这种情况下咨询师对她进行了紧急应对措施。

（1）立即将其转介给心理辅导老师，让她接受相应的心理辅导，让心理辅导老师对她的状态做出科学的评判。

（2）向相关领导和院系汇报这个案例，获得帮助和支持。

（3）与其家长取得联系，通报情况，取得家长的理解和对工作的配合，让她父亲来到学校，和咨询师一起与她面谈，对她进行宽慰、疏导。并让心理辅导老师交代其父亲与其相处中需注意的事项。

（4）安排佳佳去专业医院进行心理辅导和进行药物治疗。咨询师发现佳佳产生心理问题，不仅仅是单件事情所导致的，更大程度上是她自己的世界观、人生观和价值观的不健全。佳佳对生活往往采取一种消极、悲观的态度；时常表现出孤独、苦闷、情绪低落、消沉、冷漠、偏异、反感和厌倦等情绪，并有意或无意地表现出明显的异常行为，独处，沉默寡言，生活规律紊乱，情绪极端低落。

针对佳佳的自杀心理，在进行紧急应对措施缓解了她的自杀动机后，咨询师又进行了以下的心理危机干预。

（1）鼓励她正确面对压力，提高心理承受能力，教育学生认识社会的复杂性，从而增强他们的心理耐挫力。培养大学生有效的心理防御机制，帮助他们学会如何保护自己，告诉她人生中这些压力是正常的，关键是如何去面对，人应当活得茁壮点，经历过风雨以后她的人生会达到新的高度，她有一天可以成长为参天大树。帮助她在压力面前树立勇气和信心，让她有心理准备去勇敢迎接各种各样的任务和挑战。

（2）启发学生正确看待生活，引导她树立正确的世界观、人生观。给她一个生活的目标，告诫她不要仅仅为了父母的期望生活。使她能够逐渐对生活产生兴趣和热情，而不再把生活仅仅当作压力和不得不背负的负担。

（3）鼓励她积极锻炼身体，多进行有益的阅读。在锻炼身体的过程中，既强健了体魄，又磨炼了自己的意志品质。让她通过阅读的过程培养自己的人文素质和对生活的领悟能力，避免长期遭受挫折和内心冲突。

（4）鼓励她多与正直、善良、心理健康的人接触，以利于培养积极的情绪，同时多与别人进行交流，为自己多提供一些健康情绪的表达机会，使自己的不良情绪得以合理宣泄，以免破坏性地爆发。在专业心理医生的指导下，在其自身的努力下，该生在学期末情况有所好转。经过一个寒假的休息、调整，本学期开学后她情况稳定。经向同学和家人了解，并与她本人谈话发现，她焦虑、抑郁的症状大大缓解。她说："过去的世界已经开始逐渐远去，我已经步入了新的世界。"

该案例节选自吴玉强. 大学生自杀心理危机干预的案例分析［J］. 中国电力教育，2008（9）：118-119.

参考文献

[1] 胡利，布彻，诺克. 变态心理学：上册 [M]. 陈良梅，潘晓曦，译. 北京：中信出版社，2021.

[2] 朱光潜. 变态心理学 [M]. 北京：中国文史出版社，2021.

[3] 姜长青，杨宇飞. 变态心理学 [M]. 北京：原子能出版社，2007.

[4] 刘新民. 变态心理学 [M]. 北京：人民卫生出版社，2007.

[5] 胡德英，刘义兰，孙晖作. 患者自杀风险管理指导手册汉英对照 [M]. 武汉：华中科学技术大学出版社，2021.

[6] 库少雄. 社会学经典著作导读自杀论阅读指南与学术探讨 [M]. 武汉：华中科学技术大学出版社，2021.

[7] 渠敬东. 涂尔干文集（第 3 卷）· 道德社会学卷 3：自杀论 [M]. 冯韵文，译. 北京：商务印书馆，2020.

[8] 惠淑英，姚杜纯子，杨洁. 自杀心理危机干预 [M]. 北京：电子工业出版社，2021.

[9] 门林格尔. 人对抗自己：自杀心理研究 [M]. 冯川，译. 北京：世界图书出版公司，2022.

[10] 况利. 青少年自杀行为预防 [M]. 重庆：重庆出版社，2016.

[11] 吴玉强. 大学生自杀心理危机干预的案例分析 [J]. 中国电力教育，2008（9）：118-119.

进食障碍

身材焦虑在过去的十年里，已经成为当代年轻人广泛存在的心理问题。在消费文化的影响下，人们深受大众媒介塑造出的以瘦为美的商业化审美标准影响，越来越重视身体的审美价值。心理学上有个定律，当人路过透明的玻璃房子，总抑制不住望进去的冲动，毫无遮掩的空间总有一种魔力。在互联网上，他人看似透明的生活实则充满了精心修饰，构图、ps、精致的妆容、得体的衣着，每个人都在尽力展现自己最好的一面，也让攀比之风盛行，一旦与那些更好的“玻璃房子”相对比，我们就更容易陷入深度的不自信。正因如此，在社交评价的影响下，进食被赋予了新的意义，它不再仅仅是满足机体能量需求的来源，人们吃多少已经跟自己的体态特点、自我评价、价值感、荣誉感、内疚感、罪恶感等紧密相连，进而影响人们的心理状态。

根据社会调查显示，节食是人们尝试克服身材不满的最常用方法。一项针对欧美大学生身材焦虑的访谈中，有 80%的人明确表达了自己对身材的不满，其中大多数人选择减肥的方式就是节食，还有一些人会在一段时间节食后报复性进食，以满足口腹之欲。其他可能与进食障碍有关的行为也很常见，例如清除行为（自我引吐）、神经性呕吐等。2022 年我国武汉市 8000 名大学一年级女生接受“摄食调查”发现，每 100 人中 3 人厌食症、1 人贪食症，且呈上升趋势。

本章我们将探究进食障碍的概念；讨论进食障碍的病因；掌握进食障碍的临床表现、共同特征和诊断标准；了解进食障碍的影响因素和防治要点。

第一节　进食障碍的类型及特征

进食障碍是一种以进食行为异常、对食物及体重和体形的过分关注为主要临床特征的神经综合征，常在某些具有生理、心理及社会文化特质的人身上发生。进食障碍患者往往对肥胖有强烈的甚至病态的恐惧，极度追求苗条身材。进食障碍分为神经性厌食症、神经性贪食症以及其他类型进食障碍，很多患者兼有其中的部分典型症状，我们将其称为部分综合征进食障碍。

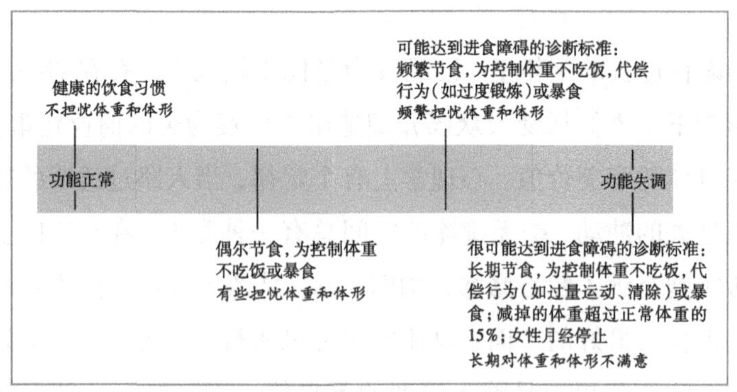

图 11－1　连续谱模型下的进食障碍

一、神经性厌食症（Anorexia Nervosa，AN）

神经性厌食症简称厌食症，是一种复杂的进食障碍，1874 年 William Gull 将其正式命名“神经性厌食症”。其特点有：①对肥胖的病态恐惧；②对苗条的过分追求；③体象障碍的错误认知；④营养不良的机体紊乱。厌食症易导致患者饥饿和营养不良，该疾病发病率高，治疗阻力大，易引发患者自杀倾向和高危并发症。

患有神经性厌食症的患者往往忍饥挨饿，在很长一段时间里禁食或者只吃极少量的食物，即使体重已经大幅下降，仍然确信自己还需要减掉更多体重，其中大部分患者的 BMI 指数明显低于其年龄身高所对应的正常标准，有些重症患者甚至达到高危标准。久而久之，患者出现排斥甚至完全拒绝摄入高碳水化合物以及含脂肪事物的表现，并且企图通过散步、跑步、游泳、骑自行车、跳健美操等形式的过度锻炼减少体重，直到精疲力竭。

□ 案例

法国27岁的伊莎贝尔·卡罗（Isabelle Caro）是一名喜剧演员，身高有1.65米，体重30公斤。15年前就因家庭变故而患上厌食症。

美国巨星卡彭特因患神经性厌食症10年，体重下降到74斤，1983年2月4日因心脏衰竭而去世，年仅32岁。

神经性厌食症根据其临床表现不同又可分为限制型神经性厌食症和暴食/清除型神经性厌食症，二者可同时存在，也可从一种亚型发展到另一种亚型。

（一）限制型神经性厌食症

患者单纯将禁食或过度锻炼作为防止体重增加的办法。患者每天摄入极少部分食物以满足生存需要或迫于他人要求。

（二）暴食/清除型神经性厌食症

又称为暴食/导泻型神经性厌食症，即患者暴食后会经由自我诱导呕吐，不当使用泻药、利尿剂、灌肠等手段来清除食物。部分该类型患者实际上并不会暴食，但是当他们摄入少量食物时，他们仍然会觉得自己摄入的食物过多而产生负罪感或愧疚感，进而进行一系列主动清除行为。

通过临床观察，归纳总结出神经性厌食症患者的心理特点有：①试图获得自我控制感；②维持人格自主性；③对自身体像的感知觉扭曲亦即体象障碍；④对基本的自控能力的不自信，还伴有对人际关系的不信任感。暴食/导泻型患者还可能存在情绪不稳、冲动、酒精或药物依赖和自残等问题。

同时，不同性别不同年龄阶段发病的临床表现有其特异性。在女性患者中，青春期以前起病的可有幼稚型子宫、乳房不发育、原发性闭经或者初潮推迟；青春期以后起病的可出现闭经或者月经稀少。在男性患者中，青春期前起病的，可表现为第二性征发育延迟，生长停滞，生殖器呈幼稚状态；青春期以后起病的可

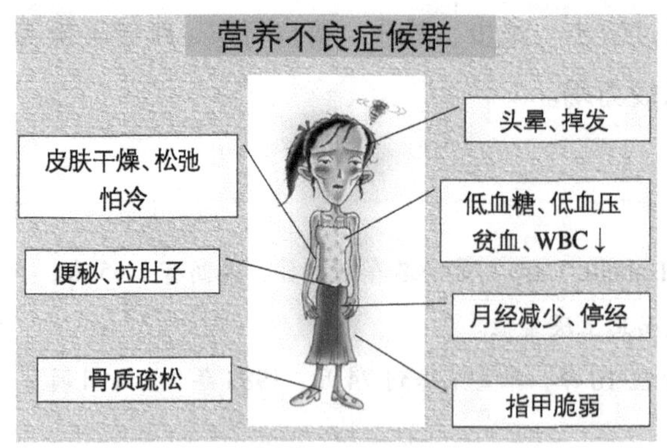

图 11–2　神经性厌食症患者营养不良症候群

有性欲减退。患者的长期清除行为，可造成水和电解质平衡紊乱、唾液腺肥大（尤其是腮腺肥大）、牙釉质腐蚀、明显拉塞尔症阳性（即反复将手伸进咽部引起咽反射而在手背上留下疤痕或老茧）。

神经性厌食症是一种高危精神障碍，会产生严重营养不良症候群（图 11–2），最严重的并发症是心血管并发症，导致心血功能下降，表现为心率和血压同时下降，这样就很容易出现心力衰竭的现象，严重的还可能引发猝死。其他的高危并发症包括急性胃扩张甚至胃破裂，肾损害、骨骼强度下降等都是显著影响生活质量甚至致死的因素，该障碍也易引起患者的自杀意愿。

流行病学调查显示，西方国家神经性厌食的患病率为 0.28%（Hoek，2002），终身患病率为 0.5%（美国精神病协会，2000），90%～95%的患者为女性。神经性厌食通常在青春期起病，呈慢性病程，可以持续至成年。发病年龄有两个高峰：第一高峰在 12～15 岁；第二高峰在 17～21 岁，平均发病年龄 17 岁。初次发病较少在青春期以前或 40 岁以后。45%患者预后较好，30%预后中等（如仍然留有一些症状），25%预后较差且不能达到正常体重，死亡率为 5%～8%。有 2%～3%的神经性厌食患者伴有一种以上的情感障碍，有 20%～80%的神经性厌食患者可被诊断为人格障碍。

□ 案例

26 岁的贝利 9 岁开始发育，身形较同龄孩子庞大，因而受尽讥笑，至 14 岁时有人建议她节食减肥，于是她便开始每天“运动”12 小时，持续了足足 10 年，体重 20 公斤。治疗后逐渐恢复。

2006 年 3 月，她的体重又跌至 50 磅，要二度入院，经过 18 个月的治疗，终于康复出院，当时体态丰盈。

二、神经性贪食症（Bulimia Nervosa，BN）

神经性贪食症简称贪食症，是以频繁发生和不可控制的暴食为特点，继而有防止体重增加的代偿行为，如自我诱吐、使用泻剂或利尿剂、禁食等。轻度贪食症症状表现为每周 1～3 次不当代偿行为，而更极端的形式则表现为每周平均发生 14 次或更多。其特点有：①强迫性的暴食；②进食失控感；③不适当的代偿行为（呕吐与清洗）；④胃肠功能失调的症状；⑤贪食后的后悔与冲突；⑥反复发作。

罹患贪食症的患者往往对“肥胖”有过度恐惧，对自己的体重和体形无比看重，同时伴有抑郁情绪，感到悲伤、孤独、空虚和孤立等消极情绪。很多患者表明自己处于极大的压力之下，通过暴食的方式逃避现实、缓解压力。患者一般会在呕吐时被家人、室友和朋友发现，或因呕吐后的秽物被察觉而就医。

神经性贪食症根据其进行清除行为与否，可以分为清除型与非清除型：

（一）清除型神经性贪食症

即患者贪食后，规律性地进行自我诱导的呕吐或不当使用泻剂或灌肠等，占贪食症人群的 80%。

（二）非清除型神经性贪食症

即患者贪食后，使用其他不当的补偿行为（如禁食或过度的运动）。

神经性贪食症患者可共病其他精神疾病，如抑郁症、人格障碍、焦虑障碍、药物滥用、品行障碍。患者常有心境障碍或药物依赖。共病人格障碍可能使神经性贪食变得更为复杂，患者人格障碍比例达到 22%～77%，以 B 型人格特点（如表演型、边缘型、自恋型和反社会型）最常见，C 型（回避型、强迫型和依赖型）也较常见，A 型（如偏执型、分裂样和分裂型）相对较少。

神经性贪食死亡率虽然较神经性厌食低，但是暴食这一行为往往具有隐蔽性，其严重的并发症几乎影响从表皮到腺体的全身各个系统，患者在就医时，往往有明显的电解质紊乱，如血尿酸过高、低血钾、碱中毒或酸中毒等。这些症状严重降低了患者的生活质量，给患者带来巨大痛苦。

BN 在年轻女性（<30 岁）多见，并多在青春期和成年初期起病。BN 的发病年龄在青少年中常常较神经性厌食（AN）晚，平均起病年龄通常在 16～18 岁。在工业化国家，BN 的患病率较 AN 高，年轻女性 BN 的发病率是 3%～6%，女性的终身患病率为 2%～4%，男性不超过 1%，女性与男性 BN 的比例约为 10∶1。BN 患者体重正常或轻微超重，30%～80%的 BN 患者有 AN 史，有时可有肥胖史。

表 11-1　两种主要进食障碍对比

症状	限制型 AN	暴食/清除型 AN	清除型 BN	非清除型 BN
体形关注表现	体象障碍	体象障碍	过分关注	过分关注
体重	<85%正常体重	<85%正常体重	正常或稍超重	正常或稍超重
暴食行为	无	有	有	有
导泻或其他代偿行为	无	有	有	无
进食失控感	无	暴食时有	有	有
女性闭经	有	有	少有	少有

三、其他进食障碍

其他进食障碍包括：暴食障碍、神经性呕吐、异食症等。

（一）暴食障碍

患者存在明显超重，但进食模式仍然混乱，进食量明显多于常人的症状，其已经对超重有恐慌情绪，但缺乏停止暴食的自我意识（低自尊），具有对身材不满的情绪，但对体重缺乏关注，存在想控制进食量但缺乏控制能力的临床表现。

（二）神经性呕吐

又称心因性呕吐，指一组以自发或故意诱发反复呕吐为特征的心理障碍，无器质性病变基础，除呕吐外无明显的其他症状，呕吐常与心理社会因素有关。

（三）异食症

是指反复（持续 1 个月以上）以不利于生长发育或社会习俗所不接受的无营养物质为食，如染料、黏土、铅笔等。异食症主要是由营养不良、微量元素缺乏和社会心理剥夺等原因造成的。

（四）反刍–返流障碍

表现为有意反复把之前咽下的食物返回到口腔（即返流），这些食物可以被再咀嚼和再吞咽（即反刍），或者可以故意吐出来（但不是呕吐）。返流行为是频繁的（至少每周数次），且这种情况已经持续了一段时间（至少数周以上）。返流行为不完全由其他直接引起返流的疾病或健康情况（例如食管狭窄或影响食管功能的神经肌肉障碍），或引起恶心或呕吐的疾病或情况（如幽门狭窄）导致。反刍–返流障碍的诊断只适用于发展年龄至少 2 岁的个体。

第二节　进食障碍的发病机制

大量的社会文化、生物学、心理学等因素被证实与进食障碍的发生有关，任何个体的进食障碍都有可能是数个因素的累积结果，在这一节中，我们将分别考虑主要的几大因素。

一、社会文化因素

以瘦为美的社会压力可能在进食障碍的形成中具有一定作用，目前来看，厌食症和贪食症在欧美比较流行，在不发达国家相对少见。经过进一步探究发现，进食障碍在社会经济较发达阶级中比较常见，因为在这些阶级中，由于社会暗示的作用，个体的体重和吸引力已经内化为个人自信心的一部分，有条件的个体无限追求苗条的理想体形以获得更多的社会尊重和更高的自我期待。节食与追求一种理想化的体重或体形联系起来。脂肪成为众矢之的，人们开始用磅秤上的数字来衡量自己的节食成果。

改革开放之前我国还没有完全解决温饱问题，加上在中国传统文化中以孩子“胖”为有福相、忠厚的观念，进食障碍在我国并不是一个突出的问题。但是随着经济的发展和社会文化的变迁，近 20 年来“进食障碍”这个名词更多地出现在人们的视野里。北京大学第六医院 1988 年 12 月至 2000 年 12 月 13 年间收治进食障碍患者 51 例，平均收治 3.9 例/年；2001 年后进食障碍住院患者迅速攀升，由每年几十例增加到百例左右，到 2014 年住院患者达 150 例以上。上海市精神卫生中心 1994—2003 年 10 年收住院的进食障碍患者仅 49 例，2004—2013 年高达 134 例，是前 10 年的 2.7 倍。

苏珊·鲍尔多在《不能承受之重——女性主义、西方文化与身体》一书中关注食物与身体之间的文化关系。她认为，进食障碍并不仅仅是个体病理性的问题，在父权文化和后工业资本主义的交汇处，进食障碍正在扩展成为一个重要的社会现象。而罹患进食障碍的人群中，女性比例明显高于男性。事实上，在当代资本主义社会中，越来越多的女性感到自己正在被来自社会各个层级的目光所注视，这种社会力量迫使女性客体化，按照社会中的各种标准化形象来要求自己的身材，从而获得认同感。饮食节制的女性被主流文化认可，而那些体态丰腴的女性被认为是失控的、可耻的，甚至是精神失常的。鲍尔多认为社会对女性食欲的控制变成一种有效的“规训”，用于训练女性的身体，以迎合男权社会的审美和要求。

□ 案例

“羞耻”“她比你更好”“太胖了”“哈哈”“再瘦一点”……方形空间中各种包含着评价、羞辱的字条拼贴在一起，空间正中是一个笼子里的提线木偶，象征着一个进食障碍患者，他被笼子里密密麻麻的线缠绕着坐在摆满美食的桌前，手中握着尺子和刀。他并不是在吃东西，而是在测量、计算、拍照。这是目前上海喜玛拉雅美术馆举办的“身材焦虑”主题展中的一件展品，它代表着进食障碍患者受困于身体、食物与外界评价中的日常状态。

图 11-3 “身材焦虑”主题展的展品

二、情绪认知因素

在进食障碍的认知模型中，进食障碍的核心问题是过度关注体形和体重。这种过分关注的具体表现形式可能有所不同，其认知模式特点总结如下：

（一）全或无的极端想法

患者常认为如果没有完全控制饮食或体形，那就是完全没有控制饮食，付出的努力毫无作用。

（二）片面的看法

即选择事物的次要方面得出结论，例如："我只要变瘦，就会更有魅力"，"我只要变苗条，大家就都会喜欢我"。

（三）过度泛化

即从一种偶然发生的情况扩展到所有情况，例如昨晚没忍住吃了一片饼干，患者即认为自己从始至终都不能抵挡食物的诱惑，毫无自制力。

（四）扩大化

即夸大某个事件带来的影响，认为体重的增减或饮食的多少在极大程度上影响自己生活的各个方面，偶尔没能控制饮食对很多患者来说不亚于"世界末日"。

（五）归己化

即将周遭发生的不好的事情全部归咎于自己，特别是自己的身材或饮食习惯，例如朋友最近脾气暴躁、情绪易激惹，患者会归咎于自己的身材影响了朋友的情绪，从而在社交场合显得窘迫。

（六）情绪化推论

即患者使用感觉代替现实，具有“我认为我胖，所以我确实很胖”的错误认知模式。

三、心理动力学因素

经典心理动力学理论认为，神经性厌食症是一种对口唇受孕恐惧的防御，之所以要回避食物，是因为食物象征性地等同于性和怀孕。这种焦虑在青春期不断增强，所以这个阶段是神经性厌食症的发病期。其他心理动力学理论认为，不能发展出充分的自我感觉导致了神经性贪食症，而母女之间的冲突型的支配关系造成了女儿不能发展出充分的自我感觉。食物成为这种失败关系的象征，女儿的暴食和泻出行为代表了需要妈妈与拒绝妈妈的冲突。

精神分析学家倾向于把进食障碍看作情感冲突的反应，认为进食障碍的核心诱因是扰乱的亲子关系，其核心的人格特征为低自尊和完美主义。这种观点是将心理动力学理论的因素与关注家庭联系在一起，认为孩子在生理上是脆弱的。这种家庭有几个促使孩子发展出进食障碍的特征，并且孩子的进食障碍在帮助家庭回避其他冲突中起了重要作用，这样，孩子的症状在家庭中成为其他冲突的替代物。

四、生物学因素

生物学因素是指在进食障碍患者中存在一定的遗传倾向和部分脑区的功能异常。具体有如下几点：

（一）遗传因素

神经性厌食症和神经性贪食症都有家族性。双生子研究显示该病的同病率为6%～10%，高于普通人群，提示遗传因素起一定作用。且经对患有进食障碍的年轻女性进行调查，发现其亲属中患进食障碍的可能性是平均水平的5倍。

（二）特殊时期影响

围生期和胎儿期的特殊情况会对患者发生进食障碍的可能性产生影响。多胎和较低孕龄可预测后代 AN 的高发病率，而妊娠期的高出生体质量可预测后代 BN 的发生；遗传影响多在青春期或青春期中后期起作用，而不是在青春期前。女性的青春期发育由卵巢激素驱动，目前研究认为这些激素在进食调节系统（例如 5-HT 系统）中调节基因转录，从而影响遗传风险。在女性中，年龄和青春期成熟实际上导致了症状的遗传风险出现。此外，较早的月经初潮年龄也与未来的饮食失调密切相关。

（三）设定点理论

Garner 提出此理论，认为至少在一段有限的时间里，我们的身体有自己设定好了的体重正常值范围，并且拒绝大幅度的改变。这样的话，当个体想达到或维持远远低于设定点的体重时，就会遭遇到内部生理机能的反对。

（四）进食障碍与脑

下丘脑是调节饥饿与进食的关键中枢。有研究者发现，内源性血清素在神经性厌食症和神经性贪食症中都具有某种作用。最后，对进食障碍生物学因素的研究集中在与进食及饱足有关的一些神经递质上，比如 5-HT 和 NE。

五、家庭因素

厌食症患者具有完美主义、害羞以及顺从的人格；贪食症患者为戏剧性、情绪不稳定、外向等人格。通过调查访谈其父母，我们发现进食障碍患者的父母大多存在刻板、严谨、情感过分参与、批评性评论、充满敌意等人格特点。

在我们常说的“牵绊家庭”里，父母对孩子往往过度控制，不允许情绪发泄，孩子是会在这种行为模式下变得乖巧，从而为家长津津乐道，但是由此会产生家庭成员之间过于相互依赖，孩子个性变得模糊。家长只关注自己的需求，忽视孩子的需求，孩子时时察言观色，揣摩大人的意愿，时时改变自己屈从大人，或许会导致短时期的家庭和睦，但是会导致孩子对自身感受的忽视及改变自我身份的倾向，从而大大提高发生进食障碍等心理问题的概率。

第三节　进食障碍的诊断与治疗

一般来说，进食障碍患者常忽视或否定自身疾病而不主动求医，重症患者治疗效果往往不太理想，造成高致死率，所以及时诊断和有效治疗尤为关键（本节使用的诊断标准均为DSM-5）。

一、进食障碍的诊断

（一）神经性厌食与神经性贪食

表 11-2　DSM-5 神经性厌食与神经性贪食诊断要点

内容	神经性厌食症	神经性贪食症
A	拒绝保持对于本人身高、年龄而言正常的体重。体重常为正常体重的85%以下，或经过一段时间的努力，仍不能使体重达到正常的85%	患者有阵发性暴食行为，且有以下特点：①在一段时间内（如两个小时内），吃得比正常人在同样时间、同样情况下所吃的多得多；②伴有进食失控感
B	尽管体重过低，仍对增重或变胖有强烈的恐惧	为防止体重增加，有反复的不当行为，如：引吐；利尿剂、缓泻剂等药物的滥用；绝食以及过度运动
C	存在体象障碍，自我评价以体重及体形为转移，或拒绝承认低体重的严重后果	暴食及不当行为同时存在，至少每周2次，且持续3月以上
D	在已有初潮女性中，闭经3个周期以上	自我评价以体形及体重为转移

（二）暴食障碍

诊断标准：

A. 反复发作的暴食，暴食发作以下列两项为特征：

（1）在一段固定的时间内进食（例如，在任何2小时内），食物量大于大多数人在相似时间段内和相似场合下的进食量。

（2）发作时感到无法控制进食（例如，感觉不能停止进食或控制进食品种或进食数量）。

B. 暴食发作与下列3项（或更多）有关：

（1）进食比正常情况快得多。

（2）进食直到感到不舒服的饱腹感出现。

（3）在没有感到身体饥饿时进食大量食物。

（4）因进食过多感到尴尬而单独进食。

（5）进食之后感到厌恶自己、抑郁或内疚。

C. 对暴食感到显著的痛苦。

D. 在3个月内平均每周至少出现1次暴食。

（三）异食症

诊断标准：

A. 持续进食非营养性、非食用性的物质至少1个月。

B. 进食非营养性、非食用性的物质与个体的发育水平不相符。

C. 这种进食行为并非文化支持的或正常社会实践的一部分。

D. 如果进食行为出现在其他精神障碍［例如，智力障碍（智力发育障碍）孤独症（自闭症）谱系障碍，精神分裂症］或躯体疾病（包括怀孕）的背景下，则它要严重到需要额外的临床关注，才做出异食症的诊断。

（四）反刍障碍

诊断标准：

A. 反复的反流食物至少1个月。反流的食物可能会被再咀嚼、再吞咽或吐出。

B. 反复的反流不能归因于有关的胃肠疾病或其他躯体疾病（例如，胃食管反流、幽门狭窄）。

C. 这种进食障碍不能仅仅出现在神经性厌食、神经性贪食、暴食障碍或回避性/限制性摄食障碍的病程中。

D. 如果症状出现在其他精神障碍的背景下［例如，智力障碍（智力发育障碍）或其他神经发育障碍］，则它要严重到需要额外的临床关注，才做出反刍障碍的诊断。

E. 暴食与神经性贪食中反复出现的不恰当的代偿行为无关，也并非仅仅出现在神经性贪食或神经性厌食的病程中。

二、进食障碍的治疗

进食障碍的治疗与具体类型有关，急性期应首先纠正营养不良，后续开展相关心理治疗和药物治疗。研究证明，多种治疗方式联合应用是治疗本病的最佳手段。临床上把进食障碍的治疗分为两个阶段，第一阶段的目标是恢复体重，挽救生命；第二阶段的目标是改善心理功能，预防复发。下面针对几种主流治疗方式，展开详细论述。

（一）药物治疗

1. 抗抑郁药

研究发现，在进食障碍的治疗中，抗抑郁药只是通过改善进食障碍患者的焦虑、激越、强迫和抑郁情绪，间接改善进食障碍，所以起效较慢，单用抗抑郁药的效果也并不理想，常常需联合其他药物治疗或心理治疗。

2. 抗精神病药

抗精神病药物常用于担心体重增加和体象障碍可能达到妄想程度的进食障碍患者。抗精神病药中对奥氮平的研究相对较多，并发现奥氮平能够增加食欲，提高患者的生活质量，因此奥氮平常被用来治疗 AN，且只需较低剂量就能达到预期效果。

3. 中药

中药和中医学也时常会被用来治疗进食障碍。有一项以 80 例女性 AN 患者为对象的随机对照研究，对照组接受黛力新治疗，治疗组在对照组基础上加用中药逍遥丸治疗，疗程均为 12 周。治疗后治疗组较对照组体质量明显增高、HAMD 评分明显降低，差异有统计学意义（$P<0.05$）。结果显示，尽管单纯给予黛力新也可增加患者食欲、促进体质量增长，但黛力新联合逍遥丸治疗效果更理想。

（二）认知行为治疗（Cognitive Behavioral Therapy，CBT）

认知行为疗法主要是帮助纠正患者的不良认知，因为厌食症患者对于容貌方面会存在错误的认知，而通过认知行为疗法可以纠正这些错误认知，同时可以引导患者形成正确的进食习惯，进而可以治疗进食障碍。

CBT 的核心技术在于认为认知、情感和行为三者之间是相互作用、相互影响的。Fairburn 于 1981 年进一步提出了强化 CBT（CBT-E）的概念，他认为出现在不同进食障碍患者中的临床症状可能均直接或间接地来源于患者对食物、体形、体质量的错误估计这一核心观念。同时完美主义、低自尊、人际交往困难也常常在进食障碍患者中伴随出现。根据这一理论基础，Fairburn 在指南中提出了详细的治疗方案，通过 CBT 使患者恢复正常的饮食习惯。

其治疗结果包括四个阶段，第一阶段是频度密集的初始阶段，包括 4 周 8 次治疗。这一阶段的目标是让患者能够参与治疗并接受改变，共同制定出个性化的治疗流程并提供相关的健康教育。到第一阶段结束时，患者应该能积极地参与治疗、了解体质量和体质量的变化规律并学会规律地进食。第二阶段是短暂的过渡阶段，包括 2 周 2 次治疗。治疗师和患者在此阶段评估治疗的进展情况，并讨论治疗中出现的问题，同时开始计划第三阶段的治疗。这一阶段治疗师能根据不同的患者不断变化调整治疗方案，使 CBT-E 具有高度的个性化。同时这一阶段还能发现对 CBT-E 适应不良的患者，并积极寻找原因。第三阶段是治疗的主题部分，包括 8 周 8 次治疗，这一阶段治疗的具体内容因人而异，但核心目标都是解决 ED 的主要问题，即维持患者进食障碍的主要认知机制。第四阶段是治疗的最后阶段，包括 6 周 3 次治疗，其重点是预防复发。这一阶段的主要目标是确立巩固治疗成果，并尽量减少长期复发的风险。

（三）家庭疗法（Family Therapy）

家庭治疗的对象不只是患者本人，而是从整体出发，通过调节家庭关系，使每个家庭成员了解家庭中病态的情感结构，以纠正其共有的心理病态，改善家庭功能，产生治疗性的结果。治疗的短期目标是通过行为技术使患者在数星期内减轻症状，恢复进食并增加体重，长期目标是改善患者的家庭系统。

（四）人际心理疗法（Interpersonal Psychotherapy）

人际心理疗法是治疗贪食症的有效方法，对其他类型的进食障碍也有效果，它最早是为治疗抑郁症创立的。有研究认为，就患有贪食症的肥胖患者而言，减轻体重的行为治疗和认知行为指导自助疗法都能短期减少贪食行为。

人际心理疗法也包括三个阶段。第一阶段：详细地收集和分析患者与贪食有关的人际关系。第二阶段：关注如何帮助患者改变特定层面现有的人际关系。第三阶段：回顾患者在前面两个阶段改变的过程，探索如何帮助他们应对未来可能出现的人际问题。人际心理疗法不关心患者的饮食习惯如何，也不关心他们对身材、体重的看法。

这种疗法着重于改善患者的人际关系而不涉及其他的治疗主题。这种疗法在短期内取得的效果并不如认知行为疗法；但就长期来说，其效果可能会略好于认知行为疗法。因为患者通常会在人际关系的改善中促进个体自我价值感的改善。很多贪食症和暴食症患者缺乏自我价值感，常感到自己被忽视，因无法控制进食行为，甚至认为自己连吃饭这样简单的事情也控制不了，因而是一无是处的。所以提高其自我价值感，理论上能够较好地帮助患者摆脱贪食的困境。且随着人际关系的改善，更多的社交活动也有助于分散患者的精力，起到转移注意力的作用，从而减少患者对吃过多关注。

（五）自助技术（Self-Service Technology）

自助技术是将进食障碍的一些常识汇编成简单易懂的手册，进食障碍患者可以根据手册进行自我治疗。有研究发现，自助技术适用于治疗的初级阶段。与CBT 相比，自助技术花费少，更易推广，并且给不愿去治疗机构接受治疗的进食障碍患者提供了另一种途径，减少了与专业治疗师的接触时间。此外，自助技术也可以作为其他心理治疗和药物治疗的有益补充。但其不足之处在于需要较长的持续时间才能有效，患者自己往往很难坚持，但若能找到维持患者治疗动机的办法，将会提高其疗效。

（六）动机访谈（Motivational Interviewing，MI）

MI 是一种通过处理来访者行为改变过程中的内在矛盾冲突，以激发其动机、促进改变发生的技术，在物质滥用、促进健康行为以及改变不良行为等方面都有广泛应用。它融合了多种行为改变理论，在改变行为、改善躯体和心理状态等方面效果较好，并能提升患者的自尊和自信水平，降低治疗退出率，促进患者主动参与强化治疗。但目前国内尚无此方面的研究，而在国外研究中半数以上未进行对照设计，且纳入的 AN 患者较少，所得结果的说服力相对受限。因此，未来应进行更多对照设计，增加样本量，延长随访时间，以继续探索和发展 MI 技术及其在 AN 治疗中的应用。

三、进食障碍的预防

进食障碍的预防与病因有关，可通过一些日常措施进行有效预防，如养成规律的进餐方式，一日三餐按时进食，保证营养均衡，建立正常的审美观，不要过度注意外表和体重，在有多种职业选择的前提下，需要谨慎考虑模特、舞蹈演员等对体重有严格要求的职业等。

面对潜在的患病人群，我们还可以选用集体健康教育干预：邀请两三个患进食障碍者在一个团体内发言，描述进食障碍并给它下定义，现身说法自己患病及接受治疗的经历。通过活动，引发关于不良进食行为和态度的讨论，从容应对，在食物相关问题上能及时寻求帮助。这种计划为进食障碍的一级预防。进食障碍二级预防主要是增强对进食障碍症状的了解，在平时多观察自己的身体状况。三级预防就是增强人们对自身状况的认知和评估，还有诊治进食障碍的能力，在平时也要多注意饮食健康，多吃些营养的食物，按时吃饭，不要为了减肥就节食，多调整心态，不要滥用药物。

参考文献

[1] 邹蕴灵，陈珏. 认知行为疗法在进食障碍治疗中的应用［J］. 临床精神医学杂志，

2019，29（03）：214-215.
［2］陈晓鸥. 神经性厌食症的治疗进展［J］. 四川精神卫生，2017，30（01）：93-96.
［3］鲍尔多. 不能承受之重：女性主义、西方文化与身体［M］. 南京：江苏人民出版社，2009.
［4］梁茜. 媒体理想身材形象内化对中学生进食障碍倾向的影响：有调节的链式中介模型［D］. 广州：广州大学，2022.
［5］周文颖. 贪食症的诊断、成因和治疗［J］. 大众心理学，2018（01）：43-44.
［6］钱铭怡. 变态心理学［M］. 北京：北京大学出版社，2006.

睡眠障碍

良好的睡眠是人类心身健康的基石。充足的睡眠、均衡的饮食和适当的运动，是国际社会公认的三项健康标准。为唤起全民对睡眠重要性的认识，2001 年国际精神卫生和神经科学基金会主办的全球睡眠和健康计划将每年的 3 月 21 日定为“世界睡眠日”。2013 年 *Nature* 撰文指出，为了研究睡眠的本质，亟须开展一个多学科共同参与的“人类睡眠计划”，从而有效改善人们的健康状况，提高人类生活质量。美国“国家睡眠障碍研究计划”以及中国基于“一体两翼”战略的“脑科学与类脑科学研究”，均为致力于推动脑科学与睡眠科学发展而做出的国家重要战略决策。受益于此，新兴脑科学与信息科学技术的发展为人类深入探索生命本质提供了重要契机，也为开拓睡眠脑功能及其相关机制研究创造了无限可能，例如光遗传学技术和荧光探针成像应用于观察脑细胞活动，以及双光子显微成像和无创脑刺激技术应用于捕捉脑信息等。睡眠医学作为一门方兴未艾的综合交叉学科，拥有广阔的发展前景，它以正常睡眠生理研究为基础，着眼各类睡眠—觉醒障碍的防治策略，与相关临床医学学科互通有无，内容不断丰富，呈现出勃勃生机。具体来说，正常睡眠及其生理功能是怎样的？临床有哪些常见睡眠障碍？心理社会因素在睡眠障碍的发病过程中扮演何种角色？睡眠障碍是如何评估，又是如何实施心理干预的？本章节将主要围绕上述问题进行阐述。

第一节　正常睡眠及其生理功能

如果将人的一生标注成时间轴，睡眠大约占据人类一生中三分之一的时间。这意味着，假如一个人的寿命为 90 岁，那么将会有 32 年的时间完全用于睡眠。从某种程度而言，这 32 年的时间跨度体现了睡眠的重要性。自古以来，人们一直在努力探索，占据了如此长时间的睡眠，对人类而言，究竟有何意义？若想了解这个问题，首先需要明白何谓正常睡眠，睡眠如何分期以及睡眠的生理功能有哪些。

一、睡眠与觉醒

根据简单行为学的定义，睡眠是指机体对周围环境失去知觉和反应的一种可逆性行为。与此同时，睡眠是一个以中枢神经系统、血流动力学、通气和代谢动态波动为特征的复杂生理与行为过程。

所有哺乳动物都存在睡眠状态，大多数无脊椎动物也无例外。从果蝇到人类，睡眠是一种相当保守的行为。睡眠的组成方式一般依赖于动物本身所面临的实际问题。捕食性动物一般具有连续性睡眠，而那些为了生存而时刻保持警惕的动物，则缺乏连续性睡眠，如：兔子和长颈鹿的睡眠时间很短，一般持续数分钟；地鼠（最小哺乳动物）几乎完全不睡；海豚和海狮为了保持警惕，采取两个半球交替睡眠的方式。

睡眠是一个自然的阶段性过程，表现为意识的暂时中断，机体相对静止，对外界刺激的反应性降低，代谢减缓。与之相对应，觉醒是一种有目的地进行活动、适当应对环境刺激的能力。睡眠—觉醒周期是人体最重要的生物节律之一，通常以 24 小时为一个周期。

二、正常脑电波分类

人类对睡眠的认识是随着脑电技术的发展而逐渐深入的。1875 年，英国生理学家 Richard Caton 第一次从家兔和犬脑表面记录到了脑电活动波。1929 年，德国精神病学家 Berger H 在其儿子的头皮上首次记录到了人类的脑电波（EEG），并观察到睡眠和觉醒状态下的脑电图有显著的不同。这是人类首次将利用脑电观察心理活动的理想变为现实，是脑电发展的里程碑。1937 年，美国学者 Loomis 首次描述了非快速眼动（Non-Rapid Eye Movement，NREM）睡眠期。20 世纪 50 年代早期，美国芝加哥大学的教授 Aserinsky 和他的学生 Kleitman 首次发现睡眠周期中的快速眼动（Rapid Eye Movement，REM）现象，从而揭开了人类研究睡眠科学的大幕。1968 年，Rechtschaffen 和 Kales 发表了基于脑电图（EEG）、肌电图（EMG）和眼电图（EOG）的睡眠分期标准，将 NREM 期分为 4 期，即赫赫有名的 R&K 标准。直到 2007 年，美国睡眠医学学会（American Academy of Sleep Medicine，AASM）制订新标准，将 R&K 标准 NREM 睡眠期中两个以慢波为主要特色的 3、4 期合并，即现在广泛采用的 AASM 睡眠分期标准。

脑电图（Electroencephalogram，EEG）是通过精密的电子仪器，经头皮放大并记录脑部自发性生物电位而获得的图形，即通过电极记录脑细胞群的自发性、节律性电活动。脑电图分为常规脑电图、动态脑电图监测、视频脑电图监测。代表性的正常脑电波按照不同频率可分为 4 种类型：

δ（delta）波：小于 4Hz，振幅为 20～200μV，清醒时不出现，只有在睡眠时可见。深度麻醉、缺氧或大脑有器质性病变时出现。

θ（theta）波：4～7Hz，振幅为 100～150μV，成人困倦时出现此波，表示皮层处于抑制状态。

α（alpha）波：8～13Hz，振幅为 20～100μV，清醒安静闭目时出现，在睁眼或接受其他刺激或做意识性活动时消失。

β（beta）波：14～30Hz，振幅为 5～10μV，清醒的时候出现，β波的出现代表皮层处于兴奋状态。

1929 年 Hans Berger 首先描述α波是清醒状态下闭眼时，后脑区记录到的 8～13Hz 的波。通常在 8 岁时在低值 8Hz。大多数成人的α波频率介于 9Hz 和 11Hz 之间，随年龄增长而下降。在安静清醒闭眼状态下最容易观察到α波。睁眼、脑活动增加、听觉或触觉刺激均可弱化或阻断α波。其中δ波和θ波统称为慢波，其特征是高幅低频，β波为快波。

三、睡眠分期及其特征

按照睡眠各时期脑电波频率的不同，睡眠时相可分为慢波睡眠（Slow Wave Sleep，SWS）和快波睡眠（Fast Wave Sleep，FWS）。慢波睡眠又叫非快速眼动睡眠（Non-Rapid Eye Movement Sleep，NREM），其脑电活动变化与行为变化相平行，脑电波呈同步化慢波的时相。快波睡眠又称异相睡眠（Paradoxical Sleep）或快速眼动睡眠（Rapid Eye Movement Sleep，REM），其脑电活动变化与行为变化相分离，脑电波呈现去同步化快波的时相。REM 期睡眠呈现低幅高频的β波，眼电图可记录到间断的快速眼球运动。随着特征性的睡眠纺锤波、K 复合波及高振幅慢波的出现，NREM 睡眠又依次分为 1、2、3 三期（又称 N1—N3 期）。通常一个完整的睡眠包括睡眠起始、NREM 睡眠期和 REM 睡眠期。

（一）睡眠起始

正常成人的睡眠总是先从 NREM 睡眠开始，婴儿除外。这也是判别正常睡眠和异常睡眠的一个重要区别点。异常睡眠，譬如发作性睡病的睡眠就是从 REM 开始。对于睡眠起始一词，很难下一个确切的定义，因为睡眠的起始并不是突然出现的，通常在觉醒和睡眠之间摇摆不定，也不能凭单一指标清晰地界定睡眠起始，脑电图（EEG）的变化同个体对睡眠的知觉并不完全一致。在实际操作中，常结合多导睡眠描记和行为变化共同判断睡眠起始：

（1）睡眠起始前，肌电图（Electromyogram，EMG）显示肌张力逐渐降低，眼球出现缓慢的侧向运动。

（2）其后紧跟着 2、3 期或 REM 睡眠时，1 期睡眠才能被认为是睡眠起始。

（3）睡眠起始可以是 1 期睡眠，也可以是 2、3 或 REM 睡眠，但必须持续 3～5 分钟才能确认是睡眠起始。

（4）睡眠起始后“自动”行为停止。在睡眠起始前如持续简单行为动作，动作会在脑电图 1 期波形出现后数秒停止。当脑电图出现觉醒波形时，此动作会重新开始。这样就能解释打瞌睡的司机为什么仍能沿着高速路继续驾驶。

（5）睡眠开始后，视、听觉反应减弱。对有意义刺激和无意义刺激的反应不同。例如：与其他人的名字相比，个体对自己的名字唤醒阈值更低。同理，睡着的母亲听见自己小孩的哭声时更容易醒来。Williams 的研究表明，当无意义刺激在睡眠时被有意义执行时，如大声喊叫、闪光和电击，机体也会做出适当反应以避免受到伤害。从这些例子可以看出，睡眠开始时，感觉反应在某种程度上仍然存在。研究表明，机体在睡眠过程中，大脑对不同刺激的激活区域不同。当受到有意义（如听到自己的名字）的刺激时，大脑颞中回区被激活；当受到无意义（如听到铃响）的刺激时，大脑双侧眶额皮质区被激活。

（6）睡眠起始时（清醒—睡眠过渡期）的记忆会随着睡眠起始时间增长而遗忘。例如，人们通常难以记起睡眠起始瞬间发生的事，或者会忘记夜间醒着时别人告诉他的新闻。

（二）NREM 睡眠 1 期（N1 期）

该期是继清醒转入睡眠的过渡阶段（3～7 分钟），此时睡眠极浅，唤醒阈值低，容易被轻轻的听觉或感觉刺激所惊醒，如悄悄关门、轻轻抚摸等。肌张力较觉醒时开始降低，坐姿入睡时颈部肌肉最先松弛，引起头部下垂，下巴撞击胸口，出现“打盹”的典型表现，因而又称为瞌睡期或“打盹”。这时机体可以听到外界声音，但意识蒙胧，半醒半睡，通常不会想应答。大脑仍然可理解外界的语言对话含义，暂显片段性思维活动。某些人会有一些奇异的体验，如躯体麻木感、颤动、膨胀感、沉浮感。脑电图特征：α波比例下降到 50%以下，开始出现以频率 4～7Hz、波幅 50～75μV 的θ波活动为主的低幅混合频率。眼球运动：清醒时快而不规则的眼球活动变为一种缓慢的侧向运动。

（三）NREM 睡眠 2 期（N2 期）

第一个睡眠周期中 S2 期持续 10～25 分钟，脑电图在θ节律下出现睡眠纺锤波和κ复合波。睡眠纺锤波呈串状，波幅逐渐增高后又逐渐减少，像织布机上的纺锤梭形，故名纺锤波。κ复合波为先负向后正向的高幅慢波。一般把纺锤波和κ复合波的出现作为真正入睡的标志。此期肌张力进一步减低，但仍有一定紧张性，仍能听到外界声音，但不能理解，意识逐渐消失但有短暂不连贯的思维活动；和 N1 期相比，此时需较强刺激唤醒。

（四）NREM 睡眠 3 期（N3 期）

在睡眠纺锤波和κ复合波出现 10～25 分钟后，脑电图开始出现高幅慢波，即δ波。当δ波占比大于 20%以上时，称为睡眠 3 期，也叫慢波睡眠。在睡眠 3 期中，意识完全消失，不会听到外界任何声音，像与外界切断联系一样。全身肌肉放松，无眼球活动。

（五）快速眼动睡眠（REM 睡眠）

在一段深睡眠后，睡眠由深睡期逐渐返回浅睡眠期（N1 期或 N2 期），进而发生 REM 期睡眠。此时出现阵发性快速眼球往复运动，约每分钟 60 次。脑电图呈θ波和α波低幅高频的混合波。肌张力完全消失，每次 REM 睡眠近结束时，会出现大的翻身运动，睡眠唤醒阈值明显提高，睡眠深度比睡眠 3 期更深，体温较低，但脑电非常活跃，故又将 REM 睡眠称为异相睡眠。脑电活动为极不规律的低幅快波，类似清醒期和慢波睡眠一期的脑电变化。脑的温度、脑血流量、脑耗氧量迅速增加。呼吸心率也时而突然加快，甚至一些支气管哮喘患者在此期睡眠中可突然发作哮喘；心脏病患者也可能发作心绞痛。在脑桥、外侧膝状体和枕叶皮层中可记录到周期性的高幅放电现象，称之为 PGO 波。PGO 波被认为是 REM 睡眠时发生的快速眼球运动、中耳肌活动，小肌肉抽动、心率增快及冠状动脉血流突然增加的启动信号。从异相睡眠中唤醒后，80%以上的人声称正在做梦，尚可陈述梦境的故事情节，形象生动，以视觉变幻为主。研究表明，REM 期肌张力消失可避免生动梦境中的动作对自己和他人造成伤害。如若此期发生睡眠行为障碍如 REM 睡眠行为障碍（RBD），肌张力未消失，则会发生梦中打人、翻滚落地等行为。在 NREM 睡眠时被唤醒，只有 7%的人报告做梦，梦境平淡、生动性弱，概念性和思维性较强。梦魇或噩梦惊醒者多发生在慢波睡眠第四期。此时睡梦者醒后只能陈述恐惧感，被追捕或掉入深渊等危险境界，不能陈述梦境的全部故事情节。

四、睡眠结构

睡眠的各期分布在夜晚并非一成不变。通常来说，成年人一整晚会经历5～7个睡眠周期，在前1～4小时，慢波睡眠占比较高，即大多为熟睡阶段（3～4期），此时梦境很少，到后半夜，REM期睡眠逐渐增多，睡眠深度变浅，不再达到3期，这也可以很好地解释为何早上很容易在梦中醒来。

人一生的睡眠周期在不停地变化。总睡眠时间、睡眠周期时间和各期分布随年龄而不同。总的来说，婴儿期总睡眠时间和REM期占比均较成人及老人多，新生儿每天睡眠时间超过16小时，6月龄儿睡眠时间减少至12小时，正常成年人睡眠时间为7.5～8.5小时，老年人睡眠时间约为6小时甚至更短。婴儿REM：NREM为50：50，1岁时此比例降至20：80，此后这一比例保持相对稳定直至成年。婴儿睡眠周期较短，一般为50～60分钟，成人及老人睡眠周期为90～110分钟。老年人的睡眠更加片段化，夜间觉醒和微觉醒增多。

五、睡眠的生理功能

人类对睡眠功能的研究始于睡眠剥夺实验。睡眠剥夺（Sleep Deprivation）是指人因环境的或自身的原因丧失正常睡眠的量和状态。从广义来说，所有的睡眠缺失状态（包括失眠）都可称为睡眠剥夺。而狭义的概念主要指人为造成的睡眠缺失状态。通常认为，24小时内睡眠少于6小时被认为睡眠剥夺。近年来许多研究发现，睡眠剥夺导致多种机体功能受损，降低细胞寿命，影响心理功能。

（一）维护机体功能

慢波睡眠中，高振幅同步化慢波使大脑皮质处于休息状态，从而保护大脑，恢复精力，即使是短睡者，只要N3期深睡眠绝对时间与普通睡眠者相同，即可表现为精力充沛，思维敏捷；深慢波睡眠时机体基础代谢维持在最低水平，副交感神经系统活动增强，体温下降，能耗下降，合成代谢加强，有助于适应生存；消除疲劳，恢复和保持体力。近期研究发现，睡眠剥夺可加快毒性的tau蛋白团块在大脑中扩散，这正是大脑损伤的前兆，也是痴呆症产生的一个决定性步骤，从而加速阿尔茨海默病中的大脑损伤。睡眠不足会增加炎症性白细胞产生，从而导致动脉粥样硬化，增加心脏病死亡风险。代谢方面，睡眠剥夺导致睾酮以及皮质激素之间的平衡被打破，进而导致胰岛素耐受性的产生，增加代谢综合征的发生，使机体体重增加，未成年人患肥胖症的风险增加。

（二）增强免疫力

睡眠可提升T细胞整合素激活水平，增强T细胞反应效率。T细胞是一种对机体免疫反应至关重要的白细胞。当T细胞识别特殊的靶标后，它们会激活整合素这类黏附蛋白，使它们黏附在靶细胞上面（例如被病毒感染的细胞）并进行杀伤。体内肿瘤坏死因子-α和白细胞介素-1β均在深慢波睡眠期达到峰值。失眠会使免疫系统受到影响，从而更容易受到感染。

（三）促进生长发育

深慢波睡眠时垂体前叶生长激素分泌和释放达到高峰。生长激素能促进儿童骨骼生长，影响物质代谢，加强蛋白质合成，有利于成年人体力恢复并维持人体新陈代谢，使机体处于年轻状态。

（四）改善记忆

在人类的历史长河中，诸多文明得以留存、发展，都依赖于大脑的记忆，而记忆的产生与保存机制也是神经科学的一个关键问题。最早在 1971 年，出现了第一项相关的研究，研究者在小鼠的大脑海马体内发现，当新记忆形成，海马神经元会形成短暂的、稳定的连接。由此，海马成为备受研究者关注的脑部区域之一。海马已被证实与记忆、情绪等多个重要脑功能相关，尤其是记忆，包括空间记忆、学习记忆和情景记忆等。然而海马的大小是有限的，我们不能在有限的空间内存储一个无限大的数字。已经有足够的研究结果表明，海马并不是记忆的存储体，它仅仅作为新记忆的诞生地，之后新记忆将会转移到新皮质形成长久的记忆，而海马则被“格式化”一空，来迎接下一段新记忆。动物和人类中进行的研究都显示，在这个重置的过程中，睡眠起着至关重要的作用。在慢波睡眠状态下，海马会自发释放瞬间的高频振荡，研究者把这种特殊的脑波称为尖波涟漪（SWR）。尖波涟漪与新记忆神经元激活有关，并且也参与记忆的整合，擦除记忆缓存，帮助新记忆产生。当人进入深度睡眠时，大脑神经元会长出新的突触，加强神经元之间的联系，从而巩固和加强记忆。睡眠可精细地修剪我们白天学习产生的记忆，从而将记忆变得更加清晰。睡眠不足或睡眠剥夺可引起记忆力和注意力下降。

（五）维护心理健康

不同个体之间的睡眠模式差异很大，但每个个体却又保持着自己相对稳定的睡眠模式，即每个个体在每个夜晚的睡眠几乎重复着各自稳定的相同模式。研究表明，不同睡眠模式的个体在觉醒时可表现出心理和行为的差异。因此，良好的睡眠对于维护个体心理行为特征的稳定具有重要作用。

第二节　睡眠障碍的测量与评估

造成睡眠障碍的原因众多，因此在临床工作中充分、准确地评估睡眠障碍，对其治疗有重要的指导意义。失眠是临床上最常见的睡眠障碍，失眠的评估主要包括靶症状评估，躯体症状评估，情绪、认知与行为评估，心理应激评估，社会功能评估。

一、诊断性会谈

诊断性会谈主要是通过询问病史，收集与睡眠障碍有关的疾病信息，并同时建立一种良好的治疗关系。通过围绕患者主诉，逐步实施有技巧的提问，了解睡眠障碍的靶症状及有无引发躯体症状、认知和行为有无改变、睡眠障碍的原因，以及患病后社会功能有无损害，进行诊断和鉴别诊断，这将有助于指导治疗方式及疗效评估。睡眠障碍的主诉往往不外于以下几种类型的一种或多种：失眠，白天过度困倦，睡眠时间段异常，睡眠中出现异常现象。下面就分别以这几种主诉为线索，来讨论睡眠障碍的评估流程。

（一）主诉失眠

当一个患者主诉失眠时，首先要准确了解患者是入睡困难，还是夜间不断觉醒，睡眠无法持续，或是清晨早醒，缺乏睡眠感，经常被噩梦所困扰等。进而询问患者的睡眠习惯，如晚上几点卧床，几点入睡，卧床与入睡之间有无看手机等其他活动，夜间醒来几次，分别在什么时间，早上几点醒来，几点起床。白天活动如何，有无午睡，摄取咖啡因及饮酒。患者主诉症状是否与日常生活习惯有关，还是有特定情况特殊事件，出现频率如何，是否与季节有关，如为女性患者，是否与月经周期有关。患者是否有影响睡眠的躯体疾患如慢性疼痛、身体瘙痒或是尿频尿急。最近有无服用过有引起失眠副作用的药物，如降压药利血平、普萘洛尔，抗溃疡药西咪替丁等。

（二）主诉过度困倦

睡眠过多症状可伴有易疲劳、倦怠、注意力不集中、乏力、食欲不振、抑郁等身心症状。尽管困倦在日常生活中常见，但如果影响到工作和学习，就要考虑到疾病的可能。问诊时要注意询问是否有服用引起嗜睡的药物。一般来说，催眠药、抗抑郁药、抗精神病药、有抗组胺作用的感冒药和抗过敏药均可不同程度地引起白天困倦。另外要注意患者有无精神疾病，抑郁症患者有时会出现嗜睡症状，要诊断睡眠障碍，应从临床上排除抑郁症的可能。此外，由各种原因引发的夜间睡眠不足、睡眠呼吸暂停综合征等也可造成白天过度困倦，应注意区别。

（三）主诉睡眠时间段异常

正常人类社会中，人们日出而作，日落而息，这是由体内的生物钟决定的。在正常的睡眠时间段无法入睡，而在不适当时间段入睡的人，可能患有昼夜节律性睡眠障碍。因此，问清具体睡眠时间段对于诊断很有帮助。如果每天都是深夜入睡，中午起床，无法坚持工作及学习，无法适应社会生活要求，可诊断为睡眠时相延迟综合征；如果每天傍晚入睡，黎明觉醒，则被称为睡眠时相提前综合征，老年人多见；如果每天入睡时间逐步向后推，一般一天 30 分钟到 1 小时不等，被称为非 24 小时睡眠觉醒综合征；如果睡眠形式不规则，睡眠时间段无法确定，则诊断为不规则睡眠觉醒型。

（四）主诉睡眠中出现异常现象

睡眠中出现异常现象的原因大致分为以下几类：

（1）因不完全觉醒而引起的朦胧状态，例如梦游、夜惊症、夜间谵妄、睡眠时相延迟综合征等。这些疾病可以使患者处于不完全觉醒状态并伴异常行为出现。

（2）梦中的行动表现到现实中来，如REM睡眠行为障碍，由于中枢神经系统异常导致REM期肌张力升高，梦中的逃避行为、攻击行为以实际的躯体行为表现出来。

（3）癫痫发作、不随意运动、不适感觉带来的异常行为，如不宁腿综合征，是由于神经系统功能紊乱引起的不随意运动，感觉异常。

（4）身体疾病引起异常现象，如睡眠呼吸暂停综合征引起的严重打鼾，反复呼吸停止。

当主诉为以上几类时，首先要询问这种异常现象是否因药物引起，例如碳酸锂、三环类抗抑郁药都会引起患者在朦胧状态下来回游走，左旋多巴和β受体阻滞剂可引起噩梦。洋地黄、干扰素、麻黄碱、类固醇、抗胆碱药、抗帕金森药可引发谵妄状态。药物服用量的变化与症状出现时间的对应关系是诊断关键。其次应排除躯体疾病所引起的睡眠异常现象。如丛集性头痛，患者常在未完全觉醒的状态下走动，类似梦游。排除以上两种情况后，再根据患者症状及检查结果诊断为相应睡眠障碍性疾病。

（五）诊断性会谈技巧

诊断性会谈和问诊不同，除了要收集到患者的疾病相关信息，同时还要建立融洽的医患关系。会谈技术对其后的心理治疗有直接的重要意义。不同医师由于提问方法的不同，获取的信息会有很大差异。会谈技巧运用得好，可使评估更加完整准确，减少患者就诊时的焦虑情绪。诊断性会谈技巧包括逐步提问法、嵌入性提问法、带领性提问和投射性提问等。

（1）逐步提问法的核心技术在于逐步缩小问题的范围。先使用开放式提问，提出范围较广的问题，然后逐步缩小，指向问题核心。例如，以临床上最常见的睡眠障碍失眠为例，“出现失眠前你的状况怎么样”“发生失眠前有什么特殊的事情发生吗”，这种提问技巧可避免突然涉及核心问题，使患者紧张而回避隐瞒有利于诊断的重要信息。

（2）嵌入提问法是把真正想问的问题嵌入到一系列例行问题中，避免因直接询问患者而可能引起患者因不愿回答，情绪波动或者撒谎的行为。例如，当发现患者的失眠可能与夫妻感情问题有关时，可使用嵌入提问法。“通常什么情况下失眠会加重”，“白天工作过于紧张吗”，“饮食有没有影响”，“家务过于劳累有影响吗”，“丈夫晚回家时是否睡得更不好”，使患者觉得敏感的问题显得没有什么特别之处，从而更容易接受及回答。

（3）带领式提问的核心在于患者觉得对某些问题的肯定回答有不利后果时，使患者消除疑虑，明白医师所关心的并不是他行为的好坏，而是关心他处理问题的态度和方法，认为是每个人生活中的普遍现象。例如，直接询问患者人际关系怎么样，可能患者会有所顾虑，不将真实情况说出。而换一种问问题的方式，如遇到和他人冲突时你会怎么处理，进而再问是否经常发生这样的冲突，使患者觉得医生所关心的不是他的不好，而只是询问症状，更利于医生得到有用的信息。

（4）投射式提问是在涉及内容患者不愿提及时，用另一对象取代提问。比如临床上严重抑郁症伴长期失眠患者常有自杀倾向。为了确定患者是否有自杀意念，常采用投射性提问。如“我很理解你的痛苦，有些人因为长期失眠会产生自杀的想法”。如果患者有类似意念，会主动说出自己也有同样的想法。

二、行为观察

研究发现失眠者对入睡时间的报告常与实际有较大差异，所以对失眠及相关睡眠障碍的观察评估有助于帮助临床医师获取更为准确的数据。在失眠的治疗中，常常以安排患者填写睡眠日记的方式引导患者注意一些易被忽视的行为，帮助识别睡眠时间和不良睡眠卫生。通常在治疗前一周填写，主要记录两个方面：一为靶症状，如上床时间、入睡时间、夜间醒来次数、是否做梦及梦境内容、是否午睡及持续时间等。二是其他条件性因素，包括是否使用催眠药物、有无特殊生活事件、白天活动量、睡前心理状态等。填写睡眠日记可以帮助医师了解患者失眠的性质、频率和强度，可将其作为基础数值来评定治疗效果。治疗过程中也需每天填写，以便及时反馈治疗信息，了解治疗效果。

三、心理测量

在睡眠障碍诊断评估中，通常还会用到心理测量，为诊断提供依据，对睡眠障碍的诊断和鉴别诊断提供重要价值。

（一）失眠评估量表

失眠评估量表主要对睡眠质量进行评估，来判断患者失眠的严重程度及治疗效果。目前常用的有匹兹堡睡眠质量指数量表（PSQI）、阿森斯失眠量表（AIS）等。

1. 匹兹堡睡眠质量指数量表（Pittsburgh Sleep Quality Index，PSQI）

该量表为美国匹兹堡大学精神科医生 Buysse 等于 1989 年所编制。由 19 个自评和 5 个他评条目组成，分为 7 个成分，即主观睡眠质量、入睡时间、睡眠时间、睡眠效率、睡眠障碍、催眠药物、日间功能障碍。每个成分按 0、1、2、3 计分，累计各成分得出总分。总分≥8 分提示存在睡眠质量差。总分越高，睡眠质量越差。PSQI 用于评定被试者最近 1 个月的睡眠质量，适用于对睡眠障碍患者和精神障碍患者进行睡眠质量评价，以及一般人群睡眠质量的评估，是使用最广泛的睡眠障碍评估量表之一。

2. 阿森斯失眠量表（Athens Insomnia Scale，AIS）

AIS 主要用于对遇到过的睡眠问题进行自我评估，评定最近一周的睡眠情况，测评失眠程度。分为 8 个问题，总分越高，睡眠质量越差。总分＜ 4 为无失眠，4～6 分为可疑失眠，＞ 6 分为失眠。因条目少，使用方便简单，在临床中应用广泛。

（二）思睡评估量表

思睡状况除了客观的多次睡眠潜伏期实验、清醒维持实验等，也可用主观的方法来检查。目前运用较多的是爱泼沃斯思睡量表以及斯坦福嗜睡量表。

1. 爱泼沃斯思睡量表（Epworth Sleepiness Scale，ESS）

采用0～3分4级评分法对8种不同情况下“打瞌睡”的欲望进行评分。总分≥11分表示思睡，分值越高，提示思睡倾向越明显。此量表是判断是否存在嗜睡的较好量表，量表简短，操作简单，家庭自测性强。

2. 斯坦福嗜睡量表（Stanford Sleepiness Scale，SSS）

是自我评估嗜睡的标准方法，接受SSS评估的受试者选择7个陈述中的1个来评估自己目前的状态。SSS分为7个等级，倦意从低到高为1～7分，更适合测量受试者当下的主观倦意，优点在于操作简单并可反复进行。

（三）睡眠呼吸暂停综合征STOP问卷

STOP问卷主要通过自身及同床者观察到的症状评估，来判断患有睡眠呼吸暂停综合征的风险程度。此问卷共包含4个问题：① S（Snoring）：您打鼾声音大吗？② T（Tired）：您常常在白天感到疲倦、劳累、想睡觉吗？③ O（Obstructive Sleep Apnea）：有人观察到您在睡眠过程中有停止呼吸的状况发生吗？④ P（Blood Pressure）：您患有高血压或是正在进行高血压的治疗吗？各项如果回答“是”记1分，回答“否”不计分。总分≥2分为睡眠呼吸暂停高风险者。

（四）不宁腿综合征量表

国际不安腿综合征量表（International Restless Legs Scale，IRLS）由国际不宁腿综合征研究小组于2003年发布，依据不宁腿综合征的4个基本诊断标准进行设计：①有强烈活动双腿的欲望并通常伴有腿部不适感；②活动或刺激双腿后可缓解这种不适感，如走路或摩擦双腿；③休息时症状加重，活动后有所缓解；④症状在夜间或傍晚时加重。此问卷共有10个问题，每个问题记0～4分，患者依据严重程度计分，总分0分为无不宁腿综合征，总分1～10分为轻度，11～20分为中度，21～30分为重度，31～40分为极重度。此问卷主要用于临床辅助诊断，评估药物治疗效果。

四、仪器检查

一些常见的睡眠疾病如发作性睡病、睡眠呼吸暂停等，需客观的睡眠监测来诊断。

（一）多导睡眠监测（Polysomnography，PSG）

多导睡眠监测（PSG）是当今睡眠医学中一项重要的检查技术，在世界睡眠研究界被认为是诊断各种睡眠障碍相关疾病的“金标准”。Polysomnography 一词实际上是由三个词根组成的复合词：poly 源自 poli，意为多个的；somno 源自 somnus，意为睡眠；graphy 源自 grapho，意为记录。从字面上看，多导睡眠监测就是记录多个睡眠生理指标的技术，事实上也确实如此。PSG 是一种无创检查方法，在睡眠过程中，通过监测脑电、眼电、肌电、心电以及呼吸气流、呼吸努力和动脉血氧饱和度来记录睡眠事件和睡眠呼吸事件：①睡眠进程，包括睡眠潜伏期、睡眠总量、醒起次数、觉醒比等。②睡眠结构，包括 NREM 睡眠的 3 期及百分比，REM 睡眠的百分比等。③REM 睡眠周期数、潜伏期、强度、密度和时间等。④睡眠呼吸资料如呼吸暂停低通气指数、阻塞性呼吸暂停指数、混合型呼吸暂停指数、中枢性呼吸暂停指数、呼吸努力相关微觉醒、血氧饱和度下降指数等。⑤肢体运动情况，包括周期性肢体运动指数、周期性肢体运动伴脑电觉醒反应指数等。目前 PSG 主要用于睡眠相关呼吸障碍、发作性睡病、周期性肢体运动障碍的诊断。

另外还有在标准 PSG 监测基础上进行的对日间思睡的客观检查：日间多次睡眠潜伏期测试（Multiple Sleep Latency Test，MSLT）和醒觉维持试验（the Maintenance of Wakefulness Test，MWT），美国睡眠医学（AASM）有详细操作指南，在临床和科研中较为常用，限于篇幅不详细介绍。随着现代技术的不断发展，除了标准 PSG 监测设备之外，便携式睡眠监测设备不断地涌现出来，可根据不同临床需求选择不同的监测设备，在此不予展开。

（二）体动记录仪

PSG虽然是评估睡眠的“金标准”，但因标准PSG检查过程中需全程有经过训练的人员监测，人力消耗大，检查和分析技术复杂，所以研发易携带、易操作的睡眠诊断工具受到了越来越多的重视。体动记录仪是基于睡眠状态下极少有肢体运动、而清醒状态下运动增加这一原理设计的，可以在自然环境下记录睡眠状态，记录日间和夜间行为活动，使受试者睡眠和觉醒的时间更接近平时的习惯，更准确地评估自然睡眠持续的时间。研究表明，健康受试者中，体动记录仪和PSG 测量的总睡眠时间有良好的一致性，是随访研究和判断临床疗效的重要工具。然而体动记录仪也有一定的局限性，比如不能测量睡眠阶段，如果受试者清醒地躺在床上不活动，也会错误判断为睡眠期。

第三节　临床常见的睡眠–觉醒障碍

当人体的生理或心理状态受到不同程度的影响，正常的睡眠–觉醒状态被打乱，继而就会出现一系列问题，影响人体健康。如睡眠质量下降会引起白天嗜睡、精神萎靡、头晕、乏力，直接影响生活学习和工作，病情严重者可能会出现免疫功能低下，甚至会出现抑郁、躁狂等精神症状或疾病。2012 年 *The Lancet* 杂志撰文指出，睡眠–觉醒障碍的全球患病率为 9%～15%，是涉及全人类的重要公共医疗卫生问题。2018 年 6 月 18 日世界卫生组织（WHO）发布了最新版的《国际疾病分类第十一次修订本》（International Classification of Disease-11，ICD-11），这一新的诊断分类系统被提交至 2019 年 5 月举行的世界卫生大会，由会员国最终批准，并于 2022 年 1 月 1 日生效。ICD-11 把睡眠–觉醒障碍作为一个新的章节独立出来，根据不同睡眠障碍的临床表现和病理生理学特点，将睡眠障碍划分为 6 大类 73 个编码，包括：失眠障碍、过度嗜睡障碍、睡眠相关呼吸障碍、睡眠–觉醒昼夜节律障碍、睡眠相关运动障碍、异态睡眠障碍等。本章就临床常见的几种睡眠–觉醒障碍进行简要论述。

一、失眠障碍（Insomnia Disorders）

失眠障碍是一种严重损害人类健康的常见病，是人群中最常见的睡眠障碍类型，是一个重要的公共卫生问题。越来越多的证据表明失眠与多种躯体或精神疾病之间存在密切联系。

（一）定义

失眠障碍是指尽管有足够的睡眠机会和睡眠环境，患者仍抱怨存在持续的入睡困难（入睡潜伏期＞30 分钟）、睡眠维持困难（整夜觉醒次数≥2 次）、早醒、睡眠质量下降和总睡眠时间减少（通常＜6.5 小时），同时伴有日间功能障碍。日间功能障碍通常包括疲劳、情绪低落或易怒、躯体不适或认知损害等。若无日间功能障碍主诉，则不诊断为失眠障碍。

ICD-11 将失眠障碍分为 3 类：慢性失眠症、短期失眠症和失眠障碍，未特指的。慢性失眠症病程≥3 个月，短期失眠症病程＜3 个月。

（二）流行病学

2017 年一项针对中国普通人群失眠障碍患病率的荟萃分析显示：中国失眠障碍患病率为 15.0%，低于许多西方国家（例如法国和意大利为 37.2%，美国为 27.1%，波兰为 50.5%），但与其他亚洲国家报告的结果相似（例如日本为 15.3%，新加坡为 17.3%）。中国人民解放军 2014 年针对驻扎在边防、高原及参加抗震救灾的 14051 名基层官兵的一项问卷调查显示，失眠障碍患病率为 38.42%，表明失眠障碍在军人中更为常见，并且基层一线官兵睡眠疾病发生率较高，可损害官兵身心健康，降低战斗力，应高度重视，并积极采取干预措施，减少失眠和睡眠疾病的发生。

（三）病因和发病机制

病因复杂，众说纷纭，机制不明。目前比较公认的假说是 1987 年 Spielman 提出的原发性慢性失眠的“3P 模型（3-PModel）”，即 Predisposing（易感因素）、

Precipitating（诱发因素）和 Perpetuating（维持因素）。该假说将失眠障碍发生和维持的原因归结于 3P 因素累积超过阈值所致。易感因素是指容易产生失眠的个人特质，如遗传家族史、人格特质（情绪内化、焦虑、抑郁、完美主义等）和生物钟的倾向（夜猫族、云雀族）；诱发因素是指导致失眠开始发生的事件，如应激、压力事件（工作升迁、退休、结婚、生孩子等）；维持因素是指使失眠长期维持下去的因素，如不良睡眠习惯、失眠相关的不良信念和安眠药物的不当使用等。

（四）临床表现

失眠患者的主要症状为睡眠起始困难和/或睡眠维持困难，睡眠起始困难指的是入睡困难，睡眠维持困难包括夜间易醒或者晨起早醒。不同年龄人群失眠的症状表现及严重程度标准也不同：年轻人以入睡困难多见，老年人则以易醒和早醒表现为主；年轻人的入睡困难标准一般为≥20 分钟，老年人则为≥30 分钟。

失眠患者伴随的日间功能障碍常见症状包括：日间思睡、疲劳或躯体不适、注意力不集中和记忆力下降、烦躁易激惹、情绪低落和工作学习能力下降等。

慢性失眠会严重影响人们的健康。有研究表明，慢性失眠可增加心脑血管疾病、高血压、动脉粥样硬化等疾病的发生率，并可加重各种躯体疾病的严重程度。客观睡眠时间减少的失眠患者存在明显的认知缺陷，尤其在需要大量认知和记忆力的工作学习中表现明显。大量研究显示，长期失眠患者更易出现情绪不稳定，甚至导致情感障碍。长时间睡眠缺乏、睡眠质量下降会导致情感控制区域功能下降，进而影响到负性情绪调控机制及情感反应，最终患者出现焦虑、抑郁症状，大大降低了人们的生活质量。

（五）评估

失眠障碍的评估依赖于临床评估、主观评测和客观评定。

1. 临床评估

包括患者主诉、日间功能、睡前活动、夜间症状及其他病史。

2. 主观评测

包括睡眠日记和睡眠量表，睡眠日记应指导患者独立、准确填写，至少 2 周以上；睡眠量表主要用于患者睡眠质量的主观评测，患者根据量表内容对过去1个月的睡眠情况进行测评，根据测评结果进行评分，如匹兹堡睡眠质量指数量表（Pittsburgh Sleep Quality Index，PSQI）、阿森斯失眠量表（Athens Insomnia Scale，AIS）、Epworth嗜睡量表（ESS）、斯坦福嗜睡量表（Stanford Sleepiness Scale，SSS）、清晨型-夜晚型量表（Morning and Evening Questionnaire，MEQ）和睡眠不良信念与态度量表（Dysfunctional Beliefs and Attitudes about Sleep，DBAS）等。

3. 客观评定

工具有多导睡眠监测（Polysomnography，PSG）、体动记录仪等，PSG是目前常用的诊断患者失眠情况的客观测验工具，通过监测患者夜间入睡潜伏期、睡眠时间以及睡眠结构，判断患者的睡眠状况。体动记录仪可以用来监控日夜节律、睡眠惊醒次数等。这里需要特别说明，PSG和体动记录仪并非失眠障碍的常规检查，当合并其他并发症或需要鉴别诊断时，可考虑作为辅助检查。

（六）诊断与鉴别诊断

本章节常见睡眠-觉醒障碍的诊断参考国际睡眠障碍分类第三版（International Classification of Sleep Disorders Third Edition，ICSD-3）的诊断标准。

1. ICSD-3关于失眠障碍的诊断标准：

（1）以下4项睡眠异常症状至少存在1项：①入睡困难；②睡眠维持困难；③早醒；④适宜时间拒绝上床睡觉；⑤没有照料者的干预入睡困难。

（2）以下9项相关日间异常症状至少存在1项：①疲劳或躯体不适感；②注意力、记忆力、认知能力下降；③社交、家庭、工作、学习能力受损；④情绪不稳；⑤日间思睡；⑥行为异常（多动、冲动或攻击性）；⑦精力下降；⑧易犯错或出事故；⑨对睡眠质量不满或过度关注。

（3）在合适的睡眠时间或恰当的睡眠环境时仍出现上述异常症状。

（4）频率：上述异常症状至少每周≥3次。

（5）病程：上述异常症状至少持续≥3月。

（6）上述异常症状不符合其他类型的睡眠障碍。

慢性失眠症：必须同时符合（1）—（6）。

短期失眠症：同时满足（1）、（2）、（3）、（6），病程＜3月，频率无要求。

2. 鉴别诊断

从疾病的诊断上来说，失眠既可以是临床症状，与其他疾病共病，也可以是一种单独的疾病，因而需要与其他类型的睡眠障碍、精神疾病、躯体疾病以及精神活性物质或依赖相鉴别。

（七）治疗

急性失眠应及时处理应激事件，防止出现不良应对模式而导致失眠慢性化。慢性失眠的患者应根据临床表现进行针对性的规范化治疗。失眠的治疗方案主要有心理治疗、药物治疗、物理治疗和中医治疗。

1. 心理治疗

心理治疗是首选的治疗方法，主要包括睡眠卫生健康教育和失眠的认知行为治疗（Cognitive Behavioral Therapy for Insomnia，CBT-I ）等。

（1）睡眠卫生健康教育：通过对患者进行睡眠卫生习惯宣教和指导，减少睡眠的干扰因素，创造利于睡眠的条件和环境。例如为患者合理安排作息时间表，改善患者的睡眠环境，对患者进行睡眠相关的咨询和指导。

（2）失眠的认知行为治疗：目前大量研究证实，CBT-I 是失眠症最安全有效的治疗方法。CBT-I 技术包括认知治疗、睡眠限制、刺激控制、放松训练、矛盾意向法、正念冥想、音乐疗法、催眠疗法和多模式综合疗法等。有调查显示，失眠患者中 30%伴有抑郁，20%伴有其他精神障碍，失眠症状的出现可能与患者心理状态的改变密切相关。对失眠患者进行认知行为治疗是十分必要的。李劲松等人通过调查发现，在 256 位中国驻利比亚维和军人中，在维和的初期和中期人员整体睡眠质量较国内明显下降，出现明显的入睡困难和失眠，这可能与人员环境不适应、心理压力大和情绪紧张等有关。根据各种失眠因素，改善居住环境、减轻心理负担和丰富业余活动等，可以让每位战士心情舒畅；也可以进行健康睡眠宣教，严重者可以使用药物进行治疗。

2. 药物治疗

药物治疗作为治疗失眠的主要方法之一，具有起效时间短、治疗效果显著的优点；但药物治疗也存在一定的副作用，短期服药可能出现困倦、头晕等，长时间服用在一定程度上可能会出现耐药性和依赖性、停药反应等，因此药物治疗要充分遵从个体化原则。目前治疗失眠的常用药物种类如下：

（1）苯二氮䓬类受体激动剂（Benzodiazepine Receptor Agonists，BZRAs），又分为苯二氮䓬类药物（Benzodiazepine Drugs，BZDs）和非苯二氮䓬类药物（non-Benzodiazepine Drugs，non-BZDs）。BZDs：国内常用的有艾司唑仑、阿普唑仑、劳拉西泮和氯硝西泮等，此类药物不良反应包括过度镇静、宿醉感、日间困倦、头昏、肌张力减低、跌倒、认知功能减退等。Non-BZDs为新型促眠药物，主要包括右佐匹克隆、佐匹克隆、唑吡坦、扎来普隆等，具有快速起效、半衰期短、相对安全和不良反应少等特点，可作为药物治疗的首选。

（2）褪黑素受体激动剂（阿戈美拉汀 Agomelatine、雷美替胺 Ramelteon）和食欲素受体拮抗剂（苏沃雷生 Suvorexant）等。

（3）具有镇静作用的抗抑郁药（如多塞平、阿米替林、曲唑酮、米氮平等）。

3. 物理治疗

物理治疗作为一种失眠障碍治疗的补充技术，不良反应小，临床应用的可接受性强，是中国失眠症诊断和治疗指南（2017 版）推荐的方法，亦是近年来国内外研究的热点。主要包括生物反馈疗法、光照疗法、电刺激疗法及重复经颅磁刺激治疗（repetitive Transcranial Magnetic Stimulation，rTMS）等。

4. 中医治疗

主要包括中草药物治疗、针灸治疗、电针治疗等。中草药治疗是失眠障碍最常用的一种补充和替代方法，但其疗效和安全性存在很大争议。目前研究最多的是缬草、洋甘菊、卡瓦和五菱，有荟萃分析发现，与安慰剂相比，草药并不能很好地改善患者的睡眠问题，且四种草药均存在一定的副作用，其中以缬草的副作用最为明显。

二、发作性睡病（Narcolepsy）

（一）定义

发作性睡病属于过度嗜睡障碍的一种，其临床特征在于无法克制的日间过度嗜睡、睡眠瘫痪和入睡前幻觉，如果合并猝倒发作，就被称为发作性睡病四联症。根据患者是否存在猝倒发作，ICD-11 诊断标准将发作性睡病分为两种亚型：Ⅰ型猝倒型发作性睡病（Narcolepsy with Cataplexy），即下丘脑分泌素（Hypocretin，Hcrt）缺乏综合征，Ⅱ型非猝倒型发作性睡病（Narcolepsy without Cataplexy），此类患者通常 Hcrt 水平无明显降低。

（二）流行病学

发作性睡病发病率相对较低，人群发病率为 1/2000 左右。Ⅰ型发作性睡病全球人群患病率为 0.02%～0.18%，2002 年中国香港地区流行病学调查显示香港华人发作性睡病发病率为 0.034%。发病率随年龄、性别、季节和地域等因素存在差异。我国发作性睡病发病的高峰年龄为 8～12 岁，男性患病率约为女性的 2 倍。欧洲和美国的发病起始年龄大都在 20 岁以后，且男女性别差异不大。

（三）病因和发病机制

发作性睡病病因未明，一般认为是遗传因素和环境因素共同作用的结果，情绪紧张、压力过大、过度疲劳也是可能的诱因。发作性睡病与人类白细胞抗原（Human Leukocyte Antigen，HLA）等位基因高度相关。有研究显示，HLA DR2 和 HAL DQ1 作为发作性睡病的易患基因，约 85%以上的Ⅰ型发作性睡病患者及 50%的Ⅱ型发作性睡病患者均同时携带（HLA）DQB1 和（HLA）D2 基因。研究发现，Ⅰ型发作性睡病与下丘脑外侧部 Hcrt 神经元缺失密切相关。Hcrt 是中枢神经系统重要的促觉醒物质，能够抑制睡眠。国内外研究还发现，在 2009 年甲型 H1N1 流感爆发后，2010 年儿童及青少年发作性睡病的发病率显著升高，其原因是病毒感染及甲型流感疫苗中含有的 AS03 佐剂，增加了患病风险，可能机制是体内的 CD4 阳性 T 细胞介导的自身免疫反应，使流感疫苗激活了体内的 Hcrt 反应 T 细胞，引起了 Hcrt 减少而导致疾病的发生。此外，心理压力过大、脑部疾病、睡眠习惯的异常改变均可能参与疾病的发生与进展。

（四）临床表现

1. 日间过度嗜睡

日间过度嗜睡是发作性睡病的特征性表现，通常是大多数患者的首发症状。

患者日间正常活动或处于放松状态时易出现不可抗拒的短暂睡眠，小睡时间短暂且常会做梦。有研究显示，睡眠发作会造成患者反应能力下降，影响患者正常的生活工作，甚至会造成记忆短暂缺失。

2. 猝倒发作

猝倒是最具特征性的临床症状，是一种短暂发作的肌肉麻痹无力。情感刺激是重要诱发因素，多数为积极情绪如开心、大笑等，少数为消极情绪如悲伤、气愤等。猝倒时意识相对保留清醒，除呼吸肌及与眼球运动相关的肌肉外，其余全身绝大部分骨骼肌均瘫痪。猝倒发作时间短暂，一般不超过 2 分钟，发作频率从 1 天数次到数月 1 次不等。

3. 睡眠瘫痪

在睡眠—觉醒的相互转换过程中，患者意识清醒，却不能言语或者躯体不能随意运动，时间通常持续数秒到数分钟，可被外界刺激终止。

4. 入睡前幻觉

常伴随睡眠瘫痪发作，是指在睡眠—觉醒转换过程中出现的一系列感知觉异常，如幻听、幻视、幻触等，复杂生动，常具恐惧色彩。

5. 其他症状

此外，发作性睡病患者常伴随向心性肥胖、性早熟、夜间睡眠障碍、缺陷多动障碍等非典型症状的发生。

（五）评估

1. PSG 检查

PSG 检查包括整夜标准 PSG 监测、日间多次睡眠潜伏期测试（Multiple Sleep Latency Test，MSLT）和醒觉维持试验（the Maintenance of Wakefulness Test，MWT）。①整夜标准 PSG 监测对于诊断Ⅱ型发作性睡病是必需检查，对于Ⅰ型发作性睡病属于可选检查。②MSLT 也称小睡实验，是使用 PSG 设备对被试者在整夜标准 PSG 监测的次日进行日间睡眠监测，观察其入睡潜伏期、REM 睡眠潜伏期等指标，对于诊断发作性睡病有极高特异性。③MWT 是在特定时间内患者在安静、舒适的环境下保持清醒的能力的一种检查，也常应用于发作性睡病的诊断。

2. 脑脊液含量测定

Hcrt-1 对于诊断 I 型发作性睡病的特异度和敏感度约为 90%。对于可疑 I 型发作性睡病的患者，应当测定脑脊液 Hcrt-1 含量，若脑脊液 Hcrt-1 含量≤110pg/ml 或＜正常参考值的 1/3 时，可以确诊。

3. HLA 分型

发作性睡病患者 HLA－DQBl*0602 等位基因阳性率高达 98%，而普通人群 HLA－DQBl*0602 的检出率为 12%～38%。(HLA) DQBl*0301 等位基因阳性率越高，罹患发作性睡病的风险越高，起病年龄也越早。

4. 量表评测

常用量表包括 Epworth 嗜睡量表（ESS）和斯坦福嗜睡量表（SSS）等，用来评判患者日间嗜睡的程度。

（六）诊断与鉴别诊断

ICSD-3 关于发作性睡病的诊断标准：

1. Ⅰ型发作性睡病

（1）患者存在日间过度嗜睡症状，病程≥3 个月。

（2）以下两项至少满足一项：①猝倒发作，MSLT 平均睡眠潜伏期≤8 分钟，且有≥2 次 SOREMPs（Sleep Onset Rapid Eye Movement Periods，睡眠始发 REM 睡眠现象），睡眠开始 15 分钟内出现的快速眼球运动睡眠可替代 MSLT 中的一次 SOREMP；②脑脊液 Hcrt-1 含量≤110 pg/ml，或＜正常参考值的 1/3。

2. Ⅱ型发作性睡病

（1）患者存在日间过度嗜睡症状，病程≥3 个月。

（2）无猝倒发作。

（3）MSLT 平均睡眠潜伏期≤8 分钟，且有≥2 次 SOREMPs，睡眠开始 15 分钟内出现的快速眼球运动睡眠可替代 MSLT 中的一次 SOREMP。

（4）脑脊液 Hcrt-1 含量＞110 pg/ml，或＞正常参考值的 1/3，或未行脑脊液 Hcrt-1 含量测定。

（5）嗜睡症状和（或）MSLT 不符合其他睡眠障碍或与药物相关。

3. 鉴别诊断

癫痫发作、原发性失眠增多症、OSA、Kleine-levin 综合征等。

（七）治疗

发作性睡病的治疗目的在于减少白天过度嗜睡、控制猝倒发作，改善睡眠，减少伴随症状，提高患者的生活质量，恢复其正常的社会功能。目前针对发作性睡病的治疗方案主要是对症治疗，积极处理原发病并减少对患者造成的损害，通过心理行为干预和药物治疗，共同减轻患者的疾病症状，通过心理支持和减少诱发因素等健康教育，帮助患者提高睡眠质量。药物治疗主要包括减轻白天过度嗜睡的促觉醒药物、减轻猝倒症状的抗抑郁药物以及改善夜间睡眠的镇静催眠药物。

1. 减轻日间嗜睡的药物

（1）非苯丙胺类中枢兴奋剂。莫达非尼（Modafinil），治疗日间嗜睡的首选药物，对于猝倒发作无效。马吲哚（Mazindol），可用于对莫达非尼、哌甲酯和羟丁酸钠耐药的患者，对嗜睡症状和猝倒发作均有明显缓解作用。司来吉兰（Selegiline），选择性、可逆性 MAO-B 强抑制剂，经肝脏被代谢为安非他明和甲基安非他明，需低酪胺饮食，可用于缓解嗜睡、抗猝倒。

（2）苯丙胺类中枢兴奋剂。哌甲酯（Methylphenidate）为治疗日间嗜睡的次选药物。另有安非他明（Amphetamine）也可选用。

（3）探索性药物治疗。在一项随机对照双盲交叉试验中，研究者评估了γ-氨基丁酸 A 型受体的负性变构调节剂克拉霉素治疗发作性睡病患者日间嗜睡症状的有效性，结果显示克拉霉素与莫达非尼的疗效性相似，整体耐受性较好，仅出现味觉改变这一副作用，提示克拉霉素可能成为一种廉价、有效、副作用小的日间嗜睡治疗药物。另一项多中心随机对照双盲试验显示，一种选择性组胺 H3 受体反相激动剂——Pitolisant 与经典药物莫达非尼改善日间嗜睡的效果相似，且副作用明显优于莫达非尼。此类研究为发作性睡病的临床药物治疗提供了新的思路和治疗靶点。

2. 抗猝倒药

主要为抗抑郁药，包括常用的 TCAs、SSRIs、SNRIs 和 NaRIs 等几大类抗抑郁药。亦可用于改善睡眠瘫痪和入睡前幻觉等症状。

3. 改善睡眠瘫痪和入睡前幻觉的药物

包括常用的抗抑郁药和一些镇静催眠药物等。

4. γ-羟丁酸钠（Gamma-hydroxybutyrate，GHB）

γ-羟丁酸钠对于发作性睡病的所有症状，均有确切治疗效果。该药半衰期短，约为 30 分钟，为保持稳定血药浓度，需夜间多次给药。由于潜在导致意识错乱和呼吸抑制的副作用，所以应当禁止与酒精、镇静催眠药物联用，尽量避免与其他中枢神经系统抑制剂或抗抑郁药联用，确需使用时应当减量。

三、睡眠–觉醒时相延迟障碍（Delayed Sleep-Wake Phase Disorder，DSWPD）

（一）定义

睡眠–觉醒时相延迟障碍是指在 24 小时昼夜周期中，患者的自身生物钟（生理节律）与社会常规不协调，不能按照社会常规的要求入睡和起床，习惯睡眠时间段出现后移。

（二）流行病学

流行病学调查显示，睡眠–觉醒时相延迟障碍发病通常始于青少年，30 岁以后罕见起病，成年患者的病史多可追溯到童年期，青少年患病率为 7%～16%，而普通人群患病率约为 0.17%。慢性失眠主诉患者中约 10%为 DSWPD。

（三）病因与发病机制

发病机制尚不明确，病理学基础在于不能与时相提前同步。可能与以下因素有关：①遗传因素：40%左右的患者存在 hPer3、AA-NAT 和 Clock 等基因的突变；②内源性昼夜节律周期延长，自身昼夜节律系统修正能力减弱，生物节律与环境节律失同步化；③对授时因子光线刺激的反应能力异常，具体表现为对日光不敏感、对暗光过分敏感；④心理压力、社会环境因素等。

（四）临床表现

DSWPD由学者Weitzman等于1979年首次报道，ICD-11将其描述为：属于睡眠–觉醒昼夜节律障碍的一种，其特征在于与常规或期望的睡眠–觉醒周期相比，患者的睡眠–觉醒周期出现延迟，通常推迟≥2小时，典型患者入睡时间一般在凌晨2：00—6：00，觉醒时间一般在白天10：00—13：00。每天入睡时间、觉醒时间相对固定不变，通常无睡眠质量下降和睡眠维持障碍。若迫于社会压力需要早睡、早起，患者可伴有日间思睡、工作和学习能力下降，常被家长、领导等视为无组织纪律的不守时者，为此受到责备和批评，长期发展会出现焦虑、抑郁等精神障碍。

（五）评估

对于睡眠–觉醒时相延迟障碍的评估主要依据临床问诊、睡眠日记、早晚睡眠问卷（MEQ）、专业的体动记录仪和昼夜节律标记物测定，必要时可采用整夜多导睡眠监测。临床问诊主要包括综合评估患者在意愿睡眠或者非意愿睡眠情况下的睡眠潜伏期、睡前活动、主观睡眠质量及睡眠维持时间；睡眠日志一般至少记录2周以上，可以证实存在习惯性的睡眠相位延迟，且在意愿睡眠或者非意愿睡眠情况下睡眠结构存在明显差异；体动记录仪为一种便携式设备，佩戴于非惯用手手腕上，可以精确、详细地提供24小时活动信息。昼夜节律标记物测定是指采用微光褪黑素分泌试验和/或最低核心体温测定，检测是否存在自身生物节律延迟。

（六）诊断与鉴别诊断

1. 诊断

ICSD-3关于DSWPD的诊断标准：

（1）主要睡眠觉醒时间较期望的或所需要的睡眠觉醒时间显著延迟（或照料者证实长期反复在期望或者要求的时间入睡困难或觉醒困难）。

（2）症状持续≥3月。

（3）若允许自然睡眠，则睡眠质量和时间正常且与年龄匹配，但仍为推迟的

24 小时睡眠觉醒节律。

（4）至少 7 天（最好 14 天）的睡眠日记或体动监测显示睡眠时相一贯延迟（监测时段应连续并包括工作/学习日及休息日）。

（5）睡眠觉醒障碍不能用其他类型睡眠障碍、内科和神经或精神科疾病、药物或物质使用解释。

2. 鉴别诊断

入睡困难型失眠、心理生理性失眠或条件性失眠，主观性失眠、过度嗜睡、昼夜或睡眠节律倒错、焦虑抑郁和不良睡眠卫生习惯等。

（七）治疗

治疗原则是恢复到正常的睡眠–觉醒生物节律，纠正睡眠时相的延迟，防止生理相位再延迟。目前通常采用的是睡眠卫生健康教育、时间疗法（Chronotherapy）、光照疗法、外源性褪黑素疗法等。

1. 睡眠卫生健康教育

帮助患者认清睡眠延迟的危害，重新制定 24 小时作息睡眠时间表，并严格按照要求执行，逐渐培养早睡早起的作息习惯。

2. 时间疗法

在 Weitzman 首次报道 DSWPD 的同年，Czeisler 等提出时间疗法，策略是以每 2~5 天作为一个单元，将患者的入睡时间和起床时间推迟 3 小时，直到与预期入睡和起床时间重合，然后固定此时间段不变。时间疗法通常被认为有效，成功率相对较高。

3. 光照疗法

实施条件相对较高，需要专业的技术人员、光照设备和实验室技术。首先通过核心体温最低值（Corebody Temperature minimum，CBTmin）或者暗光启动褪黑素分泌（Dim Light Melatonin Onset，DLMO）标记患者初始生理相位，其次参照光照相位反应曲线（Phase Response Curve ，PRC），在 CBTmin 之后、自动觉醒之前使用专业设备给予 1~2 小时 2500~10000LUX 的光照，使患者睡眠时相提前，从而达到稳定的睡眠时间，频率为每周 1~2 次。

4. 褪黑激素治疗

褪黑素是松果体分泌的"黑暗信号"，其受体作用于人体生理周期起搏器——视交叉上核，发挥调节生物节律促进睡眠的作用。不同时间不同剂量的外源褪黑素可以产生不同的生物学效应，夜晚早期服用褪黑素可以造成生理相位提前，清晨服用褪黑素可以造成生理相位延迟，小剂量褪黑素（0.3～0.5mg）可以改变生理相位，大剂量褪黑素（3～5mg）则具有镇静催眠的效果。对于DSWPD患者一般建议于入睡前5～7小时给予0.3～3mg的外源性褪黑素。褪黑素治疗无统一标准且有一定的副作用，故在治疗方案选择上需因人而异。

四、睡惊症（Sleep Terrors）

（一）定义

睡惊症又称夜惊（Night Terror），常见于儿童，为反复出现从睡眠中突然觉醒并尖叫、哭喊，伴有惊恐表情和动作，同时伴随心动过速、呼吸急促、出汗、瞳孔扩大、皮肤潮红等自主神经兴奋症状。

（二）流行病学

大约有5%的儿童经历过夜惊，常见于4～12岁儿童，青春期前其发作频率逐渐减少直至消失，儿童患者中男性较多。成人发病率低于1%，男女性别比例相当，常见于20～30岁，并会持续多年，其频率与严重程度可有变化。

（三）病因与发病机制

发病机制尚不明确，可能与遗传和心理因素有关。一项研究发现，96%睡惊症患者中父母一方或双方有睡惊症史。睡前看恐怖的电影、听兴奋的故事，或家庭氛围紧张均可引起睡惊症。

（四）临床表现

患者通常以尖厉的叫声开始并有反复发作倾向，常常大汗淋漓、呼吸急促、心率加快，极其不安。每次发作持续 10～20 分钟，病情严重者一夜可发作数次。发生于非快速眼动睡眠阶段，发作期间患者意识呈朦胧状态，不易被唤醒，儿童患者醒后对发生的事件不能回忆，但是成人患者醒后对事件可有部分记忆。多数在被惊醒后并不会立即醒来，可重新进入正常的睡眠，醒来时会出现对梦境的完全遗忘。

（五）评估

对于发作频繁、存在暴力、潜在自伤行为的患者需采用视频 PSG 检查。典型表现可见到从慢波睡眠突然觉醒，下颏 EMG 波幅增高，EEG 显示α波。

（六）诊断与鉴别诊断

1. ICSD-3 关于睡惊症的诊断标准

（1）符合 ICSD-3 非快速眼动睡眠觉醒障碍的诊断标准。

（2）以突然发作的惊恐为特点，典型的表现是出现警觉的发声，如恐惧的尖叫。

（3）伴有强烈的恐惧感和自主神经兴奋的表现，包括瞳孔放大、心动过速、呼吸加快和出汗等。

2. 鉴别诊断

梦魇、夜间惊恐发作、睡眠相关性癫痫等。

（七）治疗

（1）心理治疗：保证患者充足的睡眠，不要在夜惊发作期间唤醒患者，并通过心理治疗缓解夜惊症引起的焦虑。

（2）唤醒治疗：指导出现夜惊的儿童的家长，连续 5～7 个晚上记录患者夜惊发作的时间。根据患者夜惊发作的时间或发作前的行为特点，于发作前 10～15 分钟唤醒患者，并让其保持 15 分钟的清醒，几周之后即可停用。

（3）药物治疗：严重者可短期应用抗抑郁药或苯二氮草类药物。

五、梦魇障碍（Nightmare Disorder）

（一）定义

梦魇障碍的患者反复于睡梦中被噩梦惊醒，以烦躁不安或焦虑为特征，能很快被唤醒并能立即回忆梦境。

（二）流行病学

梦魇可发生在任何年龄，多见于3～6岁，有过偶尔的梦魇的儿童为60%～70%，成人有过一次或多次梦魇经历的为50%～80%。大约有80%的创伤后应激障碍患者会出现梦魇，有的可持续终生。女性出现梦魇的比例是男性的2～4倍。

（三）病因与发病机制

梦魇障碍的病因及发病机制尚未明确，成人在受到精神刺激后可经常出现梦魇，频繁梦魇发作可能与人格特征和精神病理学有关，也有研究报道频繁的梦魇具有家族性。儿童看恐怖电影或听恐怖故事后，可能诱发梦魇。

（四）临床表现

梦魇障碍的特征为反复出现让人感到恐怖的噩梦，梦境体验栩栩如生。梦境内容常主要是个体感到迫在眉睫的躯体危险，或涉及失败、悲伤等场面，还可能有重物压身、胸闷窒息的感受。一般梦魇发生于REM睡眠期，患者醒来后能详细描述梦境的细节。梦境呈现时，患者常变得情绪低落、焦虑、恐惧、愤怒等。

（五）评估

患者从REM睡眠中觉醒，伴呼吸频率和心率加快，PSG监测有助于排除其他睡眠障碍。

（六）诊断与鉴别诊断

1. DSM-5 关于梦魇障碍的诊断标准

（1）反复出现的延长的极端烦躁和能够详细记忆的梦，通常涉及努力避免对生存、安全或躯体完整性的威胁，且一般发生在主要睡眠期的后半程；

（2）从烦躁的梦中觉醒，个体能够迅速恢复定向和警觉；

（3）该睡眠障碍引起有临床意义的痛苦，或导致社交职业或其他重要功能方面的损害；

（4）梦魇症状不能归因于某种物质（例如，滥用的毒品、药物）的生理效应；

（5）共存的精神和躯体障碍不能充分地解释烦躁梦境的主诉。

2. 鉴别诊断

睡惊症、快速眼动睡眠行为障碍等。

（七）治疗

偶尔发生的梦魇无须治疗，发作频繁造成明显困扰时需予以干预。梦魇障碍的治疗主要包括心理治疗和药物治疗。

1. 心理治疗

认知心理治疗可帮助患者正确认识梦魇产生的原因，缓解或消除恐惧心理。系统脱敏治疗、意象复述治疗也用于治疗梦魇障碍。

2. 药物治疗

报道显示哌唑嗪、曲唑酮、利培酮等可以改善梦魇发作。如果梦魇障碍与药物相关，应审慎停用或更换药物。

六、睡行症（Sleepwalking Disorder）

（一）定义

睡行症属于异态睡眠障碍，是睡眠和觉醒同时存在的一种意识模糊状态。在睡眠初起始的前 1/3 阶段，患者出现一系列的复杂运动性自动症，如起床、走动，低水平的注意力、反应能力和运动技能等。醒后部分或完全遗忘。

（二）流行病学

多数于儿童期起病，4～8岁为发病高峰，青春期后可逐渐缓解。睡行症的发病率与年龄因素、遗传因素关系密切：普通人群发病率为1%～15%，2.5～5岁的幼儿为3%～5%，7～10岁的儿童为11%～13%，成人为2%～4%；单卵双生子的患病率远高于异卵双生子，父母一方有此病史时子女患病率为45%，父母双方有此病史时子女患病率为60%。男女之间发病率无差异。

（三）病因和发病机制

本病发病机制未明。有学者认为与觉醒障碍相关，发作时患者脑电活动处于NREM睡眠和完全清醒之间，既没完全清醒也没完全睡着，神经影像学研究显示下丘脑—扣带回通路已经激活，但丘脑—皮质觉醒系统尚未激活，存在上行激活系统的分离激活状态。还有学者认为发病与慢波睡眠障碍有关，因其发生在慢波睡眠的醒转期，且慢波睡眠压力增大可诱发或加重睡行症。

（四）临床表现

睡行症俗称“梦游症”，但研究发现，睡行症发生于NREM睡眠后期醒转期，期间并未做梦，是机体从慢波睡眠中不完全觉醒导致的结果，此时大脑皮层的运动和视觉区域觉醒而记忆或判断区域并未觉醒，故发作时出现的行为是一种无意识行为，故更名为睡行症。

在睡眠的前1/3阶段，患者突然从床上坐起，表情茫然、目光凝滞，做一些刻板无目的的动作，或下床来回走动，或伴随一些日常复杂行为动作，如穿衣、吃饭、大小便，甚至外出逛街、购物等。在整个过程中，若他人试图干涉患者或与其交谈，无应答反应或仅以“哦、嗯”等简单言语回应，且难以被唤醒。大多数情况下，患者会自行或在他人合理引导下返回床上继续睡眠。在清醒以后（无论是在发作中被强行唤醒还是次日醒来），往往对发作过程不能回忆。整个过程可持续数秒到数小时不等。

睡行症有其潜在危害性，会导致患者白天嗜睡疲劳，社交功能障碍，使患者产生挫败感及焦虑抑郁，如发生意外，还可导致患者本人躯体受伤或伤害他人。

（五）评估

同步视频 PSG 是诊断睡行症的金标准，如果记录到不伴有任何异态睡眠行为的多次从慢波睡眠中觉醒，或伴有典型的睡行症行为，均支持本病的诊断。但是此法对于睡行症的检出率低且非必需条件，原因在于其并非每晚发作。睡眠剥夺联合慢波睡眠期强迫觉醒试验可提高本病检出率。

（六）诊断与鉴别诊断

1. 诊断

ICSD-3 关于睡行症的诊断标准：

（1）符合非快速眼球运动睡眠相关觉醒障碍的诊断标准。①反复发作的从睡眠中不完全觉醒；②在发作过程中对他人的干预缺乏反应或反应异常；③有限的（如简单的视觉情境）或者没有相关的认知或梦的情景；④对发作过程部分或完全遗忘；⑤不能由其他睡眠障碍、精神障碍、疾病、药物或者物质滥用解释。

（2）觉醒的发生与离床的行走和其他复杂行为相关。

2. 鉴别诊断

包括睡惊症、意识模糊性觉醒、精神运动性癫痫发作、睡眠呼吸暂停综合征、分离性漫游等。

（七）治疗

1. 心理治疗

（1）睡眠卫生健康教育。合理安排作息时间，培养良好的睡眠习惯，日常生活规律，避免过度疲劳和高度的紧张状态，注意早睡早起，锻炼身体，使睡眠节律调整到最佳状态；其次应注意睡眠环境的控制，睡前关好门窗，收藏好各种危险物品，以免梦游发作时外出走失，或引起伤害自己及他人的事件。

（2）一般性支持性心理治疗。睡行症的发生多与社会心理因素、生活节奏及生长发育因素有关。因此，应首先向家属及患者解释该病的特点及发生原因，解除患者及家属的心理负担，避免因孩子偶然出现梦游行为而引起焦虑紧张的情绪，致使梦游症状加重。此外，对该症患儿应注意保护性医疗制度，不要在孩子面前谈论其病情的严重性及其梦游经过，以免增加患儿的紧张、焦虑及恐惧情绪。向家属及患儿解释清楚，只要发作次数不多，一般无须治疗，但发作时应注意看护，防止意外事故发生。对正在发作的患儿应将其叫醒或将其引到床上。一般随着年龄的增长，患儿的梦游症状会逐渐减少，最终彻底缓解。

（3）认知行为治疗。对于成年患者，可以采用认知行为治疗，如认知治疗、放松训练、正念冥想、音乐疗法、催眠疗法和多模式综合疗法等。

2. 药物治疗

（1）镇静催眠药。可选用中长效苯二氮䓬类药物如氯硝西泮和地西泮等，抑制慢波睡眠，改善焦虑抑郁，减少和控制发作。

（2）抗抑郁药。三环类抗抑郁药和新型的5-羟色胺再摄取抑制剂对于睡行症具有一定的效果。

七、不安腿综合征（Restless Legs Syndrome，RLS）

（一）定义

不安腿综合征又称多动腿综合征或不宁腿综合征，或Wills-Ekbom病，是指在安静状态下有强烈的动腿愿望，伴随腿部不适感，活动后可降低动腿愿望和不适感，且多发生于傍晚和夜间。

（二）流行病学

世界范围内，RLS患病率平均约为6%，患病率高达10%，老年人在60~70岁发病率最高，亚洲患病率为0.8%~2.2%，孕妇RLS发病率为普通人群的2倍，女性患病率约为男性的2倍，慢性肾衰竭患者RLS发病率为普通人群的2~5倍。故在人口学特征上存在着三大差异：人种差异、性别差异、年龄差异。

（三）病因和发病机制

RLS病因尚不清楚，总的来说，可能与遗传、多巴胺能功能障碍、铁代谢异常以及褪黑素功能失调有关。RLS 按病因可分为原发性 RLS 和继发性 RLS。原发性 RLS 是指早发型 RSL 患者，起病年龄＜45 岁，40%～92%有家族史，被认为是常染色体显性遗传疾病。继发性 RLS 与脑的铁储备减少、中枢神经系统多巴胺能异常有关。2015 年美国睡眠医学会上的一项研究表明，严重的 RLS 和卒中风险增加具有相关性，尤其是缺血性卒中，研究发现两者具有相似的危险因素，如肥胖、高血压和自主神经功能紊乱等。

（四）临床表现

不安腿综合征是睡眠相关运动障碍中常见疾病之一，是一种感觉运动障碍。其特征在于夜间睡眠或者安静状态下，腿部持续不停地活动或下地行走，并且与腿部感觉不适有关，移动腿部或行走通常可以缓解症状。当再次回到休息状态时，症状会再次出现，因而严重干扰患者的睡眠，导致入睡困难、觉醒次数增多等，增加疲劳感，增加患者家庭和心理压力，导致生活质量降低。该综合征在美国 2%～3%的人群中引起严重症状，女性比男性更容易受到影响。大多数人出现症状时常处于中老年，但儿童也可能患有不安腿综合征。不安腿综合征引起腿部移动的不适感，通常这种冲动与腿部的不愉快感有关。感觉可能难以描述，患者对于不适感的描述为麻刺感、爬行感、烧灼感、瘙痒感或酸痛感。休息时症状最严重；移动腿通常可以缓解疼痛。腿部感觉异常经常导致跌倒或难以睡眠。多数患者双下肢为受累部位，也有 1/3 左右的患者主诉双上肢受累，甚至随着病情的加重，髋部、躯干及面部也会受累。RLS 具有典型昼夜节律，主要出现在傍晚和夜间，凌晨 0—3 点为发作高峰。

（五）评估

由于 RLS 的临床诊断多为症状性诊断，主要依赖患者主诉、国际不安腿综合征量表（International Restless Legs Scale，IRLS）以及多导睡眠监测进行诊断。

1. PSG

PSG 是诊断 RLS 最有意义的检查手段之一，能够提供客观准确的证据，如睡眠潜伏期延长、觉醒次数增多等。

2. 暗示性制动试验（Suggested Immobilization Test，SIT）

SIT 用于评价清醒状态下患者的腿动次数及相关感觉症状。

3. 血液检查

血清铁蛋白、总铁结合度、转铁蛋白饱和度、血红蛋白、叶酸、维生素 B_{12} 等有助于排除缺铁性贫血导致的 RLS；血尿素氮、肌酐检查有助于排除慢性肾衰竭相关的 RLS。

4. 遗传学检查

BTBD9、MEISI、PTPRD 和 MAP2K5/LBXCOR 等基因的变异和原发性 RLS 相关。

5. 国际不安腿综合征量表（IRLS）

通过对 RLS 强度、频率等进行评分，同时结合睡眠进程参数以及腿动指数进行判断，其中腿动指数包括对总的腿动指数及不同睡眠时相各自的腿动指数进行 RLS 诊断与评估。

（六）诊断与鉴别诊断

1. ICSD-3 关于 RLS 的诊断标准

（1）有一种迫切需要活动腿部的强烈欲望，通常伴有腿部不适感或认为由于腿部不适感造成。以下症状必须符合：①休息或不活动状态下症状出现或加重，如躺或坐着。②运动可部分或完全缓解症状，如散步或伸展，至少活动时症状缓解。③症状全部或主要发生在傍晚或夜间，而不是白天。

（2）上述症状不能以其他疾病、药物或行为问题解释。

（3）症状导致忧虑、苦恼、睡眠受扰，或引起心理、身体、社会、职业、教育、行为或其他重要功能损害。

2. 鉴别诊断

夜间腿肌痉挛、药源性静坐不能、焦虑障碍等。

（七）治疗

针对不同症状的 RLS，临床上主要采取相对应的治疗方案。针对症状较轻，或发作频率低的患者，一般可以通过改善睡眠卫生，调整睡眠模式来缓解症状，例如适度锻炼，睡前热水泡脚，避免摄入茶、咖啡、酒精等影响睡眠的饮品。症状较严重或发作频率高的患者，在此基础上配合药物治疗，以取得良好的疗效。

1. 一般治疗和心理干预

一般治疗为去除诱因、培养良好的睡眠作息规律、适量运动等。

心理干预主要是指认知行为干预（Cognitiveand Behavior Therapy，CBT）。通过 CBT 治疗可以缓解病情、改善患者的心理状态和生活质量。

2. 药物治疗

常用的药物包括：多巴胺能药物，例如左旋多巴，适用于症状较轻的患者，但可能会出现反跳现象和耐药性。此外，有研究显示小剂量多巴胺受体激动就可明显改善 RLS 的症状，且不良反应较小，广泛应用于 RLS 的治疗，例如罗匹尼罗等。有研究显示，非多巴能药物普瑞巴林能够改善 RLS 的症状。若患者存在入睡困难或夜间觉醒次数增加，可在睡前服用苯二氮䓬类药物；若患者存在原发疾病，应积极治疗原发病，根据患者的情况补充铁剂等。2015 年欧盟批准 Mundipharma 公司生产的 Targin 用于 RLS 的治疗，该药物是首款在欧盟获得许可的用于 RLS 的阿片药物，由羟考酮与纳洛酮组成复方缓释制剂，被批准作为一款用于严重至非常严重的先天性 RLS 的二线治疗药物。

3. 其他

2014 年，FDA 批准了首个用于治疗 RLS 的设备 Relaxsi。在夜晚睡觉前将身体置于最舒适的位置，随后将 Relaxsi 震动垫放在腿下并启动，该设备有自动减速和关闭功能，在运行 30 分钟后可以自动减速关闭。

第四节　睡眠障碍的心理社会因素

睡眠–觉醒这一生理活动不仅受到机体内在因素的影响与调节，而且与自然环境和社会因素存在密切联系。现代医学模式为“生物–心理–社会医学模式”，睡眠–觉醒活动也势必受到生物、心理、社会因素的影响。睡眠障碍是一大类疾病的总称，是指睡眠质或量的异常，或者在睡眠时发生某些异常临床症状，其中最常见的是失眠症。

前述已经提到，目前公认的解释失眠障碍发病机制的理论基础是 Spielman 提出的“3P 模型”，即 Predisposing（易感因素）、Precipitating（诱发因素）和 Perpetuating（维持因素）。易感因素主要包括生物学因素（性别、年龄和遗传因素等）和心理因素（人格特征），失眠患者群体具有较为显著的人格特征，失眠倾向于内倾、不稳定型人格、易紧张、敏感多疑、谨小慎微的特点。这些内化的心理冲突，容易导致情绪唤醒，睡眠期间生理活动加强。诱发因素主要指社会因素，如明确的生活事件、睡眠模式或作息时间的改变以及躯体疾病因素等。诱发因素常常导致短期失眠的产生，若诱发因素不能消除，或此时出现不当的维持因素，则会导致短期失眠演变成慢性失眠。维持因素包括不良睡眠习惯、失眠相关的不良信念和安眠药物的不当使用等。3P 模型其实综合了精神卫生领域关于病因学问题的两大观点，即社会心理学观点和生物医学观点，人类精神方面的疾病几乎都可以用这两种观点加以解释。生物学因素相对不可控，其干预依赖于人类脑科学研究的不断发展进步。大量研究表明，在睡眠障碍患者中，至少约有 60% 以上的睡眠障碍是由心理社会因素造成的，或者说心理社会因素在睡眠障碍的发生发展过程中自始至终都起着至关重要的作用。此外，由于心理社会因素相对可控、可干预，对于心理社会因素的了解有助于我们更好地认识、干预睡眠障碍。本节以失眠症为例，简述睡眠障碍常见的心理社会因素。

一、心理因素

心理因素在此主要指人格特征。人格特征是指在组成人格的因素中，能引发人们行为和主动引导人的行为，并使个人面对不同种类的刺激都能做出相同反应的心理结构。人格特征在 3P 模型的 3 个因素中都发挥着重要作用，而针对失眠症的一线治疗方法（CBT-I）也与人格特征密切相关。因此，分析失眠症患者的人格特征，对失眠症的防范及治疗具有重要意义。

早期大量病例对照研究表明，失眠症患者存在明显的人格特征异常。随着方法学的不断进步，近年来多项前瞻性队列研究表明，人格特征异常能导致失眠症的发生，是失眠症发病的独立危险因素。其中一项研究共纳入 1741 名睡眠正常受试者，经过长达 7.5 年的观察期，将被观察者分化出慢性失眠组及正常睡眠组，选用明尼苏达多项人格测验（MMPI）作为人格评估工具，对比分析两组之间的差别显示，人格特征相关因子异常是慢性失眠组发病的独立危险因素。哪些人格特质在失眠的发病中发挥着重要作用？虽然诸多研究结论并不完全一致，但其中较为公认的有过度焦虑特质、神经质性特质及完美主义特质等。

失眠患者在生活诸多层面（如对自身健康、工作状况）表现为过度焦虑，从而对自身造成过大压力，并对自身评价过低，容易产生负性情绪。此外，由于失眠患者存在内省倾向，负面情绪产生后，患者倾向于将内心压力及情感冲突克制于内心，不愿意向外界表达及宣泄，从而进一步加重了负面情绪的积累。由于夜间失眠干扰了患者的日间能力，削弱了患者日常社会功能，降低了患者处理日常事项的能力，导致患者容易在工作或生活中产生差错。由此增加了失眠患者的不安全感，并对工作或生活中可能产生差错更为担忧，需要付出更多努力以避免差错的产生，从而使失眠患者进一步增加了自身压力。

神经质性使患者在面临生活事件应激时，精神上出现强烈不安，并由此导致错误认知，将健康人都有的不安与不适感等心身变化误认为病态或异常。患者本人高度关注这些“病态或异常”，并企图排除之。但这些不安与不适的特点在于越给予关注、越努力排除，反而将会不断加重，结果形成关注与病觉的恶性循环，致使症状加重。失眠患者陷于同症状苦战苦斗的精神冲突状态中，感到非常痛苦，想排除“病态或异常”的欲望越强烈，症状反而越加重。该症患者情绪稳定性降低，从而易受到焦虑、抑郁不良情绪的持续影响。尤其在入睡前，难以控制自身失控的情绪、恢复平静状态，使失眠加重，并进一步加重焦虑抑郁情绪。

完美主义是失眠患者另一个共同的特点，完美主义者通常投入大量甚至过多努力以达到预期目标，当面临失眠困境时，完美主义者往往对失眠过度关注，并尽一切可能使自己入睡，从而陷入所谓关注－意图－努力的错误模式；而睡眠本身为相对独立自发的过程，对睡眠过度关注及试图主观强迫自身进入睡眠是无效的，反而会对睡眠造成额外干扰，加重失眠程度，长此以往，患者将产生情绪和认知过度激活，使患者选择性注意睡眠相关性线索、有意识性入睡和睡眠努力增加，致使失眠状态持续出现。

失眠状态的长期持续，会使躯体和大脑皮质逐渐产生过度唤醒现象，交感神经系统、下丘脑－垂体－肾上腺轴、大脑皮层持续活跃，致使患者心率增快、心率变异和基础代谢率增加，形成生理性过度唤醒；在脑部则表现为脑代谢和脑电图功率谱增加，即皮质性过度唤醒。生理性过度唤醒和皮质性过度唤醒会强化慢性失眠，其后果是加重失眠症状，导致失眠进一步恶化。

需要关注的是，失眠症本身也会导致异常人格特征出现、加重人格特征异常程度；尤其是青少年失眠患者，由于其处于人格特征未成型阶段，更易受失眠症影响，导致人格特征出现变化。人格特征在失眠的发生、发展中发挥着重要作用，而非全部作用。造成失眠症的因素是错综复杂的，其内在机制远远超过心理范畴，存在其他众多生理性因素，其他因素与人格特征的相关性也有待于进一步明确。如已有研究表明，神经质性人格特征与5-羟色胺转运体基因连锁多态区相关，提示未来有待于从基因等更深层次对失眠患者的独特人格特征进行分析，从而更好地明确失眠的病因，为防治失眠提供更好的依据。因此，人格特征因素和失眠症之间并不是简单的因果关系，而是复杂的双向关系。

二、社会因素

社会因素是失眠症发生的诱发因素，在此主要指生活事件的应激。

生活事件就是生活中面临的各种问题，是造成心理应激并可能进而损害心身健康的主要刺激物即应激源。在心理应激研究领域，生活事件是应激源的同义词。应激（Stress）这个词我们每天都能听到或者看到，正如 Hans Selye 所言 “Without stress，there would be no life”。应激是生活中不可避免的事件，没有应激就没有生活。生活事件应激按照来源和属性可分为躯体性应激、社会性应激和人际关系应激。

1. 躯体性应激

躯体性应激指直接作用于躯体而产生应激反应的刺激，包括理化因素、生物学因素和疾病因素，例如高低温度、湿度、噪声、毒物、感染，外伤、疼痛、饥饿、寒冷、躯体疾病、酒精依赖等。关注此类应激生活事件具有重要的军事意义。作为一个异于常人的特殊群体，军人常常身处于特殊的环境与事件之中。对于军人来说，不同的战争环境与现代和平时期下的军事演习、军营生活和军事训练都是一种应激。有调查显示，中国人民解放军失眠障碍患病率为 38.42%。恶劣自然环境、高强度军事活动会对人体生理、心理造成显著的影响，如交通和通讯不便、生活条件艰苦、精神生活匮乏，容易使一些官兵产生紧张、压抑，出现适应性心理障碍，进而对睡眠产生长期的负面影响。

2. 社会性应激

社会性应激指各种自然灾害和社会动荡，例如战争、动乱、天灾、政治经济制度变革等。此类客观事件不以人们的主观意志为转移，常常引起急性精神创伤或者创伤后应激障碍，导致或伴随各种睡眠障碍。

3. 人际关系应激

在应激中，虽有自然灾害、意外事故和事件，但多数的应激和人际关系相关，也是最可以人为控制的。按环境、地点等状况，可以粗略分为四类。

（1）家族性应激：婚姻、家长与子女的关系、育儿、双职工与配偶的关系、婆媳关系等；

（2）学校性应激：升学、学习、毕业、分配、同学关系、师生关系等；

（3）工作性应激：同事、上司、下级、福利待遇、工作调动、出差、退休等；

（4）地区性应激：居住环境、邻里关系、噪声干扰、社区特性等。

三、睡眠卫生问题

主要包括不良睡眠卫生习惯、睡眠信念与态度以及睡眠模式的不规律或改变。实际上睡眠卫生问题仍然是心理社会因素的范畴，之所以单列出来，是因为它在失眠症患者中普遍存在，最常见的是卧床时间过长，这会造成患者睡眠努力增加、睡眠挫败感增加、产生焦虑烦躁情绪，从而产生或加重不良睡眠信念与态度。长此以往，负性条件反射形成，并且成为维持失眠慢性化的重要因素。因此，睡眠卫生问题也是有针对性地进行心理和行为干预的依据，后续章节会展开介绍。

不良的睡眠卫生习惯如患者在卧室或者床上从事的睡前非睡眠活动（看电视、玩手机、上网、打游戏、打电话等）、不规则的睡眠作息时间、不健康的睡眠模式、清醒期长时间卧床、午睡时间过长等。不良睡眠信念与态度如“一个晚上不睡觉我就会崩溃”“不吃安眠药我就睡不着”“睡前喝点酒是解决失眠的好办法”等，失眠者对失眠导致的可能结果持有更强烈和消极的信念与态度，担心自己会失控以及难以预测睡眠状况等。有研究发现，睡眠信念与态度、睡眠努力、完美主义与睡眠质量之间存在密切关系，睡眠信念与态度在完美主义与睡眠质量之间起中介作用，可通过纠正不合理睡眠与态度提高睡眠质量。睡眠模式的改变可见于倒班或者飞行时差反应等，还有很多人存在睡眠不规律的情况，长期下去都会导致人体生物钟的紊乱，导致睡眠障碍甚至诱发多种疾病。

第五节　睡眠障碍的心理干预

睡眠障碍的心理行为干预是指在心理学理论指导下有计划、按步骤地对睡眠障碍患者的心理活动、个性特征或行为问题施加影响或干预，使之发生朝向预期目标变化、改善睡眠的过程。本节以失眠症的认知行为治疗为例做一简述。

一、失眠的认知行为治疗（Cognitive Behavioral Therapy for Insomnia，CBT-I）概述

失眠的认知行为治疗是基于失眠的“3P”理论模型，结合了认知治疗和行为干预等各种技术的联合治疗方法，对失眠患者短期及长期疗效确切，无明显不良反应。因此，WHO 推荐 CBT-I 为失眠症的首选治疗方法，我国 2017 年成人失眠诊断与治疗指南也推荐 CBT-I 作为慢性失眠症的一线治疗方法。CBT-I 是将认知治疗与行为治疗的内涵有机结合，从而形成针对失眠的认知与行为治疗，即将失眠者不正确的认知引导为正确的认知，将失眠者不正确的行为习惯引导为正确的行为习惯，从而达到治疗失眠的目的。

CBT-I 通常包括睡眠卫生教育、认知疗法、刺激控制疗法、睡眠限制和松弛疗法等。CBT-I 针对失眠的病因，纠正患者的非适应性睡眠方式，改正关于睡眠的不良信念与态度，减弱“唤醒”状态，缓解各种负性情绪，消除条件性觉醒，重塑失眠患者的合理认知模式，最终建立条件化、程序化的睡眠行为。

二、CBT-I 的作用

CBT-I 的主要作用有：

（1）睡眠卫生教育可以减少影响睡眠驱动力和导致觉醒增加的行为。

（2）认知疗法可以帮助患者纠正并重建关于睡眠的错误信念和态度。

（3）刺激控制疗法可以减少觉醒、加强床与睡眠的联系。

（4）睡眠限制疗法可以增加睡眠驱动力和稳定生物节律。

（5）松弛疗法可以降低睡眠中的心理和生理觉醒。

三、CBT-I 的适用人群

尽管 CBT-I 适用于各年龄段人群，但并非适用于所有患者。以下为适用人群：

（1）存在睡眠连续性问题，即睡眠起始和维持障碍。

（2）有导致失眠持续的行为因素：①延长睡眠机会的行为：早上床、晚起床、白天打盹；②抵消疲乏的方法：增加刺激的使用，避免或减少体力活动；③仪式和策略：在卧室中从事除睡眠和性之外的活动，在卧室以外的地方睡觉，使用草药、茶叶等。

（3）存在条件性觉醒的证据：①在卧室外想睡或睡着，当要步入卧室时突然惊醒；②更换卧室或旅行时睡眠改善。

（4）睡眠卫生知识不足的证据：①睡前使用酒精、大麻；②滥用非处方镇静药物（抗组胺剂）；③使用褪黑素作为催眠药。

四、CBT-I 的主要内容

CBT-I 主要包括：睡眠卫生教育、认知治疗、刺激控制、睡眠限制、松弛疗法，以及生物反馈法和矛盾意向法等。

（一）睡眠卫生教育

睡眠卫生教育是通过对患者的睡眠卫生习惯和睡眠卫生知识进行指导，帮助患者认识不良睡眠习惯在失眠发生发展中的重要作用，减少干扰睡眠的各种不利因素，达到改善睡眠质量目的的有效措施。该措施被推荐为所有成年失眠患者的最初干预措施，也是联合其他疗法的基础，但并不是一种有效的“单一治疗”，通常被视为是失眠的认知行为治疗的组成部分。以下 13 条是睡眠卫生教育的核心：

（1）不管你睡了多久，第二天规律地起床；

（2）每天同一时刻起床；

（3）把闹钟放到床下或者转移它，不要看到它；

（4）不要在睡前 3 小时进行体育锻炼；

（5）睡前进食少量碳水化合物等能帮助入睡；

（6）夜间避免过度饮用饮料；

（7）避免饮酒，尤其在夜间；

（8）不要在夜间吸烟；

（9）减少所有咖啡类产品的摄入；

（10）确保你的卧室很舒适，而且不受光和声音的干扰；

（11）不要用尽办法入睡，睡不着则离开卧室，做一些不同的事情；

（12）别把问题带到床上，烦恼会干扰入睡，并导致浅睡眠；

（13）避免白天打盹。

（二）认知治疗

针对失眠症患者异常的人格特质和不良的睡眠信念与态度，通过真实性和有益性挑战，并重构这些负性认知。认知行为疗法最初被用于慢性失眠，但近来有研究提示，其对于短期失眠、其他类型的失眠也有一定的疗效。认知行为疗法需要有经验的治疗师或临床医师予以指导，同时要求患者具有一定的自我约束能力。在本疗法实施的初始一两个星期，可能睡眠质量并未提高，甚至变得更差，但只要坚持下来，多数患者的睡眠将得到改善。

认知疗法的主要内容包括：

（1）纠正不切实际的睡眠期望；

（2）保持自然入睡，避免过度关注并试图努力入睡；

（3）不要担忧自己失去了控制自己睡眠的能力；

（4）不要将夜间多梦与白天不良后果联系在一起；

（5）不要因为一晚没有睡好就产生挫败感；

（6）培养对失眠影响的耐受性，不要持有夜间睡眠时间不足而采取白天多睡的补偿心理。

（三）刺激控制疗法

刺激控制疗法基于条件反射原理，使用刺激控制指令，消除非睡眠活动与床及卧室之间的干扰，重新建立睡眠与床及卧室之间的条件反射，达到稳定的睡眠觉醒规律。该疗法适用于睡眠起始和维持障碍。美国睡眠医学会认为刺激控制疗法是治疗慢性失眠的一线干预措施，作为单一疗法有可靠的临床效果。但需要注意，躁狂症、癫痫、异态睡眠、伴有跌倒风险的患者需慎用刺激控制疗法。刺激控制指南限制了清醒时躺在床上的时间和待在卧室或床上的行为，这些限制是为了加强床/卧室/就寝时间与快速而稳定睡眠间的直接联系。由于在刺激控制疗法的执行过程中，失眠患者会自觉痛苦，因而医生、治疗师需要在患者执行前详细介绍疗法的特点，让患者明确治疗的动机，强化治疗的动力，告知患者自行选择长痛还是短痛。执行前的详细介绍以及给予合适的放松方法，有助于患者缓解执行时的痛苦，也利于增强依从性。

刺激控制疗法的 6 条指令：

（1）只有晚上有睡意或者到了规定的睡眠时间时，才上床休息；

（2）将卧床仅仅当作睡觉与性生活的地方；

（3）如果卧床后感觉到大约 20 分钟内无法入睡时（无须看表），应离开卧室，进行一些放松活动，直到感觉有睡意再返回卧室睡觉；

（4）如果再次感觉到大约 20 分钟内仍然无法入睡时，重复上条策略，如果有必要，整晚都可重复该过程；

（5）无论前一天晚上的睡眠时间是多少，第二天早晨都在同一时间起床（包括周末）；

（6）日间不要打盹或躺在床上。

（四）睡眠限制疗法

适应于睡眠起始和维持障碍。美国睡眠医学会建议这种干预是“可选的”，是失眠的认知行为的必要组成部分。同样地，对于患有一些疾病，如有躁狂病史、癫痫、异态睡眠、阻塞性睡眠呼吸暂停症和有跌倒风险的患者来说，需要慎用。睡眠限制法利用暂时睡眠剥夺，以快速提高睡眠压力，从而达到缩短入睡时间、提升睡眠深度、重新经历嗜睡感受、减少睡前担忧以及认知活动、降低睡前焦虑以及焦虑感与睡眠情境的联系等效果。执行睡眠限制法时，需要失眠患者记录至少一周的睡眠日记；医生/治疗师通过睡眠日记计算患者平均的总睡眠时间，并将其作为患者一开始的卧床时间，但不少于4.5小时；患者继续记录睡眠日记，每周与医生/治疗师会面一次，计算平均睡眠效率，根据睡眠效率调整下周的卧床时间，直到患者获得满意的睡眠。患者的睡眠效率≥90%，则延长卧床时间15或30分钟；睡眠效率＜85%，则缩短卧床时间15或30分钟；睡眠效率在85%～90%之间，维持原来的卧床时间。

（五）松弛疗法

放松训练是指使机体从紧张状态松弛下来的一种练习过程。它包含肌肉松弛以及消除紧张。直接目的是使肌肉放松，最终目的是使整个机体的活动水平降低，达到心理上的松弛，从而使机体保持内环境平衡与稳定。常见的放松训练包括腹式呼吸、渐进式肌肉放松训练等。对于以“不能放松”为特征的患者或/和伴有多种躯体不适（如深部肌肉疼痛、头痛、胃肠不适等）的患者，这类干预最合适。

（六）生物反馈法

生物反馈法是美国心理学家米勒依据行为主义理论发展出来的一种治疗方法。生物反馈疗法借助现代电子仪器，将人体内脏的生理信号予以记录，并转换为声、光等听视信号显示出来，反馈给患者，使患者根据反馈信号有意识地反复训练和学习，来调节和控制体内的生物变量，使生理功能维持在合适的水平，有利于良好睡眠。

（七）矛盾意向法

矛盾意向法提倡自觉努力地从事自身所害怕做的事情，或去“期待”这些事情发生，并用相反的愿望替代对于处境的焦虑，从而将注意力转移到正常活动中。比如指导失眠者用相反的意念控制自己，努力让自己保持清醒、避免睡着，转移对迫切入睡的过度关注，降低焦虑和担忧，达到快速入睡的效果。

（八）其他

其他的心理干预方法如正念冥想、太极、气功等，都可以通过脑、心、身和行为间的相互作用，降低交感、增加副交感神经系统的活性，恢复两者的内稳态平衡，使心理影响躯体功能并促进身心健康。这些干预均显示出对于失眠障碍的一定疗效。正念冥想源于东方兴于西方，1979 年由美国的乔・卡巴金等经过改良，与现代心理学融合，创立了当代心理治疗中最重要的概念和技术之一，即正念疗法。2012 年，正念登上美国《时代周刊》，正念冥想瞬间风靡全球。主要包含正念减压疗法、正念认知疗法、接纳承诺疗法等。正念冥想基本上来说有三大要素：有意识地觉察；专注于当下；不主观评判。正念冥想失眠治疗将睡眠医学、行为治疗和冥想实践相结合，帮助患者增进对慢性失眠心身状态的了解，管理睡眠和情绪，具有很好的效果。

五、CBT-I 的治疗模式

（一）个性化 CBT-I：次数及内容因个案状况而异

优点：可根据个案特定的病因定制个性化治疗方案。

缺点：经济效益差，治疗费用高。

（二）团体 CBT-I：团体成员 8～10 人，一般以 6～8 次为原则

优点：经济效益佳，可透过团体动力增进疗效。

缺点：较无弹性，以标准化疗程为准。

（三）远程 CBT-I：利用先进的互联网平台开展远程交互式治疗

优点：经济效益佳，不受地点限制，可根据个案病因定制个性化治疗方案。

缺点：效果虽获证实，但治疗依从性差，脱落率高。

（四）自助式 CBT-I：利用具体资料结合自身情况进行自我认知及行为的管理

优点：经济成本低，容易实施。

缺点：效果不如面对面，脱落率相对高。

总之，对于睡眠障碍患者的心理干预，是建立在对患者睡眠障碍产生的机制及心理社会因素进行分析的基础上，有针对地选用一种或多种综合性心理行为干预手段，通过睡眠卫生教育、认知疗法、行为疗法或联合形式的 CBT-I 疗法，从而达到重建良好睡眠的目的。由于各种干预手段均有其优势及不足之处，因此在治疗过程中需依据整体化、个性化原则，充分考虑各种致病因素，进行综合治疗、个性化治疗。

第六节 案例——睡不着的战士

一、个案介绍

小王，男，26 岁，是一名某基层部队战士，三期士官。身高一米八左右，体形微微偏瘦，穿着整齐，戴一副眼镜，言谈举止得当，看起来是一位比较注意细节、严谨的人。小王在部队已有多年的工作经历，从一名新兵到三期士官，一路走来也算比较顺利。如今，已经与一名高中同学结婚多年，不过两人生活在不同的城市，每年只有在休假的时候才能相见，目前还未生育子女。周围的同志都觉得小王是一个比较耿直、实在的人，没觉得他有什么问题，但小王却主动要求前来进行心理咨询。目前最困扰小王的是两件事，一个是自己长期失眠，另一个则是与妻子结婚多年但一直要不上孩子。这两件事都让小王心烦意乱，头痛不已。

二、主诉

小王说他睡眠不好，常常失眠。在进入部队之前偶尔也会出现失眠的情况，但并不严重，当时他也没太在意。进入部队后，小王需要在夜里值班站岗。有一次因为第二天凌晨 4 点就要站岗，所以小王很早就做好了入睡的准备。在小王将睡未睡之际，战友说了一句梦话，一下子就把他惊醒了。小王看了一下表，距离自己站岗的时间尚早，于是继续酝酿睡意。不过这时候入睡过程开始变得不顺利了。小王躺在床上不断地想，因为自己没有按照计划的时间睡觉，会不会到时间起不来？如果闹钟坏了自己漏岗了怎么办？不知不觉，一个小时过去了，战友到时间起床站岗去了，小王又看了看表，发现距离自己预定的睡觉时间过去很久了，然后，他开始强迫自己赶紧入睡，对自己说："不行，不行，得赶紧睡着，要不然一会儿就没得睡了。"可小王越是想睡觉越是睡不着，就这样辗转反侧，时间一点一点流逝，他始终无法入睡，而且越来越紧张，心跳越来越快。终于熬到了凌晨四点，他昏昏沉沉地从床上爬了下来……

从那天以后，小王就开始经常失眠，每当要睡觉前，他就开始担心，恐怕自己再次睡不着，尤其是要站夜岗的时候，焦虑得根本无法入睡，甚至是彻夜不眠。领导了解到小王的情况之后就没有再安排他值夜班站岗了，但他还是会时常失眠。因此，小王感到非常困惑，怀疑自己是不是有什么疾病。为什么总是睡不着，尤其是有战友拿这点开玩笑的时候，他就更坚信自己是得病了，这让他非常焦虑。

另外一件让小王焦虑的事就是他和妻子一直没能要上孩子，而且家里一直在催着要孩子。由于和妻子两地分居，每次自己休假回家都会特别珍惜与妻子的相处时间，两个人算着日子行房，就为了能怀孕。每次行房前小王都会控制不住地想到万一这次没成功怎么办？再等一年妻子年纪又大了一岁，生育会不会更困难？他越想越紧张，一直到现在两人都没有要上孩子。

三、成长经历

小王自小生活在和谐的家庭中，父母都是公务员，从小到大，小王都是父母眼中的“好孩子”，对父母言听计从。父母很爱小王，同时对他要求也比较严格。小王自己也非常努力，学习和工作目标都很明确。生活中，没有经历过重大事件，一路走来也比较顺利，他也很认可自己，且对自己和家人的身心状态也比较关心。

四、问题评估

根据小王的描述，咨询师认为小王是因为“过分担心”引起的睡眠问题，有一定的内心冲突和追求完美的焦虑状态。经检查未见器质性改变，咨询过程中了解到，该来访者无睡眠障碍遗传史，生活中也没有经历重大事件，社会功能完好。结合其心理检测结果，焦虑因子分偏高，性格量表测试显示，具有追求完美的性格特点。

五、咨询方法及设置

根据小王提供的信息，可以确定其没有身体疾病。所谓失眠，只是心理因素引起的，他陷入了“失眠—预期焦虑—失眠”的陷阱。森田疗法认为，“失眠—预期焦虑—失眠”的恶性循环是“精神交互作用”的具体表现之一。精神交互作用是指因某种感觉偶尔引起对它的注意集中和指向，这种感觉就会变得敏感，感觉的过敏使注意力进一步固定于此感觉。这种感觉由于注意的彼此促进、交互作用，致使感觉更加过敏。具体在小王身上的表现是这样的：其认真、敏感的性格和追求完美主义的倾向，使其既害怕自己脱岗不能很好地完成任务，又害怕自己睡眠不够；在这种心理冲突下，他渴望赶快入睡，并特别关注自己的睡眠时间，如此的焦虑和担心使其过分注意“睡不着”的感觉，越注意越敏感，越敏感越觉得自己“睡不着”。针对他这种由于“过分担心”而引起的睡眠问题，咨询师经过综合分析认为，对小王进行门诊森田疗法设置，每周一次。

六、咨询目标

首先，帮小王认识到，当今社会，生活节奏快，失眠是每个人都体验过的生理心理现象，而睡眠是人的基本生理需求，人体累到极限自然会入睡，从而缓解其心理压力。近期目标，使其明白其敏感的性格和担心失眠会影响工作的焦虑，才是失眠的根本原因。中期目标，养成规律的睡眠作息表，并掌握一些入睡小技巧。远期目标，帮助小王调整性格，克服“过分敏感”“追求完美”的影响。

七、咨询过程

（一）咨询初期

首先，咨询师帮助小王消除心中的顾虑，即担心自己有身体疾病，咨询师明确告诉他：“你没有病，失眠也不是病，失眠是每一个人都经历过的事情，原因多种多样，而你只是因为过分担心、在意睡眠，才导致自己睡不好。”小王听后，表示自己放心了。

（二）咨询中期

其次，结合森田疗法“顺其自然，为所当为”的原则，在帮助小王克服失眠问题时，咨询师向其强调了两点：

一是认识到睡眠是大自然的一种自然现象，任何一个生命在累极了的情况下自然会睡着，不过个体差异很大，每个人的睡眠需求不同，从 5~12 个小时不等，因此，不能强求自己必须每天睡够几个小时；换言之，睡眠是拿理智控制不了的，只要第二天能正常工作就行了（尽管效率可能会下降一点），人们主观上的各种努力都是在帮倒忙。

二是用行动打破“失眠—预期焦虑—失眠”的恶性循环，少想多做。具体措施如下：如果头一天没睡好，第二天也要按时起床、不赖床，白天千万不能长时间睡觉，午休在半个小时左右或者不午休（这一点很关键）。那么，如何能做到这一点？就是不要让自己闲着，找些事做，坚持工作、坚持训练，最好运动一小时以上，出一身汗。如此，坚持到晚上就寝时间，身体已经非常劳累了，失眠的可能性会大大降低（在此，笔者让小王回答了一个问题：在你特别忙碌、训练特别多的情况下，出现过失眠吗？小王笑了笑，说没有。这表明，小王对这一点也深有体会）。另外，睡觉前做几组深呼吸，不定闹钟，更不要一会儿一看表，把闹钟和手机放在够不着的地方，抱着“就算一整夜睡不着，也没关系，人一两天不睡觉，依然可以正常工作”的决心，让自己安静地躺在床上。同时，脑子可以随意地想一些并不激烈的事情，不把注意力集中在自己的心跳、呼吸上面。如果实在坚持不了，可以抱着“大不了今晚不睡了”的心态，起来看看书、读读报纸等，做一些可以让眼睛疲劳、内心安静的事，不可玩手机、电脑，也不要看电视。待稍有困意时，再躺在床上。总之，不要老想着、老担心睡眠的事。

再次，针对小王补充的“备孕”的事情，咨询师也给了一点建议：“受孕、生育子女是生命的自然规律，并非由我们的意志控制。你们年龄其实也不算大，所谓的生育风险并不是你想象的那样夸张。下次你们再相见时，可以选择一个风景优美、有山有水的地方去住几天。这样，你们的身心可以放松下来，注意力也会得到转移，受孕失败的担心就会减弱，到时候可能就能如你们所愿了。”

（三）咨询末期

最后，在确定小王对上述的理解和认同之后，咨询师向其又强调了一点：这些措施并非一蹴而就，需要练习和坚持，要有耐心和信心打破原有的恶性循环或者说思维习惯，并养成新的习惯，不断修身养性。或许几周、几个月之后，可能就不会再因为类似的问题而困扰了。

八、效果评估

（1）来访者自我评估：在咨询结束的时候，小王满心欢喜地说“原来我没病”，然后自发地重复了上述要点，言简意赅、重点突出。

（2）咨询师评估：能看得出来，他对“失眠”和“备孕”这两个问题有了深入的理解和体会，并清楚接下来该如何应对。最后他主动跟我握了握手，表示感谢。一个月后，笔者对小王进行了回访，小王的回复是：“最近睡觉基本没啥问题，感谢帮助与关心！”

参考文献

[1] 森田正马. 神经质的实质与治疗——精神生活的康复［M］. 藏修智，译. 北京：人民卫生出版社，1992.

[2] 高良武久. 森田心理疗法——顺应自然的人生学［M］. 康成俊，商斌，译. 北京：人民卫生出版社，1989.

[3] 贾蕙萱，康成俊. 森田疗法——医治心理障碍的良方［M］. 北京：中国社会科学出版社，2010.

[4] 野增肇. 森田式心理咨询——处理心理危机的生活智慧［M］. 南达元，译. 上海：复旦大学出版社，2004.

[5] 施旺红. 战胜自己：顺其自然的森田疗法［M］. 3版. 西安：第四军医大学出版社，2015.

[6] 施旺红. 强迫症的森田疗法［M］. 3版. 西安：第四军医大学出版社，2015.

[7] 施旺红，王晓松. 中国森田疗法实践［M］. 西安：第四军医大学出版社，2013.

[8] 贝瑞. 睡眠医学基础［M］. 高和，王莞尔，段莹，等译. 北京：人民军医出版社，2014.

[9] American Academy of Sleep Medicine. International Classification of Sleep Disorders［M］. Third Edition. Darien, IL：American Academy of Sleep Medicine, 2014.

[10] World Health Organization. Classifications［EB］. 2017.

[11] 中国睡眠研究会. 中国失眠症诊断和治疗指南［J］. 中华医学杂志，2017（24）：1844-1856.

[12] 中华医学会神经病学分会睡眠障碍学组. 中国成人失眠诊断与治疗指南（2017版）［J］. 中华神经科杂志，2018，51（5）：324-335.

[13] Cao X L, Wang S B, Zhong B L, et al. The prevalence of insomnia in the general population in China：A meta-analysis［J］. PLoS One, 2017,12（2）：e0170772.

[14] Popel A. Evidence-Based Treatment of Insomnia［J］. Praxis, 2018,107（24）：1339-1343.

[15] Amin R, Wirtz B E. Cognitive behavioral therapy for insomnia treatment in a military deployed operational setting utilizing enlisted combat medics：a Quality and Process

Improvement Project [J]. US Army Med Dep J, 2017 (3-17): 52-59.

[16] Miyagawa T, Tokunaga K. Genetics of narcolepsy [J]. Hum Genome Var, 2019 (6): 4.

[17] Mahoney C E, Cogswell A, Koralnik I J, et al. The neurobiological basis of narcolepsy [J]. Nat Rev Neurosci, 2019,20 (2): 83-93.

[18] Golden E C, Lipford M C. Narcolepsy: Diagnosis and management [J]. Cleve Clin J Med, 2018,85 (12): 959-969.

[19] Lavrentaki A, Ali A, Cooper B, et al. Mechanisms of disease: The endocrinology of obstructive sleep apnoea [J]. Eur J Endocrinol, 2018.

[20] Sutherland K, Almeida F R, de Chazal P, et al. Prediction in obstructive sleep apnoea: diagnosis, comorbidity risk, and treatment outcomes [J]. Expert Rev Respir Med, 2018,12 (4): 293-307.

[21] Bonsignore M R, Suarez Giron M C, Marrone O, et al. Personalised medicine in sleep respiratory disorders: focus on obstructive sleep apnoea diagnosis and treatment [J]. Eur Respir Rev, 2017,26 (146).

[22] Magee M, Marbas E M, Wright K P Jr, et al. Diagnosis, Cause, and Treatment Approaches for Delayed Sleep-Wake Phase Disorder [J]. Sleep Med Clin, 2016,11 (3): 389-401.

[23] Kwatra V, Khan M A, Quadri S A, et al. Differential Diagnosis and Treatment of Restless Legs Syndrome: A Literature Review [J]. Cureus, 2018,10 (9): e3297.

[24] Sales S, Sanghera M K, Klocko D J, et al. Diagnosis and treatment of restless legs syndrome [J]. JAAPA, 2016,29 (7): 15-20.

[25] Nodel M R, Tsenteradze S L, Poluektov M G. REM-sleep behavior disorder and sleepwalking in a patient with Parkinson's disease and essential tremor [J]. Zh Nevrol Psikhiatr Im S S Korsakova, 2017,117 (12): 88-94.

[26] Haridi M, Weyn Banningh S, Clé M, et al. Is there a common motor dysregulation in sleepwalking and REM sleep behaviour disorder [J]. J Sleep Res, 2017,26 (5): 614-622.

[27] Verkooijen S, de Vos N, Bakker-Camu B, et al. Sleep Disturbances, Psychosocial Difficulties, and Health Risk Behavior in 16,781 Dutch Adolescents [J]. Acad Pediatr, 2018,18 (6): 655-661.

[28] Johnson D A, Lisabeth L, Lewis T T, et al. The Contribution of Psychosocial

Stressors to Sleep among African Americans in the Jackson Heart Study [J]. Sleep, 2016,39 (7): 1411-9.

[29] Muth C C. Restless Legs Syndrome [J]. JAMA, 2017, 317 (7): 780.

[30] Gradisar M, Smits M, Bjorvatn B. Assessment and Treatment of Delayed Sleep Phase Disorder in Adolescents: Recent Innovations and Cautions, 2014.

第十三章
常见于儿少期的心理障碍

儿童少年犹如初升的太阳，代表着人类的未来与希望。儿童少年时期是身体发育最重要的时期，同时也是心理飞速发展的时期，在遗传、理化、生物、心理等因素的影响下，儿童少年会出现一些特有的心理障碍。儿童期是指 6～12 岁，而少年期则是指从十一二岁至十七八岁这一时期，这不仅是儿童少年身心发展的关键时期，也是儿童少年心理行为问题高发的时期。

据报道，全球约 50%的成人的心理疾病发生于 14 岁之前，其中留守儿童为 43.4%，这一数据在新冠肺炎疫情期间则更高：英国报道 5～16 岁儿少期精神心理问题的相关比例从 2017 年的 10%上升至 2020 年的 16%。据美国疾控中心（CDC）颁布的数据可知，与 2019 年相比，2020 年 12～17 岁青少年心理问题的就诊比例增加了 31%。

本章我们将探究儿少期心理障碍的概念；讨论不同儿少期心理障碍的病因；掌握儿少期心理障碍的临床表现、特征和诊断标准；了解儿少期心理障碍的影响因素和防治要点。

第一节 儿少期心理障碍概述

一、儿少期心理障碍的特点

儿少期心理障碍与儿童少年的身心快速发展有关，通常通过评估、原因分析进行相关的治疗。此外，心理行为问题也具有一定的情境性，往往发生在家庭以及学校等区域内。心理治疗注重个性化，对于不同心理障碍的个体，要进行不同的评估和诊断，并为其制定具有针对性的治疗方案，通过药物、心理治疗等各种治疗以及医院、学校、家庭的共同努力，对儿童少年的心理障碍进行防治。

二、儿少期心理障碍的原因

儿少期心理障碍的产生通常不是由单一的原因造成的，往往来自先天易感性以及后天环境等诸多因素的结合。首先是遗传因素，即脑功能的因素；其次在胎儿的发育期也会有相关的发育因素造成相关心理障碍的产生；再次是后天的生活、学习环境包括学校、家庭以及社会。家庭是儿童生活中最为重要的场所，因此家庭在儿童的成长当中扮演着极为重要的角色，一个家庭的养育方式及其稳定性对儿童有着极大的影响，一些不稳定因素诸如离婚、家暴、吵架、过于严厉或放纵以及溺爱等都会给儿童造成一定程度的影响，从而引发心理障碍和心理疾病。此外，性别之间存在的生理结构、激素水平以及社会处境等各个方面的差异，也会导致儿童心理障碍的发生。

三、儿少期心理障碍的分类

表 13–1　儿童精神与行为障碍的三类诊断分类系统

CCMD-3	ICD-11	DSM-5
7 精神发育迟滞与童年和少年期心理发育障碍 70 精神发育迟滞 71 言语与语言发育障碍 72 特定性学校技能发育障碍 73 特定性运动技能发育障碍 74 混合性特定性发育障碍 75 广泛性发育障碍 8 通常起病于童年与少年期的行为与情绪障碍 80 多动障碍 81 品行障碍 82 品行与情绪混合障碍 83 特发于童年的情绪障碍 84 儿童社会功能障碍 85 抽动障碍 89 其他或待分类的童年和少年期精神障碍 6A00.0-6A00.Z 神经发育障碍（轻、中、重、极重、其他）	6A01 发育性言语语言障碍 6A01.0 发育性言语语音障碍 6A01.1 发育性言语流畅性障碍 6A01.2 发育性语言障碍 6A02 孤独症谱系障碍 6A02.0 孤独症谱系障碍，不伴智力发育障碍，功能性语言能力无损害或轻度损害 6A02.1 孤独症谱系障碍，伴智力发育障碍，功能性语言能力无损害或轻度损害 6A02.2 孤独症谱系障碍，不伴智力发育障碍，功能性语言能力明显受损 6A02.3 孤独症谱系障碍，伴智力发育障碍，功能性语言能力明显受损 6A02.4 孤独症谱系障碍，不伴智力发育障碍，功能性语言能力完全缺失 6A02.5 孤独症谱系障碍，伴智力发育障碍，功能性语言能力完全缺失 6A03 发育性学习障碍 6A03.0 发育性学习障碍，伴阅读功能损害 6A03.1 发育性学习障碍，伴书面表达功能损害 6A03.2 发育性学习障碍,伴数学能力的损害 6A03.3 发育性学习障碍，伴其他特定的功能损害 6A04 发育性运动协调障碍 6A05 注意缺陷多动障碍 6A05.0 注意缺陷多动障碍，主要表现为注意缺陷 6A05.1 注意缺陷多动障碍，主要表现为多动–冲动 6A05.2 注意缺陷多动障碍，组合表现 6A06 刻板运动障碍 6A06.0 刻板运动障碍，不伴自我伤害 6A06.1 刻板运动障碍，伴自我伤害	神经发育障碍 智力障碍 孤独症谱系障碍 注意缺陷/多动障碍 特定学习障碍 交流障碍 神经发育运动障碍 排泄障碍 遗尿症 遗粪症 破坏性、冲动控制及品性障碍 对立违抗障碍 间歇性暴怒障碍 品性障碍

第二节　儿少期常见心理障碍

一、神经发育迟滞

精神发育迟滞又称精神发育不全、精神幼稚症或精神薄弱，指在 18 岁以前的发育阶段，因各种有害因素作用而致精神发育不完善或停滞，临床表现以智力水平明显低于正常，各种技能受到不同程度损害和社会适应能力缺损为特征的一组疾病。精神发育迟滞并非单一的疾病，病因繁多，临床表现也不一致，在临床上颇为多见。精神发育迟滞病因主要包括：①遗传因素（染色体异常等）；②感染（含母孕期感染）；③中毒（含孕妇乙醇中毒、吸烟、吸毒等）；④孕妇及胎儿营养不良；⑤理化因素（环境污染、强烈噪音等）；⑥心理社会因素（缺乏与社会交往、学习机会被剥夺等）。

精神发育迟滞主要表现为智力低下和社会适应能力受损，按严重程度的不同在临床上可分为五个等级。

表 13-2　精神发育迟滞的临床等级

等级	智商（IQ）	相当智龄（岁）
轻度	55～69	9～12
中度	40～54	6～9
重度	25～39	3～6
极重度	25 以下	＜3

轻度精神发育迟滞：智商（1Q）55～69，这一类在总体精神发育迟滞中占比约为 85%，在入学前往往难以发现，语言发育及实际生活能力的发育可能较好，但思维较贫乏，理解、分析及逻辑推理能力较差，缺乏预见性、灵活性和好奇心，读、写和计算能力均较同龄儿童为差，学习有困难，很难达到小学毕业程度，对社会难以适应，容易受人哄骗而参加犯罪活动。躯体的发育无异常，可在他人的照看下学会简单的工作技能或家务劳动。

中度精神发育迟滞：智商 40～54，这一类在总体精神发育迟滞中占比约为 10%，可以学会说话，也可掌握日常生活用语，但缺乏抽象概念，词汇量少，缺乏数的概念，阅读与计算能力均差，仅能进行个位数加、减法运算，动作不灵活，表情幼稚，不能在普通小学学习。经过适当的教育和训练，可学会自理生活，也可从事非常简单和刻板的家务劳动，但难以独立生活，身体发育一般较差。成年后的智力水平相当于 4～5 岁儿童。

重度精神发育迟滞：智商 25～39，这一类在总体精神发育迟滞中占比约为 4%，语言发育和运动功能受到明显损害，社会适应能力也受到严重损害，仅能学会极为简单的语句，无法进行有效的语言交流，无社会行为能力。经训练后能学会吃饭，养成基本的卫生习惯，只能在监护下生活，不会劳动，也不知躲避危险，常伴有先天性疾病。成年后智力几乎仅相当于或低于 3 岁儿童。

极重度精神发育迟滞：智商在 25 以下，这一类在总体精神发育迟滞中占比小于 1%，无言语或发音不清，完全没有自理生活的能力和社会功能，表情愚钝，不会走路，无法接受训练，所有的一切均需他人照料。

边缘智力：为正常智力和精神发育迟滞的过渡阶段，智商 70～84，表面上与常人无异，语言功能发育良好，但抽象思维能力减退，思维的广度、深度较差，反应的敏捷性也较差，难以完成高级和复杂的脑力劳动。此类智力多因心理社会因素所致，加强教育往往可获得良效。

精神发育迟滞常见于呆小病、苯丙酮尿症、脆性综合征、21-三体综合征等疾病。精神发育迟滞的诊断标准为：在发育成熟之前发病，智商低于 70，有不同程度的适应困难。治疗精神发育迟滞的关键是要早期诊断，早期针对病因采取包括训练和教育在内的综合性治疗。由于本病疗效欠佳，进行婚前指导、产前检查，防止患儿出生至关重要。

□ 案例

一年级读了四年的晓晓

部队指导员的孩子晓晓，12 岁，从 8 岁开始上小学，现在还在读一年级，4 年里，换了 4 所学校，但语文和数学从未及格过，到现在两位数的加减法基本不会，很难写出一句流利完整的句子，只能用简单的语言表达想法。也不知道怎么跟同学交往，不会玩集体游戏，同学都称她傻妞。母亲说晓晓出生时未发现异常，1岁后送回老家由奶奶抚养至上小学，奶奶是个“呆子”，除了基本生活料理，什么都不会。

智力测验结果显示，晓晓智商为45。结合其他检查，诊断为“中度智力发育障碍”，建议到培智学校就读。

二、学习障碍

学习障碍是指从发育的早期阶段起，儿童获得学习技能的正常方式受损。源于大脑认知处理过程的异常，表现为阅读、拼写、计算和运动功能方面有特殊和明显损害。学习障碍是个体在一种或多种过程中表现出来的落后、障碍或延迟发展，涉及语言、阅读、书写、算术或其他学科。这里必须明确的是，学习障碍有可能是由于脑功能失调所致的心理残障，或是由于情绪、行为障碍造成的，但绝不是智力低下、感觉剥夺或不利的文化与教学因素造成的结果。其中，学习障碍包括特定学习障碍、学习技能发育障碍、特定学习技能发育障碍三种。

（一）学习障碍的特点

学者们在研究中发现，学习障碍的儿童有以下特点。

首先，学习障碍儿童总体智商大部分都在正常范围之内（虽然也有一些儿童偏高或偏低），所以，智商落后不是确定学习障碍者的标准。其次，学习障碍是一种在学习过程中的特殊现象，是某一特定学习能力方面出现了问题，而不是不用功、没有良好的学习习惯及缺乏学习动机、兴趣等因素造成的。再次，学习障碍一般是由于学习障碍者的大脑中枢神经系统功能不全所致。此外，做出学习障碍诊断时，应排除弱智、视觉障碍、听觉障碍、肢体障碍、情绪障碍或由于经济、文化水平方面的不良影响而出现的学习问题。应找出未能接受正规教育的原因，以及家庭方面所致学习障碍的原因。最后，在大多数的学习障碍者中，他们常常伴有交往和自我行为调节方面的障碍。

（二）引发儿童学习障碍的原因

引发儿童学习障碍的原因是多方面的，其往往是多种因素综合作用的结果。遗传因素与学习障碍有一定的关系。轻微的脑功能障碍也可以导致学习障碍；在儿童发育过程中的异常，以及特异体质、围产期因素、代谢异常等，均可造成学习障碍。近年发现，环境污染和一些人体必需的营养物质在体内的缺失，也可以造成学习障碍。

儿童学习障碍是可以进行治疗的。但无论采取哪一种训练方法，都应在医务人员的指导下，根据患儿的具体情况来制定与实施。

（三）儿童学习障碍的临床表现

1. 特定阅读障碍

特定阅读障碍是指认读、拼读准确性差和（或）理解困难。阅读障碍通常的表现是在辨认字词方面有困难，阅读理解差，每个字都要重复多次才能记住，而且转眼就忘，阅读时时常丢字和串字。

2. 特定拼写障碍

书写能力明显低于与其年龄、智力、受教育年限相同的同龄人。书写障碍常常伴随着阅读障碍而出现，表现出拼写或书写困难，难以按照语法进行写作，或在书写字词方面表现不佳。例如，国外儿童可表现为字母拼写错误，我国儿童在书写中文时可表现出写字笔画重复或写反字，比如将“部”写成“陪”等。

3. 特定计算技能障碍

亦称数学障碍，主要表现为数量、数位概念混乱，数字符号命名、理解表达、计数、基本运算和数学推理障碍。数字障碍通常表现在辨认数字有困难，并在按照相应的数字规制进行计算方面有困难。其通常表现出在数字方面的能力和其他能力不相称，经常犯让他人感到吃惊的错误。

（四）儿童学习障碍的治疗

虽然学习障碍儿童可能存在伴随终生的中枢神经系统功能障碍，但其学业成绩、心理行为问题可以通过适当的干预得到明显的改善。其关键在于信赖的治疗关系背景下，根据学习障碍儿童的年龄、类型、程度、临床表现及心理测评结果，确立个别化的综合干预措施。

1. 治疗原则

（1）早期发现、早期治疗。越早进行干预性训练，个体的大脑可塑性越大，其脑功能发展也越可能正常化。因此，早期干预可以促使学习障碍儿童及时赶上一般儿童的学习水平。如果缺乏早期的干预，后期改善大脑的认知加工功能比较困难，并且最初的单一学习领域问题也可能发展成为影响多个学习领域，而且合并多种情绪行为社会问题的严重状况。

（2）个别化的原则。针对学习障碍儿童存在的特殊困难，建立个别化的训练方案。以评估的结果确定儿童的训练起点、训练效果。忌高起点、超负荷训练。要及时进行效果评估，根据评估效果调整后期的训练计划。

（3）综合干预的原则。对儿童学习障碍的治疗，需要强调医学与教育心理学相结合，应建立由临床心理医生、特殊教育专家和教师共同参加的专家小组，对学习障碍儿童进行综合干预。如临床心理医生提供神经心理测试，并进行运动干预、药物治疗、心理治疗等。特殊教育专家开展学业水平方面的评估，并实施针对性的特殊教育方案。教师则在普通班级的教学中给予学习障碍儿童特殊的照顾。

（4）支持性原则。学习障碍儿童在学习生活中易遭受挫折和批评，所以通常自我意识不良、学习动机差。因此在治疗过程中应重视创造接纳、理解、支持和鼓励的氛围，促进儿童的学习动机和自信心的建立。

2. 干预方法

干预训练的主要目标在于通过适宜的学习训练，对学习障碍儿童的某些能力进行补偿、补救。目前，较常用的训练方法主要包括以下几种。

（1）感觉统合训练。感觉统合训练是由美国心理学博士 Jean Ayres 最早提出的，训练目的是解决 3～13 岁儿童感觉统合失调问题。它主要通过给予儿童不同感觉通路的信息（视觉、听觉、味觉、嗅觉、触觉、前庭觉和本体觉等）刺激并将这种刺激与运动相结合，促进儿童的神经心理功能发展。

（2）视－听认知训练。视－听认知训练以认知心理学与神经心理学理论为基础，对儿童的视觉、听觉信息的接受、辨别、处理、记忆等基本认知能力进行训练。学习障碍儿童可能存在视知觉及听知觉特殊环节上的缺陷，在挑选引起他们注意的重要信息方面存在困难，注意力极易分散，容易形成错误的视听知觉经验。因此，需要对其存在的特殊认知能力缺陷进行针对性的视–听认知训练。

（3）认知策略训练。认知策略训练又称元认知训练，目标是提高学习障碍儿童的元认知能力。元认知的本质就是人们对自己的思维过程和问题解决过程的意识。该训练特别适合那些在概念化和解决抽象的算术问题方面存在困难的计算障碍儿童。

（4）结构化教育训练。根据学习障碍儿童所学的课业内容进行训练，重点是帮助学习障碍儿童通过反复的练习，理解与掌握课业内容，培养具体的学习方法和解决问题的思路。

（5）情绪行为问题干预。学习障碍儿童不仅在听、说、读、写、推理及计算能力的获得和应用方面存在明显困难，而且可能合并出现自我行为控制、社会认知、社会技能方面的问题。所以其治疗不仅包括认知方面的训练，还应该有情绪情感辅导和社会交往能力训练等方面的干预。由于此类障碍可能持续终生，在治疗过程中，还应考虑其成年后的生活适应与职业技能发展。

（6）家庭治疗。学习障碍儿童的父母易陷于担心和养育焦虑，并因为不了解学习障碍儿童所存在的特殊困难而采取不适当的教养方式。因此，及早对家长开展心理咨询与指导是治疗儿童学习障碍的重要环节之一。

（7）药物治疗。药物治疗目前尚无特殊药物。通常给予促进脑功能、增智类药物，包括吡拉西坦、盐酸吡硫醇、γ-氨基丁酸等口服药物。对部分伴有明显多动、抑郁、焦虑等症状的学习障碍儿童，可以适当地应用利他林、百忧解、阿普唑仑等药物进行治疗。

□ 案例

聪明的小孩为何学习也不行

林林今年 10 岁，读五年级，是一个调皮的小男孩。自上小学起，学习成绩忽上忽下，很不稳定，尤其是语文成绩较差，虽然他比较努力，也经常因为学习挨打，可成绩就是上不去。医院检查运动能力正常，无脑外伤，无躯体疾病，在三年级时做了智力测试，智商为 110，这使老师和家长百思不得其解，其很可能就是具有某种学习障碍。

三、儿童焦虑障碍

焦虑障碍是儿童、青少年常见的心理障碍之一，以过分焦虑、担心、害怕为主要体验，伴有相应的认知改变、行为改变和躯体症状。以往对儿童青少年焦虑障碍（儿少焦虑）的关注不足，其原因可能是许多儿童、青少年发生的焦虑障碍是短暂的，而有时又与发育有一定的联系。但近期对儿少焦虑的追踪研究发现，儿少焦虑障碍不仅有持续存在的趋势，而且部分可有逐渐恶化的倾向甚至会发展为成年期的学业失败、物质滥用，并且这些人发生抑郁障碍的风险增高。因此，早期干预治疗儿少焦虑者是非常必要的，必须提高家长及医务人员对此病的认识及警惕性。

（一）病因

焦虑障碍的发病与个体的素质、所处的环境均有密切的关系。

1. 气质特征

具有行为抑制气质特征者从小就对新奇和（或）不熟悉的情境表现出显著的害羞、害怕和退缩倾向。这种气质特征是有遗传基础的。有研究指出，有行为抑制气质的儿童发生焦虑障碍或抑郁障碍的风险较高。

2. 遗传因素

儿少焦虑有家族聚集性。患儿的父母焦虑障碍、抑郁障碍、社交恐怖症、广场恐怖症的患病率高。父母患焦虑障碍，其子女焦虑障碍发生率是父母正常者子女的两倍。有研究指出，5-羟色胺转运体基因与儿童内化性（Internalizing）即焦虑、抑郁、退缩等行为问题有关。

3. 依恋模式

焦虑倾向与儿童早期的依恋模式有关。如果婴儿期的依恋模式为不安全型依恋，则在儿童青少年时期容易发生焦虑障碍。

4. 教养方式

不良的教养方式也是儿少焦虑的病因之一。例如，父母经常约束孩子的自主性，对孩子的理解、接纳不够而对孩子的指导、强制和否定较多，都会导致孩子出现焦虑障碍。甚至在遇到需要抉择的问题时，父母也采取包办代替的方式，对孩子保护过度，导致孩子感到世界是危险的，会减弱孩子探索的主动性和能力。

5. 应激因素

焦虑发作常与应激有关，例如一次考试失败、父母生病等。其实这些应激因素在正常儿也很常见，并不是焦虑障碍发生的必然因素，应激因素仅仅是在上述易感气质基础上起了促发作用而已。

（二）临床表现

儿少焦虑的主要症状为负性情感、负性认知、行为异常，伴有一定的躯体症状，临床上主要分为分离性焦虑症、广泛性焦虑症、学校恐惧症、特定恐惧症、选择性缄默症、社交恐惧症、惊恐障碍 7 种类型。

（1）负性情感。患儿以不愉快的、消极的心境为主要体验，感到紧张、不安，对一些事物产生过分的、不必要的担心，并且表现为爱哭、烦躁、易激惹。

（2）负性认知。患儿对自己的学业、伙伴关系、体育运动以及即将面临的考试等感到过分的担心，过分追求完美，生怕自己做得不好，不能使别人满意；常将适应环境的失败归咎于自己的原因，总是从消极方面推测事情的结果。例如，“不受小伙伴欢迎是因为自己缺乏社交能力”，“考试没有得第一老师就再也不会信任我了”，等等。

（3）行为异常。患儿焦虑、恐怖的情绪也通过异常的行为来表达，表现为易发脾气、不服从、不易被安抚，需要父母一再地保证或行为孤僻、退缩、回避所面对的困难。

（4）躯体症状。患儿常有各种躯体症状，涉及各个系统，例如出汗、头晕、头痛、失眠、呼吸急促、心悸、恶心、呕吐、腹痛、尿频、尿急、肌肉紧张、容易疲劳等，其中头痛和腹痛最常见。躯体症状常是患儿就诊的主要原因，应引起特别注意。

（三）治疗

一般采取综合治疗和药物治疗，应针对患儿及家庭进行治疗，有时还需要学校配合。

1. 心理治疗

（1）支持性心理治疗．对每个焦虑障碍患儿均可采用，针对不同患者个人不同的经历和心理需要，通过对其进行解释、安慰，以解决问题。对症状较轻者仅用此疗法即可治愈，对较重者还需配合其他治疗。

（2）行为治疗。异常行为和正常行为一样，也是通过学习而获得并因强化而保持下来的，因此可以通过另一种学习来消除或矫正异常行为。行为治疗现已广泛用于治疗各种儿童行为问题，特别是对于年幼的患儿，是一种主要的治疗方法。常用的行为治疗有系统脱敏法、暴露疗法、示范法、阳性强化法、消退法等。

（3）认知行为治疗。认知行为治疗是近年兴起的一种主要用于儿童、青少年的心理治疗方法，是在治疗过程中把认知因素结合到行为治疗中的一种方法。在焦虑障碍的发病机制中，负性的认知起核心作用。因此，通过矫正负性认知和继发的行为改变，可帮助焦虑障碍者监测其不适当、不合理的信念，协助其获得新的体验，发展新的技能。常用方法有自我指导训练、问题解决策略。多项研究表明，认知行为治疗在改善焦虑障碍和其他行为问题方面（例如攻击性问题、社交问题、活动过度和抑郁障碍等）有较好的疗效。

（4）家庭治疗。焦虑症状是人与人之间关系的表现形式，反映了家庭中的一些问题。父母对潜意识存在的害怕、警觉所表现出的焦虑及处理态度通过明显或不明显的方式传递给儿童。家庭治疗主要着眼于家庭中两代人之间的症状传递及精神病理的演变。所以对家庭成员进行系统干预是治疗疾病并降低其发生率的重要措施。

早期积极进行上述心理治疗可以大大改善儿少焦虑者的预后，而且越早进行疗效越好。研究指出，对儿少焦虑中的社交性恐惧症进行早期心理治疗可获得较好的疗效，且可以降低其抑郁的发生率。

2. 药物治疗

（1）选择性5-羟色胺再摄取抑制剂。这是治疗儿少焦虑的一线药物，此类药物可选择性抑制中枢神经系统5-羟色胺的再摄取而延长和增加5-羟色胺的作用，从而产生抗焦虑的作用。常用的药物有氟西汀、舍曲林等。这类药物半衰期较长，可每日服用1次，且安全性高，常见不良反应有头痛、腹痛等，常在用药后2周内消失。研究发现此类药物对儿少焦虑患者有较好的疗效。

（2）三环类抗抑郁药。这是治疗儿少焦虑的二线药物，可阻断中枢神经细胞突触后膜吸收去甲肾上腺素与 5-羟色胺。常用药物有丙米嗪、阿米替林、多塞平、氯米帕明等。这类药物疗效确定，但不良反应较严重，特别是心血管和抗胆碱能方面的不良反应常使患者不能耐受。在应用这类药物治疗时必须注意监测心、肝、肾等器官的功能情况。

（3）苯二氮䓬类药物。适用于躯体症状较重、睡眠障碍明显的患儿，可以在使用选择性 5-羟色胺再摄取抑制剂的同时短期合用苯二氮䓬类药物，以使病情尽快缓解。待选择性 5-羟色胺再摄取抑制剂疗效稳定后再停用。常用的药物有地西泮、阿普唑仑等。

四、儿童多动障碍

儿童多动障碍又称为儿童多动症、注意缺陷综合征，是一类常见的儿童行为异常。在一个多世纪以前，人们已观察到此类儿童行为异常的存在，并从不同角度进行了大量的研究。1932 年，此类儿童行为异常被称为“儿童活动过多综合征”，40 年代被称为“轻微脑损伤”，60 年代被称为“儿童轻微脑损伤综合征”或“儿童多动症”，80 年代则改称为“注意缺陷障碍”或“注意缺陷多动障碍”。大量的研究揭示，此类儿童行为异常的发生与精神发育受损、遗传、心理社会因素、生物化学因素等有密切关系。近年来，其患病率在美国约为 5%，我国的发病率从 1.3%上升到 13.4%，一般在 3 岁左右发病，发病高峰在 7～9 岁，男孩患病率为女孩的 4～9 倍。

儿童多动症主要表现为注意障碍、活动过多、冲动任性、学习困难等。注意障碍为必不可少的症状，主要表现为注意力不能集中或注意分配涣散，病儿常被外界无关刺激所吸引。活动过多，具体表现为好动、不能静坐、过度喧闹，且往往在婴儿期就有活动过度的表现。冲动任性，则表现为缺乏自我控制能力，常不假思索加以行动，情绪缺乏稳定性，常因小事而非常激动。虽然病儿的智力大多接近正常或正常，但往往存在学习困难，学习成绩不理想。持续性多动的病儿可出现神经发育延迟症状，如翻手、对指运动不灵等精细协调性动作的障碍。其影响因素包括：遗传因素、脑神经递质（去甲肾上腺素、多巴胺低，降低抑制活动)、神经系统发育、脑组织器质性损害、母亲孕期疾病（如高血压、肾炎、贫血、低热、先兆流产和感冒等）、分娩过程异常（如早产、剖宫产、窒息和颅内出血等)、出生后1~2年内中枢神经系统感染及外伤、心理社会因素以及其他因素。

儿童多动症的诊断如下：起病年龄小于6岁，症状持续6个月以上，注意障碍和活动过度必须同时存在。易冲动、鲁莽、做事不分场合或不顾社会规范等为有助于诊断的症状。在诊断中进行行为评定量表、智力测验、注意测验等心理测验，有助于诊断。

表 13-3　多动障碍与正常顽皮儿童的区别

项　目	多动障碍	正常顽皮儿童
注意力	任何场合都难以集中，对特别感兴趣的事情难以持久	在需要集中注意力的事情上很集中
行动目的性	杂乱，冲动，有始无终	有目的、计划及安排
自控力	无控制力，被指责为“不识相”	在严肃的陌生的环境中能控制
治疗（服用利他林后）	注意力集中，多动减少	兴奋和多动

儿童多动症的治疗分为药物治疗与心理社会治疗两部分。目前，对儿童多动症的有效药物为精神兴奋药，其作用为改善注意力及减少多动。常用药物为哌甲酯（Methylphenidate，利他林）和匹莫林（Pemoline）两种。由于这类药物的不良反应明显，须在专科医师的指导下使用。心理社会治疗作为重要的辅助治疗手段，有利于病儿的行为纠正和家庭问题的解决。

□ 案例

东东是一个8岁的二年级男孩，自上学以来，他与同学相处时经常发生冲突，同学们集体游戏时他不能耐心排队等待，经常搞破坏，与同学打架。上课时很难安静，经常玩弄学习用具、手里的小动作不停，东张西望，与周围同学说悄悄话，甚至随意离座走动，抢同学的书或文具。他也很难顺利完成作业，非常拖拉，一会儿玩一会儿写，字迹歪七扭八，常抄错题，甚至漏做作业，学习成绩不好。在家里他也是个小麻烦。他的房间总是杂乱无章。做什么事总是一项还没有完成，又去做另一项，丢三落四。由于没有完成任务，他常常受到责罚，但似乎没有起到太大作用。实际情况是他似乎忘记了刚才做的事情，而不是故意违抗父母的命令。

五、品性障碍

品行障碍是指 18 岁以下儿童青少年期出现的持久性反社会型行为、攻击性行为和对立违抗行为。这些异常行为严重违反了相应年龄的社会规范，与正常儿童的调皮和青少年的逆反行为相比更为严重。国内调查发现，患病率为 1.45%～7.35%，男性高于女性，男女比例为 9∶1，患病高峰年龄为 13 岁。英国调查显示，10～11 岁儿童中患病率约为 4%。美国 18 岁以下人群中男性患病率为 6%～16%，女性患病率为 2%～9%，城市患病率高于农村。

（一）病因

品行障碍由生物学因素、家庭因素和社会环境因素等相互作用所致。

1. 生物学因素

雄性激素水平高的男性儿童出现攻击和破坏行为的倾向增加。中枢 5-HT 水平降低的个体对冲动的控制力下降，容易出现违抗和攻击行为。

2. 家庭因素

不良的家庭因素是品行障碍的重要病因。包括：父母患精神疾病，物质依赖、精神发育迟滞；父母与子女之间缺乏亲密的感情联系，对待孩子冷漠或忽视、挑剔、粗暴，甚至虐待孩子，或者对孩子过分放纵，不予管教；父母关系不和睦，经常吵架或打斗，分居或离异；父母有违法犯罪行为。

3. 社会环境因素

经常接触暴力或黄色媒体宣传，接受周围人不正确的道德观和价值观，结交有抽烟、酗酒、打架、斗殴、敲诈、欺骗、偷窃等行为的同伴等都与品行障碍的发生有关。

（二）临床表现

品行障碍的主要症状为反社会型行为和攻击性行为。

1. 反社会型行为

指一些不符合道德规范及社会准则的行为表现，如多次在家中或在外面偷窃贵重物品或大量钱财；勒索或抢劫他人钱财，或入室抢劫；强迫与他人发生性关系或对他人存在猥亵行为；对他人进行躯体虐待（如捆绑、刀割、针刺、烧烫等）；持凶器故意伤害他人；故意纵火；经常说谎逃学，擅自离家出走或逃跑；不顾父母的禁令常常夜不归宿；参与社会上不良团伙一起干坏事、破坏他人或公共财物。

2. 攻击性行为

攻击他人或动物，伤害、殴打、威胁、恐吓他人；虐待小动物或比他（她）小的儿童或残疾儿童；使用刀、枪、棍、棒、石块等硬物或器械造成他人躯体伤害。男孩多表现为躯体性攻击；女孩多表现为言语性攻击，如咒骂、侮辱等。

（三）治疗方法

品行障碍以心理治疗为主，必要时可采用短暂药物治疗。

1. 心理治疗

（1）家庭治疗。家庭治疗必须取得父母的积极参与和合作。围绕以下内容进行：协调家庭成员之间特别是亲子间的关系；纠正父母对子女的不良行为，比如采用熟视无睹或严厉惩罚的处理方式；训练父母学习用适当的方法与子女进行交流，比如，采用讨论和协商的方法处理日常不同意见，采用正面行为强化辅以轻度惩罚的方法对子女进行教育，减少家庭内的不良生活事件及父母的不良行为。

（2）行为治疗。根据患者的年龄和临床表现，可选用阳性强化法、消退法和游戏疗法等。治疗目的是逐渐消除不良行为，建立正常的行为模式，促进社会适应行为的发展。

（3）认知治疗。重点在于帮助患者发现自己的不合理认知，分析原因和后果，并商量找到解决方法。

2. 药物治疗

品行障碍尚无特殊药物治疗，可视具体情况分别给予对症治疗。冲动、攻击性行为严重者选用小剂量氯丙嗪、氟哌啶醇、卡马西平等药物。合并注意缺陷多动障碍者可选用哌甲酯、托莫西汀等药物。对伴有抑郁、焦虑者可服用抗抑郁药与抗焦虑药物。

□ **案例**

常卫法，男，15岁，初中学生。曾发生进入商场偷窃、撬锁开走他人汽车、入户行窃、用石头砸破居民玻璃等行为。在学校，经常欺负小同学，经常逃学，天天烟不离嘴，孤僻离群，几乎不做作业，每门课考试都是倒数第一，同学们都在背后叫他“小痞子”。常卫法的父母在他很小的时候就离婚了，母亲再婚后住在另一个城市，和他很少联系。他和父亲一起住，父亲说他不值得信任，一直撒谎，且没有懊悔感。之前曾因聚众斗殴被法庭判了6个月的监禁。

六、儿童孤独症

儿童孤独症又称婴儿孤独症。起病于幼儿期，临床上主要表现为人际交往和情感交流障碍的精神障碍，可伴有明显的智能减退。儿童孤独症的患病率在儿童中为0.2%～1.3%，以男孩为多见。儿童孤独症的发生与遗传因素、神经生物学因素和社会心理因素等有关。孤独症的主要症状，目前仍以Kanner三联征为核心症状，即社会交往障碍、语言交往障碍、刻板行为重复。

图13-1　儿童孤独症

儿童孤独症大多在3岁以前发病，临床上可见到有社会交往障碍、言语发育障碍、行为异常、感知觉障碍、智力障碍等多方面的症状。社会交往障碍为必不可少的核心症状，患儿与外界隔绝或交往甚少，对亲人缺乏应有的情感反应，甚至在婴儿时期就表现有与他人目光接触时不应有的面部表情；父母离开时不表现出依恋，回来时也不表现愉快；身体出现不舒服时也不会去寻求父母的安慰。言语发育障碍是全面性的质的损害，可表现为自幼完全缄默，也可学会言语表达后逐渐消失，或不主动与他人交谈，或刻板地重复或模仿言语。行为异常主要表现为对环境倾向于固定不变，完全拒绝生活规律的变化，对无生命的物体有着特殊的爱好与依赖，行为刻板重复，动作姿势奇怪。感知觉异常主要表现为过强、过弱或不寻常的感、知觉。患儿中的大多数有智力障碍，少数患儿在智力障碍的基础上可有特殊能力（如异乎寻常的记忆力等）。儿童孤独症的诊断标准为：排除其他精神障碍，起病于3岁以前，病前常无明显的正常发育期，有严重的社交障碍和不同程度的社交语言发育障碍，重复单调的动作和行为。其中社交缺陷是孤独症的核心症状，主要表现为缺乏交往的基本技能和兴趣；沟通困难指言语发展缓慢，理解困难。绝大多数孤独症患者存在严重的沟通困难，近一半的患者从来没有学会有用的交流技能。行为刻板指的是兴趣狭窄或奇特，他们关注的东西包括特殊的物品或某种特殊的形式。

儿童孤独症的治疗主要是教育与心理治疗。其中，从综合治疗来看，可以从特殊教育、行为训练与矫正以及药物治疗三个方面开展，同时将医学、心理学以及社会学等各个方面的知识配合起来进行儿童孤独症的防治。

□ 案例

孤独的当当

当当，男，6岁，长得眉目清秀，一副“聪明可爱”的模样，但他从小就和其他孩子不一样。8个月时妈妈要抱他，他不会伸手表示期待，妈妈抱起他时，他没有高兴的表现，身体总是后仰，回避妈妈的亲吻，面对妈妈的微笑，毫无反应，目光呆滞。1岁时就喜欢独处，常独自发笑；2岁上托儿所后喜欢无目的地走来走去，对老师的管教无动于衷，不会与其他小朋友一起玩耍；3岁以后，仍不肯主动与人接近。常常喃喃自语，别人既听不清也听不懂他说了些什么。总是分不清代词“你、我、他”。特别喜欢会旋转的玩具，如陀螺、杯盖等，且不许别人碰；特别爱看物品在旋转，如吊扇，并反复开关，目不转睛地盯着看。儿童韦氏智能测验IQ = 76。

参考文献

[1] 李晓龙，吴歆，陈翠华，等. 学习障碍儿童的认知功能特点研究［J］. 中国临床新医学，2015，8（05）：404-407.

[2] 郭延庆. 儿童、少年期常见生理心理障碍［J］. 中国医刊，2000，30（10）：25-27.

[3] 易欢琼. 儿童少年期常见心理障碍［J］. 新医学，1999，30（06）：361-362.

[4] 张艳玲，阴悦，李若晗，等. 家属参与型干预措施对多动症患儿的应用价值［J］. 河北医药，2022，44（19）：2981-2984.

[5] 张伯源. 变态心理学［M］. 北京：北京大学出版社，2005.

第十四章

心理障碍甄别

第一节　正常心理与异常心理的区分与判断

世界上任何事物都有正反两个方面，人的心理活动也不例外。正常心理是指具备正常功能的心理活动：

（1）保障人类顺利地适应环境，健康地生存与发展；

（2）保障个体正常地进行人际交往，承担社会角色的责任，使人类社会组织正常运行；

（3）使人类正确、客观地反映、认识世界的本质及发展规律，更好地改造世界。正常心理分为心理健康和心理不健康两种状态，分别代表“正常心理”水平的高低和程度，是一个量变的过程。而异常心理即不正常心理，亦可称之为失常心理，甚或心理障碍或疾病，与正常心理有着本质的区别，是指偏离了大多数人

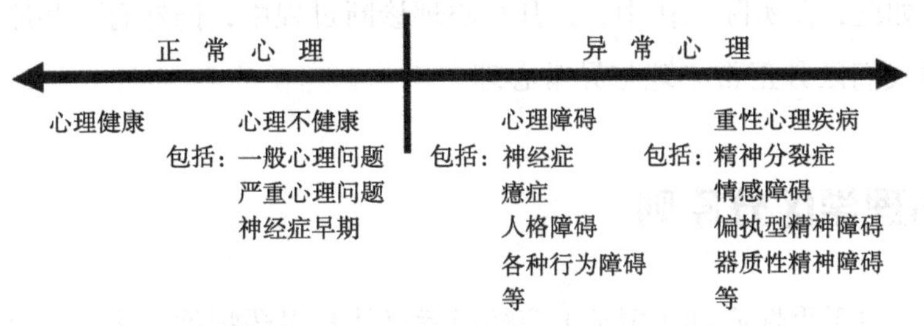

图 14-1　正常心理与异常心理区分图

所具有的正常的心理活动和行为。正常心理与异常心理属于同一概念范畴，而心理健康与心理不健康则统统包含在“正常”这一概念之中，心理不健康不等同于异常心理。

个体的心理活动从正常的心理健康到异常的心理疾病是一个动态变化的过程，根据上述观点图示区分如下：

正常心理与异常心理是一个相对性极强的概念。首先，因为人类的许多属性，如身高、体重、智力等都是呈常态分布的，即大多数人接近平均数，只有极少数人偏于两端。因此，高与矮、重与轻、智与愚等两端者，均可视为异常。但异常心理却不能如此界定。如远离平均数的高智商，是一种优秀状态，心理学工作者不愿以“异常”来称呼，而称之为“超常”。但是，“异常”本身便常带有否定的意思。再比如，人们所居的地域环境、社会环境不一样，所持有的道德标准、价值观念也会有差异，因此对“异常”的看法也就难免会有出入，甚至大相径庭。所以，从统计学角度看异常是不含有否定意义的，但从社会学角度看异常却可能含有否定的意义。因此，这就涉及一个很重要的问题，即究竟如何判别正常心理与异常心理。

事实上，很难有一个统一和简单的标准。一方面，异常心理与正常心理之间的差别常常是相对的，两者之间没有明确的界限，在某些情况下两者可能有本质的区别，但在更多的情况下又可能只有程度的不同，甚至在一定条件下双方可以相互转化。另一方面，异常心理的表现常受到多种因素的影响，包括遗传基因及其表达的环境条件、先天发育和后天生存的条件、神经系统的功能状态、主观经验系统的个人特征、个体认知的模式与倾向性、个体社会化特征以及不同的社会文化背景等，所取的角度不一样，标准也就不一样了。

尽管如此，在实际工作中，尤其在心理诊断过程中，仍然有一些原则和标准可以帮助我们区分正常心理与异常心理。

一、心理学区分原则

目前，由于重性心理（精神）疾病患者仍然是以药物治疗为主，单纯的心理治疗可以说收效甚微。因此，在心理诊断的过程中，面对来访者，我们首先要从心理学的角度，依据三个原则（郭念锋，1986、1995）判断其是否是一名重性心理（精神）疾病患者。如果明确或疑似来访者是一名重性心理（精神）疾病患者，就要请精神科专科医生会诊或将其转介到精神科进行专科诊治。

（一）主观世界与客观世界的统一性原则

心理是客观现实的反映，所以任何正常的心理活动或行为，必须就形式和内容上与客观环境保持一致性。不管是谁，也不管是在怎样的社会历史条件和文化背景中，如果一个人说他看到或听到了什么，而客观世界中，当时并不存在引起他这种知觉的刺激物，那么，我们必须肯定，这个人的精神活动不正常了，他就是产生了幻觉。另外，一个人的思维内容脱离现实，或思维逻辑背离客观事物的规定性，他就是产生了妄想。这些都是我们观察和评价个体的精神与行为的关键，称之为统一性（或同一性）标准。人的精神或行为只要与外界环境失去同一性，必然不能被人理解。

在精神科临床上，常把有无"自知力"作为判断精神病的指标，这一指标已涵盖在这一标准之中。所谓无"自知力"或"自知力不完整"，是患者对自身状态的错误反映，或者说是"自我认知"和"自我现实"的统一性丧失。此外，"现实检验能力"亦是鉴别心理正常与异常的指标，也包含在这一标准中。因为若要以客观现实来检验自己的感知和观念，必须以认知与客观现实的一致为前提。

（二）心理活动的内在协调性原则

人类的精神活动虽然可以分为认知、情绪情感和意志行为等部分，但它自身是一个完整的统一体，各种心理过程之间具有协调一致的关系。这种协调一致性，保证了个体在反映客观世界过程中的准确性和有效性。比如，一个人遇到一件令人愉快的事，会产生愉快的情绪，会有欢快地向别人述说自己的内心体验、手舞足蹈等愉悦行为。相反，如果遇到一件令人悲伤的事，会产生负性情绪和行为。这是建立在对客观世界的准确认知基础上的有效反应。如果不是这样，对悲伤的事产生愉悦的情绪和行为，或者对愉快的事做出悲伤的反应，就表明其心理过程失去了协调一致性，就是异常状态。虽然某些轻型心理（精神）疾病患者，如强迫性神经症，也可以表现出认知与意志行为的不协调，但这种不一致性更多地表现在重性心理（精神）疾病患者身上。

（三）人格的相对稳定性原则

无论是正常人格还是异常人格，都是在个体逐步社会化的过程中发展和形成的。个体的人格特征一旦形成，便有相对的稳定性，在没有重大外界变革的情况下，一般是不易改变的。如果在没有明确外部原因的情况下，人格的这种相对稳定性出现问题，就有理由怀疑心理活动出现了异常。比如，一个乐观开朗、待人接物很热情的人，突然变得很冷淡、冷漠；一个非常勤劳、喜爱干净的人，突然变得懒散，不注重个人卫生。如果在具体的生活环境中，找不到足以促使其发生改变的原因的话，就可以怀疑其精神活动已经偏离了正常轨道。

以上三个原则可以这样理解：主客观世界的统一原则回答的是产生心理活动的物质基础——大脑的功能是否是正常的，能否产生正常的心理过程。一方面表现为直接对客观事物正确有效认知的人类生物性，另一方面表现为人际环境适应良好的社会性。在大脑功能正常的基础上，心理活动的内在协调性原则回答的是正常的心理过程之间是否协调一致。而第三个原则着重回答在内在协调的正常心理过程的基础上，经过长期社会化过程发展和形成的人格具有相对稳定性的特点。

二、正常与异常心理的判别标准

（一）统计学标准

这一标准源于对人群的各种心理特征进行的心理测量，判定时多以心理测验法为工具。一般来讲，心理测量结果通常呈正态分布，处于平均数正负两个标准差区间的人数约占总人数的95%，这部分人定义为正常，而远离平均数的两端则视为异常。因此，个体的心理正常或异常，就以其偏离平均值的程度来决定。显然这里的“心理异常”是相对的，是一个连续的变量。偏离平均值的程度越大，则越不正常。由于对心理特征进行了量化，比较客观也便于比较，所以统计学标准有一定的实用价值。但是，偏离群体的平均值并不意味着异常。此外，统计学标准只能显示其当前的心理活动状况，不能准确地预测其未来心理活动的变化与发展。如智商（IQ）在 140 以上属于非常聪明，但只能在测量当时视其为天才，视为超乎正常的智力，不能说是病态异常。如果追踪下去，一些人可能会降到正常智力水平。同时，人类的某些心理特征和行为也不一定就是常态分布，而且心理测量的内容同样受社会文化的制约。因此，统计学标准的普遍性也只是相对的。

（二）生物医学标准

又称症状和病因标准，源于医学诊断方法。是指根据病因与症状存在与否、通过各种医学检查，找到引起异常心理症状的生物学原因，以此判断心理活动的正常或异常。这一标准是将异常心理当作躯体疾病一样看待，为临床医师们广泛采用。如果个体的某种心理或行为被怀疑为有病，就必须找到它的病理解剖或病理生理变化的根据，寻找脑病变的“客观根据”，在此基础上认定其有心理（精神）疾病或心理障碍。虽然这种办法可以客观地判断一部分心理障碍，对心理障碍的研究曾经做过重大贡献，但大部分心理障碍可能没有明显的器质性变化，至少在目前还找不到脑病变和其他因素的原因。所以，生物医学标准也有局限性。

（三）社会适应标准

这是一个极为普遍运用的标准。是以社会准则为标准衡量个体心理活动是否与社会的生存环境相适应，并从其对社会、集体、人际关系、人和自我的态度中和习惯的行为方式中来观察正常与否。在正常情况下，个体能够维持生理和心理活动的稳定状态，能依照社会生活的需要，适应环境和改造环境。因此，正常人的行为符合社会的准则，能依据社会要求和道德规范行事，这时，其所具有的行为是一种社会适应性行为。如果由于器质的或功能的缺陷，使得某个人的社会行为能力受损，不能按照社会认可的方式行事，那么就可以认为此人有心理障碍或心理（精神）疾病。但是，由于适应与不适应之间本无客观标准，所以这一标准也不能完全绝对适用。如教师多认为儿童的不良适应的品行问题，表现为偷窃、手淫、逃学、欺骗、鲁莽等，而心理学家则认为退缩、孤独、怀疑、抑郁等才是不良适应的行为。

（四）内省经验标准

这里所提到的内省经验涵盖两个方面，一是指个体的内省经验，如自觉有焦虑、抑郁或说不出明显原因的不舒适感，自己觉得不能控制自己的行为时，能主动寻求帮助，或在帮助下能明了自己确实存在问题；另一方面是指心理医生或观察者凭借自己的临床经验和人们对心理障碍的日常经验，如把被观察的行为与自己以往的经验相比较，从而对被观察者做出心理正常还是异常的判断。这种方法具有很大的主观性，不同的心理医生或观察者有各自的经验，所以评定行为的标准也就各不相同。虽然有很大的主观性，也需要丰富的临床经验，但是通过专业知识教育、训练以及临床实践，还是能够形成大致相似的判断标准，甚至对许多心理障碍或心理（精神）疾病取得共识，能够反映心理异常与否及其程度的实际情况。当然，有时候也难免对某些少见的行为产生分歧，甚至意见截然相反。

以上这些标准各有利弊和局限性。因此，在实际工作中应本着多种标准综合动用的原则来区分正常心理与异常心理。

三、其他区分方法

除了上述的心理学区分原则和标准化的区分方法外，我们还可以根据日常生活经验和从人们看问题的不同角度来认识正常心理与异常心理。虽然，这些方法缺少科学性和标准化，但也不失其有效性。

（一）常识性区分方法

1. 离奇怪异的言谈、思想和行为

如果有人说："我是宇宙的主宰，主管所有星球的事物。昨天我从金星过来，检阅了你们太阳系人的军队，明天我就要去地球考察宇宙能源。"又比如，在大街上看到一个满身污垢、披散头发、大喊大叫、满街乱跑的人，尽管你不是变态心理学家或精神科医生，也可以判断，他们的言行是异常的。

2. 过度的情绪体验和表现

一个人突然感到极度的恐惧，就像死亡已经来临，大声喊叫，大汗淋漓，不停发抖，很快又恢复到正常状态，事后担心再次出现类似的情况而紧张不安，不愿单独出门、不愿到人多的场所、不愿乘车旅行等。或者，一个人终日低头不语，行动缓慢，与人交谈十分吃力，流露出对生活的悲观失望，失去兴趣等。这时，可以依据正常的生活经验判定，其行为已经偏离了正常范围。

3. 自身社会功能不完整

一个人，总是害怕到空旷的场所或与他人目光相对，而不敢出门或不敢见人。又如，一个人总是怀疑其他人在工作中捣乱，有意和他作对，把别人的好意当成恶意来理解。工作和生活中遇到的困难总是埋怨、怪罪他人，常常与别人吵架。遇到这样的人，也可以依据自己的生活经验认为其行为偏离了正常轨道。

4. 影响他人的正常生活

当你接到骚扰电话或有人危害了你的正常生活时，你会想，“这是为什么？”而当你从自身找不到任何缘由时，你就会判断，“对方有毛病！”这同样是依据生活经验做出的判断。

（二）非标准化区分方法

李心天（1991）依据人们看问题角度的不同，粗略地将非标准化的区分归纳为以下五种。

（1）就统计学角度，将心理异常理解为某种心理现象偏离了统计常模。例如智商在 70 以下是智力缺陷，属于异常范围。

（2）就文化人类学角度，将心理异常理解为对某一文化习俗的偏离。由于不同文化背景下对行为的标准不同，所以，在某一文化下是异常的行为，在另一文化下却属于正常的行为，这一观点被称为“文化相对论”。例如，以前曾经对同性恋持反对的态度，认为是一种异常心理。但目前对这种现象越来越宽容，甚至有的国家还立法来保护同性恋者的利益。

（3）就社会学角度，将心理异常理解为对社会准则的破坏。任何对社会带来威胁的破坏性行为，无论是对人身的，或是对政治的、经济的破坏，如果有明确的犯罪动机，那就是犯罪；如果没有任何理由，找不到任何犯罪动机，就可以认为是心理异常。

（4）就精神医学角度，将心理异常理解为对古怪无效的观念或行为，例如幻觉、病理性错觉、情感倒错这些古怪的心理行为，以及妄想、强迫观念等无效观念，都属于心理异常。

（5）就认知心理学角度，将心理异常看作是个体主观上的不适体验。根据个体的言语信息（诉说为情绪低落或紧张不安）或非言语信息（面部表情或形体表现），只要个体有着和以前不一样的表现，或者和别人不一样的感受，就确认是心理异常的表现。

第二节　信息收集与整理

信息的收集是心理障碍甄别过程的重要一环，就像战争中情报获取的准确与否会影响战争的走向一样，心理医生要准确地进行心理障碍甄别工作，需要全面、客观、灵活地进行信息收集，从而为心理治疗工作打下良好的基础。对收集到的信息进行系统的整理，则能让心理评估与诊断过程更加高效，减轻心理工作人员的压力。

一、信息收集部分

作为一名心理医生，当我们面对一位需要帮助的来访者时，快速有效地收集到关键信息能够让我们及时提供他们所需要的心理服务。随着心理服务的有序进行，准确的信息收集可以让我们了解来访者一些深层次的困扰，还可以让我们评估心理服务的效果，并进行相应的调整，以便为来访者提供符合实际变化的心理服务，从而形成自然、连贯、贴合的完整心理服务。

会谈法是心理医生进行信息收集需要掌握的基本技术。早在20世纪20年代，临床心理学家就把会谈法定义为一种有目的的交谈。特别是进行心理评估与诊断时，心理工作者都要采用这种方法收集临床信息，并且在信息收集的过程中与工作对象之间建立起“帮助关系”。

由于每个人在日常生活中经常与别人谈话，所以就会觉得会谈法是一件极简单的事情。然而，实际上，熟练的会谈技术在临床上是最难掌握也是最难做好的事情。有人把这种技术称为“伟大的艺术”，意思是说，虽然人人都有会谈的能力，但并非能谈得成功。这正像每个人都可以画图画，但不是每个人都能有杰出的作品一样。说它是一种艺术，另一层意思是说，每个人由于修养不同，所以会谈过程中可以表现出不同的个人风格和特征。

从以上的情况来看，会谈法确实是一种技术。为使大家便于理解和掌握这种技术，现将要点介绍如下：

（一）会谈中听比说更重要

会谈技术包含听和说两个方面。善于听要比说更重要。耐心细致地听来访者叙述自己的苦闷，本身就是对他的安慰和鼓励。只有很诚恳地全神贯注地去听，来访者才有兴趣讲述自己生活中的重要事件。事实上，每个前来咨询的人，情绪上都有些问题，正是某些特殊困扰才促使他走进医院的门诊或心理学家的办公室。他们的生活挫折或恐惧情绪使他们无法处理某些问题，因此，他们很想找人谈谈并获得帮助，但又担心别人是否尊重自己，是否愿意接受自己的想法；另有一些被强迫前来的人，如罪犯、妄想狂等，则往往怒气冲冲，感到受到了侮辱；儿童则充满对环境的不适应，怕见陌生人，根本拒绝进入诊室，等等。作为心理医生，对他们不能表现出漠不关心和不尊重，更不能表现出急躁和愤怒的表情，要耐心地去听来访者谈出来的任何事情。如果心理医生为了取得有用的信息，而不断地打断来访者的会谈，那么来访者就会觉得被动和不安。开始接触时，心理医生的自我介绍和谈一点与来访者无关的事是必要的，这可以缓和气氛，但是，一旦开始进入会谈，心理医生就只能用热情友好的倾听将会谈维持下去。咨询师要让来访者自由地谈论问题，同时随时都要表现出对来访者谈的问题很感兴趣，注意听，而且要能听懂。只有这种听的行为，才是打开来访者内心世界的钥匙。

相较于普通的来访者而言，重性心理障碍患者有其特殊性，他们往往否认自己患病，因此他们的很多信息都由就诊者亲属、朋友或工作单位的同事提供。心理医生收集信息时，要取得他们的合作，向其讲明收集信息的重要性，耐心倾听他们介绍有关情况。由于他们大多缺少精神科专业知识，有局限性，有的可能带有主观或某些偏见，因此他们提供的信息可能是不完整、不准确的：①有的会强调精神因素而忽略躯体因素。②提供的阳性症状多，而忽视了早期症状和不太明显的阴性症状。③提供异常的情绪和行为多，忽视思维和内心的异常体验。因此收集信息时，医生不单单要倾听，还应观察信息提供者的心理状态，善于引导，方可取得较为客观全面的资料。

（二）态度

心理医生在与来访者会谈时，只能持一种非评判的态度，这就好像我们看日落。罗杰斯曾经说过："当看着日落时，我们不会想去控制日落，不会命令太阳右侧的天空呈橘黄色，也不会命令云朵的粉红色更浓些。我们只能满怀敬畏地望着而已。"

非评判性态度是使来访者感到轻松的重要因素，它可以使来访者无所顾忌，从而把内心世界展现在心理医生的面前。

心理医生的态度，从表情到语言都要注意，在为收集资料而进行的会谈过程中，有些话是不能讲的，如"你的做法是荒唐的"，"这件事不符合原则"等，这种评判性的结论，有时在心理治疗中也不能随意给出，所以在初期会谈中更不能使用。一旦说出这样的话，会谈气氛会立刻改变。

如果会谈的气氛迫使心理医生非表明态度不可，不表明态度会谈就无法进行时，心理医生的态度必须是中性的，可以说"你所谈的情况，从心理学角度完全可以理解"或"我十分理解你的情况（或心情）"等。"理解"是态度中最中性化的和非评判性的表述，它可以使来访者得到知己，而非支持者或反对者。从心理学角度，"理解"只说明对他人的行为或情绪发生的规律或必然性有了肯定的看法，而对其社会效应和其他后果仍是一种保留态度。所以，这种表态既不破坏会谈气氛，又给后来的帮助指导留有余地。

（三）区别

对求助的会谈内容进行甄别十分重要。对来访者的会谈内容首先要做程度上的区别。人在对待生活事件时受情绪的干扰，心里想的和实际做的有时并不完全一致。有时，患者谈的是一种情绪体验或一种想法，在强烈程度上，可能有夸张成分，而在他的行为中未必表现得那么强烈。区分情绪（或想法）与行为，对决定治疗措施是重要的。此外，更主要的是对会谈内容的真伪进行鉴别，特别是对神经症来访者，由于他们有一种无意识的病因否认倾向，所以不能完全按照来访者谈的内容对症状归因。比如有些来访者说自己工作太紧张常常失眠，但我们却不能把失眠原因归结为工作紧张，因为一切失眠都是情绪性失眠，所以必须继续了解干扰来访者的情绪障碍。另外，有些来访者有意回避症状的真实原因，他们说出来的原因与症状没有必然的联系，这时，必须进行鉴别。

对诊断和咨询起关键作用的问题，必须让来访者说得十分具体，因为把关键问题具体化，是区别问题真、假、轻、重的关键，也是进行诊断、治疗的重要步骤。为了更好地完成这一任务，对无关紧要的问题必须忽略，不可深究。

（四）会谈法的种类

由于临床心理学的服务项目和工作阶段有很多，所以，为了不同目的而进行的会谈种类也很多。从大的方面看，它可分为收集资料的“摄入性”会谈，即通过会谈了解病史，了解健康状况、工作状况和家庭状况等；“鉴别性会谈法”，即通过交谈和观察确定使用什么测验和鉴别措施；“治疗性会谈”，即针对心理问题和行为问题所进行的会谈，这类会谈往往是心理治疗的一种，它除了要注意会谈法的原则，还要遵循心理治疗的原则；最后一类会谈是咨询性会谈，这类会谈涉及的往往不是患者而是健康人的某些问题，如职业选择、人员的任用和解雇、家庭关系问题、婚姻恋爱中的问题、子女教育培养的问题等。除了上述四类会谈法外，还有一种应急性或叫作危机性会谈。这是一种特殊情况，当来访者发生意外时，如遭到强奸、想自杀、突然遭受精神创伤的时候，心理医生用会谈法给予帮助的情况，都列入这一类会谈。

最常使用的“摄入法”是病史采集法。通过这种以问题为中心的会谈，将能获得来访者个人的背景资料、咨询目的和对咨询的期望等。无论采用哪种临床心理学的理论，在临床操作中都必须采用客观的背景材料。所以，即便是比较重视现有状况的罗杰斯“来访者中心论”，也经常采用病史采集性会谈。为了比较全面地了解来访者的病史和个人资料，人们经常选用桑德伯格制定的一个提纲。下面是这个提纲的主要内容：

（1）身份资料：姓名、性别、年龄、职业、收入、婚姻、住址、出生日及地点、宗教信仰、教育、文化水平和文化背景。

（2）来就诊的原因和对治疗服务的期望。

（3）现在及近期的状况：居住条件、活动场所、日常活动内容、近几个月以来生活发生变动的种类和次数、最近的变化。

（4）对家庭的看法：对父母、对兄弟姐妹、对其他主要成员的看法，对自己在家庭中所起作用的描述。

（5）早年回忆：对能记清的最早发生的事情以及周围情节的回忆。

（6）出生和成长：包括会走路和会说话的时间。与其他多数儿童相比较曾出现过什么问题、对早期经验的态度。

（7）健康及身体状况：包括儿童时期与以后发生的疾病和伤残、近期服用的心理医生指定的药、近期服用的不是心理医生指定的药、吸烟与饮酒的情况、与他人比较身体状况、饮食与锻炼的习惯。

（8）教育及培训：特别感兴趣的科目以及所获得的成绩、校外学习情况、感到困难的科目、值得自己骄傲的科目、其他文化上的问题。

（9）工作记录：对工作的态度、是否改变过职业，理由如何。

（10）娱乐（包括感兴趣和使你愉快的事）：如工作、阅读等，自我描述是否准确。

（11）性欲的发展：第一次意识到性问题、各种性活动、对自己与近期性活动的看法。

（12）婚姻及家庭资料：家庭中发生的重要事件与原因、家庭的现状与过去的比较、道德和文化因素。

（13）社会基础：交际网和社交的兴趣所在，与自己交谈次数最多的人，能给予各种帮助的人，互相影响的程度、对他们的责任感以及参加集体活动的兴趣。

（14）自我描述：包括长处或优点、短处或弱点、想象力、创造性、价值观、理想。

（15）生活的转折点和选择：生活中曾有过什么变化和你如何做出的最重要的决定，对它们的回忆（以一件事为例）和评价。

（16）对未来的看法：愿意看到明年发生什么事情，在五年至十年里希望发生什么事情，这些事情发生的必要条件是什么，对时间的现实感，抓重点的能力。

（17）来访者附加的任何材料。

采集这样一类历史性资料，很大程度上依赖来访者的回忆，而他们的回忆过程可能组织较乱，所以要花较长的时间，要有耐心才能完成上表中的项目。对于儿童以及不善于讲话的人，上述表格内容可做适当调整。对于精神不太正常的人，应适当会见其家属以补充上述表格中的内容。

除了病史的采集，心理医生还需要了解来访者的精神状态和行为特点。这时，我们会感到有些茫然，因为精神活动和行为涉及的面很广，不知从何入手。马隆（M. P. Malon）和沃德（M. P. Word）于1976年总结出12个题目，作为在会谈过程中了解来访者思想和行为的工作提纲。下面选出6条，以供参考：

（1）外表和行为。完成这一项主要靠观察，它涉及以下诸问题：来访者如何表现自己的？他给人的一般印象如何？外表是否整齐、清洁，衣着是否符合来访者的背景和现状？有没有特别的装饰？有无明显的身体缺陷？他在过去的会谈中表现如何？有无离奇的表情和动作？有无重复性"神经质"的动作？他的姿势怎样？是否避免与人对视？活动缓慢还是不停地乱动？是否机敏？是否顺从？是否态度友好？

（2）交谈过程中的语言特点。语流如何？是缓慢还是快速？会谈是直爽还是小心谨慎？是否犹豫？有无言语缺陷？有无咬文嚼字？健谈还是不健谈？有无松弛的联想？哪些话题避而不谈？是否有海阔天空地闲聊？是否有自造的词汇，笑、皱眉、姿势、表情与语言表达是否协调？说话内容与声调所表达的是否一致？对交谈的兴趣如何？对上述情况要做记录。

（3）思维内容。有无不断抱怨和纠缠不放的题目？有无思想不集中现象？有无幻想、错觉、恐惧、执着和冲动表现？

（4）认知过程和功能。来访者的各种感觉有无缺陷和损伤？来访者能否集中注意于手中要完成的工作？时间、人物、空间定向力如何？能否意识到自己所在的地方？年、月、日的知觉如何？能否说出自己的名字、年龄？近期和远期记忆如何？会谈内容能否反映出他的职业和受教育程度？运算能力如何？阅读、书写如何？

（5）情绪。在会谈期间，来访者的一般心境如何？一般情绪的表现是哪一种，痛苦、冷漠、鼓舞、气愤、易怒、变幻无常还是焦虑？来访者对心理医生有无献媚、冷淡、友好、反感等表现？情绪表现与会谈内容是否一致？他们的自我报告是否与心理医生的印象一致？

（6）灵感与判断。来访者对自己就诊的目的是否判断准确？对自己的判断是否符合实际情况？来访者对自己的精神状况有何想法？他是否能观察到、意识到自己的行为或情感已经有了问题？来访者对问题的原因是否有中肯的认识？在对问题原因的分析上有无道德和文化因素的作用？来访者对于自己的工作有无准确判断？来访者如何理解生活中出现的问题？他们处理问题是一时冲动、独立进行、非常负责还是相反？对讲述自己的事情是否有兴趣？对改变自己的现状是否有要求？

（五）怎样提问题

在会谈中，无论是要了解求助者的各种情况还是想控制会谈内容，都要使用提问的方法。但是，提问本身却是一件比较复杂的事情。问题提得是否妥当，关系甚大。提得好，可以促进咨询关系，增进交流和使来访者感到被咨询师所理解；问题提得不好，可能伤害咨询关系，破坏信息交流，来访者会觉得处于被审问的地位。

问题提得过多，其基本原因是心理医生对来访者的心理障碍和对来访者的会谈内容缺乏基本理解。当然，也可能是不善于掌握语言交流的技巧。在心理医生还没真正理解来访者时，或还没有掌握语言交流技巧时，最有帮助的办法是把各种封闭性提问变为开放性提问。所谓封闭式问题，就是事先对来访者的情况有一定的固定假设，而期望得到的回答只是印证这种假设的正确与否。比如，你和邻居相处得好吗？提这一问题时，咨询师在心里肯定有一个假设“他和邻居处得可能不好”，而回答只能有“是”和“否”两种，来访者说“好”或“不好”之后，就再没别的话可谈。如果把问题改一下，改成：“你能谈谈和邻居的关系吗？”这时，来访者如不拒绝，肯定会谈得很细致，与此同时，可以从他处理邻居关系中了解他的人格、价值观、日常情绪和行为习惯等。

俗话说“言多必失”，而问题一旦提多了，也必然有一些是不恰当的。有人在临床上总结了一些不恰当的问题所带来的消极作用，现列出来以供参考。

（1）造成依赖。问题提得太多时，来访者叙述自己的情况时便出现依赖性，不问就不说话。

（2）责任转移。解决问题的关键是来访者自己，而不是心理医生。问题过多就会把这一层责任转移到心理医师身上,减少了来访者参与解决心理障碍的机会。

（3）减少来访者的自我探索。来访者等待心理医师来挖掘自身的问题，而不主动动脑筋自我探索。

（4）产生不准确的信息。封闭式的问题中，包含着咨询师的估计，很可能通过暗示作用影响来访者，他们回答问题时就可能只顾顺着心理医生的估计谈，却把真实情况掩盖了。另外，有的事情比较难以判断，而非要做出回答时，就难免加上主观臆测。

（5）来访者可能因处在被“审问”地位而产生防卫心理和行为。特别是对那些质问性的问题，如“你怎么能这样想呢”“你不知道那是错的吗”“你为什么不努力争取”等。这时，来访者的防御反应首先是表白自己，更有甚者就是沉默。在咨询会谈中，凡属于“为什么……”“干吗要……”“你怎么能……”“非那样……”之类的提问应当绝对避免。

（6）提问过多可能影响交谈中必要的概括与说明。除了要注意掌握提问题的数量和频率，还应当对各类问题的性质以及可能造成的后果有所了解。也就是说，在会谈过程中，以什么方式提问也很重要。

凯利（G.kelly，1977）曾经把临床交谈提问的性质做过如下归类：

（1）“为什么……”的问题。前面已经涉及这类问题。这类问题的含义对来访者是有强烈暗示性的，因为它明显地要求来访者说明理由，暗示来访者的行为或情绪是错误的。这类问题可以改变形式，可以改为“怎样”和“什么”的形式。如“为什么你要和别人打架”改为“你和某人一起干什么啦”，“你为什么失约”改为“你那里出了什么事啦”，等等。改变形式以后的问题，不带指责型，来访者没必要自我辩解，反而能引导他自我探索。

（2）多重选择性问题。比如“你有什么感觉，是沮丧还是生气”，“上星期日你是离开家还是在家里待着”，等等。这类问题并不是开放性问题，仍然是封闭性问题，使我们获得的信息仍然受到限制。改变这种问题的办法是去掉选择部分，如“你有什么感觉”，“上星期日你都做了些什么”。

（3）多重问题。如“你认为他对这个问题的看法怎样呢”，或者“他的父亲是怎样看这个问题的呢？你本人又是怎样做这件事的？”出现这种连珠炮性质的问题，会使来访者不知所措，当然，只能回答他认为最重要的一个方面。对一件事从几个方面同时提出问题的做法，往往表现出心理医生的急躁和没耐心，是那些没有经验和缺乏训练的咨询人员的表现。

（4）修饰性反问。这类问题实际上并不构成问题，因为来访者不需要回答也无法回答。比如“您只谈学生学习不好，可如今的教师水平和学校纪律又是个什么情况”，“您知道，一个人怎么能发现真理呢”。这样的问题常常使会谈陷入僵局。即使是把会谈继续下去，也会把所谈的内容引向空洞和抽象的评价，离开具体问题，对来访者毫无益处。

（5）责任问题。这是以反问形式责备来访者。如“现在这样，当初你干什么来着”，“这件事你凭什么能肯定”。这种问题对来访者能产生很大的威胁感，所以会立即引起防卫。这对推动交谈没任何好的作用，所以在咨询中应严加杜绝。

（6）解释性问题。这是心理医生表达自己对问题的看法和理解，而不是推动来访者去自我探索。和责备式提问一样，这类问题对来访者的自我探索作用很小，特别是与当事人的观点不一致时，更不应以疑问方式反问对方。

（六）会谈内容的选择

会谈内容的选择是极重要的，特别是把会谈作为治疗手段时，会谈的内容必须认真选择。

选择会谈内容的原则可以有以下几条：

（1）适合来访者的接受能力，符合来访者的兴趣。

（2）对来访者的病因有直接或间接的针对性。

（3）对来访者的个性发展或矫正起关键作用。

（4）对深入探索来访者的深层病因有意义。

（5）对来访者症状的鉴别诊断有意义。

（6）对改变求助的态度有积极作用，对帮助来访者改善认知和正确理解问题有帮助。在选择会谈内容时有一大禁忌，即不可把精神分裂症的症状作为会谈和讨论的内容。

（7）会谈法的有效性。会谈法的有效实施，其关键在于心理医生是否能正确地把握来访者的精神状态和行为特点。对于初学心理治疗的人来说，会感到有些茫然，因为精神活动和行为涉及的面很广，会使人不知从何入手。

以上，我们介绍了会谈法的主要内容，那么，这种方法的临床诊断价值怎样呢？对于这个问题，难做一般性结论，因为会谈法是一种包含很多因素的方法，所以其结果也会因为会谈目的、种类、当时情境、不同来访者、心理医生的水平不同而有所差异。由于这些差异的存在，该方法在诊断方面的参考意义也就不同。

很多关于会谈法的研究也表明，这种方法确有局限性。如有的研究者表明，心理医生的热情不一定能使患者如实讲述自己的情况（K. Heller，1977；A. N. Wiens，1976）。来访者和心理医生若来自不同民族，会谈法的局限性便更明显，因为具有不同文化背景的来访者，更愿意自己的心理医生来自本民族。还有人证实，会谈法对于预测学习成绩几乎是无效的。也有一些研究报告认为，会谈法在信度和效度上是不可靠的，怀疑这种方法对诊断的意义（Wiens，1976）。上述的看法并不完全正确，若对这种方法把握得好，它仍然是一个重要的临床手段。如果把会谈法与其他方法配合使用，会谈结果的诊断价值可能更大。

（七）注意事项

（1）态度必须保持中性。接待、提问、倾听过程中，态度必须保持中性，心理医师访谈时的面部表情、提问的语调、动作，均不可表达出对会谈的哪类内容感兴趣，不然可能有暗示和诱导因素介入到摄入性会谈中，从而使来访者的报告产生偏离，丢失客观信息。

（2）提问中避免失误。

（3）心理医师在摄入性会谈中，除提问和引导性语言之外，不能讲任何题外话。

（4）不能用指责、批判性语言阻止或扭转来访者的会谈内容。

（5）在摄入性会谈后不应给出绝对性的结论。

（6）结束语要诚恳、客气，不能用生硬的话做结束语，以免引发来访者的误解。

二、信息整理部分

通过信息收集技术，我们得到了很多信息，必须有条理地加以整理才能进行逻辑性的分析，并对各种与临床表现有关的资料加以综合，最后才可以作为评估与诊断依据。为完成评估与诊断任务，我们需要依据提纲，按照操作步骤进行资料整理。

（一）按如下提纲整理归纳一般资料（可填表填写）

1. 访谈对象的人口学资料

（1）姓名、性别、年龄、出生地、出生日期。

（2）职业、收入、经济状况、受教育状况。

（3）宗教、民族、婚姻状况（未婚、已婚、离异）。

（4）现住址、邻里关系、社区文化状况（商业区、工业区、农村城乡接合部、文化区）、联系方式。

2. 来访者生活状况

（1）居住条件。

（2）日常活动内容、活动场所。

（3）生活方式和习惯。

（4）近期生活方式有无重大改变。

询问住所位置、经济收入及家庭构成情况有助于了解患者的生活环境。除了可评估患者所面临的问题与应激源，还应评估可能获得的社会支持。

影响个体的重大的生活事件，如丧亲、离异、升学、重大财产损失、患重病、被殴打、经历地震等，对目前的精神症状的形成和表现，可能具有一定的意义。

3. 婚姻家庭

（1）一般婚姻状况（自由恋爱、他人介绍、包办、买卖婚姻），婚姻关系是否满意（性生活、心理相容度）。

（2）婚姻中有无重大事件，事件原因中有无道德和文化因素。

（3）家庭组成成员，对家庭各成员的看法，家庭成员在日常生活中的分工，自己在家庭中所起的作用。

（4）家庭中发生的重要事件和原因，原因中有无道德、文化因素。

婚恋史包括所有较持久的亲密关系。需要询问来访者目前或既往的任何持久关系。选词应避免预设伴侣的性别。反复的关系破裂可能反映人格异常。配偶的职业、人格特征、健康状况以及是否有酒药依赖可能与患者当前的境况有关。

医生还应考虑来访者的性生活相关影响，可以根据常识来决定询问这个问题的深入程度，并根据来访者对初始提问的反应、人口学背景和当前诉述的性质做出判断。例如，当患者因性功能障碍就诊时，详细深入了解有关情况就是必需的。但在一般情况下，只需了解患者性生活是否涉及现有的疾病，是因是果或相互关联。在询问儿童遭受性虐待时，医生需判断提问的最佳时机与详细程度。这样的经历特别是对女性患者需要询问。但是，通常在第一次晤谈就问这些问题是不合适的，除非患者主动提及。

4. 工作记录

（1）对工作的态度、兴趣、满意程度。

（2）是否改变过职业，理由何在。

患者目前的职业信息有助于医生了解患者的社会经济环境以及潜在的应激源。患者与上、下级的关系有助于了解其人格特征。患者从事过的职业、每个职位工作的时间及离职原因可为人格评估提供参考。如果可胜任的工作难度越来越低，提示可能存在慢性疾病或酒药滥用。反复变换工作或被解雇提示可能存在人格问题。

5. 社会交往

（1）社交网以及社交兴趣和社交活动的主要内容。

（2）与自己交往最多、最密切的人有几个。

（3）能给予来访者帮助的人和来访者帮助过的人有几个。

（4）举例说明社交中的相互影响。

（5）社交中互相在道德和法律方面的责任感。

（6）参加集体活动的兴趣如何。

重点询问就诊者是害羞怕人还是容易结交朋友、有无异性或同性朋友、朋友多或少、关系疏远或密切、持久还是短暂，与双亲的关系，对待家中老人的态度，与同学、老师、同事和领导的关系如何等。业余爱好活动也有助于了解其人格特征，如从喜欢棋类活动还是喜欢球类活动判断其喜静还是喜动；是否喜欢少人或独自参与的项目如看书、游泳，还是多人配合的项目如篮球、足球等，可以帮助判断患者的内外倾向及合作程度。

6. 娱乐活动

（1）最令来访者感到愉快的活动。

（2）来访者对愉快情绪体验的描述是否恰当。

物质的使用，如酒精、毒品，甚至处方药（如止咳糖浆）的误用也应该记录。对于这类问题，就诊者可能闪烁其词或有意误导，因此需要通过知情人或其他信息来源（如尿液检查或血液检查）来核实有关情况。

7. 自我描述

（1）描述自己长处、优点时的言辞、表情、语言、语调是否夸张或缩小。

（2）描述自己缺点时的言辞、表情、语言、语调是否夸大或缩小。

询问来访者的自我评价、了解其他人对其的看法、晤谈时的行为观察以及人格测验。过于看重来访者的自我评价可能会导致错误的评价，因为有些人会力图展示好的一面而掩饰其他表现，如反社会人格者掩饰自己的攻击以及不诚实行为。相反，抑郁患者又常常消极和批判性地评价自己。因此，应尽可能与其他知情人晤谈，并结合人格测验进行判断。此外，让来访者就某些特定的情境举例说明，如遇到领导批评、和朋友发生误会、在面对困难任务时的表现，能更好地反映其人格特征。同时，也可根据来访者自身的评价或讲述的事例来评估来访者的应对风格是面对、接受、自我分散、解决问题、寻求帮助等积极的应对，还是否认、逃避、酒药滥用、自我惩罚、迁怒他人等消极的应对。

8. 来访者个人内在世界的重要特点

（1）想象力。

（2）创造性。

（3）价值观（对生活享乐方面、社会责任方面、追求精神生活质量方面的价值取向）。

（4）理想（已经付诸行动的理想）。

（5）对未来的看法：①希望明年发生什么事？②希望5~10年内发生什么事？③对未来事件发生的理由和判断依据。④对现实状况能否捕捉住关键和重点。

询问来访者的个人内在世界的特点，能够从更长的时间维度、更深的内在尺度对来访者人格以及状态进行把握，比如偏向抑郁的来访者，可能在未来的看法上非常消极，或者不能想象，躁狂的来访者，则可能在想象力与创造性上得以充分地暴露其症状特点。

9. 在上述提纲内容之外，来访者谈及的或调查了解到的其他资料另外列出，以供诊断时参考

（二）按以下提纲，整理个人成长史资料（可列表填写）

具体操作：

（1）婴幼儿期：围产期、出生时的情况，包括母亲的身体情况、服药情况、是否顺产。

（2）童年生活：①走路、开始说话的时间；②与大多数儿童比较，有无重大特殊事件发生，现在对当时情景的回忆是否完整；③童年身体情况，是否患过严重疾病；④童年家庭生活、父母情感是否和谐；⑤童年家庭教养方式、学校教育情况，有无退缩或攻击行为。

（3）少年期生活：①少年期家庭教育、学校教育、社会教育中有无挫折发生；②少年期最值得骄傲的事和深感羞耻的事是什么；③少年期性萌动时的体验和对待；④少年期有无严重疾病发生；⑤少年期在与成人的关系中，有无不愉快事件发生，有无仇视、忌恨的事或人；⑥少年期的兴趣何在，有无充足时间做游戏，与同伴关系如何。

（4）青年期：①青年期最崇拜的人是谁；②爱情生活状况（有无失恋等）；③最喜欢读的书籍；④学习（包括升学）有无挫折；⑤就业有无挫折；⑥婚姻是否受过挫折；⑦有无要好的朋友，朋友的状况如何（包括职业、道德行为、法律意识）。

（5）个人成长中的重大转化以及现在对它的评价。

（三）按以下提纲整理来访者目前精神、身体、社会工作与社交交往状态

1. 精神状态

（1）感知觉、注意品质、记忆、思维状态。

（2）情绪、情感表现。

（3）意志行为（自控能力、言行一致性等）。

（4）人格完整性、相对稳定性。

2. 身体状态

（1）有无躯体异常感觉。

（2）来访者近期体检报告。

3. 社会工作与社会交往

（1）工作动机和考勤状态（在校学生学习动机和考勤状况）。

（2）社会交往状况（接触是否良好）。

（四）对资料来源的可靠性予以说明

所谓资料来源的可靠性，是指报告临床情况的人不是来访者自身，而是其亲友或转诊的中介人，由于亲友和中介人受专业知识、职业特点的影响，使他们对问题的客观性质不能按照专业要求做出评价，所以，心理咨询人员应当去伪存真地审视这类资料。而在整理资料时，来自亲友和中介人的资料，应首先判断其真实程度并给予附加说明后，方可使用。

中介人若是心理治疗人员，应提供的某些资料，很可能包括一些初步诊断性的结论，对这些结论性资料也应进一步核实，核实之后才能被视为可用资料。

（五）按资料的性质进行分类整理

在收集临床资料时，各类资料可能互相交错，如环境条件、个人情绪、表现、个人的看法等，可能是混杂在一起的。相互交错和混杂的资料，往往给思考、判断带来不便，所以，应按资料性质再加以整理，这样，可以使咨询人员更容易判断不同资料之间的纵向、横向以及逻辑关系。为工作方便，可按表 14-1 进行分类整理。利用此表了解各种资料之间的纵向关系。对资料的整理，还可以按照与心理问题有关的三个方面即个体情况、环境情况和临床专业初步评价进行整理。

表 14-1　分类整理

事件发生时间顺序	事件性质			
	环境生活事件	认知	情绪	行为
年月日				

【相关知识】

（一）对临床资料的归类、解释与验证

搜集了某个人的全部情况之后，为了临床目的，剩下的问题就是对这些资料进行解释、归纳和验证。W. Haley 于 1977 年对此有过一个很好的总结，他集中了一位 43 岁妇女的各种资料，把它们分为了三大类：①来访者个体方面的（生物特性的、心理与行为的以及自我意识及表现的）情况；②有关来访者的环境条件（人事关系、工作环境、生活的物质条件）；③他人对她的评价（对她的一般印象、对治疗情况的评价等）。这三类材料可以说都是很有用的，因为它几乎概括了一个人的一切。

当我们面临庞杂的资料时，首先考虑的一般是与处置方案和治疗有密切关联的资料。临床工作人员较注重行为的观察，比如看到来访者精神抑郁、行动缓慢，这时便可能把这些表现和她的性格联系起来。除了上面这种思路外，心理医生有时还在许多资料中找出哪些是偏离正常标准的行为，而后抓住偏离标准的行为表现去考虑问题。再一种方法是和咨询师与心理学家的个人看法有关，那就是抓住那些“显眼和突出”的事件，首先给以解释，并按这种解释去归纳别的事件。

（二）不管从哪方面入手去归纳和解释资料，都有一个先决条件——资料的可靠性

临床上时常有这样的情况，即得到的资料并不可靠，有些来访者因回避问题而说谎，也有的亲友报告情况时，由于不甚了解真情而用自己的想象代替事实，

这种情况具有危险性，解决这一问题的办法就是进行验证。

验证的办法很多。例如当我们要验证来访者的社会交往方面的资料是否可靠时，可以使用补充提问，如："这个人是怎样被他人发现的？""你怎样发觉别人对你有这种印象的？"我们也可以使用问卷和心理测验的办法来验证资料的可靠性。还有一种比较可行的办法是比较同一资料的不同来源，各种来源如果都给出类似的印象，那么这一资料的可靠性就较高。

资料或数据本身并不包含太多的意义，它们的意义是心理医生赋予的，比如，一个人沉默少语，这种情况对他的心理问题有何种意义呢？这就要求咨询师使用合理的思维方法去分析，而后说明沉默少语是心理问题的原因还是它的结果。

当我们赋予某种资料以具体意义时，一般采用三种方法或三个思路。第一是"就事论事"；第二是"寻找相关"；第三是进行"迹象分析"。

比如：某天夜间，某饭店的女服务员发现一位房客服用了大量的镇静剂，该房客被送往医院抢救后才幸免于死亡。

就这一资料来看，它包含了什么意义呢？首先我们分析这一问题时，可以是"就事论事"的，认为这个人是在一个特定环境中服用了致命性的镇静药；这个人不想活下去，而且不愿意别人救他；这次没死，可能还会用别的方法去死；等等。

显然，就事论事的办法并不能揭示该事件的全部含义。于是人们可以从相关的角度去分析这一情况，也就是说，看看什么情况与自杀相关。比如，可以推测此人可能是单身汉或离过婚，一个人生活；他在情感上得不到别人的安慰；他可能流露过自杀的念头或曾经自杀未遂；他的 MMPI 测验结果可能呈现强压抑倾向；等等。诚然，根据事件之间的相互关联去分析问题的方法是可取的，但它总带有猜测性质。

所谓分析迹象的做法，就是把事实作为一种结果，作为一种症状，而进一步去寻找原因。仍以上面的情况为例，用分析迹象的方法可以有以下几种推断：①此人把对别人的仇恨转向了自己；②他做了极坏的事而深感有罪；③他要求别人支援的希望已破灭；④此人内心矛盾很大，为了解决内心冲突带来的痛苦而自杀；等等。

这里必须指出的是，上述种种方法得出的推论只是可能性，在没有得到更多的资料支持以前，都只能作为假设存在。

（三）影响资料可靠性的可能因素

临床工作者从一开始就试图对来访者做出某种估计，哪怕与他们的接触很短，也要力争对来访者形成印象和假定，甚至主观地猜测他们的兴趣、爱好和处境等。实际上，我们刚一接触来访者时，便从他们的动作、声调、表情方面收集相关资料，这是难以自控的必然倾向。获取临床资料的第一个目的就是对来访者形成印象、做出诊断和协助他的方案。因此资料的可靠性以及对资料的分析和使用，对诊断、咨询工作十分重要。在这方面我们可能犯的错误有以下几点：

（1）过分随意地交谈，心理医生的倾向性很可能给来访者形成暗示，造成来访者的自我评价和环境判断的失真，这对所获资料的可靠性有重大影响。

（2）同一个咨询机构中，收集资料者如果也是后来的决策者，那么心理医生的早期印象可能影响最终诊断和咨询决策。可是，如果一个人收集资料，另一个人去做决策，又往往发生对资料的理解错误，所以，最好的办法是把两者结合起来。

（3）资料的收集并不是一件容易的事，因为来访者都是有个性特点的人，要求他们提供自己的生活情境、生活历史和坦率说明自己的感情，经常会出现阻抗或言不由衷的情况。面对一位陌生人，在一个陌生的环境里坦白地暴露自己，那不是任何人都能做到的。咨询时必须考虑来访者的这种处境，要根据情况，灵活地做出交谈计划，以决定在什么时候、什么地点了解来访者的生活状况和内心世界是适宜的，什么时候这样做是有害的。如果忽略了这一点，资料收集工作十有八九要失败。

（4）对初期印象和后来新资料之间的矛盾，假如处理不当，会影响诊断与咨询。在会见来访者时，最初印象的形成是相当快速的，密尔（P. F. Meel）在1960 年曾做过这样的研究，他让临床心理学家在每次会见和治疗后，尽快给来访者一个评定，以确定心理学家对来访者的印象。这一研究发现，第三次会见时便形成了很牢固的印象，第一次见面时的初始印象和第三次以后说出的印象相关甚高，非常接近；社会心理学的研究也表明，早期的印象，特别是不好的印象是很难改变的。后面还要谈到，这种早期印象的形成，受心理医生主观态度的影响很大，所以，如果更符合客观实际的新资料与早期印象冲突时，心理医生必须尊重资料，不可固守自己的印象。心理医生应随时准备依据事实资料修正和调整自己的看法。

（四）职业倾向对理解资料的影响

在咨询心理学的实践领域中，由于职业关系，往往使人们看问题的出发点不尽相同。第一种人是非专业的观察者，他们只是依据日常生活的概念，从自然的角度看问题；第二种是从医疗的或病理学的角度看问题，他们倾向于来访者有问题；第三种是从行为主义心理学或教育工作者的角度看问题，容易强调来访者是学习、行为或认知方面的障碍；第四种是生物学家，倾向于从人的生长发展角度看问题，认为问题的关键是自我发展上受到阻碍；第五种往往是生态学家或持生态学观点的人，他们觉得当事人的问题是与环境失去了平衡；等等。

很显然，上述不同出发点的看法不但包含着不同的目标，而且也有不同的方法以及不同的疗效标准。当把同一批临床资料拿给他们看时，他们必然会对这批资料给出不尽相同的评价。

（1）非专业的人士，会用日常生活的眼光和概念对来访者进行观察并评价。我们不应当轻视他们对来访者的评价，因为他们的意见总是被很多人理解，他们的看法贴近生活，来访者往往信以为真，为此，这些人的意见对来访者的暗示效果是较大的。

（2）持病理学观点的心理学家和心理医生，他们的兴趣是要发现来访者是否有病。为此，他们对待临床资料就像对待实验室化验结果和 X 光照片一样。他们使用心理测验或会谈法去了解来访者的心理功能，其目的是想把他们与正常人区分开来，为此他们所关心的问题是来访者的混乱情绪和思维，并依据这类资料做出诊断和预测疾病的过程并制定治疗方案。

（3）有一些心理学家侧重在学习方面考虑问题，他们也很重视对临床资料的评价，但着眼点是那些通过学习可以得到改善的情绪、思维和行为。他们是为了改善人的适应能力，为了检查学习过程中人的功能障碍而评价临床资料。所以，他们的评价又叫“功能分析”。他们所关心的是来访者身上存在的那些不适应环境的习惯，如小孩子听不听家长的话，一个人每小时吸几支烟等。传统上所进行的那种诊断疾病的做法与他们无关，他们不需要“病”这一概念。

（4）是从成长发育角度收集资料，这种观念多半在儿童问题上采用，对成人来说用得不多。这种观念和人本思想一致，它否认诊断的价值，多采用会谈法去收集资料。它认为来访者将随着自我经验和自我认识的增长而逐步得到改善。他们的兴趣是来访者的能力情况，他们根据临床资料去帮助来访者选择适合其能力的职业。对儿童，多采用测验技术来确定各种能力的发展水平。

（5）生态学的观点。这种观点希望临床资料能提供一幅个人与周围环境相互关系的“图画”。他们重视组织和环境条件以及人与环境中其他事物的关系。

在实际临床操作中，上述几种观点并不是完全对立的。对一个思维方法较正确的心理学家来说，可以综合地使用各种观点来收集和分析临床资料，他既可以用学习的观点揭示来访者的学习需要，又可以用发展的观点鼓励他们的自我发展。既可以用病理学的观点发现来访者的变态心理，又可以用生态学的观点帮助来访者在与环境的相互作用中使人格更加完善。

当然，每一种观点又是一个进入临床心理世界的入口。所以，问题的关键不是从哪个入口进入，而是进入后的思路如何。一个心理学家若不能全面理解各种观点，不能成熟地驾驭它们，在进入心理世界之后，往往会按一条路走下去，直至极端。这显然是不正确的。正确的做法应是把各种资料交互比较，各种想法彼此联系，以求全面地、整体性地做出结论。

【注意事项】

（1）一定要仔细、严格和按技术要求去搜集和评价各类资料的内容。

（2）心理医生给出的评估有错误或把握不大时，应进行集体讨论，以保证意见的正确性。

来访者以往的治疗（或咨询）过程中的有价值的资料，有助于形成正确的判断，了解来访者的既往史也是整理信息的重要一部分。主要包含两部分的内容：一是询问来访者以往是否去过医疗机构，详细阅读就诊的病例和有关资料。二是询问来访者以往是否去过其他心理治疗机构，其治疗（或咨询）过程如何。

（3）了解当时心理医生的诊断以及进行过何种治疗，疗效如何。

例如，有一位 40 多岁的男性来访者，来咨询的原因是他最近一个多月来失眠、心情不好。以前在某医院看过，服用了一段时间的安定，效果不好。查看病历得知，来访者患有高血压，经过一年的治疗，现在血压已经降为正常，但却出现了早醒、心情不好，感到工作压力特别大、无法应付，对前途失去信心，甚至很悲观等症状。从病历上得知，来访者服用的是含有利血平的降压药物，而这种药物就有引起早醒和情绪抑郁的副作用。如果找不到其他原因，来访者的问题可能与所使用的降压药物有关，此外，如果来访者使用激素（如为了治疗哮喘）或安定一类的药物（为了治疗失眠），都要考虑其对心理活动的影响。

（4）分析当时去医院就诊的原因哪些是躯体方面的，哪些是心理方面的，以及二者的关系如何。例如有一位 50 岁的女性来访者的问题是失眠，每夜只睡五六个小时，但并不影响白天的工作，其他方面也无大碍。查看她的病历得知她在一年前闭经时患了甲状腺功能亢进症，现正在治疗过程中。其实开始时，她就有睡眠少的现象，但不如其他症状明显（吃得多反而消瘦、腹泻、怕热、心慌、烦躁等），治疗师对此未加注意和解释。现在其他症状好转了，唯有失眠情况不见好转，怕是心理方面出了问题，所以来咨询。但自己也没有觉得现在的情绪有多大问题。本例的睡眠时间少，显然与“甲亢”有关。

（5）来访者过去曾经历过心理治疗，很可能由于治疗（或咨询）效果不好而来。而效果不好的原因之一有可能就是诊断不正确。为此，就要对以往的诊断及治疗（或咨询）过程做详细的了解，即使对权威机构的诊断也不要盲从。

例如有的来访者的问题实际上是神经症，但却被某医院诊断为“精神分裂症”，按精神分裂症治疗了一段时间，效果不好。又去了第二家医院，第二家医院的心理医生盲目地相信了前一家医院的诊断，片面地认为是药物选择问题，所采取的措施只是更换抗精神的药物，当然不会有好的效果。

（6）有的来访者原来确实患有精神病，但这次的问题并不是原来的精神疾病，而是另外的问题，这些都是要仔细地加以区分的。

（7）还有的来访者经过以往的心理治疗之后，问题非但没有解决，反而加重。这就必须详细了解其治疗过程，澄清问题的性质，以免对来访者继续造成伤害。例如有位患抑郁症的中年男子，因怀疑妻子有外遇，心情不好。有时有对妻子施虐的倾向，自知不对而去某机构咨询。接待人员忽略了来访者只在心情不好的时候才对妻子疑心的这一重要事实，而向其大讲特讲中年夫妻性生活和谐的重要性，以及如何提高性生活的技巧等。让来访者从原来的猜疑变成了自责，认为是因为自己性生活能力下降导致妻子“真有外遇”的事实，险些造成离婚。

（8）对那些曾经有过治疗（咨询）经历的来访者，要说明详细了解既往史的重要性，以免来访者主观上认为哪些重要、哪些不重要而忽略有价值的细节。

（9）在治疗（或咨询）过程中，失误是难免的，正是由于以往别人失误的教训，才使后来者避免再走弯路，建立新思路。不可在来访者面前对以往的失误进行挑剔和嘲讽，这也是良好职业道德的体现，同时也避免加大对来访者的伤害。

第三节　重性心理疾病的信息收集与甄别

相对于一般的心理问题，重性心理疾病的信息收集有更高的难度，需要心理医生严格遵守信息收集中的相关要求，既能全面、客观地把握求助者的问题信息，又能保障彼此的信任与安全，并形成准确规范的病历报告。

一、重性心理疾病的评估及相关检查

精神状况检查（Mental Status Examination）是指检查者通过与就诊者面对面的访谈，直接观察了解其言行和情绪变化，进而全面评估精神活动各方面情况的检查方法。精神检查是精神疾病临床诊断中的基本手段，精神检查的成功与否对确定诊断极为重要。通过系统的精神检查，掌握就诊者目前的精神状况，弄清楚哪些心理过程发生了异常，异常的程度如何，哪些心理过程尚保持完好，为诊断提供依据。

常规的精神检查包括与就诊者的谈话和对其进行观察两种方式，交谈注重就诊者自身的所见、所闻、所感，观察注重医生的所见、所闻、所感，两种检查方法通常交织在一起，密不可分，同等重要，但针对处于不同疾病状态的患者当有所侧重。有时，还可以借助被检查者书写的信件、文稿等资料信息。此外，在进行系统的精神检查之前，应熟悉病史，以便有目的地根据病史资料进行检查，要

——确定病史中可疑精神症状的具体种类与性质，通过精神检查进一步了解与证实。总之，应该设法从不同角度来全面地评估就诊者的精神状况。

二、精神检查的基本步骤

（一）精神检查的三个阶段

1. 开始阶段

也称为一般性交谈阶段，主要任务是建立基本的信任关系，发现有意义的症状线索，决定有效的谈话方式，及时处理被检查者的情绪，并对临床风险做出最初的评估等。大多数情况下，被检查者的开头几句话及开始几分钟的表现包含了大部分症状线索和他们所关心的问题，应采取“多看、多听、少问”的方式认真观察和倾听，了解患者主要的问题，从而准确发现继续深入交谈的方向和主题。

2. 深入阶段

是精神检查的主要阶段，基本任务是全面运用各种沟通方法及提问、引导、控制等技巧，澄清和核实有关诊断、治疗、预后、风险评估的重要信息，以及其他相关的心理社会影响因素。主要包括开放式和询问式两种交谈方式。

3. 结束阶段

本阶段基本任务包括总结和核实、必要的解释和鼓励、提供今后的交流途径等。有的检查者忽视结束阶段的重要性，导致之前建立起来的医患关系前功尽弃，这是需要在临床工作中加以注意的。

（二）精神检查的方法分类

精神检查主要包括定式检查、半定式检查和不定式检查三种方式。临床工作中，检查者往往根据自己的经验和被检查者的具体情况决定精神检查的内容与顺序，但往往会因检查者的学术风格与人格特点而导致检查结论的差异。为了避免检查者的主观原因影响检查结果的准确性，一些将精神检查的过程、症状提问方式、必须涉及的症状内容、各种症状的严重程度和临床意义等要素做了统一规定的诊断量表应运而生。定式和半定式检查是研究中常用的精神检查方式。

1. 定式精神检查

检查规定了精神检查的具体内容，同时还规定了明确的检查顺序，甚至对提问用语都进行了严格的规定，要求检查者完全遵照执行。采用这类方式所进行的精神检查，被称为“定式精神检查”。

定式精神检查又称标准化精神状况检查，临床常用的有复合型国际诊断用交谈检查表（CIDI），适用于流行病学调查及临床研究。CIDI不仅是比较严格的定式精神检查，同时也是适用于现行的ICD-11及DSM-V两类诊断系统的定式检查量表。

定式临床检查（SCID）是常用的与现行DSM-Ⅳ轴Ⅰ的分类诊断标准配套的精神检查量表，重点针对一些主要的精神病性障碍，包括躁狂发作、抑郁发作、精神分裂症等精神病性障碍，以及物质滥用、创伤后应激障碍、强迫障碍、进食障碍及适应障碍等。

2. 半定式精神检查

有些检查或量表对以上要素虽然做了相应的规定，但也给检查者留下了一定的发挥空间。采用这种检查方式所进行的精神检查则称为“半定式精神检查”。目前使用较多的有情感性障碍和精神分裂症检查提纲以及神经精神病学临床评定量表。

3. 不定式精神检查

指以精神活动主要内容为基础，围绕被检查者的主诉和病史发展变化，而开展的没有固定程序和具体内容要求的精神检查，临床上常用的精神检查大多属于不定式精神检查。

三、合作者的精神状况检查提纲

人的精神活动是统一的整体，但为了理解和分析方便，考虑到疾病诊断的分层分类系统，精神检查及其记录通常将其分为一般表现、认识过程、情感活动和意志行为活动四个部分。

（一）一般表现

1. 意识状况

主要检查被检查者意识是否清楚，清晰度如何，是否存在意识障碍，其范围、程度、内容如何，意识障碍的程度有无波动。

2. 定向力

包括时间、地点、人物定向及自我定向，有无双重或多重定向等。

3. 仪态及外表

首先，观察面色和身材、体质状况，还要注意被检查者的体形，这些反映其一般健康状况及精神状态。有躯体病容，应在诊断时排除躯体疾病，如明显消瘦，应考虑各种导致代谢异常的躯体疾病，还应排除神经性厌食、抑郁症或慢性焦虑症等疾病。其次，要注意被检查者是怎样前来就诊的，是步行、被约束还是担架抬入；发型、装束情况；服饰是否整洁，是不修边幅还是过分修饰；举止、姿势、步态如何，是自然还是紧张，对人友好还是淡漠、拘谨、警惕、愤怒；对医生是纠缠不清还是置之不理：外貌是否与实际年龄相称。衣着不整、外表邋遢提示行为衰退、自我忽略，要考虑痴呆和精神分裂症的可能，也可能是情绪抑郁不顾修饰之故；强迫症患者往往会有过分修饰的表现；穿着古怪提示患者可能存在特定的妄想内容，也有可能是情感高涨导致的意志活动增强。

体态和动作也可反映患者的心境状态：典型抑郁症患者的表现是坐下时两肩耸起、头下垂、双眼凝视地面；焦虑患者常坐在椅子边缘，两手紧握扶手；焦虑或激越的患者常显得不安、身体发抖，有的不时摸自己的身体部位、整理衣服或抠指甲；刻板行为、违拗、怪异行为则常见于精神分裂症患者，迟发性运动障碍的患者有口面部不自主的运动，有些患者还会出现不自主的运动，如抽动、舞蹈样动作等。

面部表情常反映患者的心境：愁眉苦脸常提示焦虑或抑郁；恐惧紧张的表情可能与幻觉妄想或急性惊恐发作有关；自得其乐的表情可能是器质性痴呆；神采飞扬的表情可能是躁狂症；表情平淡可能是慢性分裂症；表情呆板（假面具样面容）可能是精神药物引起的反应（帕金森病综合征）。某些常引起精神症状的躯体疾病也可以有特殊面容，如突眼性甲状腺肿、黏液水肿、肾上腺功能亢进等。

4. 接触情况

注意接触主动性、合作程度、对周围环境的态度、是否关心周围的事物。接触中注意观察其注意力是否集中，主动注意、被动注意的情况。待人接物的表现也很重要，社交行为往往可以提供诊断线索：躁狂患者可能显得过于与人熟络；精神分裂症患者可能过于活跃、兴奋，也可能退缩、心不在焉。记录这些异常行为时应给予具体描述，避免含糊使用"古怪""异常"等词语。

5. 日常生活

患者的饮食、起居、洗漱、衣着、大小便、个人卫生能否自理，对新环境能否很快适应，对周围事物是否关心，愿意与其他人接触还是孤僻离群，日常生活的主要内容，是否参加病房集体活动及康复治疗，饮食、睡眠状况如何，等等。女性要注意其经期个人卫生的情况。

（二）认识过程

1. 感觉

通过询问及检查了解被检查者有无感觉障碍，如感觉增强（感觉过敏）、感觉减退、感觉倒错等，以及感觉障碍出现的时间及频度、与其他精神症状的关系及影响等。

2. 知觉

首先要评估错觉及幻觉是否存在，如有，则要关注错觉及幻觉的种类、性质、强度、出现时间、持续时间、频度、对社会功能的影响、与其他精神症状的关系以及被检查者对错觉、幻觉的认识及态度。在幻觉检查时应注意：①幻觉的种类，是幻听、幻视、幻味、幻嗅还是幻触，对诊断意义较大的幻觉种类要重点检查。②幻觉的内容，是单调的还是丰富复杂的，幻觉内容与思维内容有无关系。③幻觉的结构是否完整，完整的程度和性质，是真性幻觉还是假性幻觉，幻觉的清晰程度如何，是鲜明生动还是模糊不清。④幻觉出现的时间和频率，是白天出现还是晚上或睡前出现，或是随时出现；是偶然、断续的，还是持久存在的。⑤幻觉出现时患者的情绪和行为反应，当时的意识状态如何，有无意识障碍。另外，与焦虑抑郁等症状不同，幻觉不是正常的感知，检查者难以有同样程度的感性理解，同时被检查者常常担心把症状暴露给他人以后的反应，故隐瞒症状的非常常见，因此在询问此类症状时应该坦诚地进行沟通和解释后再进行。

3. 感知觉综合障碍

有无感知觉综合障碍，如视物变形、体形感知障碍等，如果存在感知觉综合障碍，还应详细了解其出现的时间、频率、持续时间以及被检查者当时的情绪反应及与之的关系等。

4. 思维活动

主要了解被检查者的思维联想过程、思维逻辑推理过程和思维内容有无异常，除了检查中的言语内容外，还可以通过其书信、文稿、图画等进行分析。

(1) 思维联想障碍：主要了解思维联想的速度和过程特点，需观察语速，语量，言语流畅性、连贯性以及应答是否切题等。可以让被检查者自由漫谈，观察有无联想加速（说话滔滔不绝）、联想困难（思维迟缓、语速缓慢）、思维贫乏（内容空洞、沉默少语）、联想过程中断（说话突然中断），同时要注意有无重复言语、刻板言语、持续言语等。如有思维形式障碍，应该收集具体表现并用专业术语加以记录。要注意思维联想结构的严谨性如何，如患者说话是否有条理、有无中心内容与主题、句与句之间有无联系、说话是否琐碎、重点是否突出、回答问题是否中肯、言语结构是否正确，有无音联、意联等。还要询问被检查者的思维是否受自己主观控制，有无不自主涌现的思维。

(2) 思维逻辑障碍：检查时要注意被检查者是否存在混乱的概念（患者使用的概念能否正确反映现实），有无概念混淆、自相矛盾或不可理解，有无语词新作。同时，应注意有无逻辑推理障碍，患者的推理有无根据、理由是否充足，有无因果倒错、逻辑倒错等。

(3) 思维内容：重点检查有无妄想。在询问思维内容障碍时，应该注意方式方法，因为被检查者大多并不认为自己的妄想是异常的，因此检查者应该耐心地询问。对以妄想为主要症状的被检查者，交谈时应该把妄想放在最后询问，可以采用抓住前面的谈话内容中的一些线索进行"旁敲侧击"的方式，也可以从其他知情人的叙述及病史来发现被检查者有无妄想的存在。例如患者说自己不想活了，经过了解发现他总觉得有人想要害死自己、威胁家人安全。当发现可能是妄想的时候，检查者须确定其对异常思维内容坚信的程度。需要注意的是，检查者不要为了取得合作而随便附和其妄想内容。

妄想确认以后，要注意询问妄想的具体内容。是原发性还是继发性，是一过性还是持续性，是系统性还是片段性，涉及的范围和广度如何，荒谬性与泛化倾向，与精神因素有无关联。另外，还需评估妄想内容对被检查者情感、行为有多大影响，以及妄想出现时被检查者的情感、意识状态等。首先要确定被检查者的信念与其文化背景是否有关。当检查者与被检查者处于不同文化背景下时，检查者应向同文化背景的人了解此种信念是否为他们共有。

除了妄想之外，还应该检查被检查者有无超价观念、强迫观念等。对于强迫观念，有时被检查者亦不愿提及，需要医生以耐心的态度反复询问。在确定为强迫思维之前，要明确被检查者是否认为这些想法是属于自己而非他人植入的。如确定为强迫观念，应详细询问其种类、内容、发展动态与情感意向活动的关系。同时注意避免将妄想与迷信观念、一般的敏感多疑及幻想等内容混淆。

5. 注意力

注意是指意识对一定事物的指向性，反映集中于手头事物的能力。一般在和患者交谈过程中，医生就能注意到患者的注意力情况。注意力应从程度、稳定性及集中性三个方面进行评估。通过谈话、观察，了解患者的注意力能否集中，是否主动注意周围事物的变化，外界事物变化时能否引起患者的注意，是否存在注意范围的缩小或增强。正式的检查可以对患者的注意力情况进行半定量评估，通常以“递减 7 测验”开始，即要求被检查者计算从 100 连续减 7，在所得余数继续减下去直到得数小于 7 为止，记录被检查者所花费的时间及错误的次数。

6. 记忆力

在采集病史时，检查者可以将被检查者对既往事件的叙述同知情人的叙述内容相比较，根据两者之间有无差异或矛盾，来判断被检查者有无记忆力损害。如果被检查者存在记忆损害，应留意是否存在记忆的虚构或错构。对瞬时记忆、近记忆、远记忆进行检查及描述，可通过客观观察和询问两种方式来了解。检查瞬时记忆可采取多种方法，最简便的方法是告诉其周围工作人员的姓名或一串数字，让其复述；检查近记忆可以请患者回忆当天或近几天发生的事情；远记忆的检查依靠询问被检查者早年的事情，如生日、几岁上学等。

如发现记忆力减退，应进一步检查记忆减退是全面的还是选择性的，属于哪一类记忆损害及其程度、发展状态，是否存在器质性病变以及被检查者对自己的记忆障碍是否有自知力等。为了进一步了解记忆力减退的程度和性质，必要时可进行记忆量表测查。个别被检查者显示记忆力增强，对某些事物的细节都能清楚回忆，也要予以检查与记录。

7. 智能

根据被检查者的文化水平、生活经历、社会地位等具体情况进行检查。检查时应注意智能障碍与知识贫乏的区别。此外，严重的记忆障碍往往伴有智能障碍，因此在判定智能程度时，一般还要检查记忆和知识程度。

智能检查一般包括以下内容。

（1）一般常识：了解一般时事、自然知识或专业知识等的情况，应根据被检查者的文化水平和工作性质提问，所提问题应该恰如其分，太深或太浅都不能正确反映常识的掌握水平。

（2）理解与判断力：通过提问了解对事物进行分析、比较、归纳的综合能力，判定患者的理解判断能力。

（3）计算力：以心算和笔算两种方式测量，心算更佳，因为心算不仅能反映患者的计算力，还反映其记忆和注意两个方面的问题。一般可用 100 连续减 7 或 13 测试，也可用其他加减乘除、简单应用题进行测查，测查时要记录其计算速度和错误次数。

8. 自知力

自知力判定不只是简单的“有”或“无”，还应包含完整程度等内容。一般应检查以下内容：①被检查者是否意识到自己目前的这些变化；②是否承认这些表现是异常的、病态的；③是否愿意接受医生、家人等对他的处理方式；④是否接受并积极配合治疗。可以提问如“对过去的某些体验或精神异常怎么看待”“现在是否需要医生帮助”等。检查自知力时应注意，有的被检查者为了出院而对自身症状做出“假批判”。

（三）情感活动

情感活动检查是精神检查的难点，主要依靠观察被检查者的外在表现，如表情、姿态、声调、行为等，结合精神活动其他方面的信息来了解其内心体验，还可以直接提出“你的心情怎么样”等问题，重点评估精神活动中居于优势地位的情感反应的性质、强度、稳定性、协调性以及持续时间。

情感活动通常从外在表现和内心体验两个方面进行评估。占优势的情感常可以从被检查者的表情、姿势、动作等方面显露出来，如情感淡漠的患者面部表情缺少变化，情感高涨者通常面部表情丰富，且喜悦、高兴表情增多。评估内心体验时常需通过提问、启发等方式，设法让被检查者讲出自己的内心体验。

对情感活动进行检查应该注意以下几点。

1. 情感的性质与强度

确定占优势的情感活动是什么，情感表现是高涨、低落、欣快、淡漠、忧郁、绝望还是愤怒等，这些情感反应出现的原因是什么。对情感强度的估计要与病前性格加以比较。

2. 情感的协调性与稳定性

观察情感活动与周围环境和精神因素是否相适应、面部表情与内心体验是否一致、情感活动与思维内容是否配合，情感活动稳定性如何，有无突然出现的病理性激情、强制哭笑等。通常人们情绪的变化与交谈的主题是相一致的，如谈及不幸的遭遇时会显得悲哀，提到烦恼的事情会感到生气。情感反应不协调者往往会有情绪与交谈内容不一致的表现，如遇到有人伤害自己的事却表现得十分开心。不协调的情感反应不一定是病态，人们在处于进退两难的境地时也可能表现出不协调的情感，所以在判断是否存在病态情感时需全面考虑。

（四）意志和行为

检查时应注意行为障碍的种类、性质、强度、出现时间、持续时间、出现频度、对社会功能的影响及与其他精神活动的协调程度等，还要注意意志活动的指向性、自觉性、坚定性、果断性等方面的障碍。

要从以下几个方面观察和记录：

1. 意志活动及本能

意向活动有无意志活动增强或减退，有无本能意向的增强或减退，如食欲亢进或减退、性欲增强或减退，有无意向倒错等。意志减退者往往生活懒散、工作不负责任、终日无所事事、对未来无任何计划。受妄想支配者可出现病理性意志增强。

2. 动作行为

观察动作行为增多还是减少、与周围环境的关系、与他人是否合作、有无古怪动作或离奇行为，有无违拗、被动服从、作态等行为。有无模仿动作、刻板动作、强迫动作或冲动攻击行为，姿势是否自然，有无蜡样屈曲、木僵等表现。

3. 自杀自伤行为

自杀自伤行为应得到更多的关注。很多年轻的精神科医师怕问及自杀问题，担心给被检查者暗示或触犯他们。实际上对于一些被检查者来说，这是非问不可的问题，询问时应逐步加深，如“你是否有时觉得活着没有意思”“你如何看待死亡”等。

四、不合作者的精神检查提纲

兴奋躁动、木僵或敌对状态的不合作者多由脑器质性疾病和严重躯体疾病引起，也可能是非器质性精神障碍。对这类患者，首先要尽可能收集详细的病史，并将检查的重点放在全面的躯体检查和神经系统检查上。如果无法进行详细的精神检查，应及时观察病情变化。缺乏临床经验的医护人员，可能认为不合作的患者无法进行精神检查，这是不正确的。其实，患者不合作正是精神症状充分发展的临床表象。

对于不合作的患者，主要依靠仔细观察和侧面了解来掌握其精神状况，重点观察一般生活情况、意识状态、情感活动及行为表现等。可以从意识仪态、动作行为、面部表情、言语、合作程度等方面进行检查与记录。

（一）一般表现

1. 意识状态不合作患者意识状态的检查对于诊断十分重要

一般可依据患者的自发言语、面部表情、生活自理能力及行为表现进行判断。要求医护人员密切配合，抓住患者有言语的时机，即刻检查来确定。注意，对于兴奋躁动者，特别是言语运动性兴奋时要检查是否存在意识障碍。

2. 定向力

可通过自我和环境定向、自发言语、生活起居及对经常接触人员的反应情况大致分析定向力有无障碍。定向力障碍往往与意识状态密切相关。

3. 姿态

主要检查姿态是否自然、姿势是否长时间不变或多动不定，肢体被动活动时有何反应，肌张力情况等。

4. 日常生活

是主动进食还是拒食，对鼻饲、输液的态度如何，大小便能否如厕，有无大小便潴留，睡眠情况如何。对于女性，还要观察其能否主动料理经期卫生。

（二）言语表现

观察是否存在缄默不语、欲言又止等。缄默不语者是否可用文字表达其内心体验与要求，字迹是否清楚，文字是否通顺，回答问题是否中肯。也可任其书写和涂画，观察其内容。兴奋者言语的连贯性及其内容如何，有无模仿性言语，吐字是否清晰。音调高低，是否用手势或表情示意。

（三）面部表情与情感反应

面部表情是否呆板、欣快、愉快、忧愁、焦虑等，有无变化，这些表情与周围环境有无联系，对工作人员及家属亲友等有何反应。应特别注意无人关注时被检查者是否闭眼、凝视或警惕周围事物的变动，当询问有关内容时有无情感流露，观察有无精神恍惚、茫然及伴有无目的的动作。木僵者受到刺激（如强光、鼓掌等）时，注意其呼吸、脉搏、血压有无变化，有无颤抖、出汗、流泪表现，这些表现对于判断不合作者是否存在意识障碍也有重要意义。检查中，还要注意情感的稳定性和协调性、有无不可理解的情绪爆发，如哭笑无常、病理性激情等。

（四）动作和行为

动作是增多还是减少，有无本能活动亢进现象，有无蜡样屈曲、刻板动作、模仿动作及重复动作，有无冲动自伤、自杀行为，对命令的行为（如张嘴）是否服从等。还要注意被检查者对工作人员与其他人员的态度有无不同。

总之，不合作者的精神检查较为困难，必须耐心、细心、细致，反复观察言行和表情，特别要注意不同时期、不同环境下的表现是否相同。医护人员对不合作者要态度亲切和善，言语温和委婉，处理细致周到。

五、器质性精神障碍患者的精神检查

器质性精神障碍患者的精神检查更为复杂困难，要重点关注意识、记忆、智力等方面的问题。

（一）意识状况

应仔细观察有无意识清晰度降低、注意力不集中、定向障碍、表情茫然恍惚、整体精神活动迟钝等。同时注意意识障碍的深度，意识状况对被检查者的影响程度等。

（二）注意障碍

除在交谈中观察其注意状况外，还可给予一些突然刺激（听觉、视觉、触觉刺激等），观察其反应。

（三）思维障碍

脑器质性精神障碍患者的正常思维特征被破坏，常表现为：①思维缺乏自觉主动性，患者虽有问必答，但不问时缺乏主动性言语，显示思维停顿。②思维缺乏预见性，患者表现被动，缺乏对交谈进程的预见性。③抽象思维障碍，患者对事物的分析、综合、归纳和辨析能力受损，不能恰当运用概念，表现为对抽象名词如和平、正义等不能解释，不能区分意义相近的名词如男孩——女孩、梯子——楼梯等，不能解释成语，不能完成图片或物体分类试验等。④出现持续言语、刻板言语、失语症、失认症、失用症等。⑤严重意识障碍者可见思维不连贯、词的杂拌等表现。

（四）记忆和智能障碍

记忆的有效运用障碍常是器质性精神障碍的前奏，即刻记忆是必查项目，如数字顺向和逆向累加、即刻重复和短时回忆物体名称等均应检查。对此类患者应做进一步的专项记忆功能测定。

（五）情感障碍

患者常因情感控制能力受损而出现情感脆弱、不稳、激动和易激惹，甚至情感爆发，情感平淡或欣快也很常见。

六、精神检查的基本原则及注意事项

（一）以被检查者为中心的交流方式

精神检查时应尽量围绕被检查者所关心的问题进行，应采用被检查者主导的病史报告方式，鼓励他们用自己的语言讲述个人经历和体验，并在适当的时机将话题引导至对关键症状的描述上。检查中，应避免不顾被检查者的关注点而直接就医生所关注的症状进行询问，切记不要像询问犯罪嫌疑人的警察那样向被检查者提问。

工作中应尽量避免生硬地按照书本上“知、情、意”的顺序机械地进行检查。初学者可能会被要求按照书本上有关症状学的记录顺序进行询问，这是为了熟悉有关知识和检查内容而采取的权宜之计。需要强调的是，住院医师应该在精神检查前掌握相关的理论知识，以便建立基本的检查提纲和操作框架，这些知识对于精神检查的作用主要是提供了检查内容清单，不要生搬硬套。分析收集的临床资料时，则提倡围绕精神检查提纲的内容来进行，这样可以使分析过程明了清楚、富有逻辑性。

（二）尊重和关注被检查者

检查者在精神检查过程中的行为及言语表达，应该体现出对被检查者的尊重和关注。但需要检查者注意的是，用言语直接表达的尊重和关注往往作用有限。

（三）运用沟通技巧

沟通的效果如何主要靠被检查者的感受和评价，如果被检查者认为医生没有理解他，没有让他充分表达或检查过程因为沟通的原因而中断，均属于沟通技巧问题。观察、倾听、提问是常用的沟通技巧。

（四）坚持“三不”原则

精神检查的“三不”原则是指“不陷入争辩、不轻易打断、不对患者进行法律和道德评判”。在精神检查过程中，被检查者的精神症状会影响其语言、情绪、行为方式甚至生活习惯，作为检查者，应该理解这些病态表现，不要与被检查者发生争执，或训斥、歧视他们，要保持中立和情绪的稳定。

（五）精神检查的时间限定

精神检查的时间没有固定要求，主要取决于检查者的经验、问诊的技巧及被检查者的合作程度，一般 20～40 分钟为宜，最长不应超过 1 个小时。对于初次接受检查的被检查者，交流时间相对长一些。对配合程度不高的被检查者，精神检查的时间不宜过长。

（六）灵活交谈方式

检查过程中，鼓励被检查者自由阐述，适当引导。谈话内容与询问要因人而异，提问要注意时机，善于因势利导。例如，对于神经症及文化水平较高的被检查者，大多采取非定式检查方式，询问“你在哪些方面需要帮助”。对于重性精神疾病、谵妄、痴呆患者，多采用定式询问，只要患者回答“是”“否”即可。精神检查中，最好多问开放性问题，如“最近一段时间，你的情绪是什么样的”，避免诱导式或有暗示性的提问，如“你最近的情绪很差吧”。另外，不要让被检查者感到命令或被审问，如“你为什么骂人”。凡是可能引起被检查者疑虑不安的问题，一般放在最后提问，在没有与被检查者建立良好的沟通关系前，不应冒昧地提出。

（七）自我保护

在实践中，尽管只有少数被检查者存在暴力危险，但在精神检查时，检查者应保持足够的警惕性，防范可能出现的暴力行为。特别要注意以下几点：保证检查者与检查室出口间无阻碍；检查室没有可以做武器的物品；在单独进行精神检查时，确保其他人知道检查进行及大致结束的时间。如果被检查者危险性较大，可以请其他人员在场，以保证安全。

七、影响精神检查效果的主要因素

（一）医患关系

检查者对被检查者平等、亲切、关注的态度，能够充分理解和尊重对方的人格、文化取向、生活态度、世界观、人生观，是建立良好医患关系的基础。

（二）环境因素

精神检查需要有安静、安全的环境，同时也需要较为充足的交谈时间。

（三）检查者的职业素质

检查者的专业理论知识、临床经验和技巧是精神检查的基础，同时开放性提问、适当的引导、认真观察，特别是观察患者的非言语信息都会对成功的精神检查起到至关重要的作用。

（四）对病史的了解程度

做精神检查之前，检查者应充分了解被检查者的病史，做到心中有数、有的放矢。同时，应以病史中提供的异常现象和可能的病因为线索，有重点地进行检查，从而提高精神检查的效率，使精神检查能顺利完成。

（五）患者的人格特点、合作程度

对性格外向、开朗、健谈、合作的被检查者，精神检查比较容易进行。反之，对平素性格内向、沉闷、话少、怀有敌意的被检查者，检查则较困难，因此需要耐心及更多的时间。

（六）患者的躯体健康程度

许多躯体疾病会伴发精神症状，精神疾病患者也会发生躯体疾病。全面系统的躯体检查对精神疾病特别是器质性精神疾病的诊断和鉴别诊断十分重要。因此，应对怀疑有精神疾病的患者进行全面的躯体检查。

八、精神科病历书写规范

参阅一般病历内容与要求，但应注意下述几项：

1. 一般项目

应记录病史供给者的姓名、与患者的关系、对病史的了解程度及估计病史资料的可靠程度等。

2. 主诉

可根据转院病历摘要介绍内容，结合护送人员介绍的病情，简明扼要地描述其就医的主要症状表现及病期。

3. 现病史

要注意查明与发病有关的因素、发病的具体日期，起病的急缓、临床症状表现及病情演变情况等。按照症状发生先后，依次描述。症状波动时，注意了解患者当时的处境。入院前接受过哪些治疗及疗效如何，与现病史密切相关的以往精神疾病病史，应在现病史中予以描述。患有器质性疾病尚未痊愈者，不论病史多久，均应在现病史中另段叙明。

4. 过去史

注意既往患过何种疾病，如各系统疾病、传染病及头部外伤等。有无精神异常史，如有，则扼要记录其主要症状表现及治疗经过。对再次入院患者，应记录其末次出院日期，出院后工作、学习和服药维持治疗的情况，以及了解与再发有关的因素等。

5. 个人史

尽可能包括胎儿时期及围产期情况，自出生至当前，患者的生活、学习及工作经历详细情况。了解病前性格特征及兴趣爱好等。

6. 家族史

注意近亲两系三代中有无神经精神病或性格异常患者。了解家庭生活情况、家族成员间的关系，以及家庭环境对患者的影响程度等。

九、体检检查

按一般病历书写要求进行。一般体检如无阳性体征，记录从简。

神经系统检查基本上按神经科病案记录要求进行。如无阳性体征，记录亦可从简。检查异性患者时，应有护士在旁协助进行。

十、精神检查

1. 一般表现

包括意识状态（清醒、朦胧、混浊、昏睡、昏迷），服饰（平常、整洁、不洁、奇异），接触（合作、多礼、谦逊、倔强、粗暴、骄横、恐惧、退缩、孤僻、拘泥），注意力（集中、散漫、增强、随境转移、迟钝）。

2. 情感

注意观察面部表情及其对外界事情的反应，如喜悦、欣快、迟钝、淡漠、忧郁、惊恐、焦虑、急躁、易怒及病理性激情等。注意上述情感反应与当时的客观环境及内心体验是否协调。注意观察了解有无悲观、消极、沮丧、绝望情绪的流露。

3. 精神运动

观察及检查有无下述异常表现。

（1）运动抑制：卧床不起、孤僻退缩、动作迟钝、呆立不动、缄默不语、木僵等。

（2）运动兴奋：独自徘徊、坐卧不宁、到处奔跑、兴奋激动、毁物伤人、自伤行为、戏谑动作、好管闲事等。

（3）奇异动作和紧张综合征：屈曲、违拗、模仿动作、刻板动作、被动服从、乔装等。

4. 知觉

检查有无错觉、幻觉及对时间、空间和形象方面的感知综合障碍等。可采用直接询问方式，或通过观察患者的表情和行为表现而间接获悉。注意当时的意识状态是否清晰，症状持续或间断出现，以及患者对症状的反应等。

5. 言语及思维内容

（1）言语的表达。注意患者说话时的音调高低、语言速度及言语内容等。检查有无言语增多、减少或中断；回答是否切题，前后连贯性如何，中心内容是否明确；有无病理性赘述、意念飘忽、音联意联、重复言语、模仿言语及创造新词等。应按患者原话如实记录。

（2）思维内容。①妄想：通过接触交谈，了解有无被害、关系等大、罪恶、疑病、嫉妒、释义及被控制（影响）等妄想。检查时要善于启发诱导，使其愿意尽情倾吐。对其妄想内容不要轻易地进行解释或否定，以免引起反感；更不能滥施同情，使患者对此更为坚信不疑。妄想的具体内容，要按患者叙述的原话记录下来。②强迫性症状群：注意有无强迫观念、强迫情感及强迫行为等表现。

6. 智力

应根据患者的文化程度、生活经历、工作性质及当地风俗习惯等情况进行检查，争取患者合作，检查结果才比较真实可靠。

（1）记忆力。分近记忆及远记忆两种。通过对近日发生的事情及以往生活经历的回忆，分别了解。

（2）计算力。可采用心算或笔算方式测验。

（3）分析及综合能力。包括判断事物的正确性、鉴别能力、成语解释及对一般事物的理解。

（4）一般常识。包括对时事、史地、自然科学、社会科学及专业有关方面基本知识的掌握情况等。上述检查结果分为良好、尚佳及不良三种。

7. 定向力及自知力

（1）定向力。包括对时间、地点、人物及自身处境的辨认能力。

（2）自知力。指患者对自身精神疾病的认识能力和态度，对治疗有无迫切要求，对今后的工作、学习和生活有何打算等。

检查结果分为存在、部分存在及缺失。

8. 中医辨证

采用中医治疗或中西医结合治疗的病例，可根据四诊八纲所见，进行辨证分型。

患者的精神检查

（1）一般表现。①姿势：久卧或呆立，自然或拘泥，固定或常变，被置于不舒适姿势时有何反应。肌张力是否增加，有无屈曲、空气枕头或违拗表现。②表情：机警、注意、茫然、呆板、愤怒、惶惑、厌烦或痛苦；表情固定或多变。外界动因能否使其改变。③行为：有无主动动作，指向性如何；有无伤人毁物，戏谑或攻击行为；有无刻板动作或模仿动作。④言语：有无口发言语或说话意图，如动唇、喃语或摇头、摆手示意动作。对不愿做口头回答者，可给纸笔，看能否做书面回答，以便了解其思维内容。

（2）情感反应。对中肯诚挚的言谈有无反应；对亲友或同事来访和谈话有何友情；此时注意患者有无呼吸、脉搏节律的改变，有无面红、出汗、瞳孔改变或流泪等情感流露；在旁谈论与患者密切相关的事情时，观察有无情感反应。

（3）注意和定向。睁眼还是闭眼，被动睁开其眼睑时有无违拗，注意眼球运动情况；对检查者或置于其眼前的移动物体是否注视、瞬目或躲避，对周围环境中事物的变迁或他人的谈笑能否引起注意；令其张口、伸舌、握拳、举手时能否配合，对时间、地点、人物和自身的处境能否辨认等。

儿童的精神检查可根据儿童的生理、心理特点，基本上参照成人的精神检查内容进行。与患儿接触时，态度要和蔼亲切。善于启发诱导，争取合作甚为重要。注意观察患儿在游戏、绘画、做模型等各项活动中所表现的手势、动作和表情，以及患儿对亲人、同学和老师的态度等。儿童谈话直率，言出由衷，往往表达了他们的内心活动，故检查时要注意患儿的言语内容。

病案书写完成时间：由于病史采集及检查较为困难，一般要求在入院后 48 小时内完成。如遇疑似病例，可酌情延长至 72 小时内完成。

第四节　精神分裂症甄别

心理障碍是指个体的心理活动和行为特征偏离常规或公认范围，并且出现不同程度的社会适应困难。心理障碍也被认为是由于生理、心理或社会原因而导致的各种异常心理过程、异常人格特征的异常行为方式，是一个人表现为没有能力按照社会认可的适宜方式行动，以致产生不适应社会的行为，表现为偏离常态、功能损害、非病态性的三种状态。

目前，心理障碍的诊断标准主要有世界卫生组织颁布的《国际疾病分类标准第十版》（ICD-10）中的《精神和行为障碍诊断标准》、美国精神病学会颁布的《精神障碍诊断与统计手册（第五版）》（DSM-5）和我国中华医学会精神科分会组织出版的《中国精神障碍分类与诊断标准（第三版）》（CCMD-3）。但由于文化差异和国内学者对心理障碍分类的理解存在争议，以上三个标准中，ICD-10受到的认可程度较高。由于篇幅的限制，本节仅介绍常见精神分裂症的诊断标准，均取自ICD-10。

目前，精神分裂症不是人群中最常见的心理障碍，但它是影响安全管理以及个体心理与社会功能最严重的心理障碍。

精神分裂症以基本的和特征性的思维和知觉歪曲、情感不恰当或迟钝为总体特点。通常意识清晰、智能完好，但在疾病过程中可出现某些认知损害。本症影响到使正常人保持个体性、唯一性和自我导向体验的最基本功能。患者常感到其最深层的思维、情感和行为被他人所洞悉或共享，由此可产生解释性妄想，认为自然或超自然的力量往往以奇怪的方式在影响自己的思维和行为。患者可视自己为所发生一切事件的核心。幻觉，尤其是听幻觉很常见，并可评论患者的行为和思维。知觉障碍常为其他形式的：颜色或声音可过分鲜明或改变了性质，平常事物的无关特性显得比整个客体或处境还重要。疾病早期还常出现困惑感，往往使患者相信日常处境具有专门针对自己的特殊的，通常为凶险的意义。在典型的精神分裂症性思维障碍中，某一整体概念的外围和无关特性被放到了首要位置（它们在正常导向的精神活动中受到抑制），用于替代那些与处境相关的和恰当的特性。因此，思维变得模糊、省略及隐晦，其言语表达令人不可理解。思潮断裂和无关的插入语频繁出现，思想似乎被某些外部力量撤走。心境的特点是肤浅、反复无常或不协调。矛盾意向和意志障碍可表现为惰性、违拗或木僵。可存在紧张症。起病可为急性，伴严重的行为紊乱；亦可为潜隐性，伴逐渐发展的古怪观念和行为。本病的病程同样有很大的变异，慢性或衰退并非不可避免。部分病例的转归是痊愈或近乎痊愈，在不同文化和人群中其比例可能不同。两性的患病率大致相等，但女性起病较晚。

虽然无法分辨出严格地标示病理性质的症状，但出于实践的目的，有必要将上述症状分成一些对诊断有特殊意义并常常同时出现的症状群，例如：

（1）思维鸣响、思维插入或思维被撤走以及思维广播；

（2）明确涉及躯体或四肢运动，或特殊思维、行动或感觉的被影响、被控制或被动妄想；妄想性知觉；

（3）对患者的行为进行跟踪性评论（或来源于身体一部分的其他类型的听幻觉）；

（4）与文化不相称且根本不可能的其他类型的持续性妄想，如具有某种宗教或政治身份，或超人的力量和能力（例如能控制天气，或与另一世界的外来者进行交流）；

（5）伴有转瞬即逝的或未充分形成的无明显情感内容的妄想，或伴有持久的超价观念或连续数周或数月每日均出现的任何感官的幻觉；

（6）思潮断裂或无关的插入语，导致言语不连贯，或不中肯或词语新作；

（7）紧张性行为，如兴奋、摆姿势，或蜡样屈曲、违拗、缄默及木僵；

（8）“阴性”症状，如显著的情感淡漠、言语贫乏、情感反应迟钝或不协调，常导致社会退缩及社会功能的下降，但必须澄清这些症状并非由抑郁症或神经阻滞剂治疗所致；

（9）个人行为的某些方面发生显著而持久的总体性质的改变，表现为丧失兴趣、缺乏目的、懒散、自我专注及社会退缩。

诊断精神分裂症通常要求在一个月或以上时期的大部分时间内确实存在属于上述（1）到（4）中至少一个（如不甚明确，常需两个或多个症状）或（5）到（8）中来自至少两组症状群中的十分明确的症状。符合此症状要求但病程不足一个月的状况（无论是否经过治疗）应首先诊断为急性精神分裂症样精神病性障碍，如果症状持续更长的时间，再重新归类为精神分裂症。

回顾疾病过程可发现，在精神病性症状出现之前数周或数月，有一明显的前驱期，表现为对工作、社会活动、个人仪容及卫生失去兴趣，并伴广泛的焦虑及轻度抑郁或先占观念。由于难以计算起病时间，一个月的病程标准仅适用于上述特征性症状，而不适用于任何前驱的非精神病期。

如果存在严重的抑郁或躁狂症状，则不应诊断为精神分裂症，除非已明确分裂性症状出现在情感障碍之前。如果分裂性症状与情感性症状同时发生并且达到均衡，那么即使分裂性症状已符合精神分裂症的诊断标准，也应诊断为分裂情感性障碍。如果存在明确的脑疾病或处于药物中毒或戒断期，则不应诊断为精神分裂症。

精神分裂症通常分为如下四种常见类型：偏执型精神分裂症、青春型精神分裂症、紧张型精神分裂症和残留型精神分裂症。

（一）偏执型精神分裂症

1. 主要特征

为偏执性的妄想为主，往往伴有幻觉（尤其是听幻觉）和知觉障碍。情感、意志和言语障碍以及紧张症状不突出。

常见的偏执症状有：

（1）被害、关系、出身名门、特殊使命、身体变化或嫉妒妄想；

（2）威胁患者或发布命令的幻听或非言语性幻听，如哨声、嗡嗡声或笑声；

（3）幻嗅或幻味，或性幻觉及其他体感性幻觉；视幻觉亦可出现，但很少占优势。

急性期思维障碍可十分明显，但并不妨碍患者清晰地表现出其典型的妄想或幻觉。情感迟钝较精神分裂症的其他类型为轻，但轻度的不协调很常见。心境障碍，如易激惹、突然的发怒、恐惧和猜疑也很常见。情感迟钝和意志损害等“阴性”症状虽常见但不构成主要临床相。

偏执型精神分裂症的病程可为发作性，伴部分或完全性缓解，或为慢性。在慢性病例鲜明的症状可持续几年，很难将每次发作相互区分开来。它的起病一般晚于青春型和紧张型。

2. 诊断要点

必须满足精神分裂症的一般性标准。此外，幻觉和/或妄想必须突出，而情感、意志和言语障碍以及紧张性症状应相对不明显。幻觉常为上述（2）和（3）中所描述的类型。妄想几乎可以是任何类型，但最典型的是被控制、被影响或被动妄想以及各种形式的被害观念。

3. 鉴别诊断

重要的是除外癫痫性和药物诱发的精神病，应注意在某些国家或文化处境中被害妄想的诊断价值不大。不含更年期偏执状态和偏执狂。

（二）青春型精神分裂症

1. 主要特征

此型精神分裂症的情感改变突出。片段性转瞬即逝的妄想和幻觉，不负责任的和不可预测的行为及作态亦常见。情感肤浅、不协调，常伴傻笑或自我满足、自我陶醉式的微笑，或态度高傲、扮鬼脸、作态、恶作剧、疑病以及词语重复。思维瓦解，言语松散且不连贯。喜独处，行为缺乏目的和情感。本型精神分裂症多始发于 15~25 岁，预后一般不佳，原因是“阴性”症状（尤其是情感平淡或意志缺乏）发展迅速。

此外，情感和意志紊乱以及思维障碍往往很突出。幻觉和妄想亦可存在，但一般不明显。内驱力和决断力丧失、目标遭遗弃，以致患者的行为典型地变为无目标和无意义。患者对宗教、哲学和其他抽象主题的肤浅和造作的专注使倾听者更难以跟上患者的思路。

2. 诊断要点

必须满足精神分裂症的一般性诊断标准。通常首次诊断青春型应在青春期或成年早期。典型的病前性格为相当害羞和孤僻，但也有例外。往往需要连续观察 2 或 3 个月，肯定上述特征性行为持续存在，方能确诊为青春型精神分裂症。

（三）紧张型精神分裂症

1. 主要特征

以明显的精神运动紊乱为必要和占优势的表现，可在运动过度和木僵或自动性顺从和违拗两个极端之间交替。拘束性态度和姿势可维持很长时间，剧烈的兴奋发作也可为本状况的显著特征。

由于人们还不了解的原因，紧张型精神分裂症目前在工业化国家已经罕见，但在其他地区仍很常见。这些紧张现象可与伴有生动舞台性幻觉的梦样状态（oneiroid）合并出现。

2. 诊断要点

必须符合诊断精神分裂症的一般性标准。短暂和孤立的紧张症状可见于精神分裂症的任何其他亚型。但若诊断为紧张型精神分裂症，下列一种或多种行为表现应是主要的临床相：

（1）木僵（对环境的反应性显著降低，自发运动和活动明显减少）或缄默；

（2）兴奋（明显无目的的活动，不受外界刺激影响）；

（3）摆姿势（有意地采取或保持不舒适或古怪的姿势）；

（4）违拗（显然无动机地拒绝所有指令或被移动的企图或朝相反的方向运动）；

（5）僵化（对抗被移动的努力而维持刻板的姿势）；

（6）蜡样屈曲（四肢和躯体维持于被外力摆放的位置）；

（7）其他症状，如命令性自动症（自动顺从指令）和持续词语。

对于无法交谈的有紧张性障碍行为表现的患者，在取得其他症状的合适证据之前，精神分裂症只能是暂时性的诊断。紧张性症状并非精神分裂症的诊断症状，把握这一点也至关重要。一种或多种紧张症状亦可由脑部疾病、代谢障碍或酒和药物引起，并可见于心境障碍。

包含：紧张性木僵、精神分裂性倔强症、精神分裂性紧张症和精神分裂性蜡样屈曲。

（四）残留型精神分裂症

1. 主要特征

为精神分裂症的慢性期，疾病明显地从早期（包含精神病性症状符合上述精神分裂症一般性标准的一次或多次发作）进入晚期，以长期但并非不可逆转的“阴性”症状为特征。

2. 诊断要点

必须满足下列条件方能确诊：

（1）突出的精神分裂症“阴性”症状，即精神运动迟滞、活动过少、情感迟钝、被动及缺乏始动性、言语的量和内容贫乏；面部表情、目光接触、声音的顿挫以及姿势等非言语性交流贫乏；生活自理差、社会表现不佳；

（2）既往至少有一次明确符合精神分裂症诊断标准的精神病性发作；

（3）至少已有一年那些鲜明症状的程度和出现频率减少至最低或明显减少，且呈现出“阴性”精神分裂症性综合征；

（4）缺乏足以解释阴性症状的痴呆或其他器质性脑疾病或障碍，以及慢性抑郁症或长期住院。

如果得不到有关既往史的恰当资料，因而无法确定在过去某时患者是否曾经符合精神分裂症的标准时，有必要做出残留型精神分裂症的临时性诊断。

示例：

重性心理障碍的症状表现与内在病因往往比较复杂，在掌握信息收集与整理技能的基础上，定式结构化访谈这种规范化的问诊有助于心理医生在较短的时间内对来访者的病症进行把握，使用树形图做甄别能够很好地避免过早地做出最终诊断，从而降低错误的第一印象对疾病诊断带来的不良影响。这里选择一例以妄想为主要症状的精神分裂症进行示范。

□ 入院记录

桂佳丽，女，30岁，已婚，汉族，上海人，上海市缝纫机二厂工人，住上海复兴路920号，因猜疑丈夫有外遇并加害于她8个月，消极3周，于1991年12月12日入院，同日记录，患者母亲秦英供病史，欠详，可靠。

患者自4月初始，无端猜疑丈夫有外遇，尾随其后跟踪监视，凡见其与异性交谈，即认为是“谈情说爱”，为此夫妻经常口角。6月10日上街，路遇女邻居带着12岁女儿在商店购物，丈夫含笑问好，患者当即认定该女孩乃他俩的“私生女”，勃然大怒，动手抓打丈夫。此后，疑心更重，认为丈夫在饭内放毒，趁她熟睡时欲用电麻死她，好另觅新欢。因此，不敢吃饭、睡觉，并到处诉说随时听到丈夫在骂她，认为邻居装了窃听器，伙同丈夫监视她，常对空指骂，半夜殴打丈夫，到法院要求离婚。11月下旬后，情绪消沉、坐卧不宁，觉得活着没意思，欲买敌敌畏自杀，被商店人员阻止而未遂。近月来生活疏懒被动，饮食不规则，彻夜不眠。11月30日经我院门诊，诊断为“精神分裂症”，给以氯丙嗪治疗，因患者抗拒服药，家庭管理困难，收容入院。

平素体健，3岁时患“麻疹”两周痊愈，否认有其他急性传染病史。幼年曾按时接种卡介苗、牛痘等疫苗。1979年、1980年曾接种四联菌苗各1次。无脑外伤、高热、惊厥、抽搐、昏迷及肝、肾疾病史，无药物中毒及过敏史。

生于上海，是第二胎，足月顺产，母孕期健康，幼年发育正常。8 岁上学，成绩良好，1973 年初中毕业后分配到现单位工作，平时工作主动性差，病前性格敏感多疑，孤僻胆小，无特殊爱好，无知心朋友。月经史：14（3～4）/（28～30），量中等，无痛经史，末次月经时间 1991-11-20。1987 年与现丈夫自由恋爱，1990 年 2 月结婚，夫妻感情尚好，丈夫作风正派。1990 年 3 月怀孕，5 月中旬人流，近 2 月因夫妻间无法共同生活已分居。

丈夫体健。父母及一兄一妹身体健康，舅舅有精神病史 15 年，1983 年死于心脏病，表兄有“精神分裂症”史 5 年，在我院门诊治疗，目前病情较稳定。

体格检查：体温 37.2℃，脉搏 76/min，呼吸 18/min。血压 15.2/10.1 kPa（114/76mmHg）。发育正常，营养中等，神志清晰，检查欠合作。全身皮肤无黄染、皮疹、紫癜，全身浅表淋巴结不肿大，头颅无畸形，五官未见异常。颈软，无压痛，无静脉曲张及异常血管搏动，气管居中，甲状腺不肿大。胸廓对称，无畸形，呼吸运动对称，语颤两侧相等，两肺呼吸音清晰，未闻及干、湿啰音。心前区无隆起，心尖搏动在左第 5 肋间，锁骨中线内侧 1 厘米处，不弥散，心牵连界不大，心率 76/min，律齐，各瓣音区心音正常，未闻及杂音，P2＞A2。腹平软，无压痛及反跳痛，未触及肿块，肝、脾未触及，肝上界左右锁骨中线第 5 肋间。腹部无移动性浊音，肠鸣音正常。肢体运动、感觉正常，腱反射正常，未引起病理反射。无脑膜刺激征，自主神经系统未见异常。

精神检查：意识清晰，仪容不整，蓬头垢面，接触被动，注意力不集中，东张西望，对周围环境怀有戒心。情感反应淡漠，与思维内容及环境不协调，面带笑容地谈论丈夫有外遇、加害自己的过程，如诉“我爱人对我不好，外面有女人，还私养个女儿；他要害死我，娘家人不帮我说话，单位也不管”时面露笑容，甚至笑出声音。主动言语减少，无特殊姿态及怪异动作。有言语性听幻觉，内容属迫害性，有时侧耳倾听。有明显的牵连观念，嫉妒，被害妄想，内容荒谬离奇，有泛化趋势。如自诉“男的外面乱搞，有老太婆，也有年轻的；在饭里放毒药，趁睡着时用电麻死我，邻居家安了窃听器，和爱人一起监视我，他们说听电话了吗？就是听窃听器”。智力正常，定向力完整，自知力缺失，认为是受冤枉住院的。

根据树形图的鉴别诊断流程，可以首先排除因宗教迷信原因所致妄想，而后排除因物质原因所致妄想，根据医院各项躯体检查结果，排除躯体疾病所致妄

想，根据现病史问诊情况，排除心境所致妄想，因其病程为8个月，符合妄想症状持续一个月或更久的标准，且伴有幻听以及其他阴性症状。

初步诊断

精神分裂症，偏执型精神分裂症，偏执型。

参考文献

[1] 沈渔邨．精神病学［M］．5版．北京：人民卫生出版社，2009.

[2] 弗斯特． DSM-5鉴别诊断手册［M］．张小梅，张道龙，译．北京：北京大学出版社，北京大学医学出版社，2016.

[3] 郭念峰．心理咨询师［M］．北京：民族出版社，2005.

[4] Achim A M, Maziade M, RaymondÉ, et al. How prevalent are anxiety disorders in schizophrenia A meta-analysis and critical review on a significant association［J］. Schizophrenia bulletin, 2009,37（4）: 811-821.

[5] The American Psychiatric Association. Diagnostic and statistical manual of mental disorders（DSM-5®）［M］. Washington D. C.: American Psychiatric Pub, 2013.

[6] Oyebode F. Sims' symptoms in the mind: an introduction to descriptive psychopathology［M］. Amsterdam: Elsevier Health Sciences, 2008.

[7] Shapse S N. The Diagnostic and Statistical Manual of Mental Disorders［M］. 2008.

[8] Carson V B. Mental health nursing: The nurse-patient journey［M］. Saunders, 1996.

[9] Beighley P S, Brown G R, Thompson J J. DSM-III-R brief reactive psychosis among Air Force recruits［J］. The Journal of clinical psychiatry, 1992,53（8）: 283-288.

[10] Orrù G, Pettersson-Yeo W, Marquand A F, et al. Using Support Vector Machine to identify imaging biomarkers of neurological and psychiatric disease: A critical review［J］. Neuroscience & Biobehavioral Reviews, 2012,36（4）: 1140-1152.

[11] Neuhaus A H, Popescu F C, Bates J A et al. Single-subject classification of schizophrenia using event-related potentials obtained during auditory and visual oddball paradigms［J］. European Archives of Psychiatry and Clinical Neuroscience, 2013,263（3）: 241-247.

[12] Ahn M, Hong J H, Jun S C. Feasibility of approaches combining sensor and source features in brain-computer interface［J］. Journal of Neuroscience Methods, 2012,

204 (1): 168-178.

[13] Kam J W Y, Bolbecker A R, O' Donnell B F, at al. Resting state EEG power and coherence abnormalities in bipolar disorder and schizophrenia [J]. Journal of Psychiatric Research, 2013,47 (12): 1893-1901.

[14] Andreou C, Nolte G, Leicht G, et al. Increased Resting-State Gamma-Band Connectivity in First-Episode Schizophrenia [J]. Schizophrenia Bulletin, 2015,41 (4): 930-939.

[15] Miyauchi T, Endo S, Kajiwara S, et al. Computerized electroencephalogram in untreated schizophrenics: A comparison between disorganized and paranoid types [J]. Psychiatry and Clinical Neurosciences, 1996,50 (2): 71-78.

[16] Kendler K S. The Schizophrenia Polygenic Risk Score: To What Does It Predispose in Adolescence [J]. JAMA psychiatry, 2016,73 (3): 193-194.

[17] Parnas J, Jorgensen A. Pre-morbid psychopathology in schizophrenia spectrum [J]. The British Journal of Psychiatry: The Journal of Mental Science, 1989 (155): 623-627.

[18] Amminger G P, Leicester S, Yung A R, et al. Early-onset of symptoms predicts conversion to non-affective psychosis in ultra-high risk individuals [J]. Schizophrenia Research, 2006,84 (1): 67-76.

[19] Herrmann C S, Munk M H J, Engel A K. Cognitive functions of gamma-band activity: memory match and utilization [J]. Trends in Cognitive Sciences, 2004,8 (8): 347-355.

[20] Hersen M, Beidel D C. Adult Psychopathology and Diagnosis [M]. New York: John Wiley & Sons, 2011.

[21] Niedermeyer E, da Silva F L. Electroencephalography: basic principles, clinical applications, and related fields [M]. Philadelphia: Lippincott Williams & Wilkins, 2005.

附　录

军人常见心理问题案例分析

□ 案例 1

言行异常的背后

◇ 问　题

某连战士徐某，当兵一年多来，生性多疑，性格较孤僻，近段时间情绪反常。经常大半个晚上睡不着觉，在床上翻来覆去，在排房内进进出出。问其什么原因，他说自己想得太多。白天工作无精打采，工作时经常出差错，班排长、连队干部找他谈心，他不以为然，对谁都不相信。出现问题不从自身找原因，总认为谁都和自己过不去。后来变得越来越狂躁不安，后经解放军 102 医院确诊为精神分裂症，住院治疗至今。

◇ 分　析

战士徐某对什么事都不以为然，总觉得谁都和自己过不去，表现为情感日趋淡漠，并可能出现关系妄想和被害妄想。被害妄想是最常见的一种妄想。患者坚信他被跟踪、被监视、被诽谤、被隔离等。例如，认为自己吃的饭菜中有毒，家中的饮用水也有毒，使他腹泻，邻居故意要害他。受妄想支配的患者可拒食、控告、逃跑或采取自卫、自伤、伤人等行为。关系妄想表现为将环境中与他无关的事物都认为是与他有关，如认为周围人的谈话是在议论他，别人吐痰是在蔑视他，人们的一举一动都与他有一定关系。关系妄想常与被害妄想伴随出现。两者都主要见于精神分裂症。进出排房解释为想得太多，因为没有具体化，故无法进一步了解该战士的内心体验。初步印象小徐可能患了精神分裂症。

精神分裂症的病因是很复杂的，目前尚未完全阐明，除了可能起主要作用的遗传易感因素外，我们比较关注的是病前个性特征和社会心理因素。临床发现，大多数精神分裂症患者的病前个性特征多表现为内向、孤僻、敏感多疑、好幻想。另外有研究表明,本病发生多是由于在幼年至成年生活中的困难遭遇造成的,其中与精神分裂症亲属的接触也是致病的主要因素之一。还有学者认为，社会心理因素在精神分裂症发生中起决定性作用，这包括社会阶层和经济状况，如生活的物质环境差、经济贫困所造成的心理压力大、社会心理应激多等。

基层部队根据自身条件应把工作重点放在抓好早期识别环节、掌握发病早期症状、提高识别能力上面。我们要学会发现精神分裂症早期的“蛛丝马迹”。如：

性格改变：一向温和沉静的人，突然变得蛮不讲理，为一点微不足道的小事就发脾气，或疑心重重，认为周围的人都跟他过不去，见到有人讲话，就怀疑别人在议论自己，甚至别人咳嗽也怀疑是针对自己。

情绪反常：无故发笑，对亲人和朋友变得淡漠，既不关心别人，也不理会别人对他的关心，或无缘无故地紧张、焦虑、害怕。

意志减退：一反原来积极、热情、好学上进的状态，变得工作马虎，不负责任，生活懒散，仪态不修，没有进取心，得过且过，常日高三竿而拥被不起。

行为异常：一反往日热情乐观的神情为沉默不语，动作迟疑，面无表情，或呆立、呆坐、呆视，独处不爱交往，或对空叫骂，喃喃自语，或做一些莫明其妙的动作，令人费解。

◇ 处　理

如果发现有以上异常迹象，而又无合情合理的解释，应予高度重视，及时找精神科医生检查，及早治疗，切莫疏忽大意，以免延误治疗。需要说明的是，对于精神分裂症，心理治疗一般作为辅助治疗，多在恢复期进行，目的是使患者正确认识和对待自己的疾病，消除顾虑，减少复发。

□ 案例 2

及早治疗，走出抑郁

◇ 问　题

某部汽车连战士申某，江苏东台人，刚入伍不久，由于家里生活比较困难（母亲因车祸长期住院，父亲因身患肺结核病长期靠药物维持），中某因此整天无精打采，常常一个人坐在角落里发呆，还经常给家里莫名其妙地打电话，多次深夜起床在连队走廊踱步。连队指导员得知这个情况以后，及时找该同志谈心，从谈话中发现他思想压力较大，有忧郁病史，精神恍惚，晚上经常做噩梦。

◇ **分　析**

抑郁症的基本病态是心情低落。通俗地说，就是情绪不好。正常人难免有时也会情绪不好，那么，什么样的心情低落才能诊断为抑郁症呢？诊断抑郁症必须符合两条标准：①严重程度：心情低落必须达到使人苦恼而几乎驱之不去的程度，心情低落妨碍患者的心理功能（如注意、记忆、思考、做抉择等）或社会功能（如上学、上班、家务、社交等）的程度。②病程：上述情况每天出现持续至少两个星期。抑郁症状的主要特点是抑郁心境，思维迟缓，言语动作减少。可以有以下具体表现：

（1）抑郁心境程度不同，可从轻度心境不佳到忧伤、悲观、绝望。患者感到心情沉重，生活没意思，高兴不起来，郁郁寡欢，度日如年，痛苦难熬，不能自拔。有些患者也可出现焦虑、易激惹、紧张不安。

（2）丧失兴趣或不能体验乐趣是抑郁患者常见症状之一。患者丧失既往生活、工作的热忱和乐趣，对任何事都兴趣索然。对既往爱好不屑一顾，常闭门独居，疏远亲友，回避社交。患者常主诉“没有感情了”“情感麻木了”“高兴不起来了”。

（3）精力丧失：无任何原因主观感到精力不足。疲乏无力，觉得洗盥、穿衣等生活小事困难费劲，力不从心。患者常用“精神崩溃”“泄气的皮球”来描述自己的状况。

（4）自我评价过低：是对自我、既往和未来的歪曲认知。患者往往过分贬低自己的能力、才智，以批判、消极和否定的态度看待自己的现在、过去和将来，觉得自己这也不行、那也不对，把自己说得一无是处，觉得前途一片黑暗。具有强烈的自责、内疚、无用感、无价值感、无助感，严重时可出现自罪、疑病观念。

（5）精神运动迟滞：是抑郁症典型症状之一。患者呈显著、持续、普遍抑郁状态，注意力无法集中、记忆力减退、脑子迟钝、思路闭塞、联想困难、行动迟缓，但有些患者则表现为不安、焦虑、紧张和激越。

（6）消极悲观：内心十分痛苦、悲观、绝望，感到生活是负担，不值得留恋，以死求解脱，可产生强烈的自杀观念和行为。据估计抑郁自杀约构成所有自杀的1/2～2/3，长期追踪抑郁患者自杀身亡者约为15%～25%。

（7）躯体或生物学症状：抑郁患者常有食欲减退、体重减轻、睡眠障碍、性功能低下和心境昼夜波动等生物学症状。这些症状很常见，但并非每例都出现。

抑郁症的发病原因很复杂，是多种因素共同作用的结果。其中主要有：

（1）遗传基因：忧郁症跟家族病史有密切的关系。研究显示，父母其中1人得忧郁症，子女得病概率为25%；若双亲都是忧郁症患者，子女患病率提高至50%～75%。

（2）环境诱因：令人感到有压力的生活事件及失落感也可能诱发忧郁症，如丧偶（尤其老年丧偶，几乎八九成的人会得此病），离婚，失业，财务危机，失去健康等。

（3）药物因素：对一些人而言，长期使用某些药物（如一些高血压药、治疗关节炎或帕金森症的药）会造成忧郁症状。

（4）疾病：罹患慢性疾病如心脏病、中风、糖尿病、癌症与阿兹海默症的患者，得忧郁症的概率较高。甲状腺功能亢进，即使是轻微的情况，也会患上忧郁症。忧郁症也可能是严重疾病的前兆，如胰脏癌、脑瘤、帕金森症、阿尔兹海默病等。

（5）个性：自卑、自责、悲观等，都易患上忧郁症。

（6）抽烟、酗酒与滥用药物：过去研究人员认为，忧郁症患者借助酒精、尼古丁与药物来舒缓忧郁症情绪。但新的研究结果显示，使用这些东西实际上会引发忧郁症及焦虑症。

（7）饮食：缺乏叶酸与维生素B_{12}可能引起忧郁症状。

◇ 处　理

战友之间应互相关心，留心观察，掌握必要的抑郁症知识，如发现有可疑的病例应及时报告，请专业人员诊断和治疗。只有早诊断、早治疗才是防止抑郁症的关键。

□ 案例 3

战胜恐惧适应部队

◇ **问　题**

战士郭某平时心理素质较差，不习水性，在生活中接受能力较弱，且有一定的自卑心理。部队每年要组织濒海训练，不习水性的他，在海训第一次下水时，带着救生圈还紧张得脸色发青、腿发抖，不敢下水，最后只能在两名水性较好的老兵的保护下才敢进入海水的浅水区。经过鼓励、多次示教和带游，也没有什么起色。后来，郭某为了不下水，竟向连队干部提出愿意天天帮干部、老兵洗衣服，表现出较强的“恐水”心理。

◇ **分　析**

小郭得的是恐怖症。恐怖症是一种过分和不合理地惧怕外界事物的神经症。当事人明知道没什么必要，但仍不能防止恐惧发作，恐惧发作时往往伴随有显著的焦虑和自主神经症状，如：小郭出现的脸色发青、腿发抖等症状。单位领导及战友对此应有正确的认识。这是和感冒、发烧一样的病，而不是态度、道德问题，不应歧视，而应投入更多的关心和鼓励。

造成小郭出现“恐水”心理的原因很多，和其过去的经历关系最密切。比如小郭恐水可能是他幼年或他周围的人（小伙伴、亲属等）有溺水的经历；或者小时候因为偷偷玩水而受到过严厉的惩罚；或者是家庭为了防止孩子玩水，学校为了防止学生们玩水而夸大了江河湖海的恐怖；等等。这些经历形成条件反射，患者一遇到甚至一想到自己要到江河湖海游泳就会出现各种恐惧症状。此外恐怖症还和遗传有一定的关系，有心理学家做过调查，双亲中患过恐怖症的，其子女恐怖症的发病率大概为 11%，高于平均发病率 4%。而部队训练任务重、竞争激烈的氛围又会加重他的病情。

◇ **处　理**

运用系统脱敏疗法治疗。

首先制定出恐怖的等级，可以用0—5来表示。0表示心情平静、5表示极度恐怖。然后让小郭自己列举出各种可能遇到的游泳场景的恐怖等级以及最放松的场景。

比如小郭可能会制定出如下等级：

场景1：站在岸边看战友们游泳——0；

场景2：戴着救生圈站在浅水处——1；

场景3：周围有两个战友专门保护他在浅水处练习游泳——2；

场景4：不戴救生圈，周围有两三个战友保护他在浅水区游泳——3；

场景5：在战友的保护下在深水区游泳——4；

场景6：一个人戴着救生圈在深水区游泳——5。

最放松的场景为：一个春天的下午，自己悠闲地躺在草地上。

矫正的方法分想象暴露阶段和实地暴露阶段。

（1）想象暴露阶段：让小郭学会调整呼吸的放松训练法，然后引导小郭想象自己正暴露于场景2：戴着救生圈站在浅水区处，这时如果小郭出现紧张、恐惧等情绪反应，应立刻阻断他的恐怖想象，要求他想象自己正悠闲地躺在草地上，深呼吸。等他完全平静了，要求他继续想象场景2，直到想象场景2时不出现紧张、恐怖情绪为止。然后要求他开始想象场景3，方法同上，直到想象场景6时也不出现紧张情绪后可以转入实地暴露阶段。

（2）实地暴露阶段。让小郭逐步暴露在上述真实情景中，逐步适应。

系统脱敏疗法的关键是既要循序渐进，又不能停滞不前。需要指导者具有一定的心理治疗经验和技巧，多加鼓励，减少小郭的压力。而小郭也要积极配合，只有这样才能最终战胜“恐水”心理。

□ 案例4

难以控制的意向冲动

◇ 问　题

驾驶员小陈，刚学驾驶时，他对什么都很新鲜，写了很多日记，记录自己驾驶的感受。去年海训期间，一次上登陆舰的机会，看到翻滚的浪花，他便进入了一种梦幻的思考状态，如果我也像浪花一样多好……

这种状况大约持续了半年之久，不久，他又有新的幻觉产生了。他在开车时，突然有一种想跳车的欲望，想象着自己跳下去会是什么感觉。一瞬间几乎忘了自己是在驾驶训练中……而当这一切都过去的时候，他才突然醒悟，不禁被自己荒唐的想法吓坏了——要是那一刻他真的跳下去了，是多么可怕啊！就从那时起，恶性循环开始了，只要进入驾驶室，小陈脑海里就会产生跳车的想法，他无法控制自己的思维，不住地告诫自己："千万不要跳，不要跳，跳下去就会死的！"他恐惧极了，不知哪一天，自己会真的从车上跳下去。

◇ 分　析

驾驶员小陈这种明知不合理但却反复出现的跳车冲动在心理学上被称为强迫意向。有强迫意向的人常会被某种反常的欲望和意向所纠缠，产生一些可能导致严重后果的冲动。患者明知这种欲望和冲动违背自己的意向，后果不堪设想，但是却摆脱不了，因而十分焦虑和恐惧。例如，走到河边或井旁就产生要跳下去的强烈欲望，看到刀就出现一种想拿起来砍人的意向等。这种人不会真正做这些事情，但无法控制这些意向和冲动的出现。

现实生活中，人们的强迫现象是屡见不鲜的，可以说许多人都有着类似的体验。例如，一种思想、观念反复在脑海中萦绕回旋，一段歌曲重复在耳边出现等。程度较轻的强迫现象会偶尔出现，并不影响日常生活；如果强迫意向经常存在，而且明知不对也无法摆脱这种冲动，内心很感不安，那就需要借助心理疏导了。

强迫意向的产生是多源性的，至今仍无定论。目前，比较一致的看法是，外在的精神应激因素与内在的素质因素是强迫意向发生的必不可少的原因，两者缺一不可。

（1）外在的精神应激因素：正常人偶尔也可有强迫意向但并不持续，故也不会给其本身带来强烈的焦虑和痛苦。往往是在社会心理因素影响下强迫意向被强化则持续存在，这些社会心理因素主要以人际关系、婚姻与性关系、经济、家庭、工作等方面的问题多见。例如，工作和生活环境的变换，加重了责任，要求过分严格，处境困难，担心意外，父母离异，临考前紧张，亲人的丧亡，突然受到惊吓，人际关系紧张，遭受政治上的冲击等均会给患者带来沉重打击，使其心理负荷超重，进而将之转化为一种强迫意念或行为。

（2）内在的素质因素：有强迫意向的人大多个性胆小怕事，优柔寡断，遇事过于细致，严肃，古板，遵守纪律和规定，时间观念较强，做事井井有条，力求一丝不苟，追求完美完善，反复推敲。这种性格的人在上述外因的作用下容易出现强迫意向。

◇ **处　理**

有强迫意向的人必须锻炼自己的心志，如果我们对强迫意向投降了，它会越来越强烈以致淹没我们。我们要学会用一种循序渐进又温和的方式来改变对不合理冲动的反应，并从中学习到即使是持续、无法回避的感受，都只是暂时的，只要不随之起舞它终究要消失。下面有几种方法介绍给大家：

最常用的是转移注意力法。转移注意力就是要将注意力从顽固的强迫意向上转移开，即使是几分钟也行。例如，我们可以将注意力集中在周围的具体事物上，试着观察一下细节或对看到的每件物体提问；我们还可以思考一件自己有感兴趣的事并计划一下白天或晚上的安排，回忆最近看过的电影；设想一桌丰盛的宴席、开胃的甜点，想象自己在品尝每一道菜；等等。除了想象，我们还可以通过进行自己喜欢的运动来放松头脑，冲淡顽固的意向。当然，我们不要期待这些想法或感觉可以马上走开。只要坚持做自己选择的活动，强迫性冲动会因为你的延迟而减弱甚至消失。即使冲动很难改变，你还是会发现可以稍微控制你反应的模式。

我们还可以用橡皮筋套在手腕上进行厌恶训练。当出现某种强迫意向时，就接连拉弹橡皮筋弹打手腕，引起疼痛感。同时责备或提醒自己不要去想，拉弹次数和强度视强迫意向的出现和消退而定，直到问题消失为止。

最后有两点要提醒小陈的是，自己开车的时候不要使用上面的方法，以免发生危险，可以尝试让别人开车，自己坐在副驾驶的位置上来对抗可能出现的强迫意向；如果通过自己的坚持还没有太大起色时，就要及时找心理医生治疗，有时也需药物配合才会有更好的效果。

□ 案例 5

他为什么只相信排长一人

◇ 问 题

战士小黄来自农村，因家庭原因，性情孤僻，个性倔强，自尊心极强，干什么都是以自我为中心，和战友的关系也不是很融洽，猜疑心重，十分注意别人对他的态度，别人说话、做事稍不留意就“得罪”了他。刚下连队时，小黄专门准备了一个笔记本，经常记录同志们说错的话、办错的事，到召开班务会或评比先进的时候拿出来和同志们“算账”。一次，全班劳动回来后，班长错用了他的脸盆，他却说：“班长是欺负我，干脏活回来却用我的脸盆。”为此，小黄还和班长吵了起来。还有一次，班里刚刚发完津贴，小黄却要排长替他保管，还小声对排长说：“以前班里有人丢过钱，钱放在班里不安全，全排我只相信你一个人。”

◇ 分 析

偏执型人格障碍是一种以猜疑和偏执为主要特征的人格障碍，主要表现为以下几个方面：①普遍性的猜疑，常将别人的中性或友好行为误解为敌意或轻视；②对挫折和遭遇过度敏感；③对侮辱和伤害不能宽容，长期耿耿于怀；④明显超过实际情况所需的好斗，对个人权利执意追求；⑤易有病理性嫉妒，过分怀疑恋人有新欢或伴侣不忠，但不是妄想；⑥过分自负和以自我为中心的倾向，总感觉受压制、被迫害，甚至上告、上访，不达目的不肯罢休；⑦具有将其周围或外界事件解释为“阴谋”等的非现实性优势观念，因此过分警惕和抱有敌意。从上文的描述我们可以看出，战士小黄表现为以自我为中心，固执、敏感、多疑，常常毫无根据地对战友和周围环境抱有警惕和敌意，同时记恨，好争辩，与战友关系也很不融洽。初步印象小黄患有偏执型人格障碍。

偏执型人格障碍形成的原因比较复杂，迄今未完全阐明。大量的研究资料和临床实践表明，生物、心理、社会环境等方面因素都会对患者人格的形成产生影响。一般我们认为是在素质基础上受环境因素影响的结果。

（1）生物遗传因素：根据对偏执型人格障碍者的家谱调查、双生子调查以及染色体调查，认为遗传与偏执型人格障碍有关。偏执型人格障碍患者亲属中人格障碍的发生率与血缘关系的远近成正比。即使被收养人很早与亲生父母分开，亲生父母有人格障碍的，被收养子女有病态人格的概率也较高。另外，神经系统疾病如脑炎、颞叶癫痫及脑外伤等可为偏执型人格障碍促发因素。偏执型人格障碍者缺乏预期的焦虑，因此不容易从经验中吸取教训。

（2）心理社会因素：婴幼儿时期母爱的剥夺、父母离婚、家庭感情破裂、长辈过分溺爱、不合理的教育等常是偏执型人格障碍形成的重要原因。而有些家长酗酒、违法乱纪、道德败坏，常给孩子的幼小心灵以严重的影响，给孩子的个性发展带来巨大危害。儿童时期的不合理教养也可导致人格的病态发展。儿童大脑有很大的可塑性，一些不良倾向经过正常的教育可以消除，如家长听之任之不加管教，发展下去就可出现行为障碍。父母对孩子的教育方式和态度直接对孩子产生影响。

◇ **处　理**

偏执型人格障碍一旦形成，目前尚无较好的治疗方法，但我们还是应持积极态度去进行矫治。我们总的治疗方向是要改善患者的社会和心理环境。如设法劝说周围的干部战士不歧视他，在日常生活和训练中给予关怀，同时要深入接触以了解其心理状态，与其建立良好的关系，取得患者的信任，帮助患者认识到自己个性的缺陷，进而指出个性是可以改变的，鼓励患者更好地矫正自己的不健全个性行为，培养其健全的心理，启发其改善与周围战友之间的关系。另外，有些偏执型人格障碍的人对小剂量的神经安适剂有效，但要警惕在长期用药过程中可能产生不良药物副反应如迟发性运动障碍。

□ 案例6

得知母亲被车撞伤后的反应

◇ **问　题**

一级士官小李，性格沉闷、易激动，不愿与别人交流，常把自己的想法和心思压在心底，即使和别人交流也往往把自己的真实想法隐藏起来。去年是他面临走留的一年，家里希望他留在部队工作，因为他们认为“部队是铁饭碗”“到地方上找不到工作，找到了也不会有好的发展”。但连队根据工作需要决定让他退伍。当得知母亲在为他找工作被车撞伤时，他一下接受不了现实，出现了猜疑、幻想、焦虑等一系列的反常行为，常常闷头抽烟、走来走去、精力不集中、答非所问、夜不能寐。

◇ **分 析**

性格内向敏感的士官小李在留队受挫、母亲被撞等接连发生的负性生活事件的影响下出现超出常态的反应性情绪障碍和适应不良行为，如案例中所提到的焦虑不安、烦恼、抑郁心境、注意力难以集中、惶惑不知所措和易激惹，以及明显的睡眠障碍。由以上表现我们可以初步判断小李患了适应障碍。心理学中所讲的适应障碍是指因个人长期存在应激源或困难处境时，若其人格不完善，就容易产生烦恼、抑郁等情感障碍以及适应不良行为（如退缩、不注意卫生、生活无规律等）和生理功能障碍（如睡眠不好、食欲不振等），并使社会功能受损的一种慢性心因性障碍。

适应障碍的发生是心理社会应激因素与个体素质共同作用的结果。剧烈的精神创伤或生活事件，或持续的困难处境，皆可成为其发生的直接原因。这些应激源包括：严重的生活事件，如亲人突然亡故，尤其是配偶的死亡；自然灾害，如火灾、地震、山洪暴发等威胁生命安全和财产巨大损失的灾难；战争；人际关系的持续紧张或社会关系的意外变化，如长期的夫妻关系不和、同事关系紧张、亲人生离死别、难民移居异国等。留队受挫、母亲被撞无疑是小李发病的重要诱因。但生活事件的刺激强度不仅取决于事物本身，还取决于事物变化性质与引起个体内心冲突严重度之间的关系。例如多年闹离婚的爱人死去，不会造成个体强烈的情感反应，不构成明显的精神刺激。只有失去个体最需要的东西，才会产生最强烈的反应。除此之外，每个人的个性特点及机体的健康状况对是否发病也起了很重要的内在潜质作用，这就可以解释在同样的创伤条件下，并不是人人都出现精神障碍，而只是其中一部分个性内向、敏感的人患病。

◇ **处 理**

适应障碍的治疗应以改变或转换环境，与应激源脱离接触，支持性心理治疗，镇静和安眠药物治疗为主要内容。精神症状明显而突出者，常需给予精神药物，以减轻或消除症状，并为心理治疗创造条件。

像士官小李这样的情况，其应激源是不易消除的，所以我们的工作重点应放在调整其对负性生活事件的认知上，改变其固化的错误认知。另外，我们还可以应时应地帮助他以积极的态度和措施来应付生活中的事件，使其逐渐改变自己的生活习惯和行为方式，调整人际关系，以适应所处的环境。同时应动员其家庭成员和其他战友给予必要的心理与社会支持。

情绪异常或躯体症状突出者同时给予一些小剂量、短时间的药物配合会更为有益。有明显焦虑、紧张、担忧、害怕、失眠、胸闷、气急等精神性和躯体性焦虑的患者，一般用苯二氮卓类药，如地西泮、阿普唑仑等。用药的时间不宜太长，以防止产生依赖性。抑郁症状突出者，可选用三环抗抑郁药，如阿米替林和氯丙咪嗪等，兼其抗焦虑作用，对伴有焦虑或易激惹症状的抑郁患者尤为适用。对急性起病、兴奋激越或慢性起病伴幻觉妄想者，可用氯丙嗪、奋乃静、氯普噻吨治疗。症状消除后即可减量，不需要长期维持治疗。

□ 案例 7

占有欲望控制不住的畸形心理

◇ 问　题

某连战士小李偶尔有小偷小摸的行为，连队发现后，认识到如不及时纠正其行为，使其养成习惯，最终肯定会产生恶劣影响。本着对小李个人成长进步负责的态度，连队没有向其他战士透露情况，而是私下对其进行帮教，在询问他为什么要偷战友东西时，他说："刚开始总觉得小东西顺手拿点没什么，但后来看到东西就想拿，心里明知道自己这样做是错误的，但一种强烈的占有欲望总是让我控制不住，畸形的心理纵使我这样去做。"

◇ 分　析

小李这种行为属于不良品德行为，这种行为是一种受错误的道德支配的或违反道德规范、损害他人或集体利益的问题行为。要矫正不良品德行为必须先了解它的成因，才能对症下药。不良品德行为之所以在青少年期高发，这主要是由于青少年身心变化的过渡性与入伍学校教育的不当以及社会环境的不良影响造成的。青年人成人感的出现使他们独立地接受周围人的价值观念，学习他所认同的社会行为方式，这是积极走向社会、渴望成为社会成员的表现，但他们缺乏是非识别能力，加上自我行为控制较差，极易沾染社会恶习，成为不良品德的行为问题青年。具体分析，不良品德行为是由于社会环境中的消极因素、家庭教育中的不良影响、过去中学“教育不当”及当事人不良的心理因素等多种因素造成的。不良品德行为的心理因素包括：

（1）不健康的个人需要。青年人脱离实际过分追求高消费，虚荣心重，或者追求低级的性刺激，都可能导致过错行为或品德不良行为。但是青年人的某些合理的，尤其是基本的心理需要，如自尊需要、情感需要、交往需要、成就需要等，长期得不到满足，或遭到剥夺，则会盲目寻找补偿，如心理性的低级需要、精神需要，从而导致产生不良品德行为。如一些战友为了显示大方和豪气而大摆宴席。

（2）消极的情绪体验。部分战友爱憎颠倒、好恶颠倒、喜结伙、重“义气”，被集体所冷落、受歧视，自尊心受到损伤，这么多的失败和挫折都可能引起消极的情绪体验。加上青年人情感强烈，易冲动，自控力弱，这些都可能导致过错行为、品德不良行为。例如，因为哥们儿义气而和战友打群架，最后得到的只是惨痛的教训。

（3）人际关系不正常。有的战友缺乏家庭温暖，有的家长过分溺爱，养成自我中心主义，不能与其他战友和睦相处；有的战友与上级关系紧张，对立情绪严重；有的与集体关系不好，感到孤寂苦闷；有的战友在社会上另找“伙伴”，加入“团伙”等。

（4）不良行为习惯。不良行为若未能得到及时矫正，反而侥幸得逞，这些不良行为就会同个人私欲的满足进一步联系起来，经过多次重复，建立动力定型，形成不良习惯，从而成为继续产生品德不良行为的直接原因。如本案例中的小李养成了小偷小摸的癖好，就是这个原因。

此外，缺乏正确的道德认识、强烈的好奇心、盲目模仿的心理都可能使一些战友产生过错行为或不良品德行为。

◇ **处　理**

品德不良行为往往需要借助外力才能改变，那就是组织、领导和战友的帮教。青年人的可塑性较大，自尊心较强，只要弄清情况，了解原因，采取符合青年人心理特点的教育方法，那些品德不良行为是可以矫正的。

（1）激发学生改变不良品德行为的强烈动机。具有不良品德行为的学生一般比较自卑，人际关系较差，但他们自尊心强。作为领导者应该理解、尊重和关心他们，使他们产生“自新”的愿望，帮助他们树立改变自己的信心。达到这个目的，有赖于以下几个方面：

①消除情绪障碍，改善人际关系。品德不良的战友，过去一般都经常受到家长与教师的训斥和惩罚、同学的指责和嘲笑。他们对教师、家长、同学、领导、战友存在疑惧的心理、对立的情绪、不信任的态度。因此，领导和战友应该关心爱护他们，改善与他们的人际关系，用诚心、爱心去感化他们，消除其对立情绪。

②保护自尊心，培养集体荣誉感。自尊心是个人要求得到他们或集体的承认、尊重的情感。自尊心和集体荣誉感是战士努力上进的重要动力。领导者应该善于发现战士的“闪光点”，激发其自尊心与自信心，消除其自卑心理。领导者还应运用集体的力量形成正确的舆论来影响并教育产生不良品德行为的战士。不良品德行为的战士对训斥已经习以为常，一般的谈话、劝说、批评不大见效。领导者要抓住引起他们的内心冲突与情绪波动的事件，触动其心灵，使其感受到良心的谴责，认识到不良品德行为产生的严重后果，促使其醒悟。在此基础上，讲究谈话艺术，纠正其模糊、错误的是非观念，增强其是非感，提高其道德认识。

（2）促进不良品德行为的转化。具有不良品德行为的战士开始认识到错误，有了改正错误的愿望，并在行为上进行转变。转变过程可能有反复，领导者应该积极关注，不仅要导之以行，更要持之以恒，养其成性。实践证明以下方法比较有效：

①环境调整法。环境的适当调整更换，有利于战士去掉旧习惯，巩固新习惯。

②活动矫正法。不良品德行为是在不健康的活动中形成的。丰富多彩的娱乐活动、文艺型活动、体育型活动、劳动型活动、行为养成型活动可以消除战士的不良品德行为，巩固新的行为。

③行为强化法。运用多种强化法，巩固新的道德行为。既要重视外部强化，

又要重视内部强化，既要多用正强化对正确行为给予肯定奖赏，也要恰当运用负强化，对错误给予否定批评；既要及时强化，也可适当运用延缓性强化。

④榜样引导法。榜样的力量是无穷的，年轻人的模仿性特别强，榜样对矫正不良品德行为有着重要的作用。要注意榜样人物对青年人的亲切性、可学性与感染性，增强战士对榜样的理解、认同与效法。

⑤行为考验法。考验是一种信任的表示，可以激起战士的尊严感，从而坚定改正不良品德行为的意志力。苏联教育家马卡连柯曾要求一个有过偷盗行为的工学团学生带着枪、骑着马为工学团取钱，以考验与锻炼他的意志力。领导者可引导学生主动地进行自我考验，但是要将坚强意志的考验与冒失蛮干区分开。

此外，领导者还应及时运用表扬奖励与批评惩罚，来强化不良品德行为战士矫正期间的行为，帮助战士改变旧行为，建立新的品德行为，促使其稳定化、习惯化、个性化。

□ 案例8

如何能够与战友建立良好的友谊

◇问　题

战士小黄一般情况下还是能够与别人较好地相处的，只是某些时候在人际交往中有些感情用事。比如，有战士反映他有时很傲慢，觉得别人不入眼，看不惯或者厌恶、反感别人，甚至有时只是莫名其妙地对对方不满。他的表现对人际交往造成了消极影响，让人感到与他交往别别扭扭的，结果导致其他战友对他有一种本能的回避和排斥。小黄最近也感到在与战友的交往中存在这些问题，但他不知道该怎样调整自己的心态，才能使交往顺利愉快些。

◇ 分　析

每个人都有自己的个性特征和自身的价值取向，但是在这些差异的基础上，还是要留出更多的空间去和别人沟通，建立共同的人际关系基础。每个人在成长过程中有不同的生活经历，一般而言，在较为严格的家庭，或太过于溺爱的家庭中成长，可能会在社会交往中以自我为中心，而不顾及别人的想法，在一定程度上会形成人格缺陷和生活中不善于调整人际关系的不足。小黄的个性有些偏执的成分。所谓偏执是指固执己见，对人、对事抱着猜疑、不信任的心理而言。偏执性格缺陷的特征，男性多见。性格固执，坚持己见，敏感多疑，在人际交往中对他人常持不信任和猜疑的态度；自我评价过高，心胸狭隘，不愿接受批评，常挑剔别人的缺点，经常闹独立性。心理活动常处于紧张状态，因此表现孤独、不安全感、沮丧、阴沉、不愉快、缺乏幽默感。

◇ **处　理**

具体应对如下：

（1）认知提高法。这类人对别人不信任，敏感多疑，妨害他们对任何善意忠告的接受能力。施教者或心理医生应在相互信任和情感交流的基础上，比较全面地向他们介绍性格缺陷的性质、特点、表现、危险性和纠正方法。具备自知力和自觉自愿要求改变自己的性格缺陷，是认知提高训练成功的指标，亦是参加心理训练的最起码条件。

（2）交友训练法。积极主动地进行交友活动，有助于改变“社会隔离型”性格。交友和处理人际关系的原则和要领是：

①真诚相见，以诚交心。必须采用诚心诚意、肝胆相照的态度，主动积极地交友。要坚信世界上大多数人是好的和比较好的，是可以信赖的。不应该对朋友，尤其是对知心朋友存在偏见、猜疑。

②交往中尽量主动地给予知心好友各种帮助。主动地在精神上和物质上帮助他人，有助于以心换心，取得对方的信任，巩固友谊关系。尤其当别人有困难时，更应该鼎力相助。患难中知真心，这样做最能取得朋友的信赖和加强友好情谊。

③注意交友的“心理相容原理”。性格、脾气的相似或互补，有助于心理相容，搞好朋友关系。如果两个人都是火暴脾气，都是胆汁质的气质，则不容易建立稳固、长期的友谊关系。最基本的心理相容的条件，是思想意识和人生观的相近和一致。这是长期友谊合作的心理基础。

（3）自省法。自省法是通过写日记，每日临睡前回忆当天的所作所为，进行自我反省检查，有助于纠正偏执心理。这是一种很有效的改变自己心理行为的训练方法，对于塑造健全优秀的人格品质和自我教育，效果明显。古今中外，大凡事业上有成就、具有良好思想修养的人，都有自省的习惯。孔子说："吾日三省吾身。"雷锋同志的优良人格品质闪耀在他的日记中。有偏执性格缺陷的人，为了纠正偏执心理，必须采用书面的或非书面的形式反省，进行心理训练，检查自己每天的思想行为，是否对人、对事抱怀疑、敏感态度，办事待人是否固执、自我中心；检查还存在哪些由于自己的偏执心理而冒犯别人、做错的事情，思考以后遇到类似情境，应该如何正确处理。

（4）敌意纠正训练法。偏执性格缺陷者容易对他人和周围环境充满敌意和不信任。采取以下心理训练和教育方法，有助于克服敌意对抗心理。

①经常提醒自己不要陷入"敌对心理"的旋涡。事先自我提醒和警告，处世待人时注意纠正，这样会明显减轻敌意心理和强烈的情绪反应。

②不断地增加对他人、对朋友需求的了解，同时努力降低对别人冒犯的敏感性。应该想到没有人愿意在自己安宁的时候去破坏他人的安宁，人与人之间的关系通常情况下都是友善平和的。

③要懂得"只有尊重别人，才能得到别人的尊重"的基本道理。要学会对那些帮助过你的人表达感谢。

④要学会向你认识的所有人微笑。可能开始时你很不习惯，做得不自然。但是必须这样做，而且要努力去做好。

⑤要在生活中学会忍让和耐心。充分调动自己的心理防卫功能，尤其是调节机制。生活在矛盾复杂的大千世界中，冲突纠纷和摩擦误解是难免的，有时甚至是无法避免的，不要让怒火烧得自己晕头转向。

□ 案例 9

不安分守"纪"的战士

◇ 问　题

某连战士周某，湖南人，在家娇生惯养。初中毕业后，先在武校学习一年，因打架赌博，被开除学籍。接着在修理厂学习汽修，因惹是生非，又被师傅赶了出来。后又到广州做了三个月传销，剩余时间都在外面混日子，中途仅因母亲生病回家一次。父亲担心他这样下去会犯法坐牢，就将其骗回家，改了年龄，送到部队当兵。入伍后，他吃不了训练之苦，忍受不了纪律约束，不能安心地在部队生活。经常不愿参加军事训练，还时不时趁连队不注意私自外出，或外出后改变路线，并出现了借钱准备逃回家的现象，幸好被班长及时发现并制止。

◇ **分 析**

我军的艰苦作风和严格训练方式，令部队历来被认为是一个艰苦的、锻炼人意志的地方。因而，经常会有一些父母认为，部队是一个改造人的地方，导致有些年轻士兵可能是由于父母的意愿而被送到部队来的。他们中有一些人能够在部队的训练和教育下，重新审视自己过去的思想和行为方式，改正自己的一些幼稚的观念，并提高了对人生价值的认识水平，从部队回到地方，有了面貌上的焕然一新，并能够发挥自己的所学及特长，在地方上取得良好的成绩。但是我们不得不重视另一部分士兵，他们有着“不安分”的青春，有过“不一般”的青春经历，他们不是自愿来到部队的，所以他们不安于在部队服役。对于这样的士兵，我们该如何看待，如何去帮助他们？本案例中，我们先剖析一下小周的性格特征。通过他的个人经历，我们认为在他的成长中，他的个性特征有一些缺陷。1980年心理学家朗姆提出9条反社会性格缺陷者的特征，并认为具备5条者应做肯定诊断，具备4条者视为可疑：①在校学生有逃学或斗殴等行为，造成管理困难；②通宵离家外出不归；③经常发生违纪、车祸或犯罪；④工作表现差，无所事事，或无故经常变换工作岗位；⑤抛弃家庭，离婚，夫妻不和，虐待妻儿老小等；⑥经常暴怒和斗殴；⑦两性关系混乱；⑧缺乏计划地长期在外漂泊、流浪；⑨持续和重复说谎或应用别名。结合小周的一贯表现，我们可以初步认为该士兵存在这类性格缺陷问题。这类性格缺陷问题，可能是由于他的过分溺爱的家庭环境造成的，也和他本身的一些社会经历有关系。在此基础上我们又看到，他的入伍动机并不是自愿的，为“被骗”入伍。所以，两者结合使他在入伍后不安于服役。心理学研究认为，这类人格障碍的人往往具有良好的智力和生理素质，不良表现在青春期表现较为突出，但可以随着年龄的增长和阅历的增加而改善和改变。因而我们提出，对其进行一定的引导和心理训练，能够让他更好地为社会接纳并适应社会。

◇ **处　理**

（1）激情纠正训练法。本类心理缺陷者情绪高度不稳定，容易激动、暴怒，情感自控能力低下，惹是生非，扰乱社会，损人害己。对此必须向他们讲清道理和危害性，使他们在高度自觉的条件下接受心理训练。在心理医生的指导下，自己编制 20～30 个主攻靶症状，譬如：①上级批评自己做错事时；②上级不了解情况批评错时；③战友对自己出口中伤，不尊重人格时；④与战友因故争吵时；⑤别人无故打骂自己好友时；⑥在公共场合被别人冒犯而又不道歉时；等等。这些项目必须是日常生活中经常碰到的。可根据自己出现的情绪反应，从轻到重按顺序排列和分级，做到逐级适应。

具体步骤：首先学会松弛方法，如果有条件的话，可以采用生物反馈仪放松，用以在无法自控情绪时对抗。随后进行想象训练，对上述 20～30 个问题逐级想象，尽量逼真生动地想象，接近生活实际，并且加以忍耐，不使其产生较强烈的情绪反应。当出现明显激情、焦虑等情绪反应时，用松弛方法对抗。最后到实际生活中直接训练，有意识地接触上述不良情景，主动抑制自己的情绪反应，使自己的激情行为完全消除。

每次训练 20～50 分钟，每日 1～2 次，15～20 次为一期，可以反复进行训练。在实践训练中，如果接触不良情景时，情绪反应轻微或者能够迅速自制自控，可视为效果满意。在训练期间，每日写日记和心得体会，主动自我反省，效果会更好。

（2）激怒自控法。适用于与人争吵，即将暴怒发作的时候，是一种快速对抗的心理控制技术。心理学研究发现，一个人激怒发作从心理机制上分为三个阶段：

第一阶段，潜伏期。表现出对他人意见不满意，滋生不愉快情绪，一般尚未丧失理智，意志尚在起作用，有一定自控能力。

第二阶段，爆发期。产生争吵的高峰期，意见不统一，各人固执己见，争得面红耳赤，进而恶语伤人，动手殴斗。

第三阶段，结束期。争执相持不下或愤怒离开，拒不作答或旁人解围，最后不欢而散。

实际上主动制怒于第一阶段，并采取有效的制怒方法，可遏制消除激怒爆发。比如：①迅速离开争吵现场，转移注意力，避开引起激情发作的刺激源。②善于分析他人的性格特征和心理状态，避锐趋和，要以缓对急，以柔克刚，绝不能以急躁对急躁。③让别人把话说完，充分发泄，自动消气熄火，这是避免争吵和激怒的有效方法。④咽不下气、平不息肝火、自尊心理是导致争吵的重要心理防卫机制。此时应用升华法、转移法、幽默法等，可有效缓释怒气。

（3）读书训练法。读书学习使人知书达理，明辨是非，可以开阔心胸、陶冶情操，故具有加强思想道德修养，纠治心理行为控制不良的功能。大量生活经验和临床观察资料表明，一般情况下，一个人的思想道德修养水平与其文化知识水平呈现正相关。读书学习使文化水平提高，有助于明察道理，增强心理行为自控能力。本类心理缺陷者应该多读些哲学、逻辑、政治思想修养方面的书籍，并且经常对照自己的行为，理论联系实际，加以改正。

（4）自省法。在偏执性格缺陷的心理训练中已介绍过，在此不再赘述。

（5）不良行为纠正训练法。在充分教育、启发自觉、明辨是非、提高认知能力的基础上，把不良行为作为靶症状进行纠正训练。例如以打人、说谎或偷窃行作为靶症状，编制心理训练评分表，逐日自我评分，由医生、领导、战友作为指导督促人，检查评分的真实性，每周、每月小结考核，用适合受训者心理需要的奖惩方法强化训练效果。

（6）兴趣培养法。这种兴趣爱好必须是品格高尚、层次较高，具有陶冶心灵、转化心理行为、有助于提高人生追求和情趣的项目，如弹琴、绘画、文学创作、下棋、歌唱、集邮、体育锻炼等。要求除了正常的学习工作外，业余时间坚持练习、钻研提高，做出成绩。同时要求放弃一些原来的低级趣味的兴趣或娱乐活动。一方面从高尚的兴趣爱好中得到启迪，净化心灵，提高心理认识水平，追求高层次的人生理想抱负；另一方面，分散和发泄过剩的精力和注意力，有助身心健康和塑造较好的人格品质。

（7）提高心理认识训练法。心理发育不良和心理幼稚化常常使人的心理需求水平低下，缺乏正确的人生动机，难以形成符合社会需要的人生观，表现为心理认识水平低下，这是不良行为和犯罪的心理基础。具体应对方法可采取加强社会化学习、阅读名人传记、培养独立生活能力、外出参观访问扩大视野等，确立正确人生观。

（8）自我情绪调节法。学会调节和控制自己的情感活动。情绪无法自控，难以保持心理平衡，这是本类心理缺陷者的通病。因此学会主动的自我情绪调节的方法，具有重要的心理意义。具体要领是：大喜时要抑制和收敛；激怒时要镇静和疏导；忧愁时要释放和自解；思虑过头时要转移和分散；悲哀时要娱乐和淡化；惊恐时要镇定和坚强；恐怖时要支持和沉着。目的是使情绪的钟摆始终处于中位线附近，保持心理平衡状态。

□ 案例 10

来自单亲家庭的战士

◇ 问　题

某连战士小王，来自单亲家庭，由于得不到家人的及时关怀，他产生了较强的自卑感和失落感，总觉得事事不如别人，自感“被人瞧不起”“矮人一等”，平时也不愿意和别人交往、玩耍，更不喜欢和别人交流感情。导致性格孤僻，郁郁寡欢，心中有事不敢向别人倾诉，怕人家笑话。平时上课提问发言，总是低着头，满脸通红，紧张得讲不出话来，老是结巴。

◇ 分 析

背负着沉重自卑感的小王在部队生活中很容易表现出孤立、离群、丧失自信心、缺乏荣誉感等，而事事回避、处处退缩，不敢抛头露面，害怕当众出丑的行为更加重了他的社交障碍，导致自卑感更加强烈。如此恶性循环下去，将会对小王今后在部队的成长进步产生消极的影响，故须及早发现，及早疏导。

一项对 541 个离异家庭的调查显示：有 61.42%的家长离异后产生了忧郁消沉、自卑、沮丧、烦躁易怒等心理失衡现象，家长的这种心态必然对孩子产生不良的、消极的影响，调查同时反映这些家庭孩子心理不正常的占了 73.58%。这些不正常的心理现象主要表现为喜欢孤独、闷闷不乐、烦躁、易怒、冷漠、自卑、逆反心理等。

一般地讲，自卑感严重的人，大多是内向性格。他们感情脆弱，体验深刻，多愁善感，常常自惭形秽，觉得自己处处不如人，总感到别人瞧不起自己，特别害怕别人伤害自己。他们明显地比一般人敏感，并且这种感觉特别强烈，经不起任何刺激，他们在人际交往中，虽有良好的愿望，但是总是害怕别人的轻视和拒绝，因而对自己没有信心，很想得到别人的肯定，又常常很敏感地把别人的不快归为自己的不当。有自卑感的人往往过分地自尊，为了保护自己，常表现得非常强硬，难以让人接近，在人际交往中变得格格不入。

◇ 处　理

自卑心理源于心理上的一种消极的自我暗示，很多心理学家指出，自卑感和本人的智力、受教育程度、所处的社会地位等因素无关，而仅仅是对“自己不如他人”的确信。所以，要克服和预防自卑心理，首先要敢于正视自己的不足。人无完人，每个人都有自己的优缺点。对于一些不可改变的事实，如相貌、身高等，完全可以用别处的辉煌来弥补，大可不必自惭形秽。其次，要正确地与人相比，自卑心重的人往往很善于发现他人的长处，这本身不是坏事，可是老是用别人的长处和自己的短处比，不是激发起奋起直追的勇气，而是越比越泄气，从而贬低、否定自己，以偏概全。其实，人各有所长，自己不可能事事都强过别人，反过来也一样。见贤思齐应当鼓励，这其中还有一个量力而行的问题，所以，要防止和克服自卑感，还要注意不可对自己提出过高的要求，在选择目标时除考虑其价值和自身的愿望外，还要考虑其实现的可能性。与其追求那些不切实际的东西，还不如设立一些较为现实的目标，采用“小步子”原则，不断地使自己得到鼓励。最后，要锻炼自己的心理承受能力，不要因为一次失败而一蹶不振，或因自己某一方面的过失而全盘否定自己。

对于社交恐惧，我们还可以通过一些自疗方法来摆脱。除了上面讲的方法，我们要经常鼓励自己：“我是最好的”，“天生我材必有用”，去掉社交中的自卑心理。不苛求自己：只要尽力了，不成功也没关系。不回忆不愉快的过去：牢记没有什么比现在更重要的了。友善地对待别人：在帮助他人的过程中忘却自己的烦恼，同时证明自己的存在价值。有意识地多接触周围的人和事：逐渐培养自己对外界的适应能力。要知道，良好的社交能力并不是每个人天生就具有的，很多都需要后天的培养与锻炼才能自如起来。

□ 案例 11

有病求治可消愁

◇ 问　题

某连战士小张近期感到下体隐隐作痛，给工作和生活带来极大不便，出于其个人的隐私心理，他没有向班长和连队汇报自己的情况。但小张所在班班长向连队报告了其情况，连队安排班长陪同小张到医院进行诊断，诊断结果为附睾囊肿，需进行手术治疗。得知这个情况后，小张个人思想非常消极，不能面对这个现实。后经驻地医院实施手术治疗，以及连队的生活关心等，小张的思想慢慢地转化过来，能正确地对待病情，积极配合治疗，身体也一天天地康复。

◇ 分　析

小张的问题属于对疾病的负性情绪反应，这种现象在生活中非常普遍，可以说差不多每个人都曾有过类似的经历，但存在着反应的强度与持续的时间等个体差异。遇到疾病产生这种情绪反应是正常的，但如果对自己的生活造成较大甚至严重的影响，就需要引起重视并进行调节了。

人非草木，孰能无情？每个人都有喜怒哀乐，并伴随着相应的表情和心情体验，这就是人的情绪和情感活动。情绪与情感都是人对客观事物的态度的体现。例如，体育比赛大获全胜或考出好成绩就感到高兴，表情轻松愉快，言谈举止都透着喜悦劲儿；受到挑衅与侮辱，会感到愤怒；失去亲人或屡屡受挫就会感到悲哀；面临危险或遇到疾病时则感到恐慌。情绪会随着外界事物的变化而发生改变，同时又是以个体的愿望和需要为中介的一种心理活动。当客观事物或情景符合个体的愿望和需要时，就能引起积极的、肯定的情绪与情感；反之则会产生消极、否定的情绪和情感，即我们通常所说的负性情绪或消极情绪。负性情绪使人感到痛苦，而且对个体的行动起抑制或者阻碍作用。案例中的小张，感到身体不适时情绪紧张且羞于启齿，病情确诊后又背上了“包袱”，产生了悲观、消极以及军事训练、饮食起居等活动水平下降的反应，影响了正常的生活与工作。

青年军人常常体验到的负性情绪主要有：自卑、紧张、慌乱、忧愁、烦闷、内疚、悔恨、耻辱、抑郁、悲观、哀伤、痛苦、生气、愤怒等。

由此可见，情绪与人的身体健康、学习、工作和日常生活密切相关。愉快的情绪会使人精神焕发，斗志昂扬，不良的情绪会使人心灰意冷、停滞不前；积极的情绪可以使人精力充沛，机体的免疫力提高，从而身心健康，消极的情绪可以导致或加剧人生理上的疾病。在实际生活中，每一名官兵都难免受到各种不良情绪的刺激和伤害，只要在正确认识情绪产生原因的基础上，主动进行控制和调整情绪，就会最大限度地减轻不良情绪的副作用。

◇ **处　理**

我们必须学会有效地调节和控制自己的情绪，做自己情绪的主人。调整情绪的方法主要有以下几种。

暗示法。当遇到外界刺激，意识到自己的情绪变坏时，可以默默在心里对自己说“要冷静，发脾气对处理这件事没有任何帮助”，“生气是自我惩罚，恼怒是跟自己过不去”。同时还要辅之以深呼吸，设想自己已经把胸中的怒气全都吐出去了。这样做，缓和一下自己的情绪，就可能重新恢复理智，有利于问题的解决。

转移法。即通过转移注意力来冲淡消极情绪。当你遇到疾病、挫折感到苦闷、烦恼，情绪处于低潮时，首先应暂时抛开眼前的麻烦，不要再去想引起苦闷、烦恼的事情，而将注意力转移到较感兴趣的活动或话题中去。多回忆令自己感到最幸福、最愉快的事，以此来冲淡或忘却烦恼，从而把消极情绪转化为积极情绪。其次可以自觉地改换环境。如到户外走走看看，或看看小说、听听音乐、下下象棋、打打乒乓球等。通过新的环境，冲淡、缓解消极的心理情绪。

疏泄法。当你因为某一件事被他人误解，常常会产生强烈的情绪反应，感到对方太不理解自己了。这时，你一定要尽量克制自己的情绪，避免冲动。同时，要学会疏泄自己的不良情绪。关起门来，让眼泪尽情流淌，也许会感到轻松一些；或向你知心的战友敞开心扉，倾诉内心的不快，这样，既可以使你从中得到安慰和鼓励，精神得到放松，又可以帮助你分析产生误解的原因，找到问题的症结所在。同时，你还可以采取笑疗法。笑，是肺部和脸部肌肉的运动，又是情绪的宣泄，对健康有益。笑一笑，能让人心胸开朗。心笑才能真笑，心胸狭窄的人，事事苛求，是笑不起来的。对人宽容，不可事事斤斤计较，对任何事情都要拿得起、放得下，不能指望每件事都做得十全十美，即使做得不妥或错了，只要从中吸取教训就行了，不必为这样的小事而发愁、想不开，不可钻牛角尖。

总之，学会了调节和控制自己的情绪，会给自己带来乐观向上的精神状态，有助于自己提高适应环境的能力，进而走向成功之途。

以上介绍的是针对个人所使用的方法，而部队是集体性很强的单位，所以团队对于调节个人情绪的作用是不容忽视的。连队主官以及排长、班长都可以充分发挥能动作用，这将起到事半功倍的效果。可以有针对性地或不定期地组织士兵进行情绪认知与调节活动。一些具体的方法如下：让士兵看黑板上的脸谱，区分情绪的种类，并以分类摆放的形式分出积极情绪与消极情绪；讲述故事《笑的魅力》，促使大家得到启示；把小张的事适当改编成小品进行表演，请大家边看边思考小品中的人物表现的是什么情绪，这种情绪给他们的学习和生活（行为）带来了什么影响，如果自己是其中的角色会是怎样。

还可以让大家做件东西——“情绪手掌”（用纸剪成一只平放着的手掌），做好后，大家把事件写在手指上，把情绪写在指环上，把处理方法写在掌心。大家分成小组，讨论合理消除消极情绪的方法。请士兵谈谈自己的“情绪手掌”，然后集体讨论、交流。

最后，适当开展一些行为训练，比如集体放松、集体积极性暗示等。有条件的单位也可以进行心理素质拓展训练，选择一个或几个模块，如沟通模块、挑战模块、分享模块等。

以上方法仅供参考，旨在抛砖引玉。要根据具体的环境和具体的事件摸索出更加生动活泼、感染力和针对性强的活动形式。坚持不懈，必定会收到意想不到的效果。

□ 案例 12

收到女友的“告吹”信以后

◇ 问　题

某中队班长小何，平时工作积极肯干，性格内向，老实听话，没事时不是独自一人躺在床上仰望天花板，就是在室外靠着墙角抽烟，是有名的“闷头汉”。中队干部认为他忠厚老实，就很少找他谈心。一天下午他没去吃饭，当大家回到宿舍时他突然放声大哭，嘴里还不断唠叨："我该怎么办呐？"队里战友赶紧询问他发生了什么事，并报告了队干部。后经了解，才知道他对象上午来信要和他"吹灯"。

◇ 分 析

大家都可以看出来，何班长失恋了！为什么失恋会让平时积极肯干的何班长如此痛苦，判若两人呢？

恋爱是人生的重要课题。成功的恋爱对军人所起的积极作用是不可估量的。恋爱不仅是人的正常心理、生理需求，而且关系到部队的安定团结和道德风尚。作为当代青年群体的一部分，我们的士兵与其他社会青年一样，对爱情充满了热烈的追求和向往，渴望爱异性并得到异性的爱。爱情是两性之间真挚的对话与情感的交流，是灵魂与灵魂的碰撞。两性之间经过长时间的接触和了解，会产生两种结果：一是情投意合，喜结良缘；二是事与愿违，恋爱告吹。失恋本是两性感情发展中很正常的自然现象，因为每个人都有爱与被爱的权力，都有自由选择终身伴侣的权利。只要谈恋爱，就包含失恋的可能。应该说恋爱本身的成功率只有50%。

由于军人所处的特殊的环境和条件，以及某些人自身恋爱观的偏差，使得士兵的失恋问题一直是连队工作不容忽视的重点。失恋是士兵生活中一种较严重的负性生活事件。初期常以急性心因性反应为主要表现，如心烦意乱、焦虑不安、情绪低沉、愁眉不展、吃不下、睡不香，对生活、工作兴趣减少，反复回忆恋爱经过，可以出现触景生情等。出现对爱的绝望感和一时的孤独感、虚无感、失落感、羞耻感、憎恨感是常见的心理反应。从管理者和教育者的角度来讲，我们可以说：既然无法挽回，就要冷静分析原因，理智地分手，以礼相待。通过一般性的教育、自我调节等手段，大多数士兵也确实能正确对待和处理好恋爱受挫现象，克服不良情绪，走向新的生活。但也有一部分人由于不能及时排除失恋带来的强烈的不良情绪，导致心理失衡、行为反常，引起心理障碍。或因爱之深、恨之切，采取不正当手段报复伤害对方，或陷入单相思而不能自拔，出现严重的不良后果。

◇ **处　理**

摆脱失恋的痛苦，首先要提高自己的心理承受力，增强心理的适应性，学会自我心理调节，从而达到新的心理平衡。

首先，分析原因：①若失恋是因误会引起的，就应积极消除误会。如果是对方误会了你，先不要急躁，待稍平静后，你可以求助对方信得过的至亲好友，向对方说明全部真情。如果是你误会了对方，则应平静、耐心地倾听对方的解释，真相大白后应向对方表示歉意。并且在今后善于冷静地处理问题，不至于再造成新的误会。②若失恋是由于恋人之间发生口角、赌气偏激造成的，则事后要破除“面子”观念，主动接近对方，勇于承认错误。对方不仅不会因此而小瞧你，而且会从中看到你的真诚和宽厚，并做出相应的行动。这样矛盾就会迎刃而解。

其次，逆向思考：恋爱取得成功，除了社会公认的品质、观念以外，还有许多特殊的心理要求，比如性格和谐、志趣相同、价值观一致、生理特征相配等。如果因为这些方面发生矛盾，使恋爱不能进行下去，倒不必过于痛苦。不妨反过来思考一下，如果勉强凑合下去，造成以后感情不和，爱情又有什么幸福可言？失恋固然不是幸事，然而没有志同道合、个性契合，及早分手也并非坏事，“塞翁失马，焉知非福”。

再次，合理宣泄：失恋造成的情感压抑是十分严重的，如果不及时地合理宣泄，会出现各种不适应症状。比较有效的宣泄方法有以下几种：①向亲密的朋友或家人倾诉内心的苦闷和悲伤。②可以闭门痛哭一场。③可以爬一次山。登高望远，体验大自然的雄浑，会觉得自己失恋的痛苦不过是沧海一粟。心胸变开阔，郁闷的心情就会有所缓解。④升华。升华是宣泄失恋后心理能量的最理想方式。失恋者应运用理智，把感情、精力投入到能充分实现自身价值的训练中和对连队生活的热爱上，从而将失恋造成的挫折，在升华境界中得到补偿，获得更大、更多的收益。

最后，丢弃自卑：失恋并非羞耻之事，但有些失恋者却认为失恋是令人耻辱的，是被对方“涮”了、“玩”了，从而感到脸上无光，无地自容，产生强烈的自卑感，甚至因此离群索居。其实，任何事情的发展都面临着两种前途，恋爱也是一样。恋爱一次成功固然可喜，但这毕竟只是可能性，而不是必然性，所以谈恋爱就要有谈不成的心理准备，失恋也在情理之中，是无可非议的。有思想、有志气的士兵不应受世俗偏见的束缚，不能自己看不起自己。如果能从失恋中发现自己的不足，并有所进取，那倒从失恋中受益匪浅，不愁今后找不到称心如意的好伴侣。

上述内容简单总结起来就是：①失恋不失志。失恋后应认真检查自己，寻找不足，总结经验教训，找准在生活中的位置，不断充实与完善自我。②失恋不失德。千万别去做过激的事，那样只会给自己和他人带来更多的痛苦。③失恋不失望。失恋后不要放弃对爱情新的追求，要坚信天涯总有属于你的芳草。

除了自身的努力之外，建议何班长的连队干部以及其他骨干，不要认为何班长忠厚老实，工作积极肯干，就很少找他谈心。其实，对于何班长这样的“闷头汉”，应该给予更多的关注与交流，及时掌握他们心里的想法与变化，及早进行疏导与转化，尽可能地帮助他们解决一些实际问题。不然可能会产生一些意想不到的情况，使连队的工作出现被动。

通过个人努力以及集体的帮助，相信何班长可以尽快地从不良情绪中解脱出来。如果不良情绪对失恋者的性格、生活工作能力产生了较大影响，就应尽早地通过心理专科进行咨询治疗，摆脱烦恼，再创美好生活。